中国自由生活海洋线虫新种研究

New Species of Free-living Marine Nematodes from China

黄 勇 张志南 著

科学出版社

北 京

内 容 简 介

本书是一本关于中国自由生活海洋线虫研究的图书，是著者多年来对渤海、黄海、东海、南海等海区自由生活海洋线虫调查、鉴定和分类研究的成果，阐明了自由生活海洋线虫的分类系统、研究方法，描述了首次发现于中国海区的自由生活线虫104种，其中未发表新种3种。按照新种发表描述的要求和国际规范进行了特征描述，并配以模式图和照片。该书的出版将填补中国自由生活海洋线虫研究著作的空白，有力推动中国自由生活海洋线虫研究的深入开展，为中国海洋线虫多样性编目、海洋生物资源的可持续利用及海洋环境监测提供科学资料。该书的出版将是中国海洋生态、海洋生物研究的第一手资料，有较高的实用价值和参考意义。

该书可供高等院校、科研院所、生态环境保护部门的师生和研究人员阅读参考。

图书在版编目（CIP）数据

中国自由生活海洋线虫新种研究 / 黄勇，张志南著. —北京：科学出版社，2019.12

ISBN 978-7-03-064057-4

Ⅰ. ①中… Ⅱ. ①黄… ②张… Ⅲ. ①海洋生物 - 线虫动物 - 研究 Ⅳ. ① Q959.17

中国版本图书馆 CIP 数据核字（2020）第 011557 号

责任编辑：刘海晶 / 责任校对：陶丽荣
责任印制：吕春珉 / 封面设计：北京睿宸弘文文化传播有限公司

科学出版社 出版

北京东黄城根北街16号
邮政编码：100717
http://www.sciencep.com

北京中科印刷有限公司印刷

科学出版社发行　各地新华书店经销

*

2019 年 12 月第 一 版　　开本：787×1092 1/16
2019 年 12 月第一次印刷　　印张：20 1/4
字数：410 000
定价：129.00 元
（如有印装质量问题，我社负责调换）
销售部电话 010-62136230　编辑部电话 010-62143239（BN12）

　　自由生活海洋线虫是海洋小型底栖生物中最重要和最具优势的类群，分布广泛，数量众多。在大多数生境，其丰度可占后生动物数量的 70%～90%，在有机质丰富的沉积物中可达 95% 以上，丰度达每平方米 400 万条，种类超过 2 万种。在底栖微食物网中，自由生活海洋线虫通过与细菌（碎屑）耦合，刺激细菌生长，进而加速营养物质的再矿化，在底栖生态系统的物质循环和能量流动中发挥着重要的作用。其高度的物种多样性、分布的广泛性和生理生态的特异性对海洋环境实施动态监测和海洋生物资源的开发保护具有重要意义。因此自由生活海洋线虫具有较高的研究价值和广阔的应用前景。

　　中国开展自由生活海洋线虫研究起步较晚，以 1983 年中国海洋大学张志南教授对青岛湾有机质污染带自由生活海洋线虫 3 个新种描述的发表为开端。此后，陆续有一些学者投入到该领域的研究中，先后对渤海、黄海、东海及南海的小型底栖生物进行了生态学和自由生活线虫的分类学研究，取得了一些突破性研究成果。但总体而言，目前中国对自由生活海洋线虫的研究还非常薄弱，人才缺、进展慢、成果少，缺乏自由生活海洋线虫的基本数据，不清楚自由生活海洋线虫的种类资源和多样性情况，一定程度上影响了中国海洋生物资源研究利用的进展。为了与周边国家开展海洋生物多样性保护合作交流，作为海洋大国，应高度重视这项工作，加大投入，进一步加强中国海洋生物特别是相对落后的自由生活海洋线虫的研究，以提高国际影响力，并为建设海洋强国贡献力量。

　　该书的出版可在一定程度上解决中国自由生活海洋线虫研究资料缺乏的问题，为中国海洋底栖生态学、海洋生物学的研究提供相关资料和方法，从而有力推动中国自由生活海洋线虫的深入研究并为其多样性编目、海洋生物资源的可持续利用及海洋环境监测的开展提供依据。

　　本书因有的种有多条，有的种只有 1 条，在描述种的特征时，对一种有多条个体的相关描述，数值采用区间的形式表示，一种只有 1 条个体的相关描述，数值采用单个数字的形式表示。

　　书稿撰写过程中，参考、引用了英国普利茅斯海洋研究所的 Warwick 教授、中国科学院海洋研究所徐奎栋研究员、集美大学郭玉清教授、厦门大学蔡立哲教授等课题组的部分成果，在此表示诚挚的谢意！该书的出版得到了国家自然科学基金项目（项目编号：41176107，41676146）的资助，在此表示感谢！书中的不足之处，敬请各位同仁批评指正！

黄　勇

2019 年 12 月

目　录

1 绪 论

1.1 自由生活海洋线虫研究意义

　　线虫为不分节，无附肢，有假体腔，具完全消化道、神经系统和排泄系统的蠕虫状无脊椎动物，属于动物界线虫动物门（Nematoda）。按其生态类型，线虫可以分为寄生生活线虫和自由生活线虫两类。寄生生活的线虫可以寄生在各种动、植物体内，引起动、植物病害，给人类健康造成危害。自由生活线虫可以生活在土壤、淡水和海洋沉积物中，以细菌、真菌及有机碎屑为食。其中，自由生活海洋线虫是海洋中最丰富的后生动物类群，是小型底栖生物中的最优势类群，几乎在海洋的任何底质环境中都能发现它的踪迹，从滨海带的高潮线到深海大洋的最深海沟处及寒冷的两极到深海脊上的高温热泉生物群落都有它的分布。在大多数生境，自由生活海洋线虫都是数量上最丰富的类群，占后生动物数量的 70%～90%，在某些生境中可达到 90% 以上。通常每平方米的海底泥沙中含有上百万条线虫，有时高达上千万条。它们的食物来源包括底栖硅藻、细菌、真菌及有机碎屑，有些肉食性种类也捕食其他小型后生动物（包括线虫）。这就是说，线虫可以占据不同的营养级，促进营养物质的再循环，补充新生生产力对氮的需求，同时，刺激微生物的生产，加速有机质的降解，在海洋底栖生态系统的物质循环和能量流动中发挥重要的作用。

　　自由生活海洋线虫较短的生活周期，高的繁殖力，高的生产力，对较广的盐度、温度和对低氧的耐受力，较高的耐污力，较低的自然死亡率，较低的呼吸损失率及终生底栖，加上其种群分布与底栖环境的密切关系，使其作为一种潜在的水生生态系统中人类扰动的指示生物，引起人们的广泛关注。尽管小型底栖动物和大型底栖动物具有一些共同的生态特性，但是对于小型底栖动物而言，许多过程发生在更小的空间尺度上和更短的时间尺度内，对环境的变化更为敏感。因而，自由生活海洋线虫作为小型底栖动物的一个重要类群，其多样性指数和群落分布格局的变化可以作为环境监测的有效工具。但是所有这些研究得以深入开展的基础是自由生活海洋线虫的分类学研究。物种数量是生物多样性的度量，是物种多样性最直观的体现，是基因多样性的载体和生态系统多样性的基础。因此，加强自由生活海洋线虫分类学研究是当前生物多样性研究重要的基础性工作。

1.2 /// 自由生活海洋线虫的国内外研究状况

关于自由生活海洋线虫的研究可追溯到 1656 年 Borellus 在食醋中首次发现自由生活的线虫（*Turbatrix aceti*），到现在已经有 300 多年的历史。线虫分类学的研究可以划分为三个时期，第一个时期是从 1656 年第一个线虫的发现到 1866 年 Scheider 的第一本线虫学著作 *Monographie der Namatode* 问世，称为创建期。其间，线虫的描述开始使用一些比较细致的解剖学特征，并绘制了大量的图鉴，为线虫的研究奠定了基础。第二个时期是从 1866 年到 1941 年，称为发展期。De Man（1876～1928）被誉为自由生活海洋线虫的开拓者、自由生活海洋线虫现代属和种描述的奠基人。他提出的线虫身体各部分比例的测量公式被誉为"De Man"公式，即 L＝全长，a＝全长/最大体宽，b＝全长/食道长，c＝全长/尾长，V%＝头端至雌孔长度/体长×100%，已成为种类描述中必测的主要参数。De Man 的三部著作至今仍是线虫学的经典参考书。Cobb（1920）是和 De Man 同时代的另一位杰出的线虫学家。他首创了"Nematology"一词并建立了第一个自由生活线虫的检索表，首次把线虫列为一个门，命名为"Nemata"，包括两个亚门（Alaimia 和 Laaimia），3 个纲（Alamia，Anonchia 和 Onchial），尽管后来未被广泛采用，但他的诸多方法学的研究、精确的观察能力和精美的绘图是线虫学研究史上的一个丰碑。第三个时期为现代分类学快速发展期。Chitwood 在 1950 年发表了迄今为止线虫学史上最有价值的专著 *An Introduction to Nematology*。他在系统深入地研究线虫形态、发育、起源的基础上，建立了反映线虫系统发育的自然分类系统。他把线虫作为一个门，根据尾腺有无等解剖学特征划分为两个纲，即有尾感器纲（Phasmidia）和无尾感器纲（Aphasmidia），后来改名为泄管纲（Secernentea）和泄腺纲（Adenophorea）。Chitwood 的分类系统标志着现代线虫分类学时代的来临，是目前大多数线虫学家承认的分类系统。

Lorenzen（1981）对除矛线目（Dorylaimida）以外的所有泄腺纲线虫进行了系统深入的研究，评价了线虫头部（形态、感官数目、长度和排列）、角皮（结构、装饰和体刚毛）、化感器（形状和位置）、口器（结构、齿的有无及类型）、雄性生殖系统（精巢的数目及排列、交接刺、引带和交接辅器）、雌性生殖系统（卵巢的数目及结构、生殖孔的位置、德曼系统）和尾部（形状、长短、尾腺和尾端突）等经常使用到的形态特征的系统学价值，并严格采用分支系统学的理论，从系统发育的角度解释了许多形态特征，形成了线虫的支序分类系统。

在线虫全部形态学工作的基础上，Filipjev（1981）提出了第一个包括当时已知全部种的自由生活海洋线虫分类系统。他把线虫列为 1 个纲，7 个目，其中的嘴刺目（Enoplata）、色矛亚目（Chromadorata）、项链亚目（Desmoscolecata）和单宫亚目（Monhysterata）至今仍被沿用，并构成了自由生活海洋线虫系统分类学的框架。线虫研究史上另一个有价值的工作就是关于线虫的种名录，如 Stiles（1905）、Baylis & Daubney（1926）、Hope & Murphy（1972）发表的不同海区的种名录。Gerlach 和 Riemann（1973，1974）出版的 *Bremerhaven Checklist of Aquatic Nematodes* 按 6 个目的分类递减顺序列举了当时已知的除毛线目（Dorylaimida）以外的泄腺纲的全部种名、同物异名及文献出处，这两卷种名录是当今自由生活海洋线虫分类学家的最重要的参考工具书，同样被誉为里程碑式的经典之作。

中国开展自由生活海洋线虫研究起步较晚，以 1983 年中国海洋大学张志南教授对青岛湾有机质污染带自由生活海洋线虫 3 个新种描述的发表为开端，此后，陆续有一批学者投入到该领域的研究，先后对渤海、黄海、东海及台湾海峡的小型底栖生物进行了生态学和自由生活线虫的分类学研究，取得了一些突破性研究成果。但总体而言，目前中国对自由生活海洋线虫的研究还非常薄弱，基础差、人才缺、进展慢、成果少，至今还缺乏基本数据，不清楚自由生活海洋线虫的种类资源和多样性情况，一定程度上影响了中国海洋生物资源研究利用的进展。面对国家间资源开发以及与周边国家开展海洋生物多样性保护合作交流，作为海洋大国，应高度重视这项工作，加大投入，进一步加强中国海洋生物资源特别是相对落后的自由生活海洋线虫的研究，以提高国际影响力，并为建设海洋强国贡献力量。

渤海是中国开展小型底栖生物和自由生活海洋线虫生态学研究最早的海区，不同季节和海域线虫的丰度为每 10 平方厘米（558±340）～（2151±1158）条（慕芳红，2001），目前已报道的渤海线虫分类实体有 168 种（Zhang，1990），其中鉴定到种的只有 54 种。

黄海是中国开展自由生活海洋线虫分类学研究最早的海区，也是目前研究较为翔实的海区。不同季节和海域线虫的丰度为每 10 平方厘米（954±289）～（1036±484）条（张志南等，2002，2004；Huang & Zhang 等，2007a，2007b）。随着作者国家自然科学基金项目"黄海自由生活线虫分类研究"以及相关研究的实施，已鉴定描述黄海习见线虫 260 余种，隶属于 1 纲，4 目，35 科，116 属，其中建立新属 3 个，发表新种 53 个（黄勇等，2006～2013）。

东海以长江口和台湾海峡研究较多，不同季节长江口线虫的丰度为每 10 平方厘米（1021±665）～（1785±494）条（华尔，2005），蔡立哲等给出了台湾海峡自由生活海洋线虫名录 100 种（蔡立哲等，2001），根据所承担的国家自然科学基金项目"东海自由生活线虫分类和多样性研究"，以及相关研究的结果，现已鉴定东海线虫 350 余种，其中多数种类与黄海种类相同，并建立发表新属 3 个，新种 37 个（Huang et al.，2013～2015；Yu et al.，2014；Jiang et al.，2015a，2015b；Chen & Guo，2015；Wang & Huang，2016；Sun & Huang，2017；Huang et al.，2017，2018a、2018b、2018c）。

南海地处热带、亚热带地区，海域辽阔，生物多样性丰富，是中国海域自由生活线虫分类学和多样性研究的重点和核心部分，但目前的研究还比较薄弱。南海线虫的平均丰度为每 10 平方厘米（782±858）条（杜永芬等，2010），蔡立哲实验室 2006 年起开展了对北部湾线虫到属的分类研究，共鉴定出自由生活海洋线虫 83 属，隶属于 27 科，3 目，其中包括 2 个新种（傅素晶和蔡立哲，2009）。近年，作者课题组对海南岛潮间带及琼州海峡线虫进行了分类研究，共鉴定出 146 种，其中描述发表新属 1 个，新种 6 个，新记录种 14 个（Huang et al.，2012，2016，2018；Huang et al.，2018a，2018b，2018c）。

至今，全球已发现的自由生活海洋线虫约 7000 种，隶属于 61 科，500 余属。现代对自由生活海洋线虫的研究已经发展到许多领域，主要集中在以下 8 个方面：①海洋线虫的系统分类学；②海洋线虫的丰度、生物量、生产力及时空分布；③海洋线虫的实验室培养、生活史；④海洋线虫的竞争、捕食与共生；⑤海洋线虫的群落结构和多样性；⑥深海线虫的种类组成，生理、生化方面的研究；⑦污染生态学；⑧生物化学及分子生物学。

线虫一般体形细长，许多特征微小且分类重要性不易界定，被认为是分类学上"最困难"的类群之一，尤其是那些体形较小的物种，更难以分类鉴定。某些海区如地中海和北海，线虫的种类数目已基本查明。但是，许多海区深海研究才刚刚起步，每次采样均可发现大量的新种。虽然目前全球每年描述的线虫新种超过 100 种，但是鉴定和新种描述还任重道远，大量的线虫种类仍然未知。

2 自由生活海洋线虫的生物学特征

在动物界，线虫动物门是一个极其庞大的生物类群，几乎可以说在地球上每 5 个多细胞后生动物中就有 4 条线虫。按其生态类型，可以分为寄生生活线虫和自由生活线虫两大类。自由生活海洋线虫是海洋中自由生活线虫的通称，除海洋小杆线虫（*Rhabditis marina*）和埃氏小杆线虫（*R. ehrenbauni*）属于线虫动物门泄管纲外，其余皆属于泄腺纲。分布在从潮间带直到大洋深沟的沉积物中，或附着在海藻和有机质碎屑的表面。它是海洋小型底栖动物中数量最多、分布最广的类群。已记录自由生活海洋线虫约 7000 种，尚待描述的数量估计更多。在底栖生态系统小食物网中，自由生活海洋线虫，作为一个功能单位，起着非常重要的作用。

2.1 外部形态

线虫虫体为细长梭形或圆柱形的蠕虫状（图 2.1）。两端尖细，身体不分节，无附肢，两侧对称。体表覆盖一层角皮。大多数种类体长在 1~2mm，某些大型种长达 5mm 甚至更长。自由生活海洋线虫以尾腺的分泌物粘在各种类型的基质上，头端游离取食，更多的种类在砂内自由生活。

体壁由角皮、皮层和肌肉层组成。角皮由皮层分泌而来，有些线虫的表皮是完全光滑的，而有些带有横向的环纹，称为条纹表皮。有些属的表皮具有随机分布或成行分布的斑点、皮刺和纵脊。对于线虫表皮一般都是侧面形态的描述。当线虫身体各个部位表皮的形态均相同时，叫作同质的；当表皮的形态沿着身体变化时，叫作异质的。此外，除了斑点以外，有些线虫的身体侧面还有小孔。

皮层为一原生质层，由合胞体组成。与寄生线虫不同，自由生活海洋线虫的上皮层内分布着丰富的单细胞腺。尾部一般有 3 个尾腺细胞，开口在尾端，分泌物粘在基质上。

线虫有大量的感觉结构，统称感觉器。它们具有基本的结构特征，但形态却不相同。长的头发状的感觉器叫作刚毛，短的乳头状的感觉器叫作乳突。

头部感觉器的排列有其特有的基本形式，头部顶端为口，由 6 个唇瓣围成。每一唇瓣的内侧有 1 个内唇乳突（或刚毛），外侧有 1 个外唇乳突（或刚毛），唇瓣之后有 4 根头刚毛，分别位于亚腹和亚背的位置，排成一圈。自由生活海洋线虫头部刚毛（或乳突）多排列成 6+6+4 的典型模式。某些种类的 4 根头刚毛位置前移，与唇瓣外侧 6 根刚毛合并为一圈，形成 6+10 的排列方式（图 2.2）。头刚毛的排列是种类鉴定的依据之一。某些种类头部角皮的内层加厚形成头鞘。

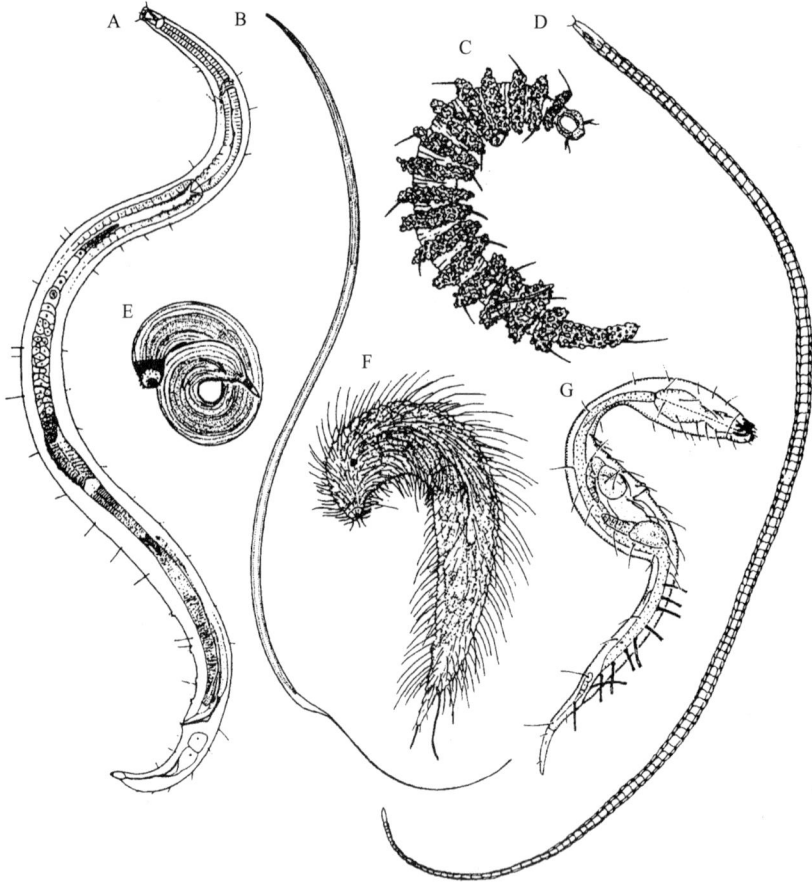

图 2.1　自由生活海洋线虫的外形（Higgins & Thiel，1988）

A. 体棘线虫 Echinotheristus sp.；B. 吸咽线虫 Halalaimus sp.；C. 项链线虫 Desmoscolex sp.；D. 环饰线虫 Pselionema sp.；E. 里克特线虫 Richtersia sp.；F. 多毛线虫 Greeffiella sp.；G. 龙跷线虫 Dracograllus sp.

线虫身体表面的感觉器呈纵向排列或随机分布。尾部的感觉器要比身体其他部位的长而粗壮（尤其是雄性），叫作尾部刚毛。在尾巴顶端的感觉器叫作末端刚毛。在头和食道中部之间的部分叫作颈，此处的刚毛叫作颈刚毛。

线虫头部两侧有两个特殊的感觉器，叫作化感器。化感器由角皮凹陷形成，在内端与一化感器神经相连。化感器有 3 种基本形状（图 2.2）：①袋状，为口袋形，具 1 条裂缝状开口，见于嘴刺目；②螺旋状，变化很大，从新月形、不完整的环形到由几圈构成的螺旋形，见于色矛目（Chromadorida）；③圆盘状，为或大或小的圆形，多见于单宫目（Monhysterida）。化感器的形态结构是分目的重要依据。

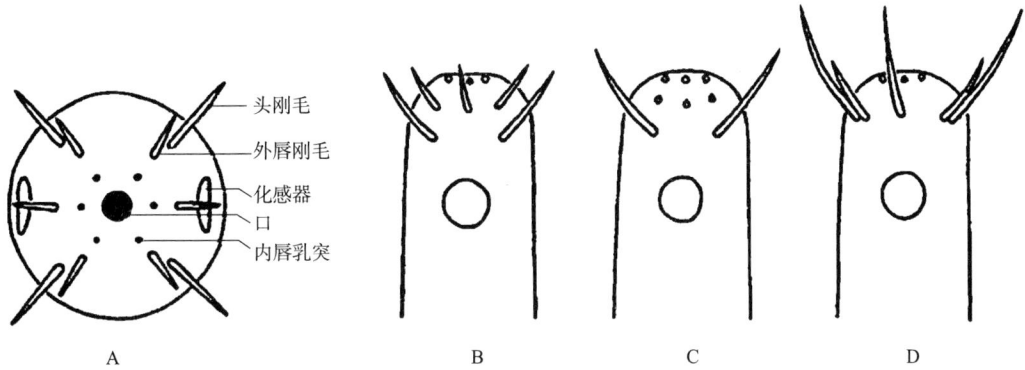

图 2.2　头部感觉器（仿 Warwick et al.，1998）

A. 头部顶面观；B. 头部侧面观，示感觉器 6＋6＋4 排列模式；

C. 头部侧面观，示第三圈的头刚毛；D. 头部侧面观，示感觉器 6＋10 排列模式

2.2 　内 部 结 构

自由生活海洋线虫形态结构见图 2.3。

消化系统：由口腔、咽和肠组成。自由生活海洋线虫口腔的形态多种多样，决定了线虫摄食方式的多样性。有的线虫没有口腔，有口腔的则形状、大小不一，这些口腔均没有防御器官。有些种的口腔有固定的体壁突出物，叫作齿；有些种的口腔长有可活动的结构，叫作颚。此外，还有的种长有成行的小齿或其他突出物。按摄食习性可将口腔划分为 4 个基本类型（图 2.4）。①选择性沉积食性者（1A 型）。不具口腔或口腔很小，依靠食道的吸力，以细菌大小的有机颗粒为食；②非选择性沉积食性者（1B 型）。具有不具齿的杯状口腔，依靠食道的吸力和唇部及口腔前部的运动获得食物。主要以腐烂的有机质碎屑为食；③刮食者或硅藻捕食者（2A 型）。具有带齿的口腔，将食物刮起，刺破其细胞壁，吸取其中的细胞液。以底栖硅藻为食；④捕食者或杂食者（2B 型）。具有带大颚的发达口腔，将被捕食者整体吞食，或刺破其细胞壁，吸取其中的细胞液。以底栖硅藻或其他小型线虫、多毛类幼体等为食。口腔之后为咽管。咽腔为明显的三辐射对称。许多种类咽管的末端膨大成咽球，个别属、种有双咽球或多咽球。在食道的基部有 1 个肌肉组织，叫作贲门，与 1 条直管状的肠道相连。肠是 1 个单层细胞的直管，后端为直肠。雌性末端横裂即肛门，开口于尾端腹面。雄性则膨大形成泄殖腔，输精管开口于它的背壁，腔内还有 1 个交接器袋，内含 1 对交接刺。

大约在线虫食道的中部有 1 个神经环，这是唯一易于检测到的神经系统。它的相

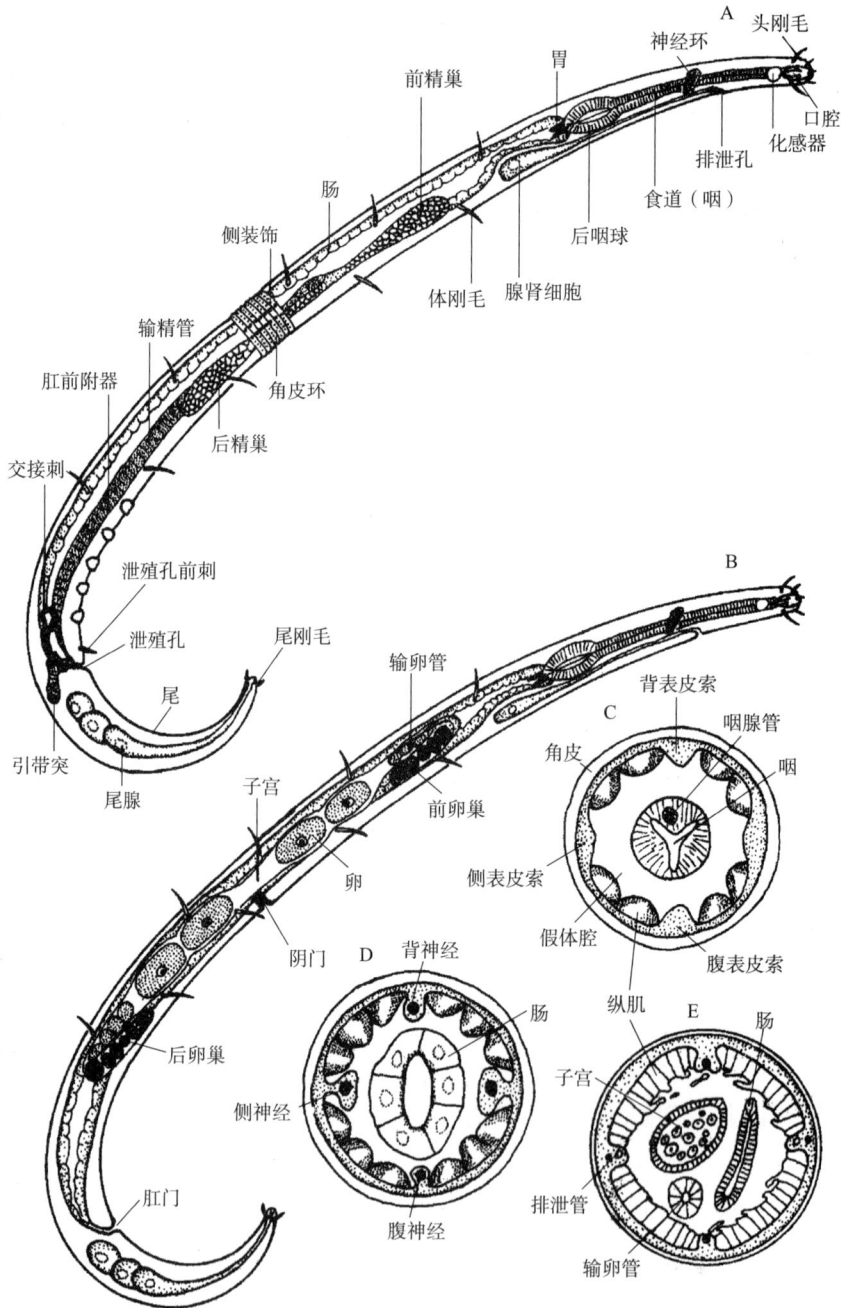

图 2.3 自由生活海洋线虫形态结构模式（杨德渐和孙世春，1999）

A. 雄体侧面观；B. 雌体侧面观；C. 咽区横切；D. 肠区横切；E. 雌体肠区横切

对位置的不同可以用于线虫物种的鉴定。

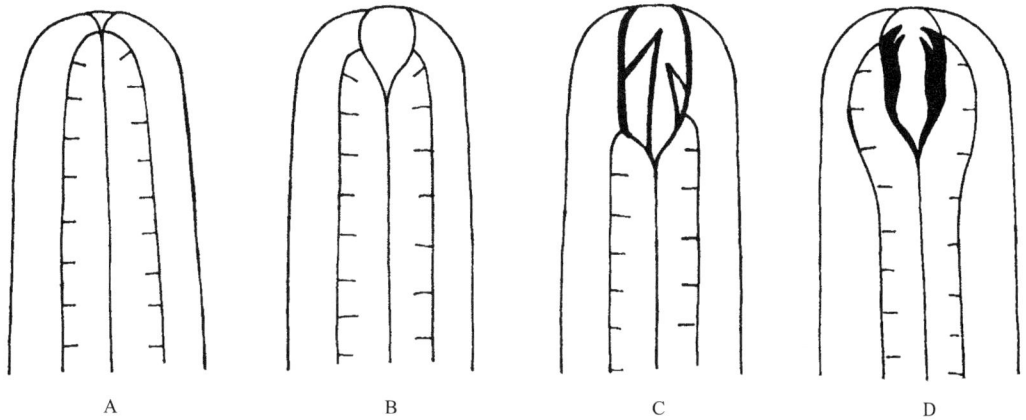

图 2.4　常见海洋线虫四种摄食类型口腔结构示意图（仿 Warwick et al.，1998）
A. 1A 型；B. 1B 型；C. 2A 型；D. 2B 型

排泄系统：退化为单一的大型腺细胞，位于咽管后端或肠道前端的腹侧，通过一细长管道开口于咽管中部腹中线上的排泄孔。

生殖系统：自由生活海洋线虫通常为雌雄异体，雄体略小，尾部向腹侧弯曲。某些种类雌雄异形，除大小不同外，雄体的化感器显著变大，头刚毛的长短及分布，口腔的发育程度等均有显著的差别。雌性生殖系统包括卵巢、输卵管、子宫、阴道和阴门（雌孔）。子宫的始端一般可贮存精子并在此受精。雌性生殖系统通常成对，直伸或反折。单宫目线虫只有一个卵巢和子宫。钩线虫科雌性个体具有德曼系统，为一特殊腺体，分泌黏液，有助于交配。雄性生殖系统包括精巢、输精管、贮精囊、射精管和交接器。精巢通常为 2 个，平行或相对排列。交接器成对，有些种类还具有引带和交接附器。生殖时有交配现象，雄体向雌体运动，以身体后端缠绕雌体雌孔部位，雄体用交接器撑开雌孔，将精子送入受精囊，当成熟的卵细胞向子宫末端游动时即受精。与寄生线虫不同，自由生活海洋线虫产卵数很少，一般不超过 50 个。

线虫尾巴的形状多种多样（图 2.5），有圆形、圆锥形、圆锥－圆柱形和延伸成丝状的。尾通常含有 3 个尾腺细胞。有时 3 个腺体全部位于尾部，有时可以向前延伸到肛门或泄殖腔之上。尾部的腺体可以分泌黏液，黏液通过尾部终端的黏液管排出。有的种则完全没有尾部的腺体。

关于自由生活海洋线虫的系统演化，目前研究认为线虫（Nematoda）与腹毛虫（Gastrotricha）、动吻虫（Kinorhyncha）、曳鳃虫（Priapulida）和线形动物（Nematomorpha）亲缘关系最近，Andrássy（1976）认为线虫和线形动物是一个单系。Lorenzen（1985）通过对 36 个特征的分支系统学的方法分析认为，线虫、动吻虫、腹毛虫、线形动物和棘头虫（Acanthocephala）是一个全系，并推断它们的共同祖先应该有较大体形（数厘米长），体外受精，具有一个充满液体的体腔。Nielsen（1995）认为动吻虫、曳鳃虫、线虫、线形动物和有甲动物（Loricifera）可以组合成一个单系。Agulnaldo 等（1997）通过 18S rDNA 序列的系统发育分析认为，线虫、节肢动物、熊虫（Tardigrada）、线形动物、动吻虫和曳鳃虫属于一个单系，有最近的亲缘关系，而这些类群在发育过程中出现了蜕皮，这个分支称为"蜕皮动物（Ecdysozoa）"。

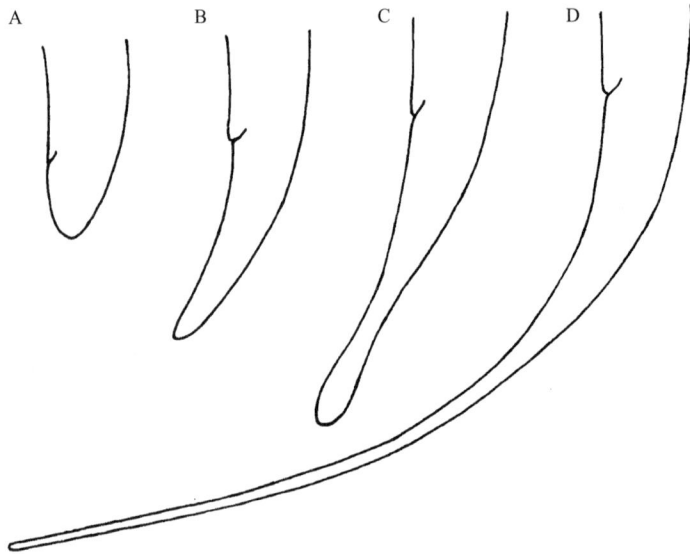

图 2.5　常见自由生活海洋线虫尾的形状示意图（仿 Warwick et al.，1998）

A. 短圆形；B. 圆锥形；C. 圆锥 - 圆柱形具有膨大的末端（棒状）；D. 伸长，丝状

　　在线虫动物门中自由生活海洋线虫是最原始的类群，在自由生活海洋线虫的 4 个目中，色矛目有螺旋形的化感器，被认为是现代类群中最原始的一类，由此，演化出袋状化感器的嘴刺目和圆形化感器的单宫目。而寄生线虫是由嘴刺目的一个后代向寄生特化，致使化感器进一步退化形成。陆地和淡水生活线虫是由自由生活海洋线虫的祖先分化而来，向陆地演化的另一个分支。

2.3 // 生 态 分 布

　　自由生活海洋线虫分布非常广泛，从滨海高潮线到深海的海沟，从冰冷的两极到深海高温热泉均有分布。主要分布在含有机质较为丰富的海底沉积物的表层或附着在藻类植物的基部固着器上。按区系性质和群落特点，自由生活海洋线虫大致分为河口和半咸水群落、潮间带群落、浅海群落和深海群落 4 个群聚，栖息丰度为后生动物之冠。例如，英国林赫河口的自由生活海洋线虫，丰度为 2300 万条 /m^2；青岛栈桥东侧海滩的自由生活海洋线虫丰度为 500 万条 /m^2；黄河口水下三角洲及其邻近的莱州湾和渤海中部的自由生活海洋线虫丰度为 70 万～90 万条 /m^2。

3

3.1 样品的采集与分选

　　自由生活海洋线虫主要分布在沉积物表层 0～10cm 范围内（一般 90% 以上分布在 0～5cm 的表层），获取不受扰动的表层沉积物样品是确保研究结果准确的关键。海流的方向和大小、软质沉积物的厚度和类型及采泥器操作人员的技术等影响着样品的质量。潮下带取样，利用 0.1m² Gray-O'Hara 箱式采泥器在每个站位采集未受扰动的沉积物样品一箱，在甲板上，用由注射器改造的内径 2.6～2.9cm 的小采样管取分样。在同一采泥器中，一般取 7 个芯样，每个芯样为 1 个重复，其中 4 个芯样，每个按 0～2cm、2～5cm、5～8cm 分层，分别装入 125mL 的塑料瓶中，加入等量 10% 的海水福尔马林溶液固定，用于小型底栖动物的研究；另外 3 个重复样按 0～2cm 和 2～5cm 分层后分别装入封口袋后立即放入低温冰箱中，冷冻保存，用于环境因子的分析。其中两个用于叶绿素 a 和脱镁叶绿素 a 的分析，另外 1 个用于有机质和含水量的分析。同时，用塑料匙刮取一定量表层沉积物装入封口袋中，冷冻保存，用于重金属的分析。潮间带取样，等潮水退去后利用由注射器改造的小采样管直接采样，取表层 10cm 的沉积物，按 0～2cm、2～5cm、5～10cm 分层，分别装入样品瓶中保存。同一地点一般采集 4 个重复样，用于小型底栖动物的研究。

　　样品分选前，首先在每瓶样品中加入 5～10 滴虎红染液（0.1g 虎红染料溶于 100mL 5% 的福尔马林中），搅拌混合均匀，染色 24h。然后将样品倒入 500μm（小型底栖动物的上限）和 42μm 两层网筛中，用纯净水冲洗，以除去样品中的黏土和粉砂（当样品中砾石和砂含量高时，先采用淘洗法淘洗 10 次，以除去砾石和粗砂）。将 42μm 网筛上残留的沉积物样品用相对密度为 1.15 的 Ludox-TM 溶液转移至 100mL 离心管中，Ludox-TM 溶液的用量为沉积物体积的 3～4 倍，搅拌均匀，以 1800 转 /min 的转速离心 10min，将上清液倒出，重复离心 3 次。将 3 次离心所得的上清液合并后，再通过 42μm 网筛，过滤掉 Ludox-TM 溶液，然后用纯净水把样品转移到带平行线的培养皿中。最后在解剖镜下挑选生物。将所有的小型生物全部挑选出，按线虫、桡足等其他类群分开并计数，分别用 5% 的福尔马林溶液保存于青霉素小瓶中。

取样管的内径一般为 2.6～2.9cm，换算成丰度时，用计数的每个样品的小型底栖动物个体数乘以 10，再除以取样管的截面积（πr^2）即得小型底栖动物的丰度，单位为每 10 平方厘米的个体数（个体数 /10cm^2）。

3.2 //线虫的封片和测量

由于线虫个体较小，必须制成装片，在显微镜下观察研究。具体操作如下：

首先对虫体透明处理，将挑选出的线虫转移到胚胎培养皿中，加入一定量的酒精甘油透明液（50% 酒精与甘油体积比为 9∶1），放入干燥箱。两周后，酒精和水挥发，甘油渗入虫体，使虫体透明，便于观察鉴定。

制片时，先将载玻片（厚 1.0～1.2mm）和盖玻片（厚度 0.13～0.17mm）用 0.1% 的盐酸浸泡 24h，浸泡于 95% 的酒精中，随时取出擦干备用。在备好的载玻片上，滴甘油一滴。用解剖针挑选体积大小一致的虫体 10～20 条，转移至甘油中。选取直径与虫体直径大致相同的石英砂 3 粒，均匀放置于甘油滴的边缘，然后加盖玻片，周边用加拿大树胶封闭，制好的玻片放入干燥箱中，待树胶凝固即可观察。

在微分干涉显微镜下进行观察和测量，利用描图仪绘图，然后利用测量软件和地图仪测量并记录线虫的体长、最大体宽、头宽、尾长等数据指标。

3.3 //自由生活海洋线虫的分类

目前大多数线虫学家认同并广泛使用 Lorenzen 的分类系统。Lorenzen 认为线虫应作为一个门，即线虫动物门，内分 2 个纲，即胞管肾纲（泄管纲）和有腺纲（泄腺纲）。这 2 个纲的共同特征是：①有 6＋6＋4 的头部刚毛（乳突）排列式；②有阴门；③有交接刺；④胚后发育，包括 4 个幼体阶段。绝大多数自由生活海洋线虫属于泄腺纲，包括 4 个目，即嘴刺目、长尾线虫目（Trefusiida）、色矛目（Chromadorida）和单宫目。色矛目具有螺旋形的化感器，被认为是现代生活类群中最原始的一类，由此演化出袋状化感器的嘴刺目和圆形化感器的单宫目。

目前已发现的自由生活海洋线虫约 7000 种（A Peltans et al.，2012），隶属于 4 目，61 科，453 属。估计未描述的种类有 20 000 多个（Heip et al.，1982）。某些海区，例如地中海和北海，线虫的种类已查明，前者为 637 种，后者为 735 种。但是，许多海区特别是深海研究才刚刚起步，每次采样均可发现大量的新种。虽然目前每年描述的新种超过 100 种，但是鉴定和描述新种的任务依旧任重道远。

随着科学技术的进步，研究手段和方法的改进，一些新的分类特征不断涌现。例如，杯咽线虫科（Cyatholaidae）体表装饰孔类型和位置的不同；嘴刺目雌体德曼系统；线形线虫科（Linhomoeidea）雌雄两态及中间变异的研究报道。加上近年来分子生物学和生物化学技术也正被尝试着运用到线虫的分类中，以及一些新概念，如全近裔性状的提出和认可导致自由生活海洋线虫的分类系统仍然不稳定，力争反映不同分类单元类群内关系的系统不断出现。但就目前来说，线虫的分类鉴定仍主要基于其形态学特征。

3.4 自由生活海洋线虫的鉴定依据

目前自由生活海洋线虫的鉴定主要依靠成体的形态学特征，必须具备雄性和雌性标本，特别是雄性标本尤为重要。通常依据的分类性状主要有以下 13 类：

①生境；②角皮：结构；③体刚毛；④头区结构：形状，头鞘，头刚毛的数目、长度和位置；⑤化感器：形状和位置；⑥口腔：一般结构和口腔齿的有无、排列和结构；⑦咽区：一般结构，辐射管和咽腺；⑧腹腺：位置和腹孔；⑨贲门：形状；⑩雌性生殖系统：卵巢数目，直伸或反转，阴孔位置，德曼系统，卵巢相对于肠的位置；⑪雄性生殖系统：精巢数目，交接器、副交接器、辅助器官、精巢相对于肠的位置；⑫尾区：一般外形，尾腺和尾腺端孔；⑬体感器。

自由生活海洋线虫的分类系统

4

目前已命名的线虫动物超过 25 000 种（其中多数属于动、植物寄生线虫），隶属于 2 纲（泄腺纲和泄管纲），20 目（杨德渐等，2005）。自由生活海洋线虫绝大多数属于泄腺纲，只有小杆属（*Rhabditis*）的海洋小杆线虫和埃氏小杆线虫属于泄管纲。已有记录的自由生活海洋线虫约 7000 种，估计全世界自由生活海洋线虫有 20 000 种之多。

Lorenzen（1981）将泄腺纲 (Adenophora) 划分为 2 亚纲，4 目和 61 科（不包括淡水的 1 个目，矛线目 Dorylaimida）。Kampter 等（1998）对线虫 17 个形态特征和 18S rDAN 的系统发育学分析有力地支持了 Lorenzen 的两类线虫支序的分类系统，为泄腺纲和泄管纲各自成为单系提供了证据。

泄腺纲（不包括矛线目）到科的分类系统见图 4.1。

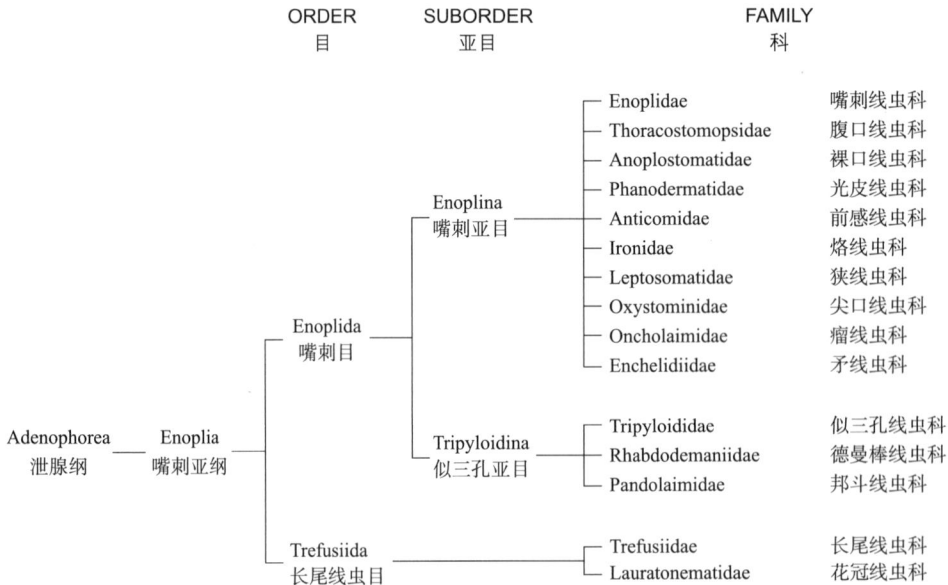

ORDER 目	SUBORDER 亚目	FAMILY 科	
		Enoplidae	嘴刺线虫科
		Thoracostomopsidae	腹口线虫科
		Anoplostomatidae	裸口线虫科
		Phanodermatidae	光皮线虫科
	Enoplina 嘴刺亚目	Anticomidae	前感线虫科
		Ironidae	烙线虫科
		Leptosomatidae	狭线虫科
		Oxystominidae	尖口线虫科
Enoplida 嘴刺目		Oncholaimidae	瘤线虫科
		Enchelidiidae	矛线虫科
		Tripyloididae	似三孔线虫科
	Tripyloidina 似三孔亚目	Rhabdodemaniidae	德曼棒线虫科
		Pandolaimidae	邦斗线虫科
Trefusiida 长尾线虫目		Trefusiidae	长尾线虫科
		Lauratonematidae	花冠线虫科

（Adenophorea 泄腺纲 — Enoplia 嘴刺亚纲 — Enoplida 嘴刺目 / Trefusiida 长尾线虫目）

图 4.1　泄腺纲的分类系统（不包括矛线目）（仿 Warwick et al.，1998）

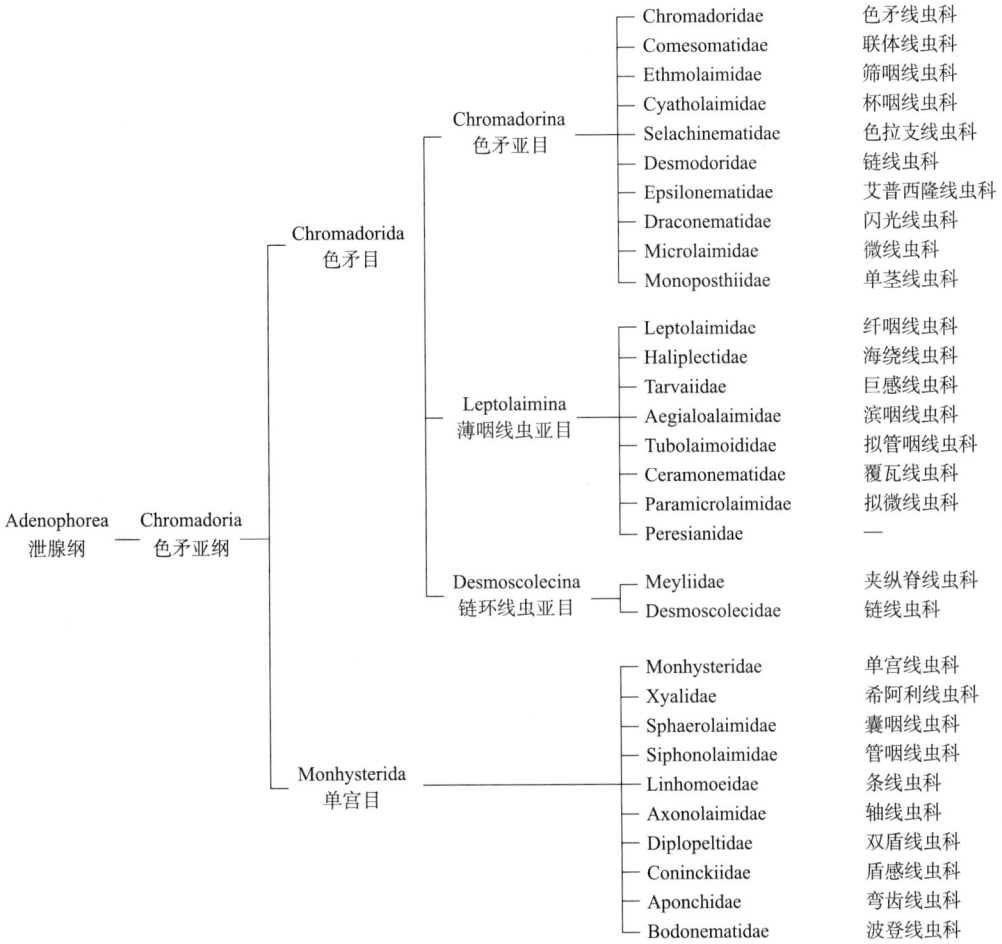

		Chromadoridae	色矛线虫科
		Comesomatidae	联体线虫科
		Ethmolaimidae	筛咽线虫科
	Chromadorina	Cyatholaimidae	杯咽线虫科
	色矛亚目	Selachinematidae	色拉支线虫科
		Desmodoridae	链线虫科
Chromadorida		Epsilonematidae	艾普西隆线虫科
色矛目		Draconematidae	闪光线虫科
		Microlaimidae	微线虫科
		Monoposthiidae	单茎线虫科
		Leptolaimidae	纤咽线虫科
		Haliplectidae	海绕线虫科
		Tarvaiidae	巨感线虫科
	Leptolaimina	Aegialoalaimidae	滨咽线虫科
	薄咽线虫亚目	Tubolaimoididae	拟管咽线虫科
		Ceramonematidae	覆瓦线虫科
		Paramicrolaimidae	拟微线虫科
		Peresianidae	—
	Desmoscolecina	Meyliidae	夹纵脊线虫科
	链环线虫亚目	Desmoscolecidae	链线虫科

Adenophorea 泄腺纲 — Chromadoria 色矛亚纲

	Monhysteridae	单宫线虫科
	Xyalidae	希阿利线虫科
	Sphaerolaimidae	囊咽线虫科
	Siphonolaimidae	管咽线虫科
Monhysterida	Linhomoeidae	条线虫科
单宫目	Axonolaimidae	轴线虫科
	Diplopeltidae	双盾线虫科
	Coninckiidae	盾感线虫科
	Aponchidae	弯齿线虫科
	Bodonematidae	波登线虫科

图 4.1 （续）

线虫动物门 Nematoda Gegenbaur，1859

泄腺纲 Adenophorea Lorenzen，1981

嘴刺亚纲 Enoplia Lorenzen，1981

嘴刺目 Enoplida Lorenzen，1981

嘴刺亚目 Enoplina Lorenzen，1981

嘴刺科 Enoplidae Dujardin，1845

嘴刺线虫属 *Enoplus* Dujardin，1845

太平嘴刺线虫 *Enoplus taipingensis* Zhang & Zhou，2012

裸口线虫科 Anoplostomatidae Gerlach & Riemann，1974

裸口线虫属 *Anoplostoma* Bütschli，1874

膨大裸口线虫 *Anoplostoma tumidum* Li & Guo，2016

光皮线虫科 Phanodermatidae Filipjev，1927

梅氏线虫属 *Micoletzkyia* Ditlevsen，1926

长刺梅氏线虫 *Micoletzkyia longispicula* Huang & Cheng，2012

南海梅氏线虫 *Micoletzkyia nanhaiensis* Huang & Cheng，2012

丝尾梅氏线虫 *Micoletzkyia filicaudata* Huang & Cheng，2012

前感线虫科 Anticomidae Filipjev，1918

前感线虫属 *Anticoma* Bastian，1865

中华前感线虫 *Anticoma sinica* sp. nov.

头感线虫属 *Cephalanticoma* Platonova，1976

短尾头感线虫 *Cephalanticoma brevicaudata* Huang，2012

丝尾头感线虫 *Cephalanticoma filicaudata* Huang & Zhang，2007

拟前感线虫属 *Paranticoma* Micoletzky，1930

三颈毛拟前感线虫 *Paranticoma tricerviseta* Zhang，2005

烙线虫科 Ironidae De Man，1876

海线虫属 *Thalassironus* De Man，1889

渤海海线虫 *Thalassironus bohaiensis* **Zhang，1990**

三齿线虫属 *Trissonchulus* Cobb，1920

宽刺三齿线虫 *Trissonchulus latispiculum* **Chen & Guo，2015**

尖口线虫科 Oxystominidae Chitwood，1935

吸咽线虫属 *Halalaimus* De Man，1888

长化感器吸咽线虫 *Halalaimus longiamphidus* **Huang & Zhang，2005**

套浮体线虫属 *Litinium* Cobb，1920

锥尾套浮体线虫 *Litinium conicaudatum* **Huang，Sun & Huang，2018**

线形线虫属 *Nemanema* Cobb，1920

小线形线虫 *Nemanema minium* **Sun & Huang，2018**

尖口线虫属 *Oxystomina* Filipjev，1921

长尾尖口线虫 *Oxystomina longicaudata* **sp. nov.**

大化感器尖口线虫 *Oxystomina macramphida* **sp. nov.**

海咽线虫属 *Thalassoalaimus* De Man，1893

粗尾海咽线虫 *Thalassoalaimus crassicaudatus* **Huang，Sun & Huang，2018**

韦氏线虫属 *Wieseria* Gerlach，1956

纤细韦氏线虫 *Wieseria tenuisa* **Huang，Sun & Huang，2018**

中华韦氏线虫 *Wieseria sinica* **Huang，Sun & Huang，2018**

瘤线虫科 Oncholaimidae Filipjev，1916

近瘤线虫属 *Adoncholaimus* Filipjev，1918

中国近瘤线虫 *Adoncholaimus chinensis* **Huang & Zhang，2009**

弯咽线虫属 *Curvolaimus* Wieser，1953

丝状弯咽线虫 *Curvolaimus filiformis* **Zhang & Huang，2005**

后瘤线虫属 *Metoncholaimus* Filipjev，1918

栈桥后瘤线虫 *Metoncholaimus moles* **Zhang & Platt 1983**

瘤线虫属 *Oncholaimus* Dujardin，1845

多毛瘤线虫 *Oncholaimus multisetosus* **Huang & Zhang，2006**

青岛瘤线虫 *Oncholaimus qingdaoensis* **Zhang & Platt，1983**

张氏瘤线虫 *Oncholaimus zhangi* **Gao & Huang，2017**

中华瘤线虫 *Oncholaimus sinensis* **Zhang & Platt，1983**

矛线虫科 Enchelidiidae Filipjev，1918

无管球线虫属 *Abelbolla* Huang & Zhang，2004

布氏无管球线虫 *Abelbolla boucheri* **Huang & Zhang，2004**

大无管球线虫 *Abelbolla major* **Jiang，Wang & Huang，2015**

黄海无管球线虫 *Abelbolla huanghaiensis* **Huang & Zhang，2004**

瓦氏无管球线虫 *Abelbolla warwicki* **Huang & Zhang，2004**

球咽线虫属 *Belbolla* Andrássy，1973

黄海球咽线虫 *Belbolla huanghaiensis* **Huang & Zhang，2005**

尖头球咽线虫 *Belbolla stenocephalum* **Huang & Zhang，2005**

瓦氏球咽线虫 *Belbolla warwicki*，**Huang & Zhang，2005**

张氏球咽线虫 *Belbolla zhangi* **Guo & Warwick，2000**

多球线虫属 *Polygastrophora* De Man，1922

九球多球线虫 *Polygastrophora novenbulba* **Jiang，Wang & Huang，2015**

拟多球线虫属 *Polygastrophoides* Sun & Huang，2016

美丽拟多球线虫 *Polygastrophoides elegans* **Sun & Huang，2016**

似三孔亚目 Tripyloidina Lorenzen，1981

似三孔线虫科 Tripyloididae Filipjev，1918

深咽线虫属 *Bathylaimus* Cobb，1894

齿深咽线虫 *Bathylaimus denticulatus* **Chen & Guo，2014**

黄海深咽线虫 *Bathylaimus huanghaiensis* **Huang & Zhang，2009**

长尾线虫目 Trefusiida Lorenzen，1981

花冠线虫科 Lauratonematidae Gerlach，1953

花冠线虫属 *Lauratonema* Gerlach，1953

东海花冠线虫 *Lauratonema dongshanense* **Chen & Guo，2015**

巨口花冠线虫 *Lauratonema macrostoma* **Chen & Guo，2015**

色矛亚纲 Chromadoria Pearse，1942

色矛目 Chromadorida Filipjev，1929

色矛亚目 Chromadorina Filipjev，1918

色矛线虫科 Chromadoridae Filipjev，1917

双色矛线虫属 *Dichromadora* Kreis，1929

大双色矛线虫 *Dichromadora major* **Huang & Zhang，2010**

多毛双色矛线虫 *Dichromadora multisetosa* **Huang & Zhang，2010**

中华双色矛线虫 *Dichromadora sinica* **Huang & Zhang，2010**

弯齿线虫属 *Hypodontolaimus* De Man，1886

腹突弯齿线虫 *Hypodontolaimus ventrapophyses* **Huang & Gao，2016**

拟前色矛线虫属 *Prochromadorella* Micoletzky，1924

纤细拟前色矛线虫 *Prochromadorella gracila* **Huang & Wang，2011**

折咽线虫属 *Ptycholaimellus* Cobb，1920

长咽球折咽线虫 *Ptycholaimellus longibulbus* **Wang & Huang，2015**

梨形折咽线虫 *Ptycholaimellus pirus* **Huang & Gao，2016**

色素点折咽线虫 *Ptycholaimellus ocellus* **Huang & Wang，2011**

联体线虫科 Comesomatidae Filipjev，1918

长颈线虫属 *Cervonema* Wieser，1954

长刺长颈线虫 *Cervonema longispicula* **Huang，Jia & Huang，2018**

矛咽线虫属 *Dorylaimopsis* Ditlevsen，1918

拉氏矛咽线虫 *Dorylaimopsis rabalaisis* **Zhang，1992**

特氏矛咽线虫 *Dorylaimopsis tuneri* **Zhang，1992**

异突矛咽线虫 *Dorylaimopsis heteroapophysis* **Huang，Sun & Huang，2018**

霍帕线虫属 *Hopperia* Vitiello，1969

中华霍帕线虫 *Hopperia sinensis* **Guo，2015**

大化感器霍帕线虫 *Hopperia macramphida* **Sun & Huang，2018**

后丽体线虫属 *Metacomesoma* Wieser，1954

大化感器后丽体线虫 *Metacomesoma macramphida* **Huang & Huang，2018**

拟联体线虫属 *Paracomesoma* Hope & Murphy，1927

异毛拟联体线虫 *Paracomesoma heterosetosum* **Zhang，1991**

张氏拟联体线虫 *Paracomesoma zhangi* **Huang & Huang，2018**

萨巴线虫属 *Sabatieria* Rouville，1903

尖头萨巴线虫 *Sabatieria stenocephalus* **Huang & Zhang，2006**

毛萨巴线虫属 *Setosabatieria* Platt，1985

长突毛萨巴线虫 *Setosabatieria longiapophysis* **Guo，2015**

大毛萨巴线虫 *Setosabatieria major* **Guo，2015**

库氏毛萨巴线虫 *Setosabatieria coomansi* **Huang & Zhang，2006**

晶晶毛线虫 *Stosabatieria jingjingae* **Guo & Warwick，2001**

管腔线虫属 *Vasostoma* Wieser，1954

长刺管腔线虫 *Vasostoma longispicula* **Huang & Wu，2010**

长尾管腔线虫 *Vasostoma longicaudata* **Huang & Wu，2011**

短刺管腔线虫 *Vasostoma brevispicula* **Huang & Wu，2011**

关节管腔线虫 *Vasostoma articulatum* **Huang & Wu，2010**

杯咽线虫科 Cyatholaimidae Filipjev，1918

玛丽林恩线虫属 *Marylynnia* Hopper，1977

纤细玛丽林恩线虫 *Marylynnia gracila* **Huang & Xu，2013**

拟棘齿线虫属 *Paracanthonchus* Micoletzky，1924

异尾拟棘齿线虫 *Paracanthonchus heterocaudatus* **Huang & Xu，2013**

拟杯咽线虫属 *Paracyatholaimus* Micoletzky，1924

黄海拟杯咽线虫 *Paracyatholaimus huanghaiensis* **Huang & Xu，2013**

青岛拟杯咽线虫 *Paracyatholaimus qingdaoensis* **Huang & Xu，2013**

拟玛丽林恩线虫属 *Paramarylynnia* Huang & Zhang，2007

尖颈拟玛丽林恩线虫 *Paramarylynnia stenocervica* **Huang & Sun，2010**

丝尾拟玛丽林恩线虫 *Paramarylynnia filicaudata* **Huang & Sun，2010**

亚腹毛拟玛丽林恩线虫 *Paramarylynnia subventrosetata* **Huang & Zhang，2007**

绒毛线虫属 *Pomponema* Cobb，1917

多辅器绒毛线虫 *Pomponema multisupplementa* **Huang & Zhang，2014**

色拉支线虫科 Selachinematidae Cobb，1915

里氏线虫属 *Richtersia* Steiner，1916

北部湾里氏线虫 *Richtersia beibuwanensis* **Fu，Cai & Boucher，2013**

海洋局里氏线虫 *Richtersia coifsoa* **Fu，Cai & Boucher，2013**

链线虫科 Desmodoridae Filipjev，1922

玛瑙线虫属 *Onyx* Cobb，1891

日照玛瑙线虫 *Onyx rizhaoensis* **Huang & Wang，2015**

小玛瑙线虫 *Onyx minor* **Huang & Wang，2015**

薄咽线虫亚目 Leptolaimina Lorenzen，1981

纤咽线虫科 Leptolaimidae Orley，1880

似纤咽线虫属 *Leptolaimoides* Vitiello，1971

装饰似纤咽线虫 *Leptolaimoides punctatus* **Huang & Zhang，2006**

单宫目 Monhysterida Filipjev，1929

单宫线虫科 Monhysteridae De Man，1876

海单宫线虫属 *Thalassomonhystera* Jacobs，1987

弯刺海单宫线虫 *Thalassomonhystera contortspicula* **sp. nov.**

希阿利线虫科 Xyalidae Chitwood，1951

双单宫线虫属 *Amphimonhystera* Allgén，1929

圆双单宫线虫 *Amphimonhystera circula* **Guo & Warwick，2000**

考氏线虫属 *Cobbia* De Man，1907

异刺库氏线虫 *Cobbia heterospicula* **Wang, An & Huang，2018**

中华库氏线虫 *Cobbia sinica* **Huang & Zhang，2009**

吞咽线虫属 *Daptonema* Cobb，1920

长突吞咽线虫 *Daptonema longiapophysis* **Huang & Zhang，2010**

东海吞咽线虫 *Daptonema donghaiensis* **Wang，An & Huang，2018**

拟短毛吞咽线虫 *Daptonema parabreviseta* **Huang & Sun，2018**

埃氏线虫属 *Elzalia* Gerlach，1957

二叉埃氏线虫 *Elzalia bifurcata* **Sun & Huang，2017**

格氏埃氏线虫 *Elzalia gerlachi* **Zhang & Zhang，2006**

细纹埃氏线虫 *Elzalia striatitenuis* **Zhang & Zhang，2006**

线荚线虫属 *Linhystera* Juario，1974

长引带突线宫线虫 *Linhystera longiapophysis* **Yu，Huang & Xu，2014**

短引带突线宫线虫 *Linhystera breviapophysis* **Yu，Huang & Xu，2014**

拟双单宫线虫属 *Paramphimonhystrella* Huang & Zhang，2006

美丽拟双单宫线虫 *Paramphimonhystrella elegans* **Huang & Zhang，2006**

小拟双单宫线虫 *Paramphimonhystrella minor* **Huang & Zhang，2006**

中华拟双单宫线虫 *Paramphimonhystrella sinica* **Huang & Zhang，2006**

拟格莱线虫属 *Paragnomoxyala* Jiang & Huang，2015

大口拟格莱线虫 *Paragnomoxyala macrostoma*（**Huang & Xu，2013**）**Sun & Huang，2017**

短毛拟格莱线虫 *Paragnomoxyala breviseta* **Jiang & Huang，2015**

小拟格莱线虫 *Paragnomoxyala minuta* **Jiang & Huang，2016**

拟单宫线虫属 *Paramonohystera* Steiner，1916

宽头拟单宫线虫 *Paramonohystera eurycephalus* **Huang & Wu，2011**

假颈毛线虫属 *Pseudosteineria* Wieser，1956

张氏假颈毛线虫 *Pseudosteineria zhangi* **Huang & Li，2010**

中华假颈毛线虫 *Pseudosteineria sinica* **Huang & Li，2010**

颈毛线虫属 *Steineria* Micoletzky，1922

中华颈毛线虫 *Steineria sinica* **Huang & Wu，2011**

棘刺线虫属 *Theristus* Bastian，1865

异形交接刺棘刺线虫 *Theristus heterospiculus* **Huang & Zhang，2012**

中华棘刺线虫 *Theristus sinensis* **Huang & Zhang，2012**

毛棘刺线虫属 *Trichotheristus* Wieser，1956

关节毛棘刺线虫 *Trichotheristus articularus* **Huang & Zhang，2006**

管咽线虫科 Siphonolaimidae Filipjev，1918

管咽线虫属 *Siphonolaimus* De Man，1893

布氏管咽线虫 *Siphonolaimus boucheri* **Zhang & Zhang，2010**

条线虫科 Linhomoeidae Filipjev，1922

微口线虫属 *Terschellingia* De Man，1888

奥氏微口线虫 *Tershellingia austenae* Guo & Zhang，2001

大微口线虫 *Terschellingia major* Huang & Zhang，2005

尖头微口线虫 *Terschellingia stenocephala* Wang & Huang，2017

丝尾微口线虫 *Terschellingia filicaudata* Wang & Huang，2017

轴线虫科 Axonolaimidae Filipjev，1918

拟齿线虫属 *Parodontophora* Timm，1963

长化感器拟齿线虫 *Parodontophora longiamphidata* Wang & Huang，2015

海洋拟齿线虫 *Parodontophora marina* Zhang，1991

三角洲拟齿线虫 *Parodontophora deltensis* Zhang，2005

五里岛湾拟齿线虫 *Parodontophora wuleidaowanens* Zhang，2005

假拟齿线虫属 *Pseudolella* Cobb，1920

东海假拟齿线虫 *Pseudolella donghaiensis* Wang & Huang，2015

6.1 // 嘴 刺 目 Enoplida

1. 太平嘴刺线虫

***Enoplus taipingensis* Zhang &
Zhou, 2012**（图 6.1.1，图 6.1.2）

Cobb 公式：

模式标本： $\dfrac{—\quad 978\quad M\quad 5582}{74\quad 134\quad 160\quad 120}$ 5833μm；a＝36.5，b＝6.0，c＝23.21，spic＝193

雌性副模式标本： $\dfrac{—\quad 1018\quad M\quad 5872}{74\quad 141\quad 170\quad 102}$ 6200μm；a＝36.5，b＝6.1，c＝18.9，V％＝54%

属于嘴刺目、嘴刺科、嘴刺线虫属。

个体较大，雄体长 5500～6400μm，最大体宽 142～188μm（为多条个体的最大体宽集合，余同），两端渐尖。角皮厚而光滑。口由 3 个发达的唇瓣围成。6 个内唇感觉器乳突状，6 根外唇刚毛和 4 根头刚毛排列成一圈，外唇刚毛长于头刚毛，外唇刚毛长 24～28μm，头刚毛长 16～20μm。具有加厚的头鞘，长 52～60μm。口腔杯状，颚发达，长 35μm，无齿。头缝下 35～40μm 处的侧面具 2 列每列 3 根的颈刚毛，长 1.5～2.5μm；体刚毛 3.0～4.5μm，分布在全身亚背和亚腹面。袋状化感器，开口于头刚毛和头缝之间，长 6μm，宽 5μm。咽圆柱形，长 968～1100μm，无咽球。神经环环绕咽的中部，距顶端 408～491μm。排泄孔距头端 60～72μm。2 个色素点形状不规则，位于头缝下的两侧面。尾较短，锥柱状，长 251～288μm，为泄殖腔相应体径的 2.1～2.5 倍，在锥柱过渡区有 1 个腹面突起，3 个尾腺细胞，最前一个延伸至泄殖孔之上。

生殖系统具有 2 个相对排列的精巢。交接刺弧形，长 192～238μm，即泄殖腔相应体径的 1.6～2.1 倍，近端膨大，远端尖细，中部具 7～9 个半圆形的板片。引

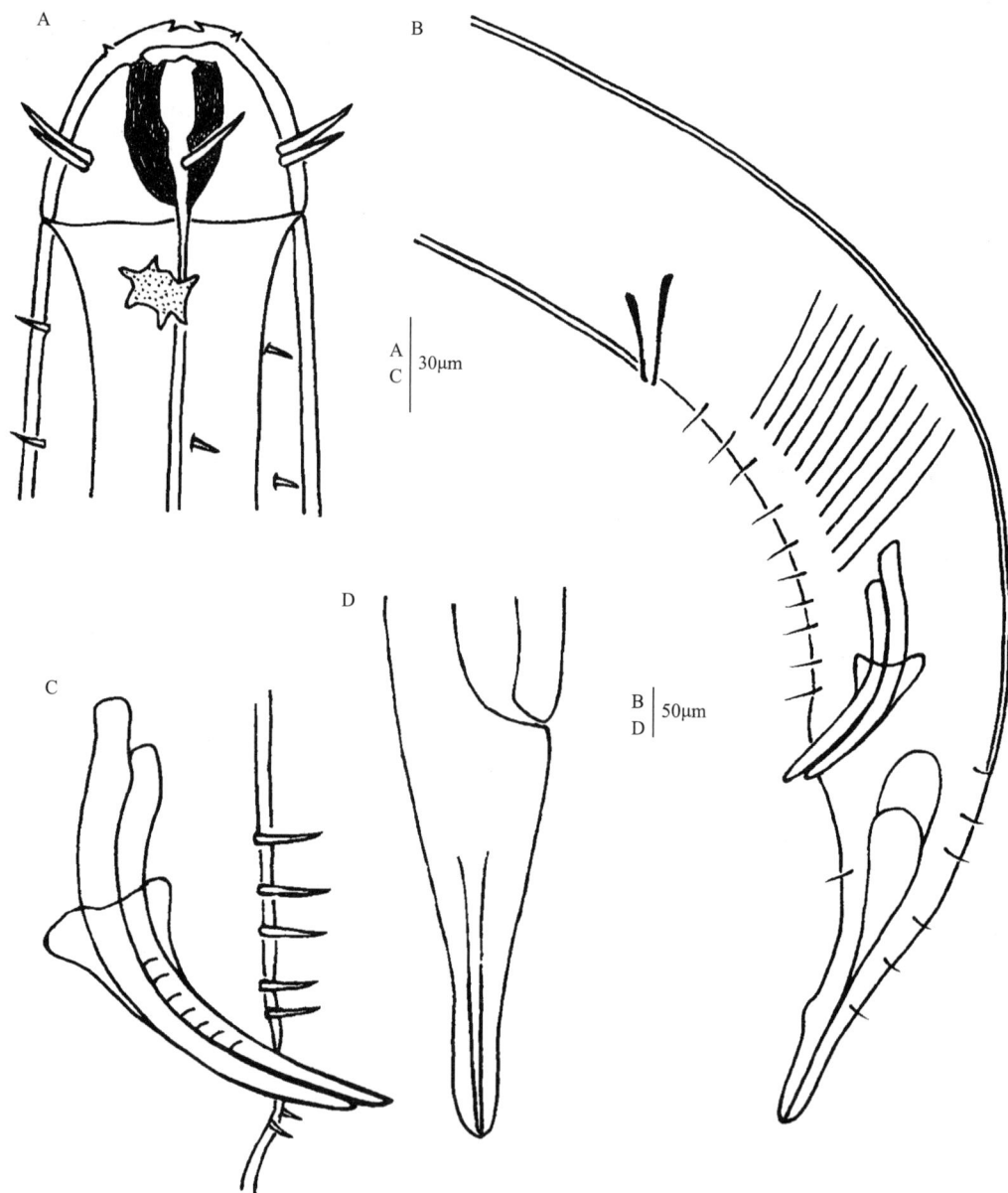

图 6.1.1 太平嘴刺线虫（*Enoplus taipingensis* Zhang & Zhou，2012）手绘图

A. 雄体头端，示口腔、颚和色素点；B. 雄体后部，示交接刺、腹刚毛和肛前辅器；C. 交接刺、引带和腹刚毛；
D. 雌体尾端

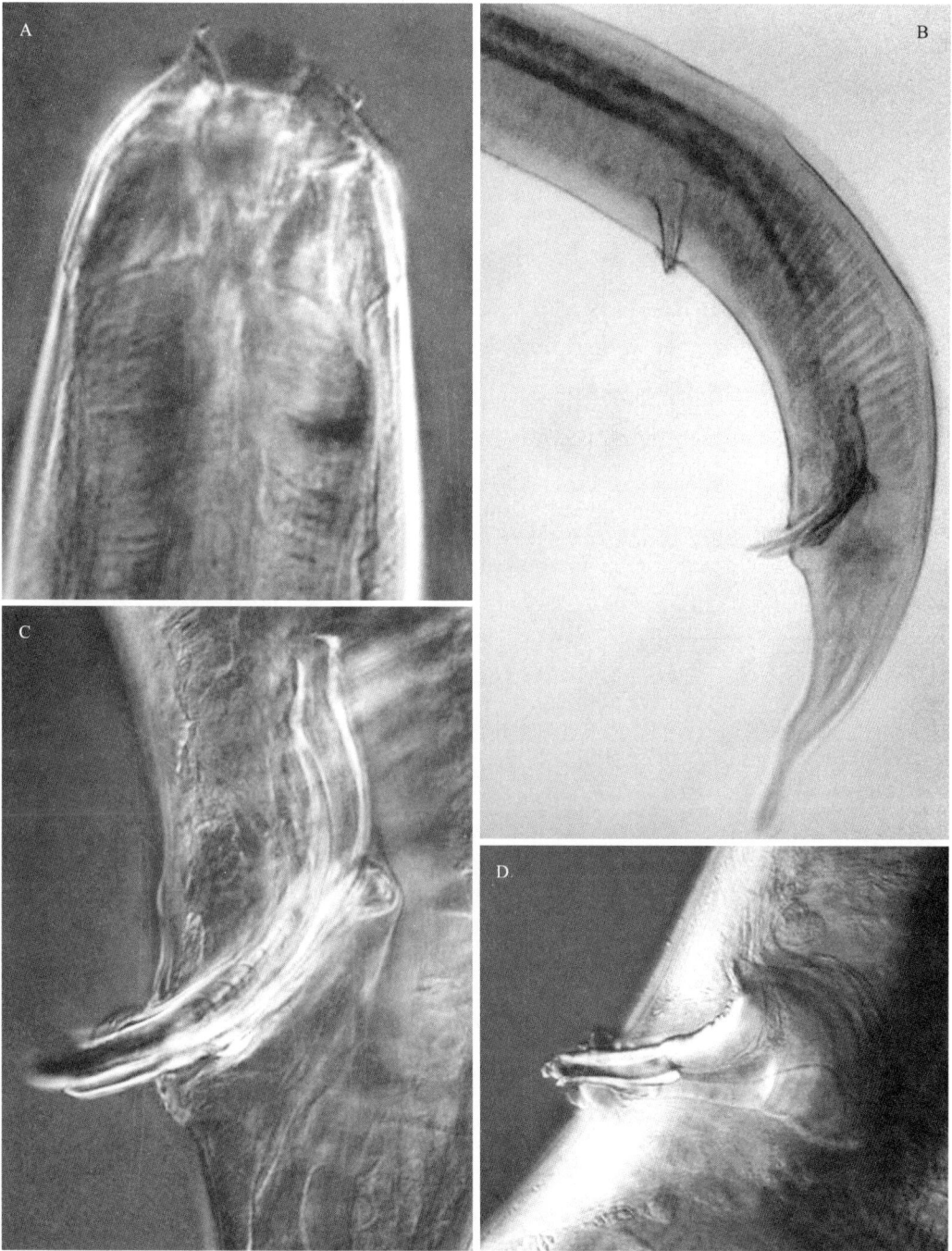

图 6.1.2　太平嘴刺线虫（*Enoplus taipingensis* Zhang & Zhou，2012）显微图

A. 雄体头端；B. 雄体尾端；C. 交接刺；D. 肛前辅器

带喇叭形，长 62～82μm，顶端具 1 个小的背部突起。1 个肛前辅器，喇叭形，长 71～83μm，位于肛前 268～302μm 处。在泄殖孔和肛前辅器之间有左右 2 列亚腹刚毛，长 27～34μm。紧邻泄殖孔有 2 对粗钝的肛后刚毛。

雌体形态类似于雄体，但尾稍长，279～328μm，约为泄殖腔相应体径的 3 倍。无尾刚毛和尾腹面突起。生殖系统具 2 个前后对生的反折的卵巢，前卵巢距雌孔 1292～2800μm，后卵巢距雌孔 1410～2196μm，卵椭圆形，长 188～198μm，宽 96～120μm。雌孔位于身体中间偏后，与顶端的距离占总体长的 54%～56%。

该种分布于黄海（青岛）潮间带，附着于岩石上的大型藻类上。

该种所在属目前共发现 33 种，其中首次于中国黄海发现 1 新种。

2. 丝尾梅氏线虫

Micoletzkyia filicaudata **Huang & Cheng, 2012**（图 6.2.1，图 6.2.2）

Cobb 公式：

模式标本： $\dfrac{-\quad 506\quad M\quad 3946}{12\quad 80\quad 81\quad 60}$ 4430μm；a＝54.7，b＝8.8，c＝9.1，spic＝262

属于嘴刺目、光皮线虫科、梅氏线虫属。

雄体细纺锤状，向两端逐渐变细。表皮光滑。头小伸出，半球状，与颈部之间有 1 处收缩。头鞘较薄。6 个唇瓣各有 1 个内唇乳突，外唇感觉器刚毛状，与 4 根头刚毛排成一圈，长 16μm。化感器袋状，开口椭圆形，宽 6μm。排泄孔位于颈部，距离头端约 120μm 处，约占咽长度的 24%。神经环位于咽的中部，约占咽长度的 51%。口腔小而简单。咽圆柱形，基部不加粗，无咽球。尾锥柱状，486μm，为泄殖孔相应体径的 8.1 倍，柱状部分细长，呈丝状，约占尾长的 5/6，无尾刚毛和尾端刚毛。3 个尾腺细胞位于尾的锥状区域。尾的末端具 1 个明显的黏液管。

生殖系统具有 2 个伸展的精巢。交接刺细长而直，长 262μm 或为泄殖孔相应体径的 4.4 倍。交接刺近端膨大呈头状，末端尖细。引带管状，具明显的背部尾状引带突。1 个管状肛前辅器，长 24μm，距离泄殖孔 104μm 或为泄殖孔相应体径的 1.7 倍。

雌体没有发现。

该种分布于南海大陆架泥沙质沉积物中。

该种所在属目前共发现 15 种，其中首次于中国东海和南海发现 3 种。

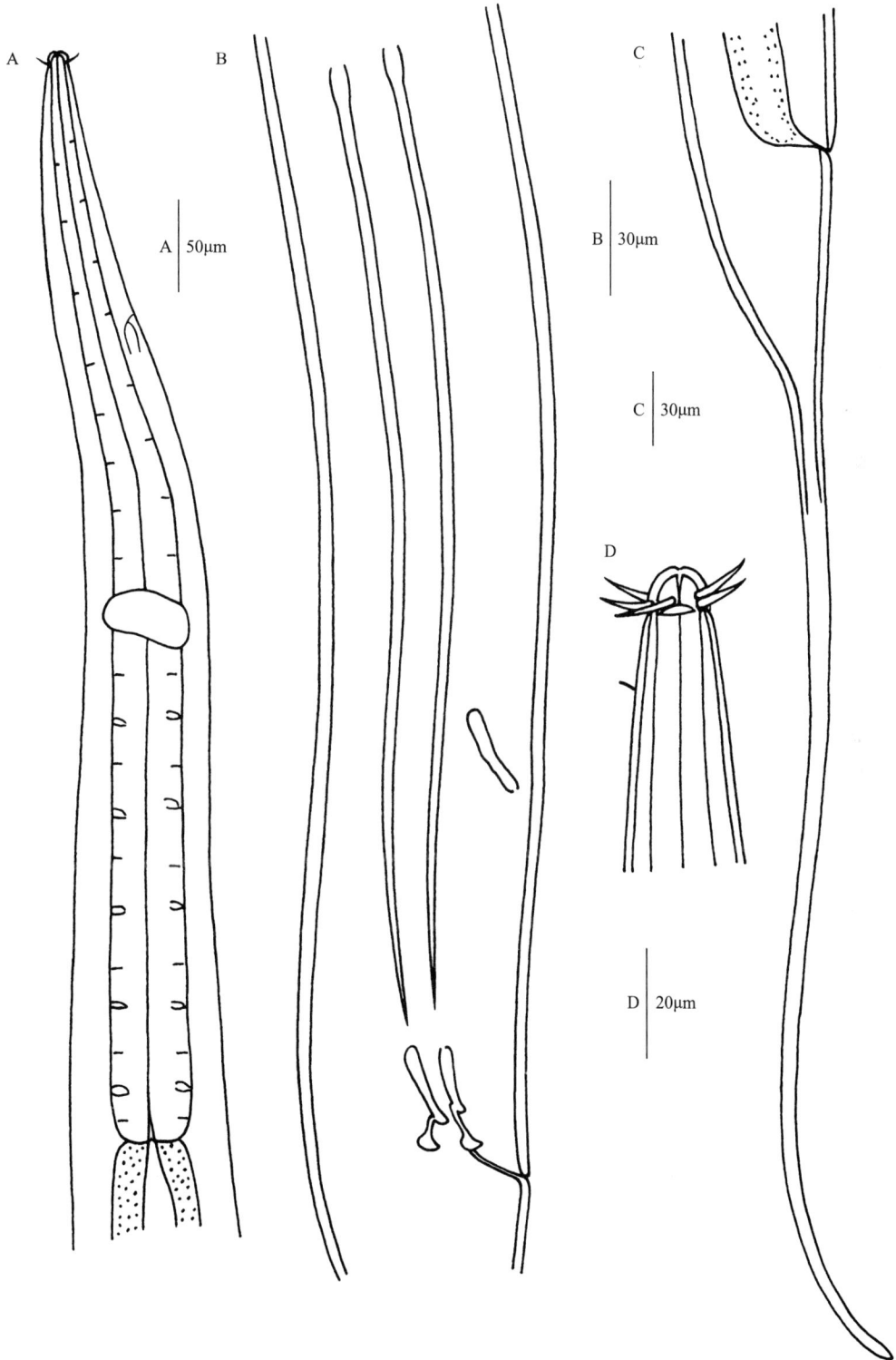

图 6.2.1 丝尾梅氏线虫（*Micoletzkyia filicaudata* Huang & Cheng，2012）手绘图
A. 雄体咽区；B. 雄体泄殖孔区，示交接刺、引带和肛前辅器；C. 雄体尾端；D. 雄体头端，示头刚毛

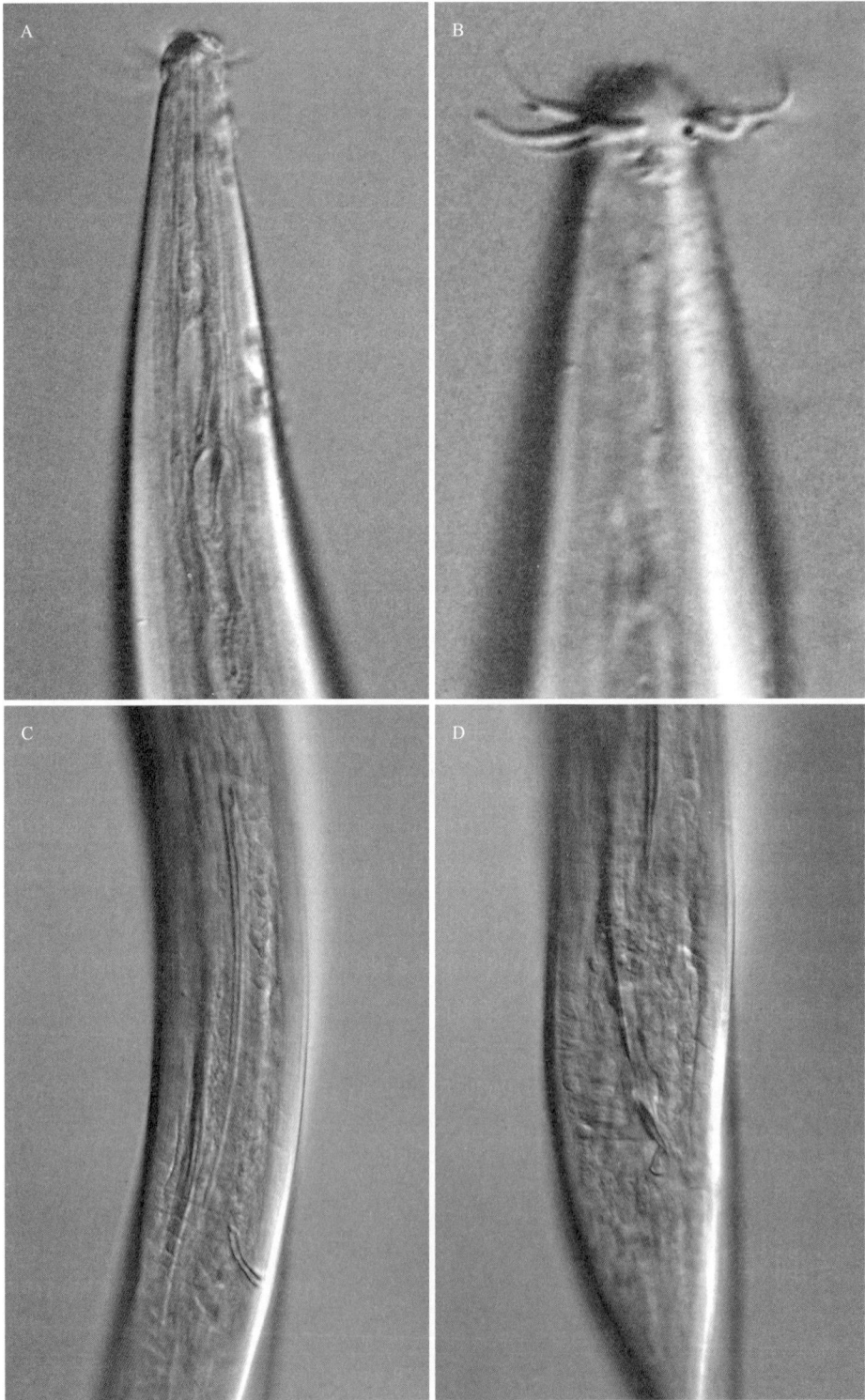

图 6.2.2　丝尾梅氏线虫（*Micoletzkyia filicaudata* Huang & Cheng，2012）显微图
A. 雄体前端；B. 雄体头端，示头刚毛；C. 雄体泄殖孔区，示交接刺和肛前辅器；
D. 雄体泄殖孔区，示引带和引带突

3. 长刺梅氏线虫

Micoletzkyia longispicula Huang & Cheng, 2012（图 6.3.1，图 6.3.2）

Cobb 公式：

模式标本： $\dfrac{—\quad 690\quad M\quad 5649}{15\quad 122\quad 128\quad 66}$ 6075μm；a＝47.5，b＝8.8，c＝14.2，spic＝460

属于嘴刺目、光皮线虫科、梅氏线虫属。

个体较大，长达 6100μm（为测量单条个体的具体数值，余同），身体呈细纺锤状，向两端逐渐变细。表皮光滑。头小伸出，半球状，与颈部有 1 处收缩。头鞘较薄。6 个唇瓣各有 1 个内唇乳突，外唇感觉器刚毛状，与 4 根头刚毛排成一圈，长 15μm。化感器袋状，开口椭圆形，宽 10μm。排泄孔位于颈部，距离头端约 130μm 处，约占咽长的 19%。神经环位于咽的中部。口腔小而简单。咽圆柱形，基部逐渐加粗，不形成咽球。尾锥柱状，428μm，为泄殖孔相应体径的 6.5 倍，柱状部分较纤细，约占尾长的 3/4，无尾刚毛和尾端刚毛。3 个尾腺细胞位于尾的锥状区域。尾的末端具 1 个明显的黏液管。

生殖系统具有 2 个伸展的精巢。交接刺非常细长，直伸，长 461μm 或为泄殖孔相应体径的 7 倍。交接刺近端膨大，呈葫芦形，末端尖细。引带锥状，长 51μm，无引带突。1 个管状肛前辅器，长 37μm，近端头状，位于距泄殖孔 153μm 处或在交接刺的 1/3 处。

雌体没有发现。

该种分布于黄海陆架泥质沉积物中。

该种所在属目前共发现 15 种，其中首次于中国东海和南海发现 3 种。

4. 南海梅氏线虫

Micoletzkyia nanhaiensis Huang & Cheng, 2012（图 6.4.1，图 6.4.2）

Cobb 公式：

模式标本： $\dfrac{—\quad 690\quad M\quad 4695}{13\quad 66\quad 72\quad 62}$ 4985μm；a＝69.2，b＝7.2，c＝17.2，spic＝152

副模式标本： $\dfrac{—\quad 660\quad M\quad 4695}{11\quad 66\quad 80\quad 58}$ 5395μm；a＝67.4，b＝8.2，c＝17.1，spic＝137

属于嘴刺目、光皮线虫科、梅氏线虫属。

个体较大，长达 5400μm，身体呈细纺锤状，向两端逐渐变细。表皮光滑。头小伸

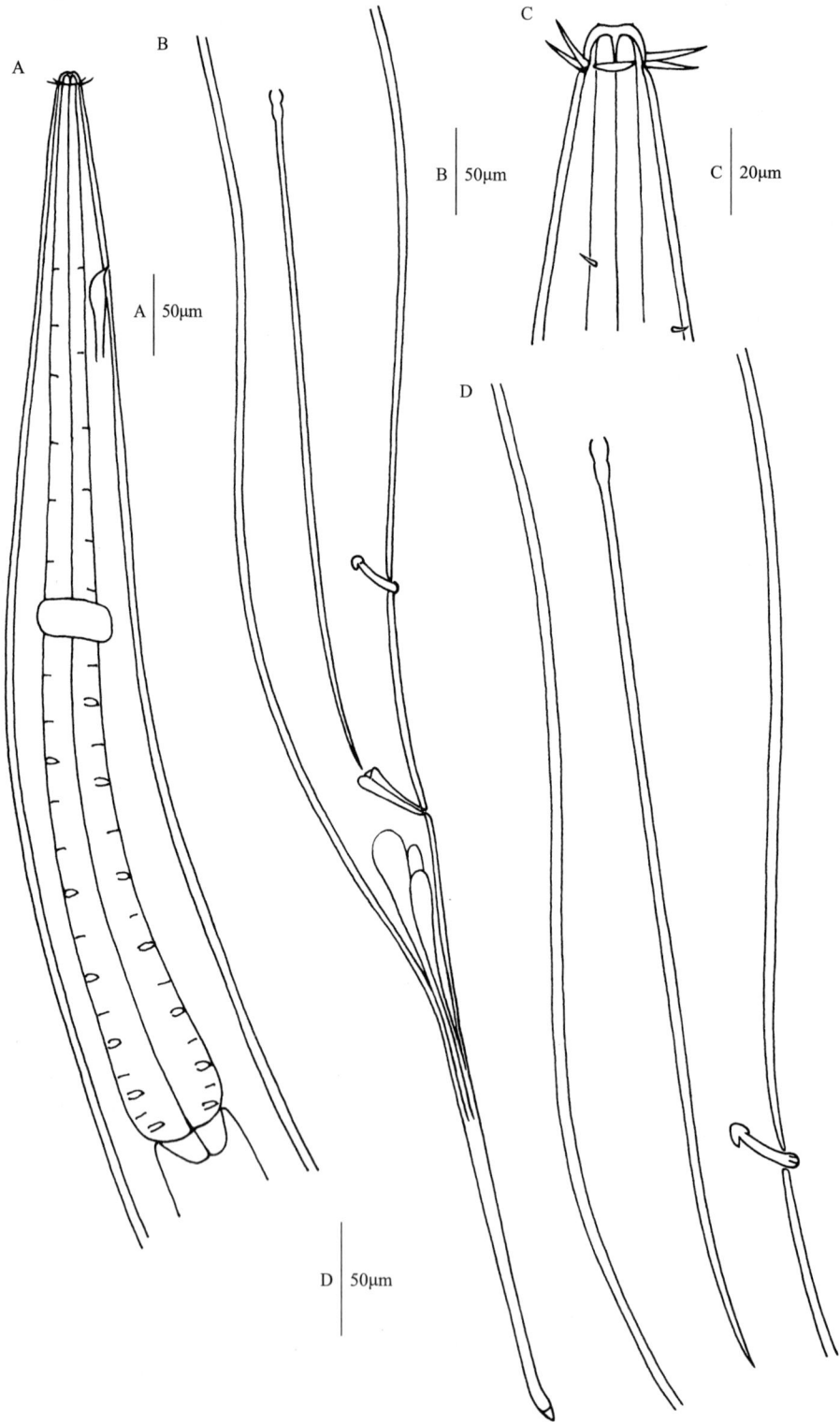

图 6.3.1 长刺梅氏线虫（*Micoletzkyia longispicula* Huang & Cheng，2012）手绘图
A. 雄体前端；B. 雄体后端；C. 雄体头端；D. 雄体泄殖孔区

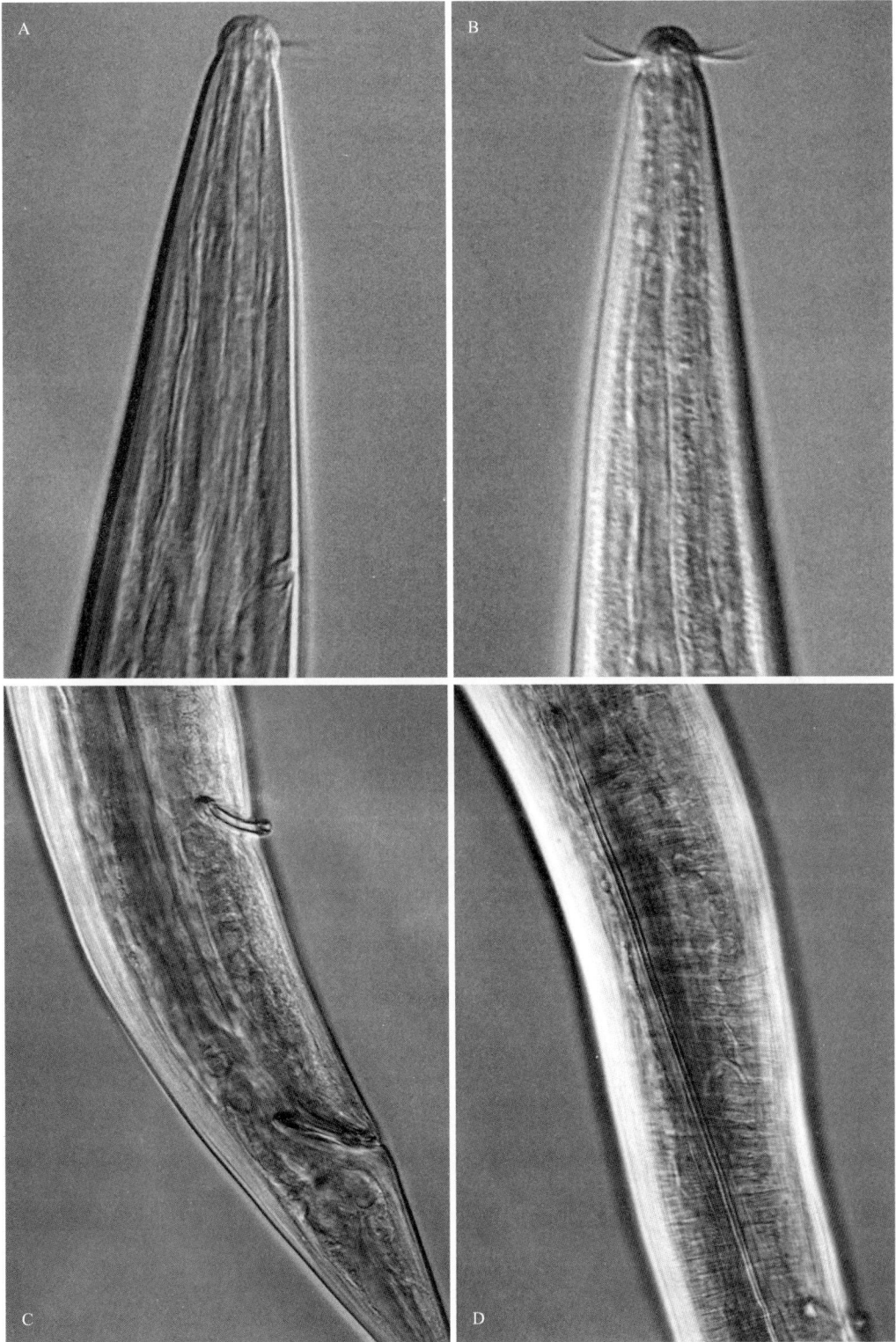

图 6.3.2 长刺梅氏线虫（*Micoletzkyia longispicula* Huang & Cheng，2012）显微图
A、B. 雄体头端；C. 雄体泄殖孔区，示引带和肛前辅器；D. 雄体泄殖孔区，示交接刺

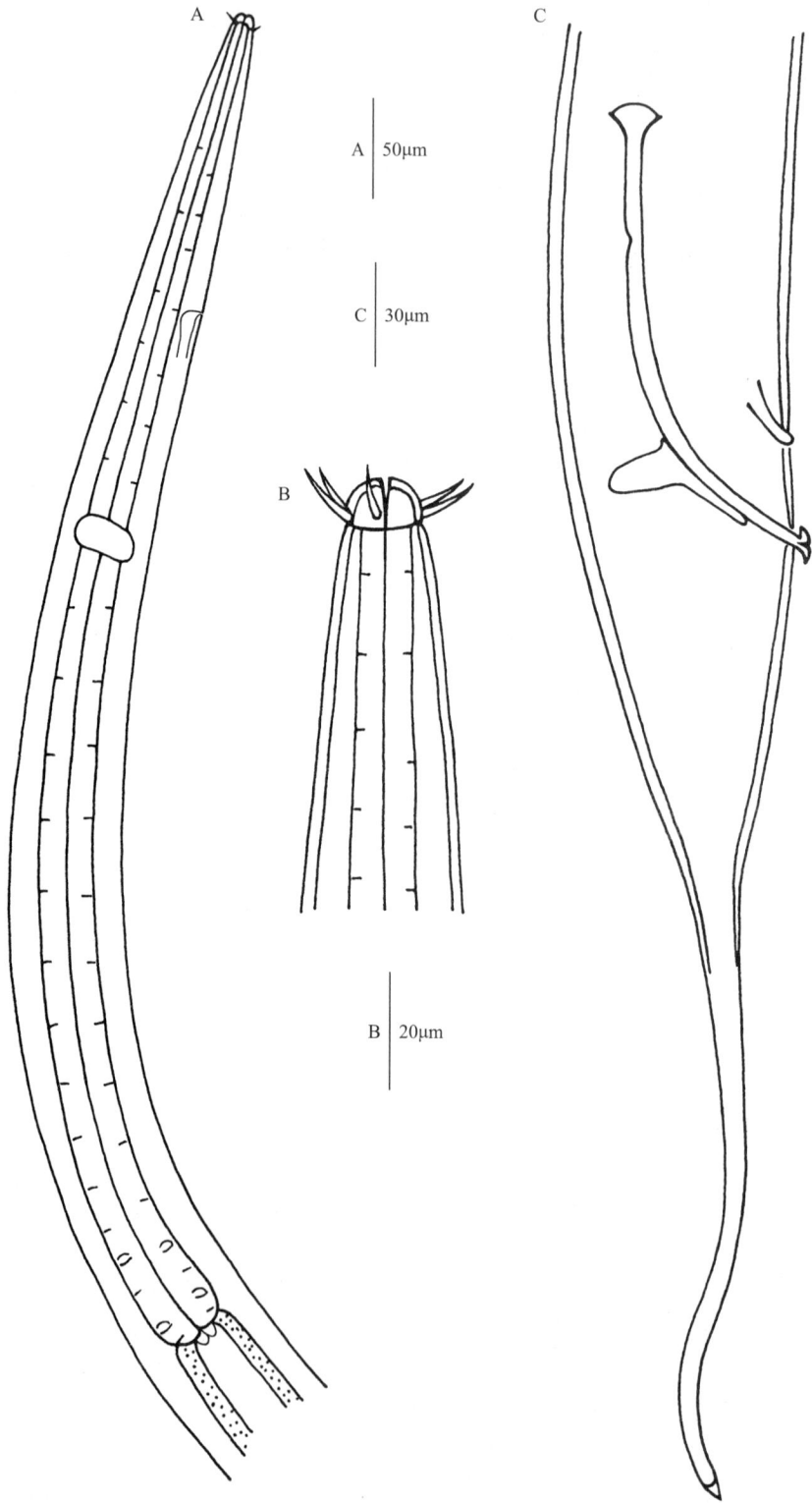

图 6.4.1　南海梅氏线虫（*Micoletzkyia nanhaiensis* Huang & Cheng，2012）手绘图
A. 雄体咽区；B. 雄体头端，示头刚毛；C. 雄体后端，示交接刺、引带、引带突和肛前辅器

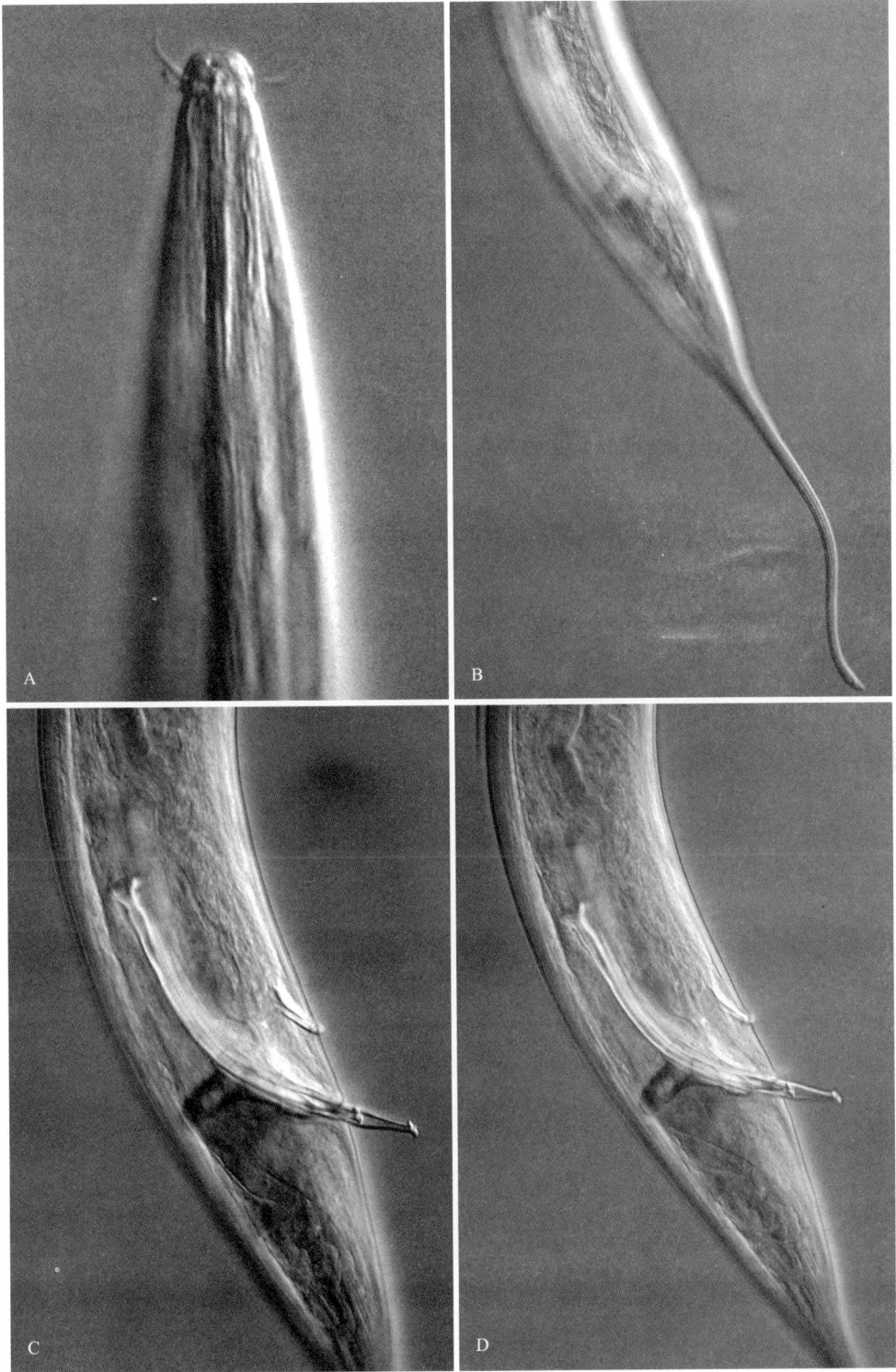

图 6.4.2 南海梅氏线虫（*Micoletzkyia nanhaiensis* Huang & Cheng，2012）显微图

A. 雄体头端，示头刚毛；B. 幼体尾端；C. 雄体泄殖孔区，示交接刺和肛前辅器；

D. 雄体泄殖孔区，示交接刺和引带突

出，半球状，与颈部之间有 1 处收缩。头鞘较薄。内唇感觉器不明显，外唇感觉器刚毛状，长 10μm。4 根头刚毛和 6 根外唇刚毛排成一圈，头刚毛长 7μm。口腔小而简单。咽圆柱形，基部多皱褶，不形成咽球。化感器没有观察到。排泄孔位于颈部距离头端约 60μm 处。神经环位于咽的前部，约占咽长的 38%。尾锥柱状，约为泄殖孔相应体径的 5 倍，柱状部分较纤细，约占尾长的 2/3，锥状部分有少量短的亚腹刚毛，无尾端刚毛。尾的末端具 1 个尖细的黏液管。

生殖系统具有 2 个伸展的精巢。交接刺细长弯曲，长 137~152μm 或为泄殖孔相应体径的 2.5 倍。交接刺近端膨大呈头状，末端膨大呈花柱状。引带长 16μm，近端具 1 个膨大的引带突，长达 20μm。肛前辅器管状，长约 20μm，距泄殖孔 28μm。

雌体没有发现。

该种分布于南海大陆架泥沙质沉积物中。

该种所在属目前共发现 15 种，其中首次于中国东海和南海发现 3 种。

5. 短尾头感线虫   *Cephalanticoma brevicaudata* **Huang, 2012**（图 6.5.1，图 6.5.2）

Cobb 公式：

模式标本：$\dfrac{—\quad 748\quad M\quad 3813}{26\quad 136\quad 145\quad 65}$ 4010μm；a＝27.7，b＝5.4，c＝20.1，spic＝102

雌性副模式标本：$\dfrac{—\quad 638\quad M\quad 3260}{23\quad 125\quad 136\quad 58}$ 3520μm；a＝25.9，b＝5.5，c＝13.6，V%＝48%

属于嘴刺目、前感线虫科、头感线虫属。

雄体长纺锤形，两端渐尖，长达 4010μm，最宽可达 145μm。表皮光滑。头有角质化加厚的头鞘。内唇感觉器乳突状，外唇感觉器刚毛状，与头刚毛排成一圈。6 条外唇刚毛略长（15μm），4 根头刚毛较短（11μm）。化感器袋状，位于头刚毛之下，距离头端 13μm，开口椭圆形，宽 9μm。距离头端 72μm 处具 2 列颈刚毛，分别排在颈部两侧面，每列 3 条，长 16~18μm。神经环位于咽的中前部，约占咽长度的 44%。排泄孔位于神经环前 68μm、头端之后约 260μm 处。口腔锥状，内壁角质化加厚，内有 3 个小齿。咽管圆柱形，基部略膨大，不形成咽球。尾锥柱状，较短，为泄殖孔相应体径的 3.1 倍，柱状部分约为尾长的 1/3，不呈丝状。在尾的亚腹面具短的尾刚毛，无尾端刚毛。3 个尾腺细胞位于尾的锥状区域。尾的末端具 1 个明显的黏液管。

交接刺弧形，近端头状，末端钝，无翼膜，长度约为泄殖孔至肛前辅器距离的一

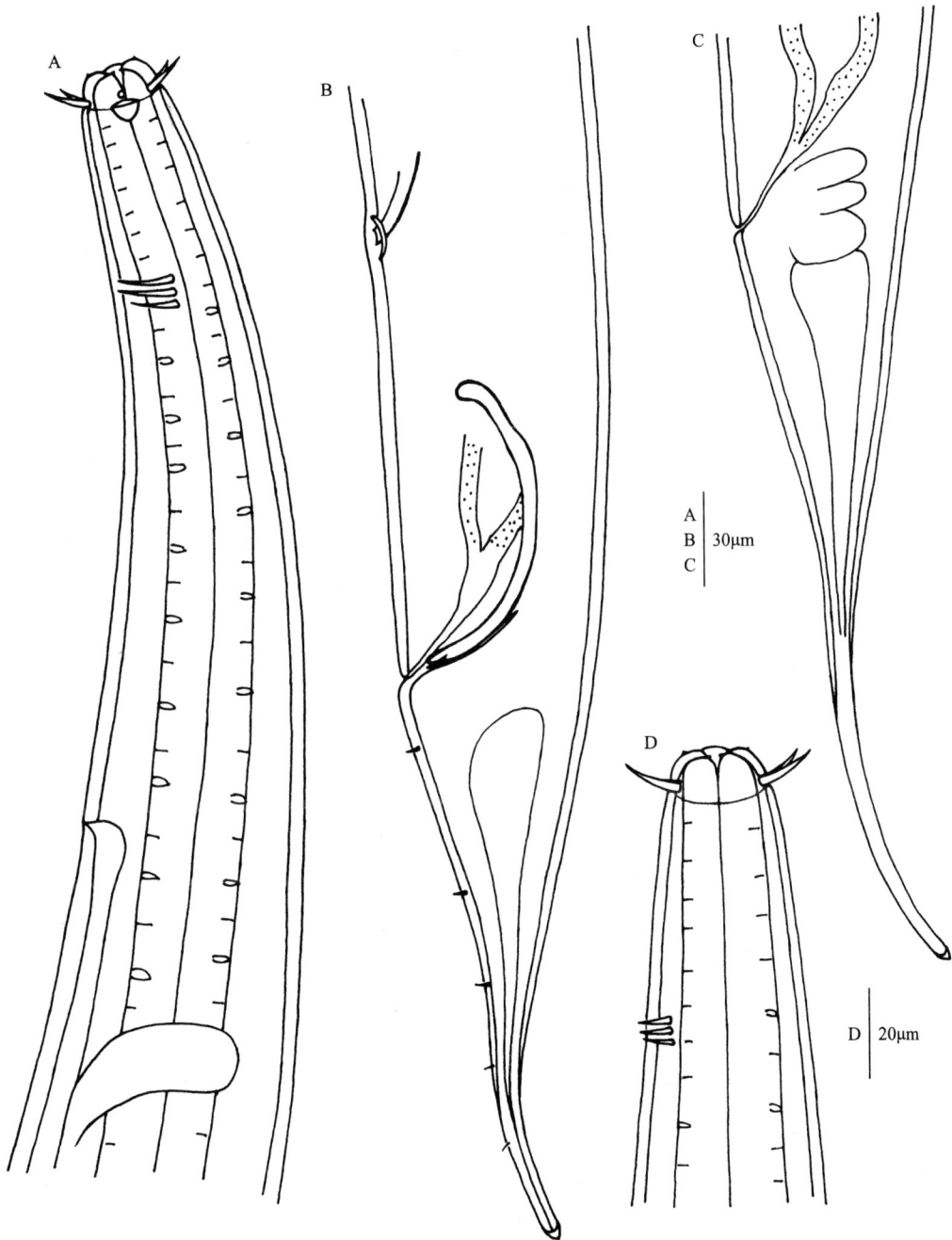

图 6.5.1　短尾头感线虫（*Cephalanticoma brevicaudata* Huang，2012）手绘图
A. 雄体前端，示化感器、颈刚毛；B. 雄体尾端，示交接刺、引带和肛前辅器；C. 雌体尾端；D. 雌体头端

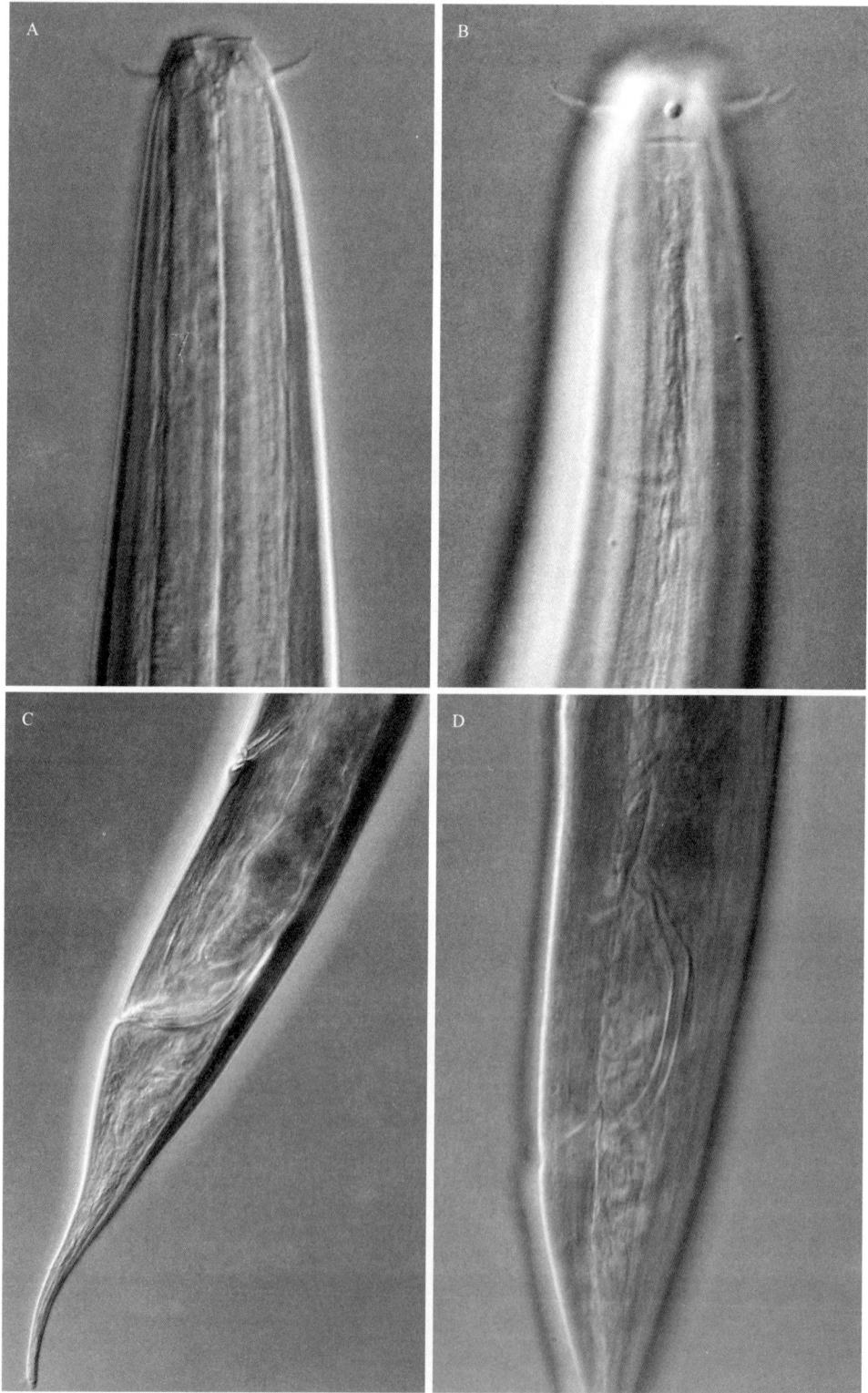

图 6.5.2 短尾头感线虫（*Cephalanticoma brevicaudata* Huang，2012）显微图
A、B. 雄体头端，示头刚毛、化感器；C. 雄体尾端，示肛前辅器；D. 雄体泄殖孔区，示交接刺

半。引带棒状，长 30μm，无引带突。交接辅器管状，长 34μm，距离泄殖孔 148μm，2.3 倍于泄殖孔相应体径处。

雌体略小，尾相对较长，柱状部分约为尾长的 1/2。颈刚毛短，只有 8μm。该标本卵巢不显著，雌孔在身体的前半部分。没有发现德曼系统。

该种分布于南海大陆架沙质沉积物中。

该种所在属目前共发现 3 种，其中首次于中国南海和黄海发现 2 种。

6. 丝尾头感线虫

Cephalanticoma filicaudata Huang & Zhang, 2007（图 6.6.1，图 6.6.2）

Cobb 公式：

模式标本：$\dfrac{—\quad 1010\quad M\quad 5840}{29.5\ 143\quad 180\quad 78}$ 6450μm；a＝35.8，b＝6.4，c＝10.6，spic＝102

雌性副模式标本：$\dfrac{—\quad 963\quad M\quad 4853}{29\quad 150\quad 172\quad 80}$ 5480μm；a＝31.9，b＝5.7，c＝8.7，V%＝46%

属于嘴刺目、前感线虫科、头感线虫属。

雄体细长，呈纺锤形，两端渐尖，长达 6500μm，身体中部最大直径 180μm。表皮光滑。头端圆形，具有角质化的头鞘，直径 28～30μm。6 个唇瓣，每个具有 1 个小的内唇乳突。外唇感觉器刚毛状，长约 20μm，6 根外唇刚毛与 4 根头刚毛排列成 1 圈。颈部每侧各具 1 纵列颈刚毛，每列 2 根，长约 20μm，最前面的颈刚毛距离头端 52～72μm。化感器袋状，位于头刚毛至头端的中间位置。口腔较小，圆锥状，内有 3 个小齿。咽管圆柱形，基部略膨大，不形成咽球。神经环位于咽的中部并环绕咽。排泄孔位于颈刚毛之后，距离头端 328～360μm。尾锥柱状，长 512～668μm，约为泄殖孔相应体径的 7 倍，柱状部分细长呈丝状，无尾端刚毛。3 个尾腺细胞。

雄性生殖系统具有前后 2 个反向的精巢，交接刺宽阔，有中肋和翼膜，向腹面弯曲呈弧形，近端收缩呈头状，末端圆钝，长 120～130μm，为泄殖孔相应体径的 1.5～1.7 倍。引带棒状，长 31～37μm，无引带突。肛前辅器管状，长 17～19μm，位于肛前 90～102μm，为泄殖孔相应体径的 1.2 倍。

雌体与雄体形态相似，尾相对较长。生殖系统具有 2 个反折的卵巢，生殖孔位于身体稍前部的腹面，至头端距离为体长的 44%～47%。没有发现德曼系统。

该种分布于黄海大陆架泥质沉积物中。

该种所在属目前共发现 3 种，其中首次于中国南海和黄海发现 2 种。

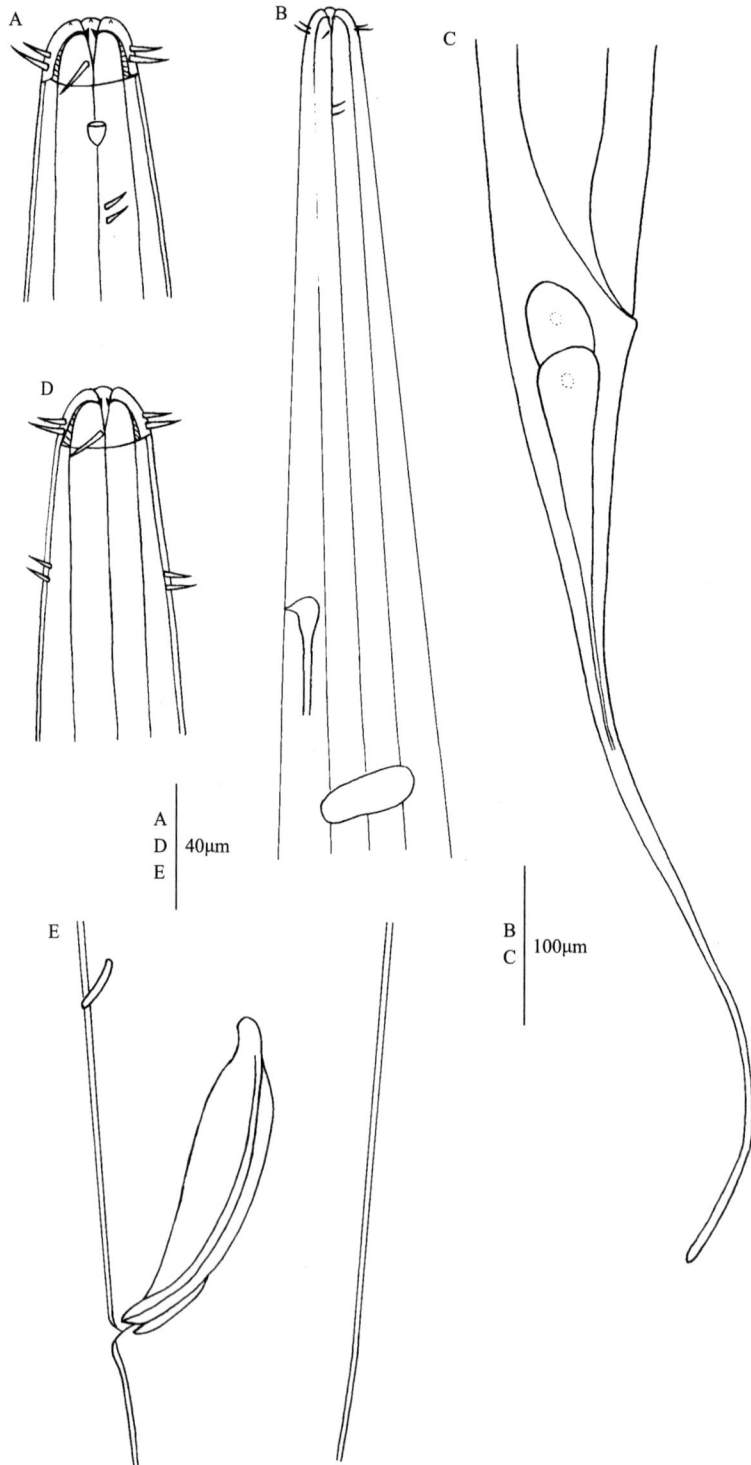

图 6.6.1　丝尾头感线虫（*Cephalanticoma filicaudata* Huang & Zhang，2007）手绘图

A. 雄体头端，示头刚毛、化感器和颈刚毛；B. 雄体前端；C 雌体尾端；雄体尾端，示肛前辅器；D. 雌体头端；
E. 雄体泄殖孔区，示交接刺和肛前辅器

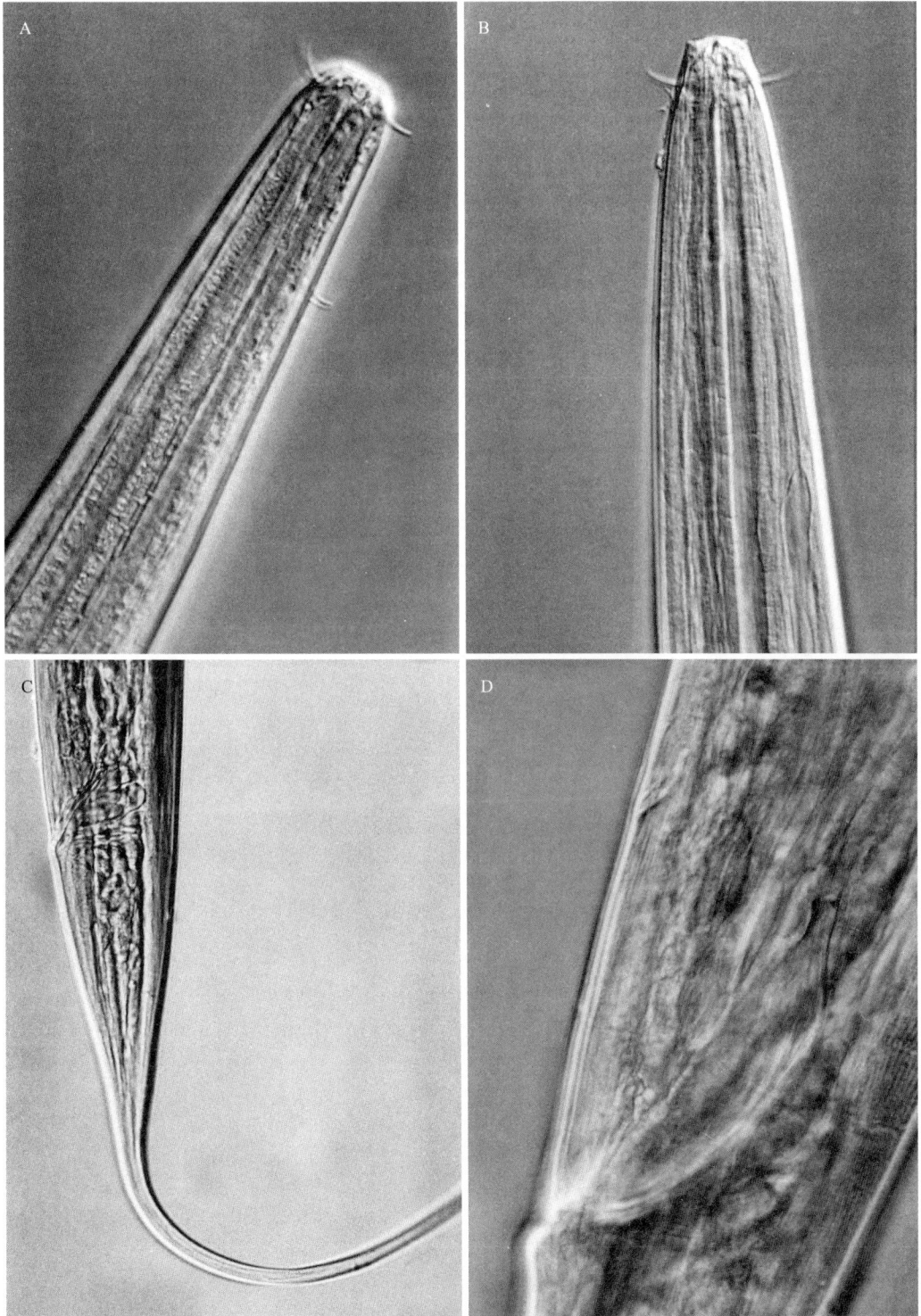

图 6.6.2 丝尾头感线虫（*Cephalanticoma filicaudata* Huang & Zhang，2007）显微图
A. 雄体前端；B. 雌体头端；C. 雌体尾端；D. 雄体泄殖孔区，示交接刺和肛前辅器

7. 三颈毛拟前感线虫

Paranticoma tricerviseta **Zhang, 2005**（图 6.7.1, 图 6.7.2）

Cobb 公式：

模式标本：$\dfrac{—\quad 610 \quad M \quad 2440}{15\quad 58\quad 65\quad 40}$ 2730μm；a＝42，b＝4.6，c＝9.4，spic＝53

雌性副模式标本：$\dfrac{—\quad 640 \quad M \quad 2420}{15\quad 68\quad 74\quad 37}$ 2732μm；a＝37，b＝4.3，c＝8.8，V%＝53%

属于嘴刺目、前感线虫科、拟前感线虫属。

雄体柱状，向末端逐渐变细，具丝状尾。表皮光滑无装饰。头圆钝，无头鞘，直径 14～17μm。内唇感觉器乳突状，外唇感觉器刚毛状，与头刚毛排成一圈，长9～11μm。化感器袋状，位于头刚毛着生处，距离头端约 7μm，长约 5μm，宽 6μm。距离头端 57μm 处具 2 列颈刚毛，分别排在颈部两侧面，每列 3 条。神经环位于咽的中部，约占咽长的 49%。排泄孔位于身体前端，距头端 23μm，开口于 1 个刺状突起上。口腔杯状，具有 3 个不显著的角质化小齿。咽管圆柱形，基部略膨大，不形成咽球。尾锥柱状，较长，为泄殖孔相应体径的 7 倍，柱状部分约为尾长的 1/3，呈丝状。在尾的亚腹面具短的尾刚毛，无尾端刚毛。3 个尾腺细胞位于尾的锥状区域。尾的末端具 1 个明显的黏液管。

交接刺宽阔，长 50～60μm，具中肋和翼膜，向腹面略弯曲呈弧形，中下部腹面具1 个突起。引带棒状，长 20～26μm，无引带突。无交接辅器。肛后具 2 对亚腹刚毛，长 4.5～6.0μm，距离泄殖孔 59～69μm。

雌体形态相似于雄体，但尾丝较长。生殖系统具 2 个反折的卵巢，前卵巢362～382μm，后卵巢 350～380μm。雌孔位于身体中部，离头端距离约占体长的 53%。

该种分布于渤海潮下带粉土质沉积物中。

该种所在属目前共发现 9 种，其中首次于中国渤海发现 1 新种。

8. 渤海海线虫

Thalassironus bohaiensis **Zhang, 1990**（图 6.8.1, 图 6.8.2）

Cobb 公式：

模式标本：$\dfrac{—\quad 370 \quad M \quad 1918}{16\quad 63\quad 65\quad 50}$ 2085μm；a＝32，b＝5.6，c＝12.5，spic＝67

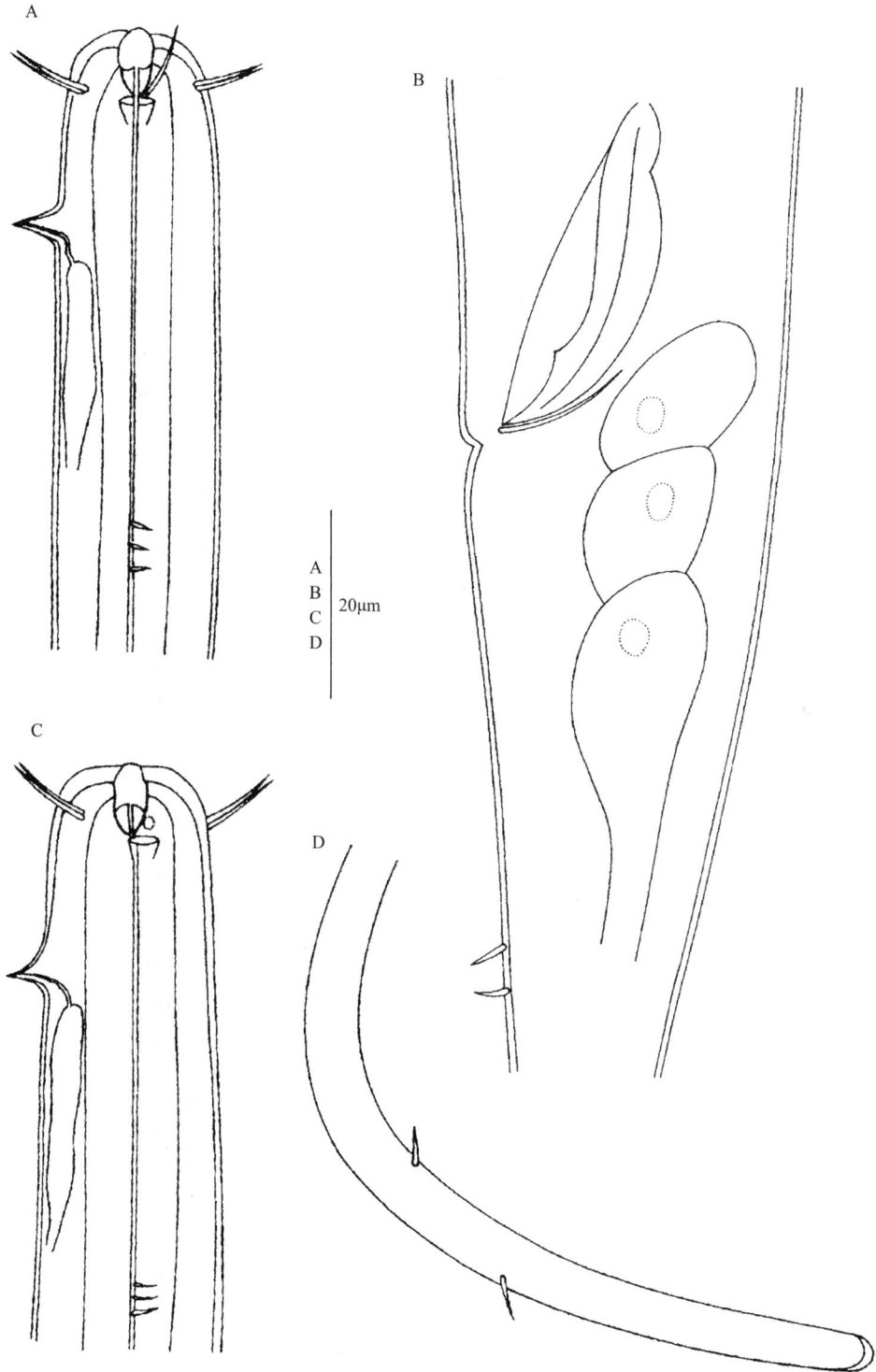

图 6.7.1 三颈毛拟前感线虫（*Paranticoma tricerviseta* Zhang，2005）手绘图

A. 雄体前端，示头刚毛、化感器、排泄孔和颈刚毛；B. 雄体泄殖孔区，示交接刺、引带和尾腺细胞；

C. 雌体头端；D. 雌体尾端

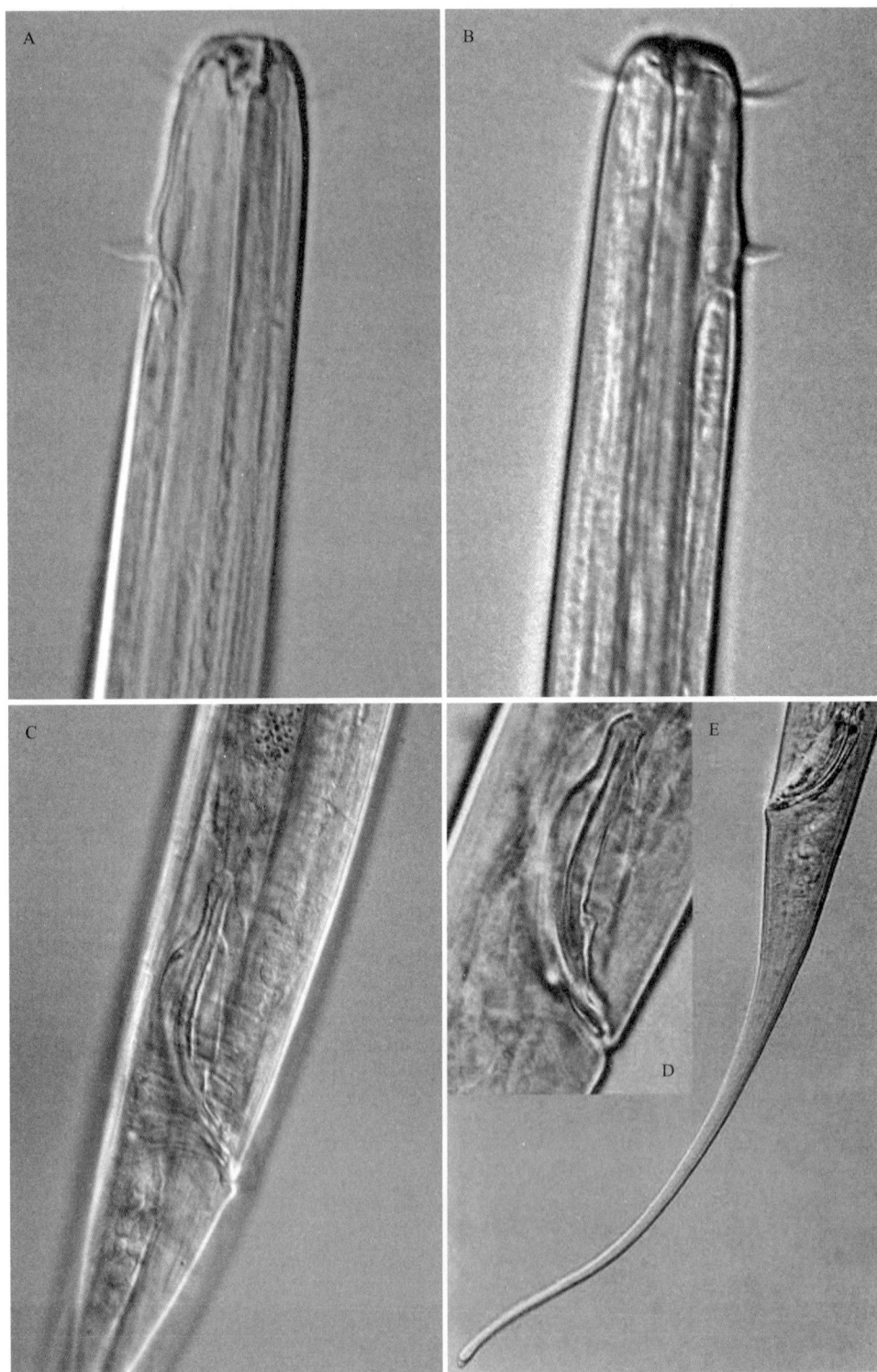

图 6.7.2　三颈毛拟前感线虫（*Paranticoma tricerviseta* Zhang，2005）显微图

A. 雄体前端，示口腔和颈刚毛；B. 雌体头端，示头刚毛和排泄孔；C. 雄体泄殖孔区，示交接刺；

D. 交接刺；E. 雄性尾端

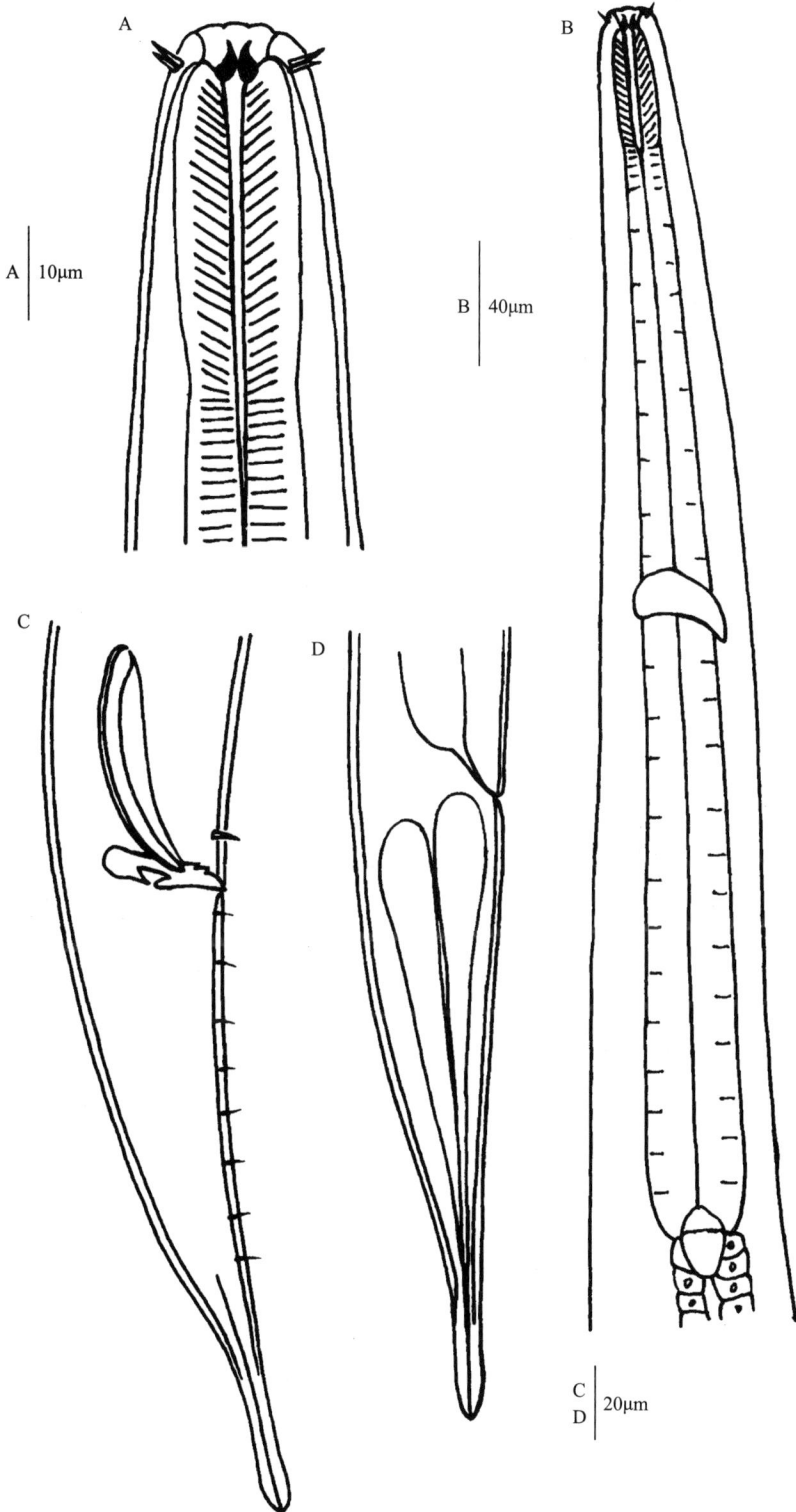

图 6.8.1　渤海海线虫（*Thalassironus bohaiensis* Zhang，1990）手绘图
A. 雄体头端，示口腔和齿；B. 雄体咽区；C. 雄体尾端，示交接刺和引带；D. 雌体尾端

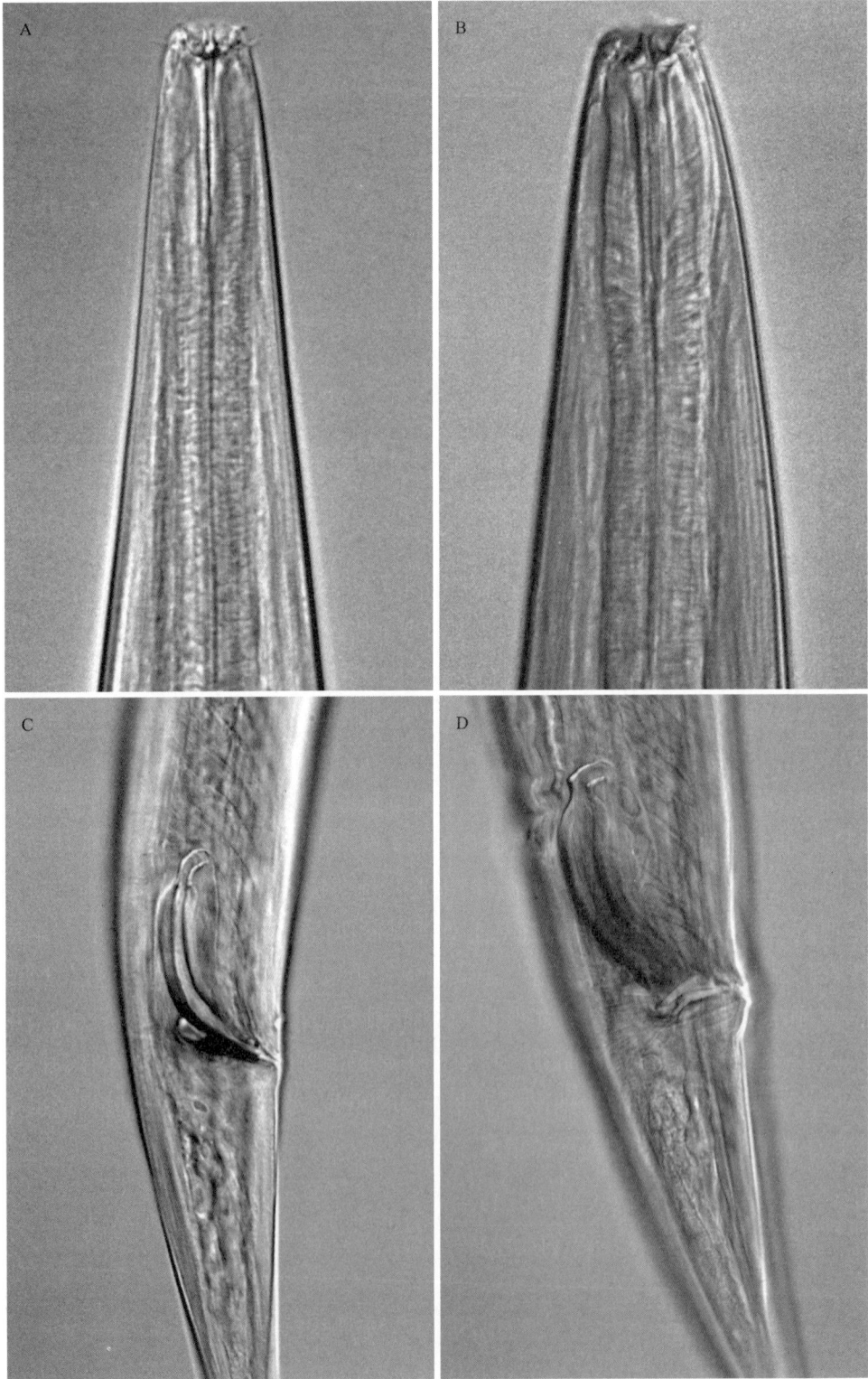

图 6.8.2 渤海海线虫（*Thalassironus bohaiensis* Zhang，1990）显微图

A. 雄体头端；B. 雄体头端，示口腔齿；C、D. 雄体泄殖孔区，示交接刺和引带

雌性副模式标本：$\dfrac{—\quad 360\quad M\quad 1896}{16.5\ 60\quad 64\quad 42}$ 2027μm；a＝32.4，b＝5.8，c＝11.8，V％＝49.5%

属于嘴刺目、烙线虫科、海线虫属。

身体细长，前端渐尖。雄体长 1980～2160μm，最大体宽 62～70μm。角皮光滑，厚 1.5～2.0μm，横纹不明显。口由 6 个唇瓣围成，各具 1 个小的圆形乳突。6 根外唇刚毛，4.5～5.5μm，与 4 根稍短的头刚毛（4.0～4.5μm）排成一圈。化感器袋状，开口新月形，长 6.5μm，宽 7.5μm，距离头端 5μm。口腔管状，内壁角质化加厚，深 36～38μm，前端具有 1 对三角形加厚的背齿和 2 个亚腹齿。咽圆柱形，向基部逐渐变粗，无咽球。贲门圆锥形。神经环位于咽的中间。排泄系统没有观测到。尾锥柱状，为泄殖孔相应体径的 3.4 倍，锥状部分较长，约占尾长的 3/4，柱状部分约占尾长的 1/4。锥状部分具 1 列腹刚毛，无尾端刚毛，末端黏液管开口明显。

生殖系统具 2 个精巢。交接刺 62～67μm，向腹面弯曲呈弧形，具宽的近端和窄的末端。引带长 33μm，角质化加厚，具头状膨大的近端，背面中间部位缺刻，近末端腹面具小齿。具 1 根 2μm 长的肛前刚毛，无肛前辅器。

雌体近似于雄体，尾稍长，约为泄殖孔相应体径的 4.2 倍。具 2 个反向排列的弯折的卵巢。雌孔位于身体正中央。

该种分布于渤海潮下带粉沙质沉积物中。

该种所在属目前共发现 9 种，其中首次于中国渤海发现 1 新种。

9. 长化感器吸咽线虫　　　　　*Halalaimus longiamphidus* Huang & Zhang, 2005（图 6.9.1，图 6.9.2）

Cobb 公式：

模式标本：$\dfrac{—\quad 810\quad M\quad 3040}{6.5\ 32\quad 42\quad 25}$ 3391μm；a＝94.2，b＝4.2，c＝9.7，spic＝36

雌性副模式标本：$\dfrac{—\quad 830\quad M\quad 3030}{6\ 38\quad 46\quad 21}$ 3380μm；a＝73.5，b＝4.1，c＝9.7，V％＝54.1%

属于嘴刺目、尖口线虫科、吸咽线虫属。

身体线形，极细。长 2173～3391μm，最大体宽 26～46μm。前端很尖，尾端丝状。颈部细长。头感觉器分布排列成 3 圈，6 个内唇感觉器刚毛状，长 3.5μm，距离头端 4μm。6 根外唇刚毛和 4 根头刚毛长 10～11μm。化感器细缝状，较长，70～81μm，

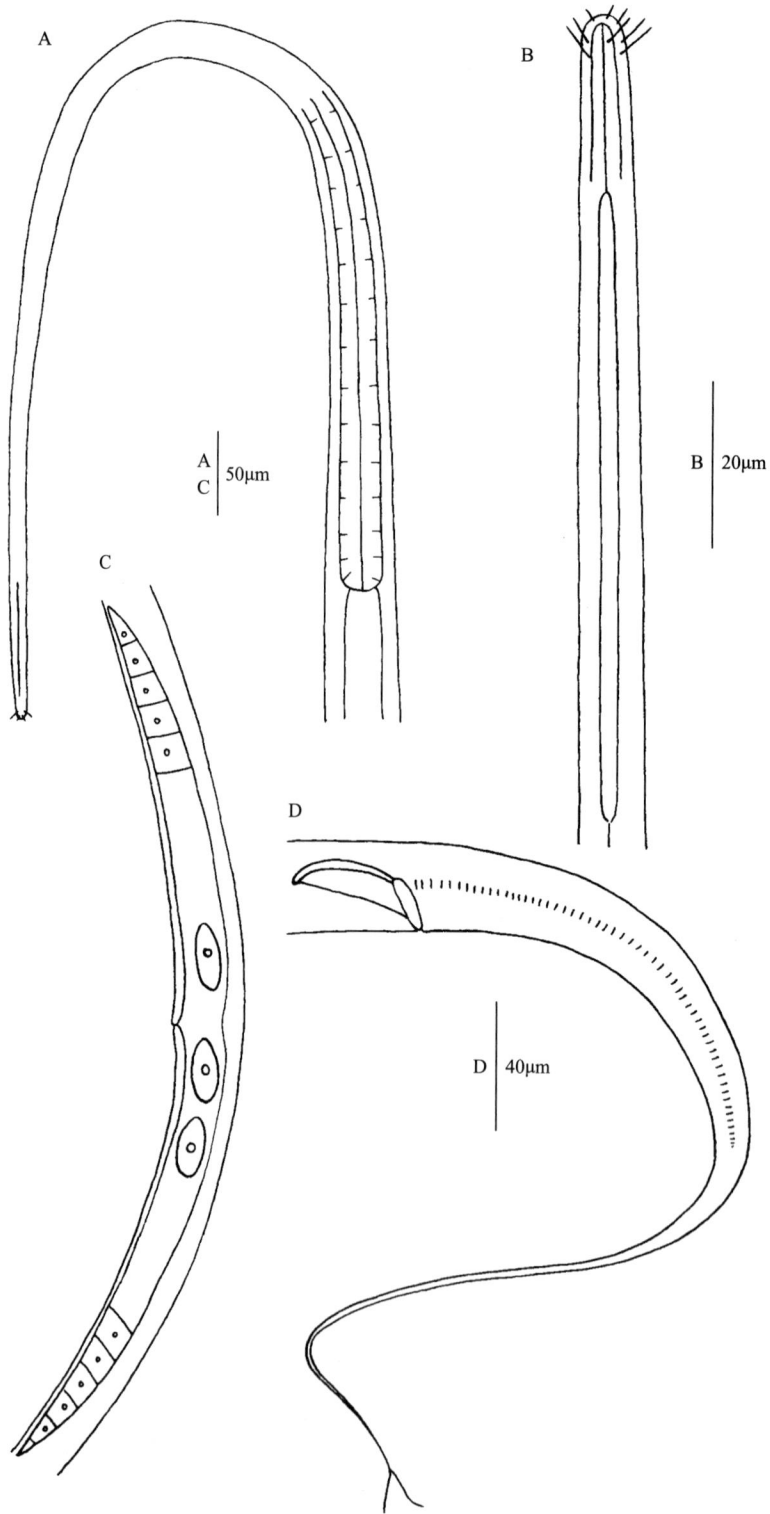

图 6.9.1　长化感器吸咽线虫（*Halalaimus longiamphidus* Huang & Zhang，2005）手绘图

A. 雄体咽区；B. 雄体头端，示化感器；C. 雌体雌孔区，示生殖系统和卵；D. 雄体尾端，示交接刺和引带

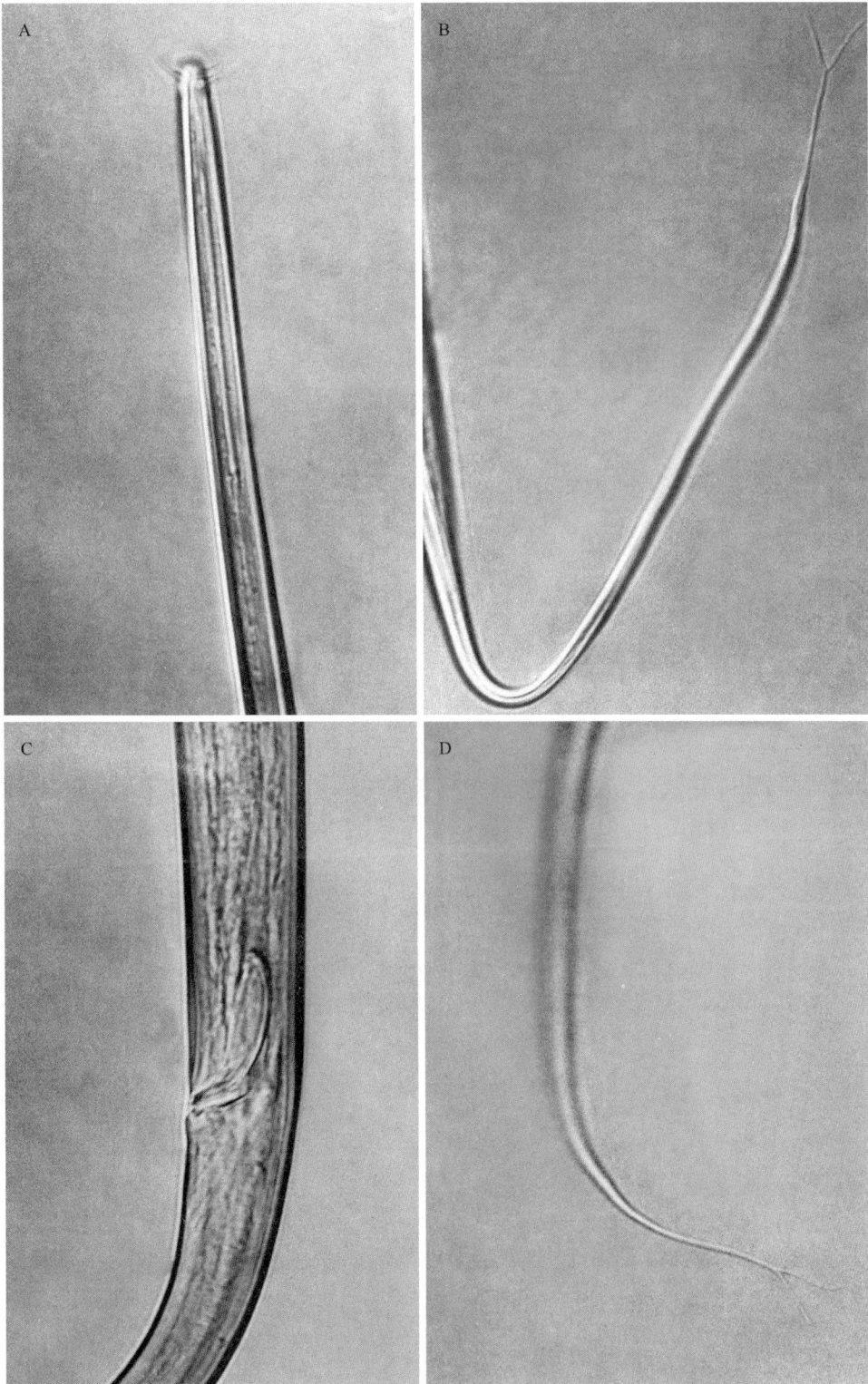

图 6.9.2 长化感器吸咽线虫（*Halalaimus longiamphidus* Huang & Zhang，2005）显微图
A. 雄体头端，示化感器；B. 雄体尾端；C. 雄体泄殖孔区，示交接刺和引带；D. 雌体尾端

前边距离头端 20μm。咽较长，约为体长的 1/4，基部稍膨大，无咽球。尾锥柱状，长252～351μm，前半部分锥状，侧面具横纹状的侧装饰。后半部分丝状，末端具二叉状分支，长 13～16μm。

生殖系统具 2 个反向排列的精巢。交接刺 29～46μm，向腹面弯曲呈弧形，腹面具翼膜。引带长椭圆形，长 14～15μm，包围着交接刺的末端，无引带突。无肛前辅器。

雌体类似于雄体。生殖系统具 2 个反向排列的伸展的卵巢。卵椭圆形。雌孔位于身体的中部。

该种分布于黄海大陆架泥沙质沉积物中。

该种所在属目前共发现 93 种，其中首次于中国黄海发现 1 新种。

10. 锥尾套浮体线虫 　*Litinium conicaudatum* **Huang, Sun & Huang, 2018**（图 6.10.1，图 6.10.2）

Cobb 公式：

模式标本：$\dfrac{—\quad 306 \quad M \quad 2489}{9 \quad 32 \quad 35 \quad 25}$ 2510μm；a＝71.7，b＝8.2，c＝119.5，spic＝36

属于嘴刺目、尖口线虫科、套浮体线虫属。

雄体细长，圆柱形，头端稍微渐尖。长 2510μm，最大体宽 32μm。角皮光滑，无体刚毛。头圆锥形。头感觉器刚毛状，排列成 3 圈，均长 3μm。6 根内唇刚毛紧邻6 根外唇刚毛，距离头端 3μm。4 根头刚毛，长 3.5μm，位于化感器后端，距离头端12μm。化感器较大，葫芦状，宽 6.5μm，占相应体径的 65%。口腔微小，无齿。咽圆柱形，末端膨大呈咽球，三角形。贲门心形。神经环位于咽的中部，排泄孔位于神经环与头端的中间。尾粗短，圆锥形，为泄殖孔相应体径的 0.84 倍，末端钝圆，具黏液管。

生殖系统具 1 个伸展的前精巢，位于肠的右侧。交接刺为泄殖孔相应体径的 1.4倍，细长，弯曲呈弧形，腹面具翼膜，近端钩状，末端尖细。引带三角形，背部具 1个尾状引带突，长 6μm。1 个乳突状的肛前辅器，其上着生 1 根 3μm 长的刚毛，位于交接刺的中间，距离泄殖孔 20μm。

该种分布于东海大陆架泥质沉积物中。

该种所在属目前共发现 11 个有效种，其中首次于中国东海发现 1 新种。

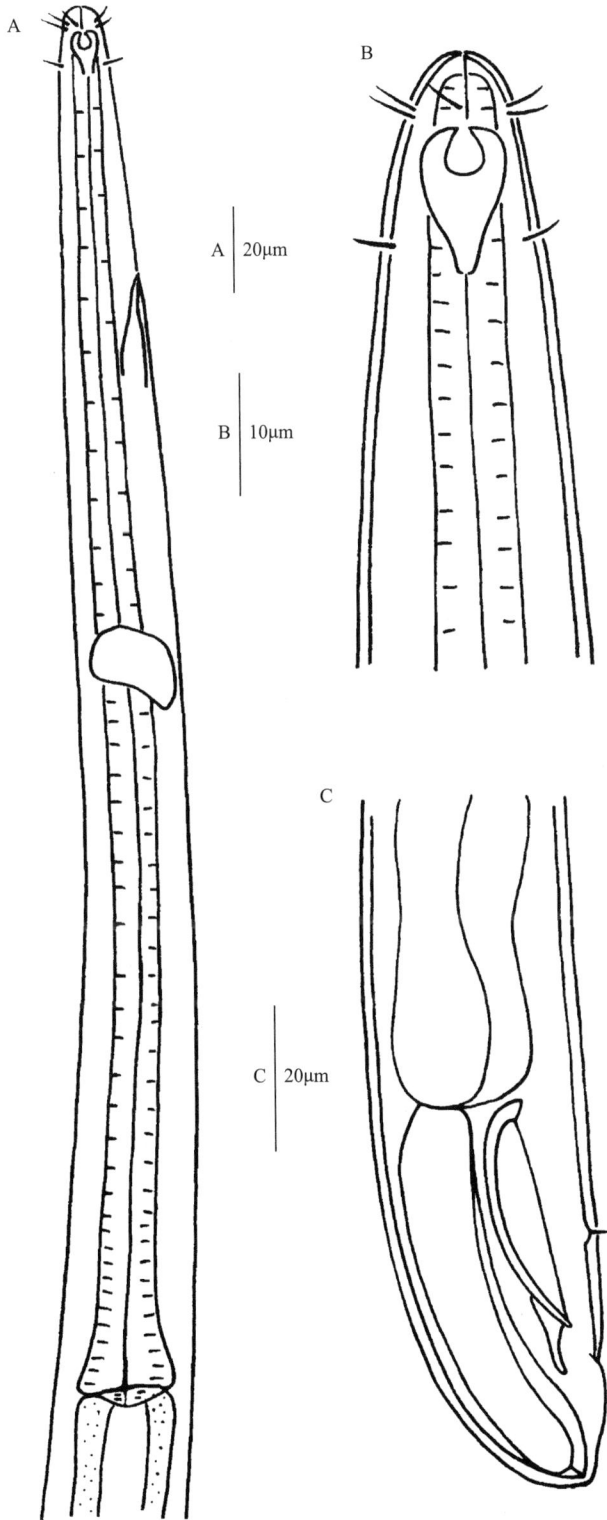

图 6.10.1 锥尾套浮体线虫（*Litinium conicaudatum* Huang，Sun & Huang，2018）手绘图
A. 雄体咽区；B. 雄体头端，示化感器；C. 雄体尾端，示交接刺和引带

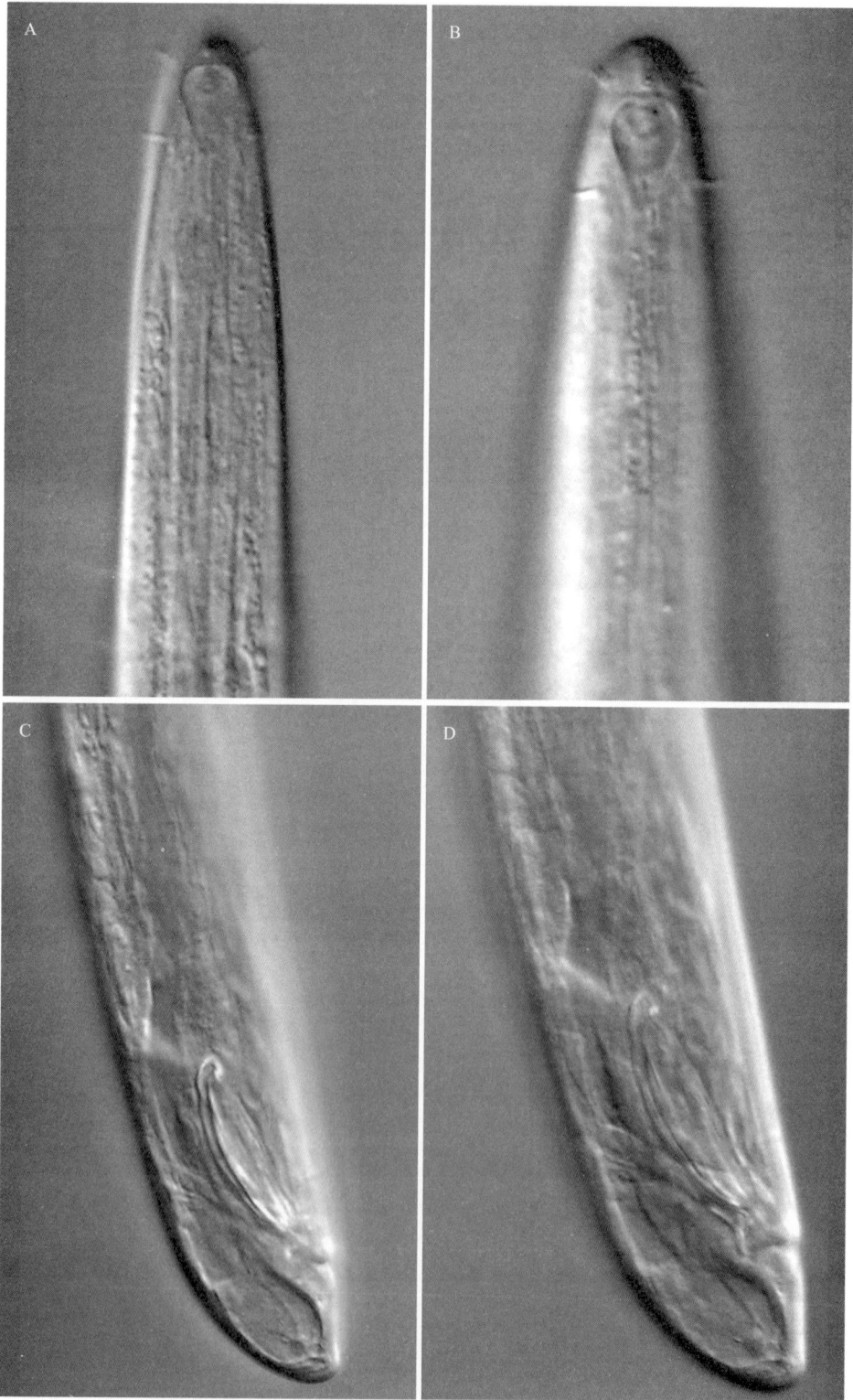

图 6.10.2 锥尾套浮体线虫（*Litinium conicaudatum* Huang，Sun & Huang，2018）显微图
A、B. 雄体头端，示化感器；C、D. 雄体尾端，示交接刺和引带

11. 小线形线虫

Nemanema minium **Sun & Huang, 2018**

（图 6.11.1，图 6.11.2）

Cobb 公式：

模式标本：$\dfrac{—\quad 436\quad M\quad 1853}{7\quad\ 48\quad\ 50\quad\ 31}$ 1939μm；a＝38.8，b＝4.5，c＝22.5，spic＝41

属于嘴刺目、尖口线虫科、线形线虫属。

个体为所在属内最小，纺锤形，长 1939μm，最大体宽 50μm。角皮光滑无装饰，通体具有大量椭圆形皮下腺细胞。内唇感觉器不明显。6 个外唇感觉器刚毛状，长 1.5μm。4 根头刚毛稍短，排列靠前，位于距头端 1.4μm 处。化感器较大，卵圆形，长 8μm，宽 5.5μm，前边距离头端为头径的 3.4 倍。无口腔。咽细长，达 436μm，为体长的 23%，基部膨大，壁加厚，不形成咽球。贲门显著，矩圆形。排泄孔壁加厚，位于咽的前部，距离头端为咽长的 38%。腹腺细胞较长，基部位于贲门处。尾锥状，长 186μm，为泄殖孔相应体径的 2.8 倍，无尾刚毛。

生殖系统具 2 个反向排列的精巢。交接刺长 41μm，为泄殖孔相应体径的 1.3 倍。向腹面弯曲，具有腹面翼膜，近端弯钩状，远端渐尖。引带环形，无引带突。具 1 个乳突状的肛前辅器，其上着生 3 根刚毛。

没有发现雌体。

该种分布于东海陆架沙质沉积物中。

该种所在属目前共发现 12 种，其中首次于中国东海发现 1 新种。

12. 大化感器尖口线虫

Oxystomina macramphida **sp. nov.**（图 6.12.1，图 6.12.2）

Cobb 公式：

模式标本：$\dfrac{—\quad 235\quad M\quad 1615}{6\quad\ 38\quad\ 40\quad\ 25}$ 1740μm；a＝43.5，b＝7.4，c＝13.9，spic＝40

雌性副模式标本：$\dfrac{—\quad 250\quad M\quad 1700}{6\quad\ 46\quad\ 51\quad\ 25}$ 1826μm；a＝35.8，b＝7.3，c＝14.5，V%＝22.5%

属于嘴刺目、尖口线虫科、尖口线虫属。

雄体细长，两端尖细。长 1740～1958μm，最大体宽 40～44μm。角皮光滑，周身布满卵圆形的皮腺细胞。无口腔。内唇感觉器不明显。6 个外唇感觉器刚毛状，长 2μm。4 根头刚毛较短，1.5μm，位于距头端 11μm 处。化感器椭圆形，大而长，宽

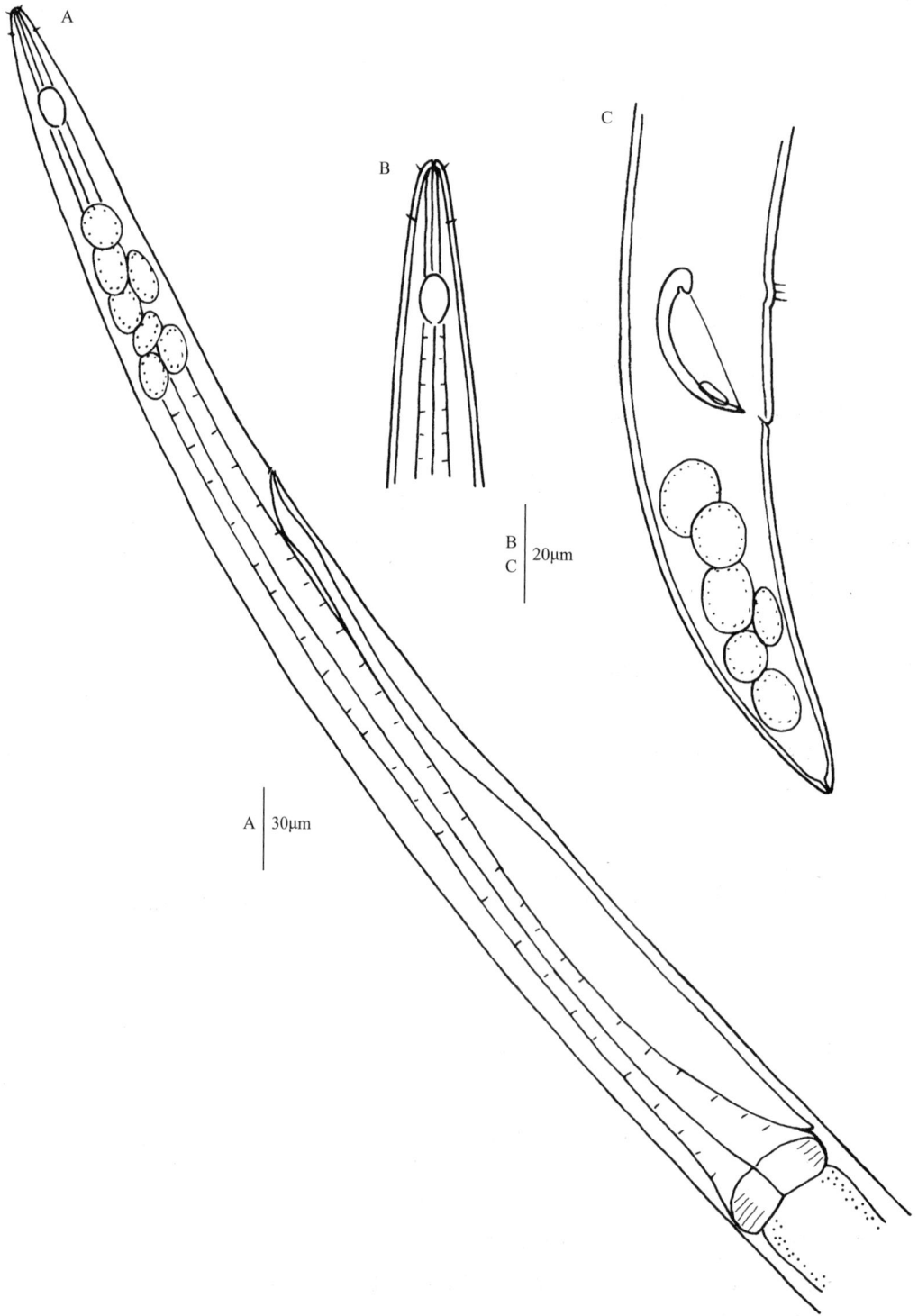

图 6.11.1 小线形线虫 (*Nemanema minium* Sun & Huang，2018) 手绘图

A. 雄体咽区，示化感器、皮腺细胞和排泄系统；B. 雄体头端，示化感器；C. 雄体尾端，示交接刺和引带

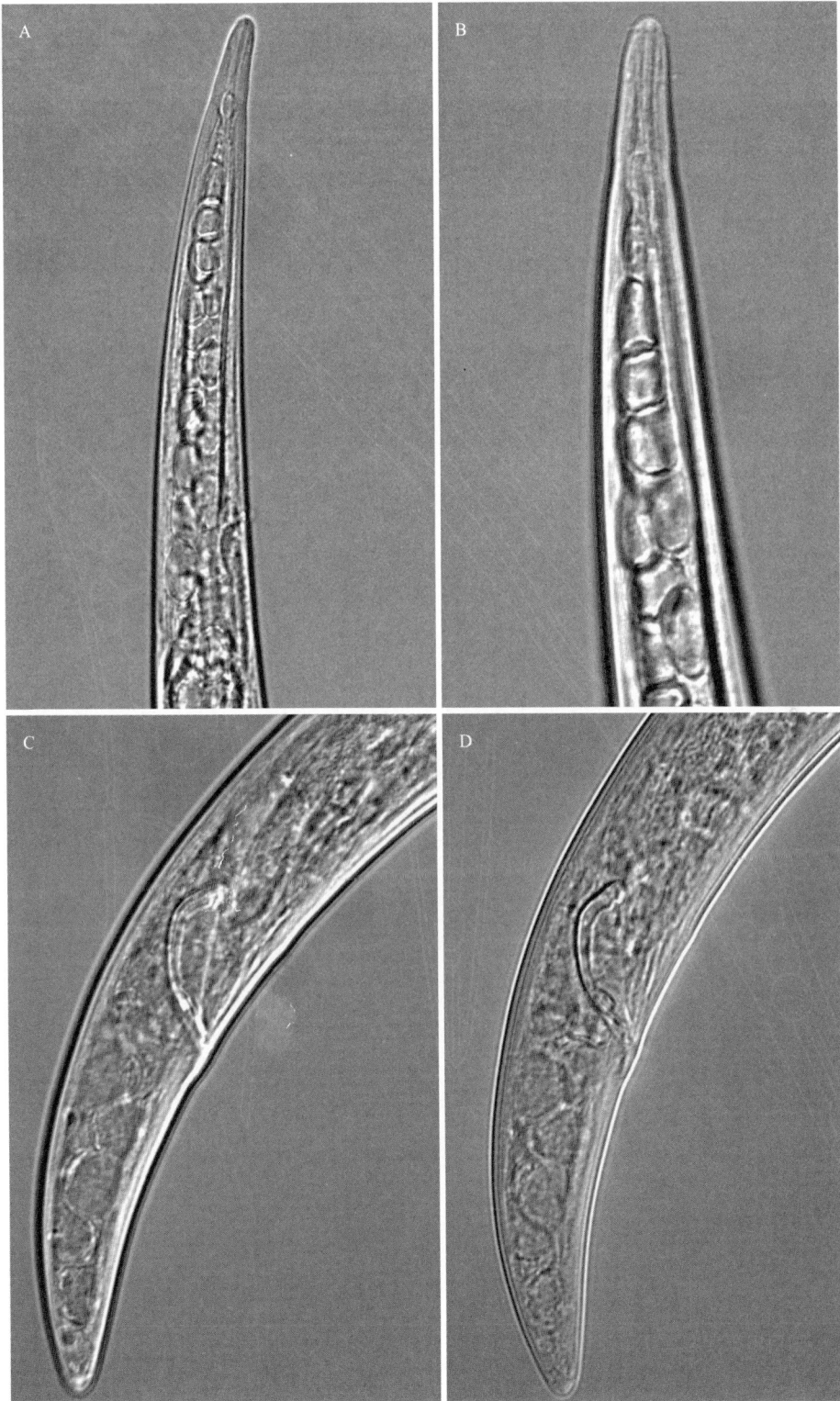

图 6.11.2　小线形线虫（*Nemanema minium* Sun & Huang，2018）显微图
A、B. 雄体头端，示化感器、皮腺细胞；C、D. 雄体尾端，示交接刺和引带

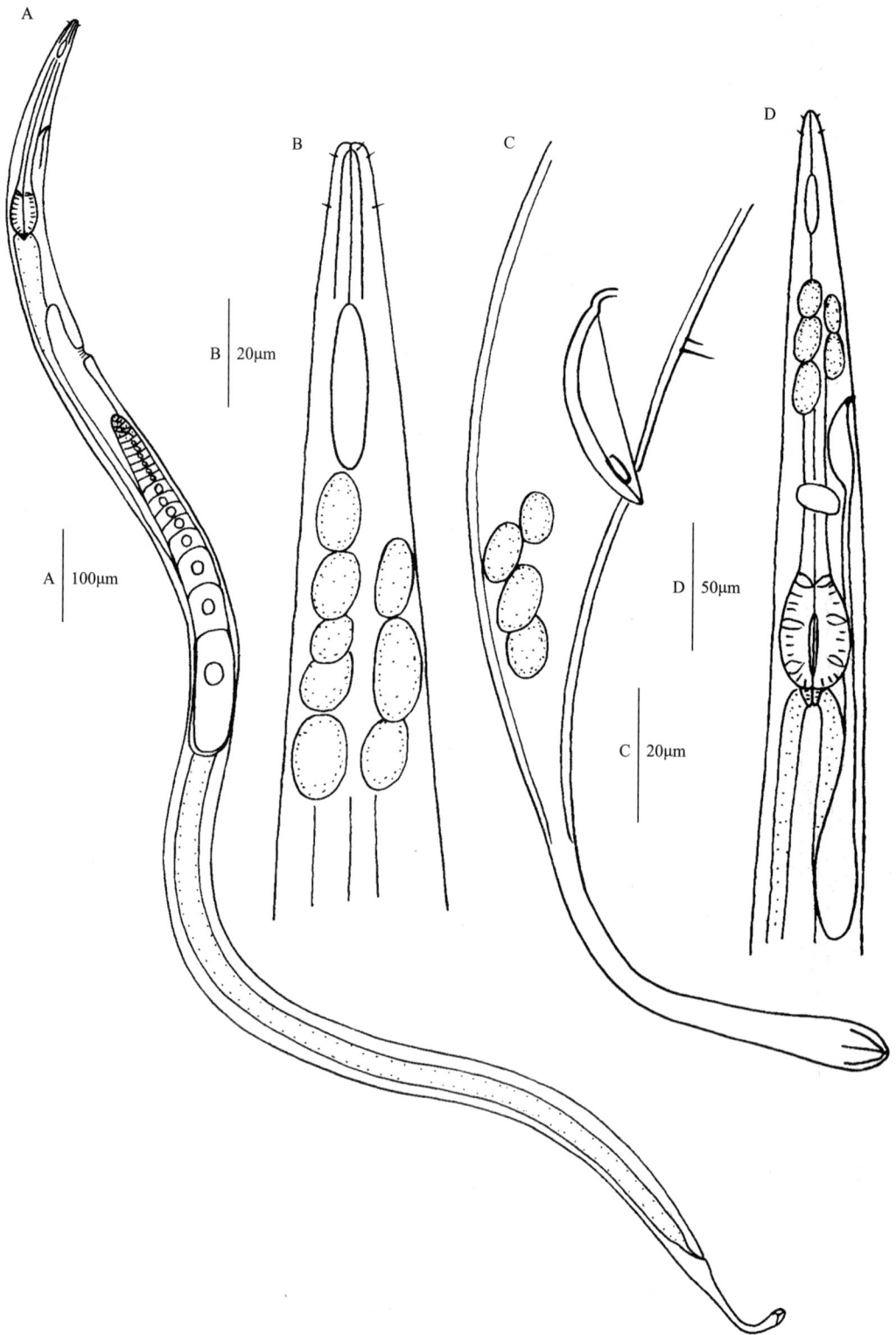

图 6.12.1　大化感器尖口线虫（*Oxystomina macramphida* sp. nov.）手绘图

A. 雌体；B. 雄体头端，示化感器和皮腺细胞；C. 雄体尾端，示交接刺和引带；D. 雄体前端，示咽球和排泄系统

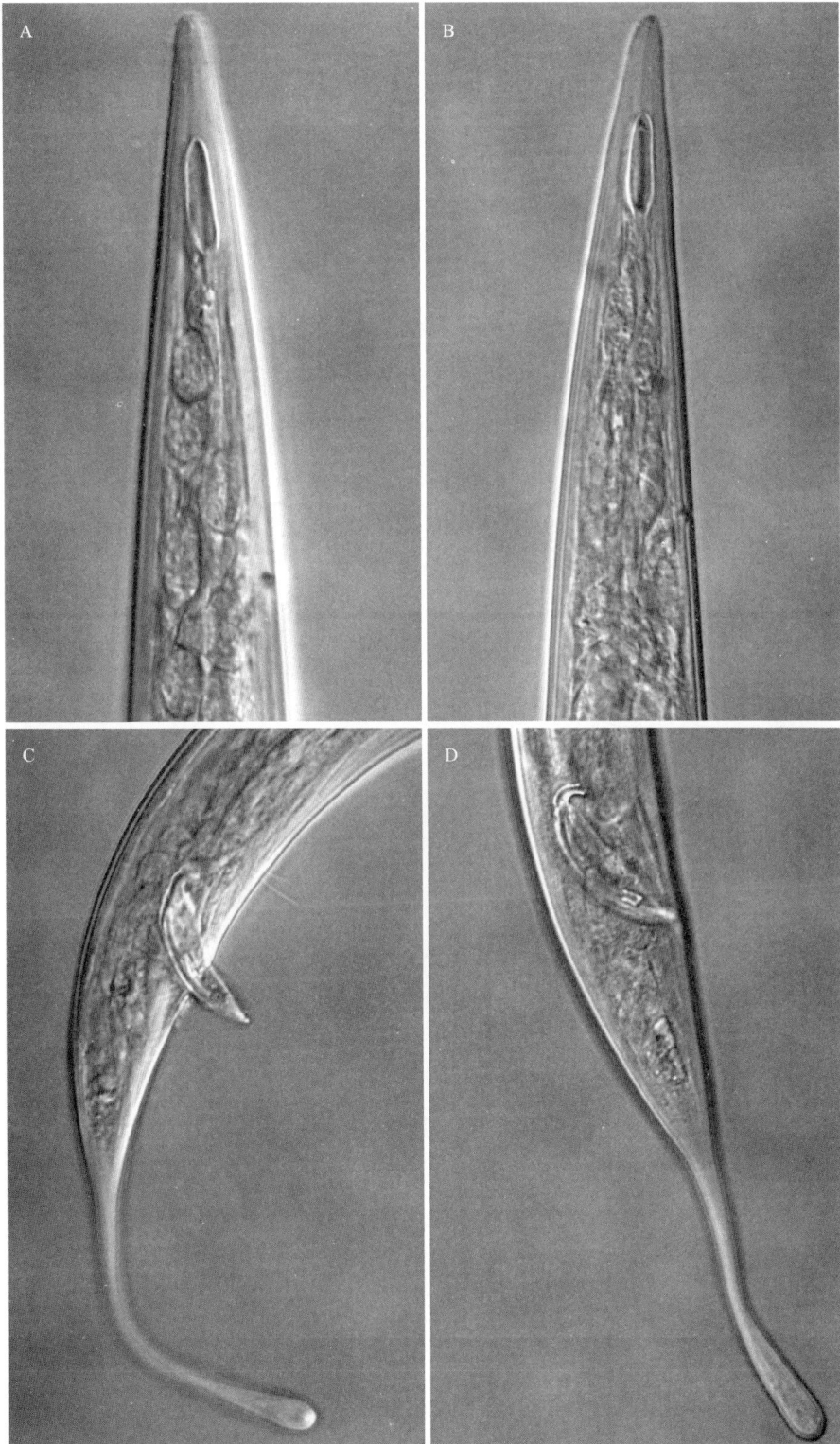

图 6.12.2 大化感器尖口线虫（*Oxystomina macramphida* sp. nov.）显微图
A. 雄体头端，示化感器和皮腺细胞；B. 雌体头端，示化感器；C、D. 雄体尾端，示交接刺和引带

6～7μm，长20～23μm，前边距离头端25μm。咽细长，圆锥状，基部膨大成卵圆形咽球。神经环距离头端105μm。排泄孔角质化，位于神经环下面，距离头端116μm。贲门三角形，插入肠内。尾锥柱状，长125～128μm，为泄殖孔相应体径的4.7～5.0倍，末端膨大呈棒状，无尾端刚毛，具3个尾腺细胞，开口于尾的末端。

生殖系统具单一精巢。交接刺长37～40μm，向腹面弯曲呈弓形，腹面具翼膜，近端钩状。引带较小，椭圆形，长5μm，无引带突。具2条不等长的肛前刚毛，长的8μm，短的4μm，位于肛前22μm处。

雌体形态类似于雄体，略粗。生殖系统单宫，具1个后置的弯折的卵巢，前子宫退化成1个短管。阴道括约肌发达。雌孔位于身体前端，离头端距离占体长的23%。

该新种具有大的椭圆形化感器，交接刺具有钩状顶端和腹面翼膜，引带椭圆形，2条不等长的肛前刚毛。在身体大小和形态上相似于 *Oxystomina elongate*，但二者的区别在于该新种具有更大的化感器，交接刺具有翼膜，引带椭圆形不弯曲等。

该种分布于黄海、东海大陆架泥沙质沉积物中。

该种所在属目前共发现37个有效种，其中首次于中国黄海、南海各发现1新种。

13. 长尾尖口线虫 *Oxystomina longicaudata* sp. nov.（图6.13.1，图6.13.2）

Cobb 公式：

模式标本： $\dfrac{-\quad 630\quad M\quad 1760}{6\quad 16\quad 16\quad 15}$ 1903μm；a＝118.9，b＝3，c＝13.3，spic＝20

属于嘴刺目、尖口线虫科、尖口线虫属。

雄体纤细，两端尖细，颈部细长。体长1900μm，最大体宽只有16μm。角皮光滑，皮腺细胞不明显。无口腔。内唇感觉器不明显。6个外唇感觉器刚毛状，长2.5μm。4根头刚毛很短，不显著。化感器椭圆形，长12μm，宽5μm，前边距离头端35μm。咽柱状，较长，占身体总长的33%，无基部咽球。神经环没有观察到。排泄孔角质化，距离头端190μm。贲门三角形，插入肠内。尾锥柱状，细长，为泄殖孔相应体径的9.5倍，末端膨大呈棒状，无尾端刚毛，具3个尾腺细胞，开口于尾的末端。

生殖系统具单一精巢。交接刺细，长20μm，弯曲呈弓形，无翼膜。无引带。具2根不等长的肛前刚毛，长的3μm，短的2μm，位于肛前23μm处。

该新种以具有极长的咽和尾、较大的德曼a值（118.9）、细长的交接刺、无翼膜、无引带区别于所在属其他种类。

该种分布于南海北部湾潮间带沙质沉积物中。

该种所在属目前共发现37个有效种，其中首次于中国黄海、南海各发现1新种。

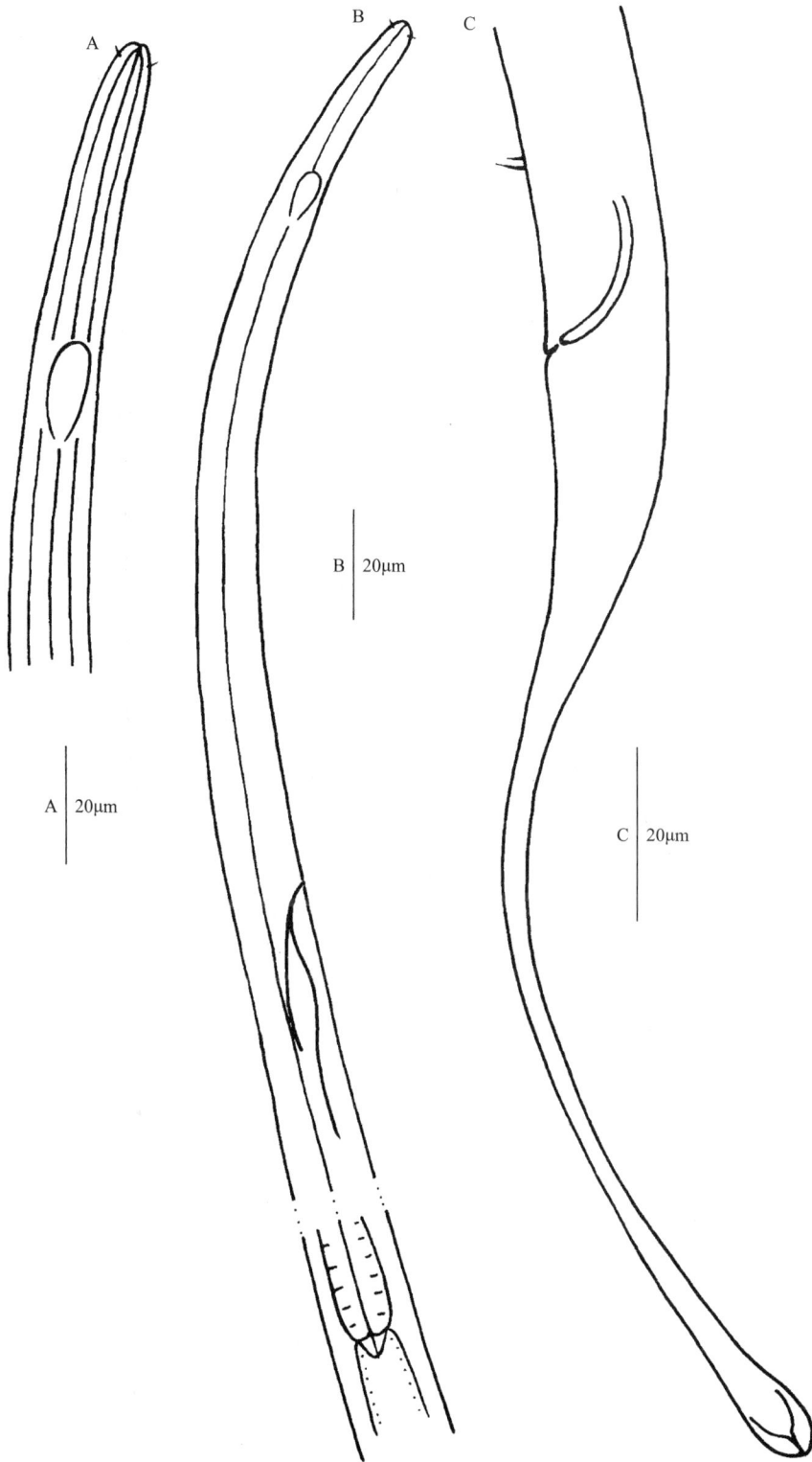

图 6.13.1   长尾尖口线虫（*Oxystomina longicaudata* sp. nov.）手绘图
A. 雄体头端，示化感器；B. 雄体咽区，示化感器、排泄孔；C. 雄体尾端，示交接刺

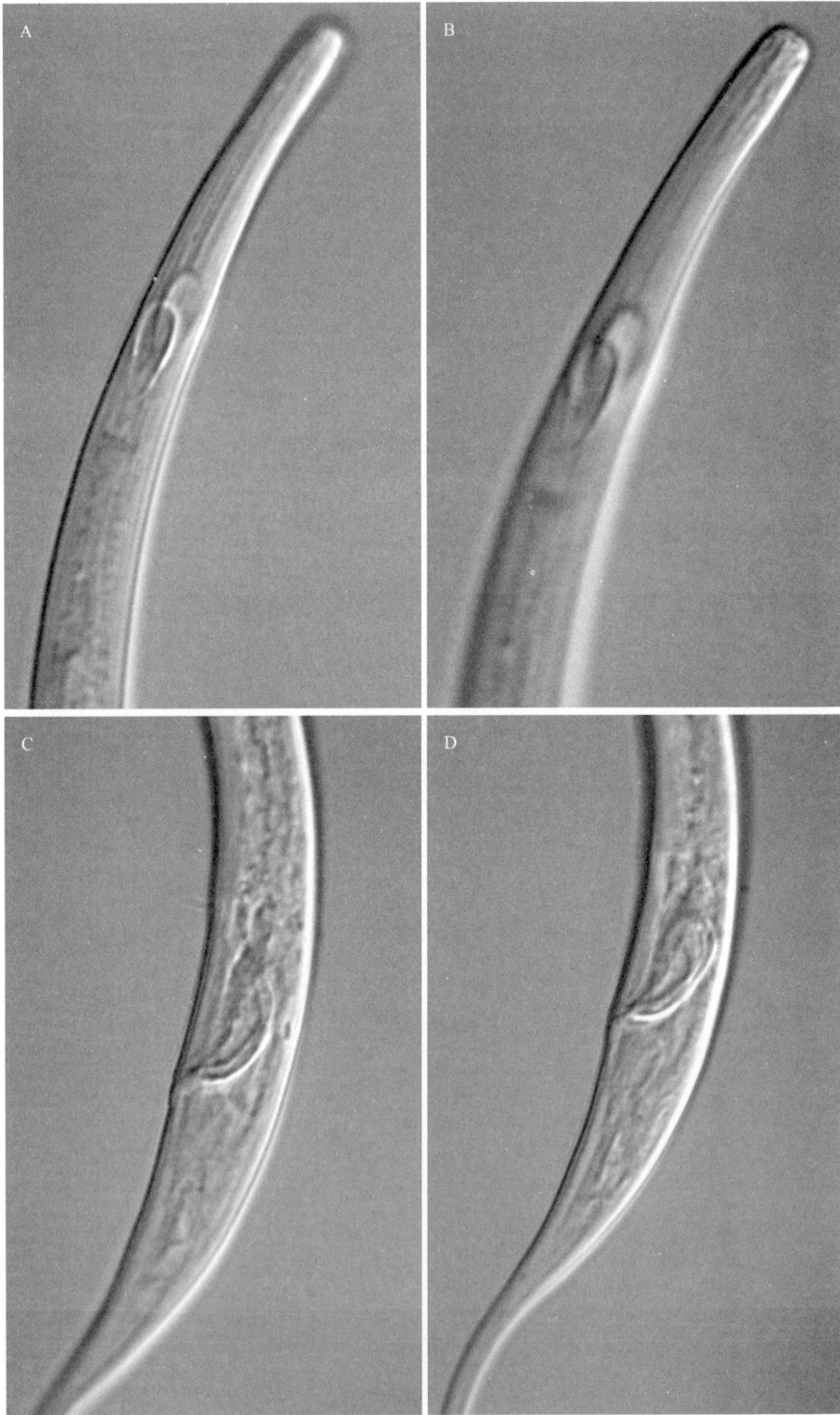

图 6.13.2 长尾尖口线虫（*Oxystomina longicaudata* sp. nov.）显微图
A、B. 雄体前端，示化感器；C、D. 雄体尾端，示交接刺和肛前刚毛

14. 粗尾海咽线虫

***Thalassoalaimus crassicaudatus* Huang, Sun & Huang, 2018**（图 6.14.1，图 6.14.2）

Cobb 公式：

模式标本：$\dfrac{—\quad 342\quad M\quad 2630}{8\quad 25\quad 25\quad 25}$ 2662μm；a＝106.5，b＝7.8，c＝83.2，spic＝29

属于嘴刺目、尖口线虫科、海咽线虫属。

雄体细长，圆柱形，头端稍微渐尖。长 2662μm，最大体宽 25μm。角皮光滑、透明。头半圆形，直径 8μm。头感觉器排列成 3 圈，6 个内唇感觉器乳突状，6 个外唇感觉器刚毛状，长 4μm，位于距离头端 3μm 处。4 根头刚毛 3.5μm，位于化感器基部距离头端 15μm 处。化感器倒烧瓶状，宽 5.5μm，占相应体径的 65%。口腔微小，无齿。咽细长，末端膨大但不形成咽球。贲门三角形。神经环位于咽的中部，排泄孔位于身体前端，距离头端 26μm。尾粗短，长圆形，为泄殖孔相应体径的 1.3 倍，近末端腹面有 1 个角质化加厚的刺突，末端为尾腺的开口。

生殖系统只有 1 个伸展的前精巢，位于肠的右侧，向前延伸至咽的基部。交接刺为泄殖孔相应体径的 1.2 倍，微弯，呈弧形，中部膨大，两端窄细，末端头状，中间具长椭圆形的间隙。引带板状，长 11μm，无引带突。2 个乳突状的肛前辅器，每个顶端具 1 根 2μm 长的刚毛。后端一个距离泄殖孔 36μm，前端一个距离泄殖孔 108μm。

该种分布于东海大陆架泥质沉积物中。

该种所在属目前共发现 22 个有效种，其中首次于中国东海发现 1 新种。

15. 中华韦氏线虫

***Wieseria sinica* Huang, Sun & Huang, 2018**（图 6.15.1，图 6.15.2）

Cobb 公式：

模式标本：$\dfrac{—\quad 252\quad M\quad 2296}{5\quad 19\quad 20\quad 14}$ 2398μm；a＝119.9，b＝9.6，c＝23.5，spic＝19

属于嘴刺目、尖口线虫科、韦氏线虫属。

雄体细长，近圆柱形，两端渐尖。长 2398μm，最大体宽 20μm。角皮光滑无装饰。头感觉器刚毛状，伸向身体后端。6 根内唇刚毛长 6.5μm，距离头端 2μm。6 根外唇刚毛状紧邻内唇刚毛，长 4μm。4 根头刚毛较短，3.5μm，位于距头端 8μm 处。化感器椭

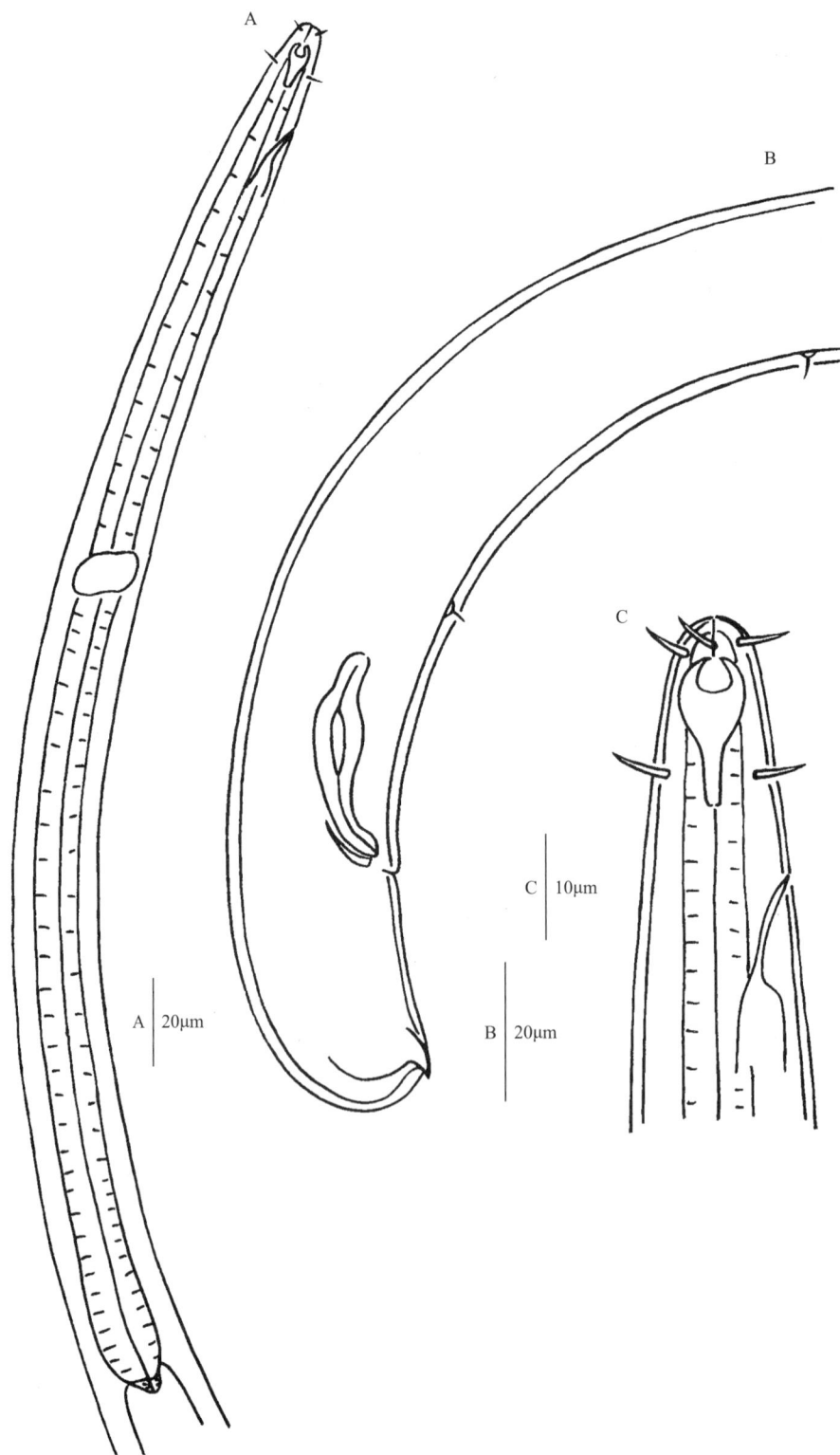

图 6.14.1　粗尾海咽线虫（*Thalassoalaimus crassicaudatus* Huang，Sun & Huang，2018）手绘图
A. 雄体咽区，示化感器和神经环；B. 雄体尾端，示交接刺和引带；C. 雄体头端，示化感器和排泄孔

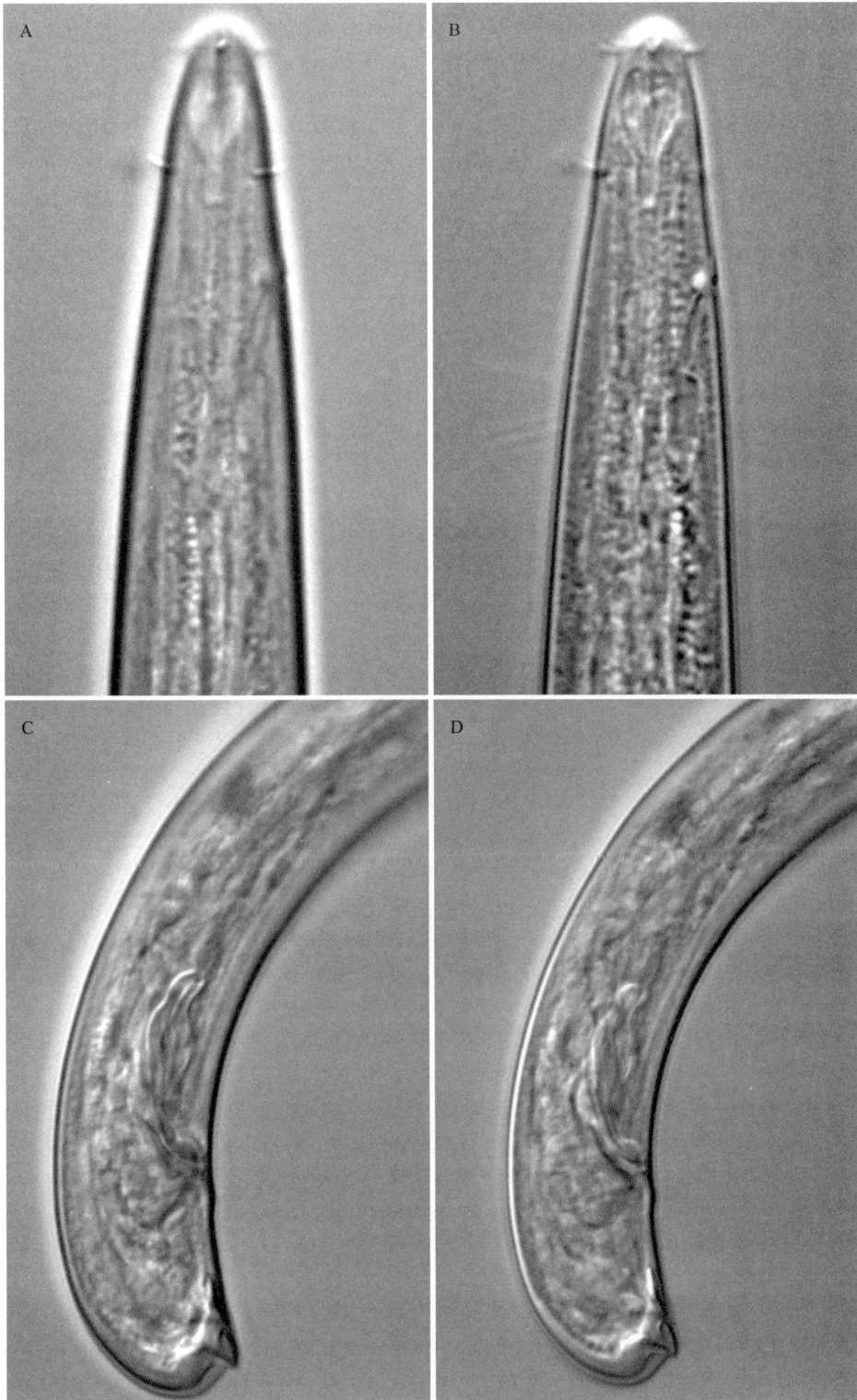

图 6.14.2　粗尾海咽线虫（*Thalassoalaimus crassicaudatus* Huang，Sun & Huang，2018）显微图
A、B. 雄体前端，示化感器和排泄孔；C、D. 雄体尾端，示交接刺和引带

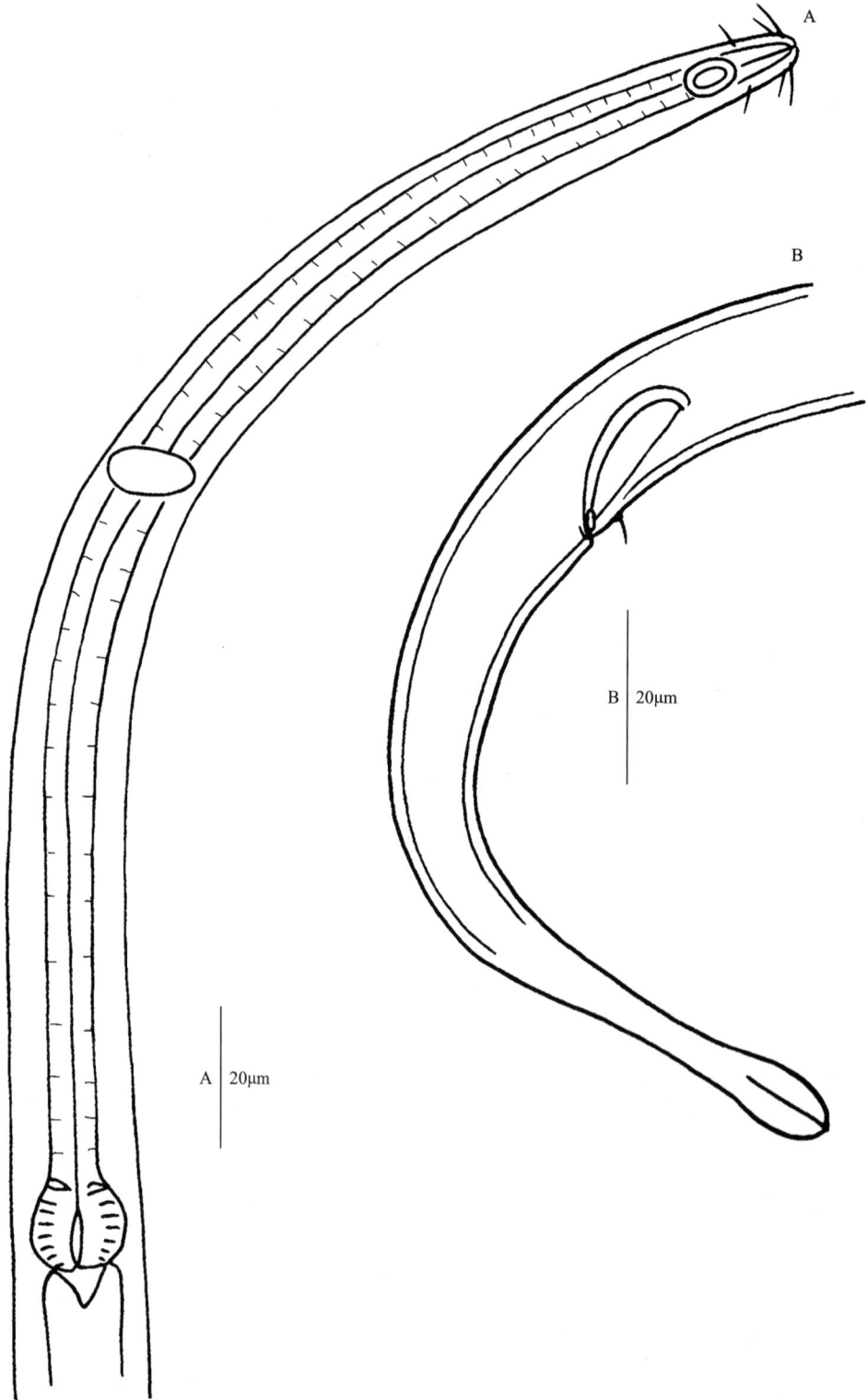

图 6.15.1　中华韦氏线虫（*Wieseria sinica* Huang，Sun & Huang，2018）手绘图
A. 雄体前端，示唇刚毛、头刚毛、化感器、神经环和后咽球；B. 雄体尾端，示交接刺、引带和肛前刚毛

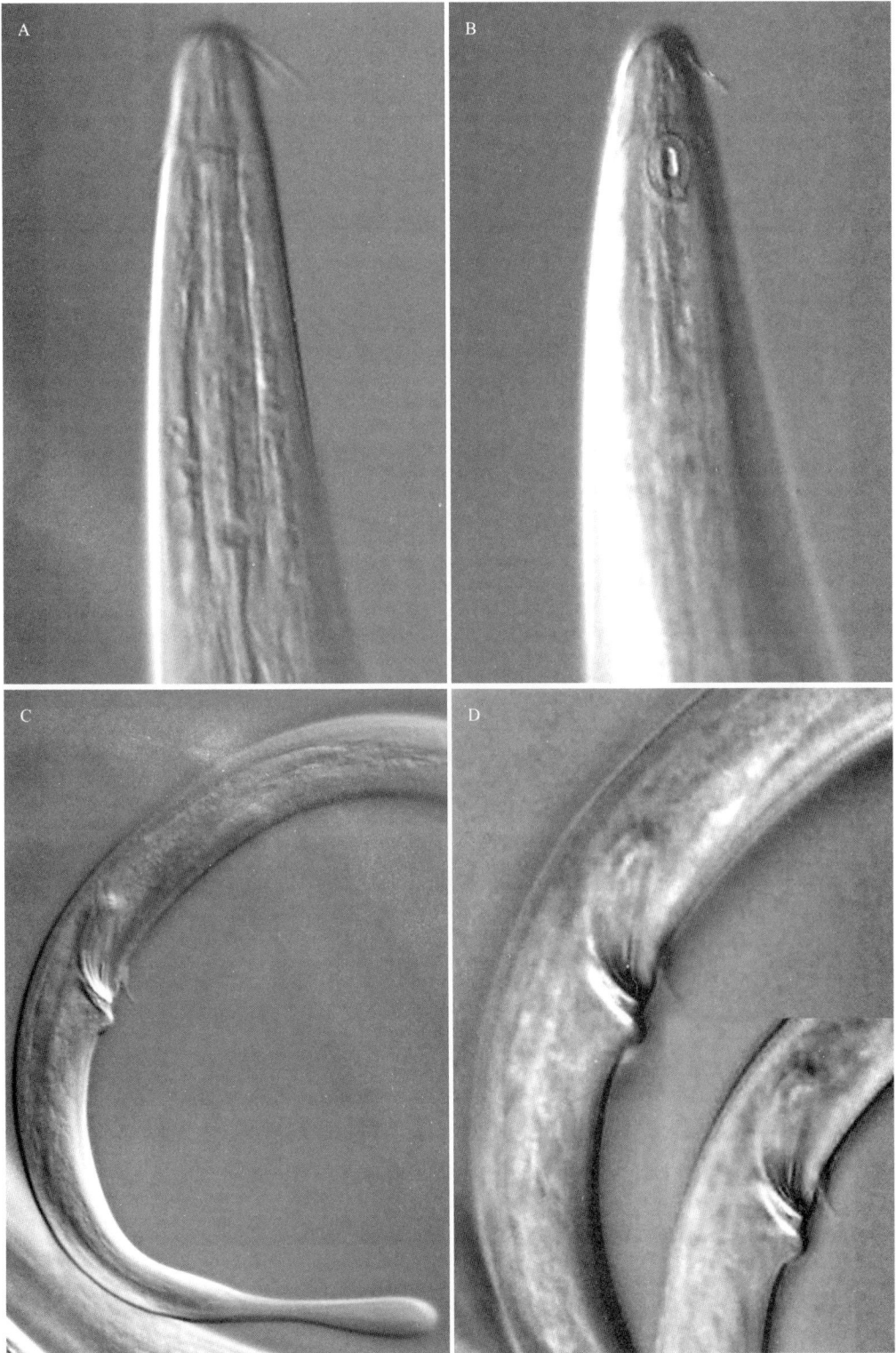

图6.15.2　中华韦氏线虫（*Wieseria sinica* Huang，Sun & Huang，2018）显微图
A、B. 雄体头端，示化感器和头刚毛；C. 雄体尾端，示交接刺；D. 交接刺和肛前刚毛

圆形，具双边，长 6μm，宽 4μm，前边距离头端 9μm。口腔微小，细缝状，无齿。咽细长，柱状，具 1 个球状的后咽球。贲门圆锥形，被肠肌肉组织环绕。神经环位于咽的中间位置。排泄孔不明显。尾锥柱状，末端膨大呈棒状，为泄殖孔相应体径的 7.3 倍，无尾端刚毛和尾腺细胞。

生殖系统具 2 个伸展的精巢，前精巢位于肠的左侧，后精巢位于肠的右侧。交接刺长 19μm，为泄殖孔相应体径的 1.4 倍，弓形，腹面具翼膜，近端圆钝，末端渐尖。引带较小，环状，无引带突。肛前辅器乳突状并着生 1 根 4μm 长的刚毛，位于肛前 4μm 处。

该种分布于黄海胶州湾泥质沉积物中。

该种所在属目前共发现 12 种，其中首次于中国黄海发现 2 新种。

16. 纤细韦氏线虫 *Wieseria tenuisa* Huang, Sun & Huang, 2018（图 6.16.1，图 6.16.2）

Cobb 公式：

$$模式标本： \frac{—\quad 240\quad M\quad 1783}{3.5\quad 14\quad 14\quad 11}\ 1870μm；a＝133.6，b＝15.6，c＝21.5，spic＝14$$

属于嘴刺目、尖口线虫科、韦氏线虫属。

雄体细长，线形，两端尖细。长 1870μm，最大体宽 14μm。角皮光滑无装饰。头感觉器刚毛状，向前伸出。6 根内唇刚毛和 6 根外唇刚毛近等长，长 6.5～7.0μm，紧邻头端。4 根头刚毛较短，4μm，位于距头端 6μm 处。化感器椭圆形，具双边，长 5μm，宽 3.5μm，前边距离头端 8μm。无口腔。咽细长，柱状，具 1 个球状的后咽球。贲门圆锥形，被肠肌肉组织环绕。神经环位于咽的中间位置。排泄孔不明显。尾锥柱状，末端膨大呈棒状，为泄殖孔相应体径的 7.9 倍，无尾端刚毛和尾腺细胞。

生殖系统具 2 个伸展的精巢，前精巢位于肠的左侧，后精巢位于肠的右侧。交接刺长 14μm，为泄殖孔相应体径的 1.3 倍，较直，腹面具翼膜，近端钩状，末端渐尖。引带棒状，无引带突，长 4μm。肛前辅器乳突状并着生 1 根 3μm 长的刚毛，位于肛前 3μm 处。

该种分布于黄海胶州湾泥质沉积物中。

该种所在属目前共发现 12 种，首次于中国黄海发现 2 新种。

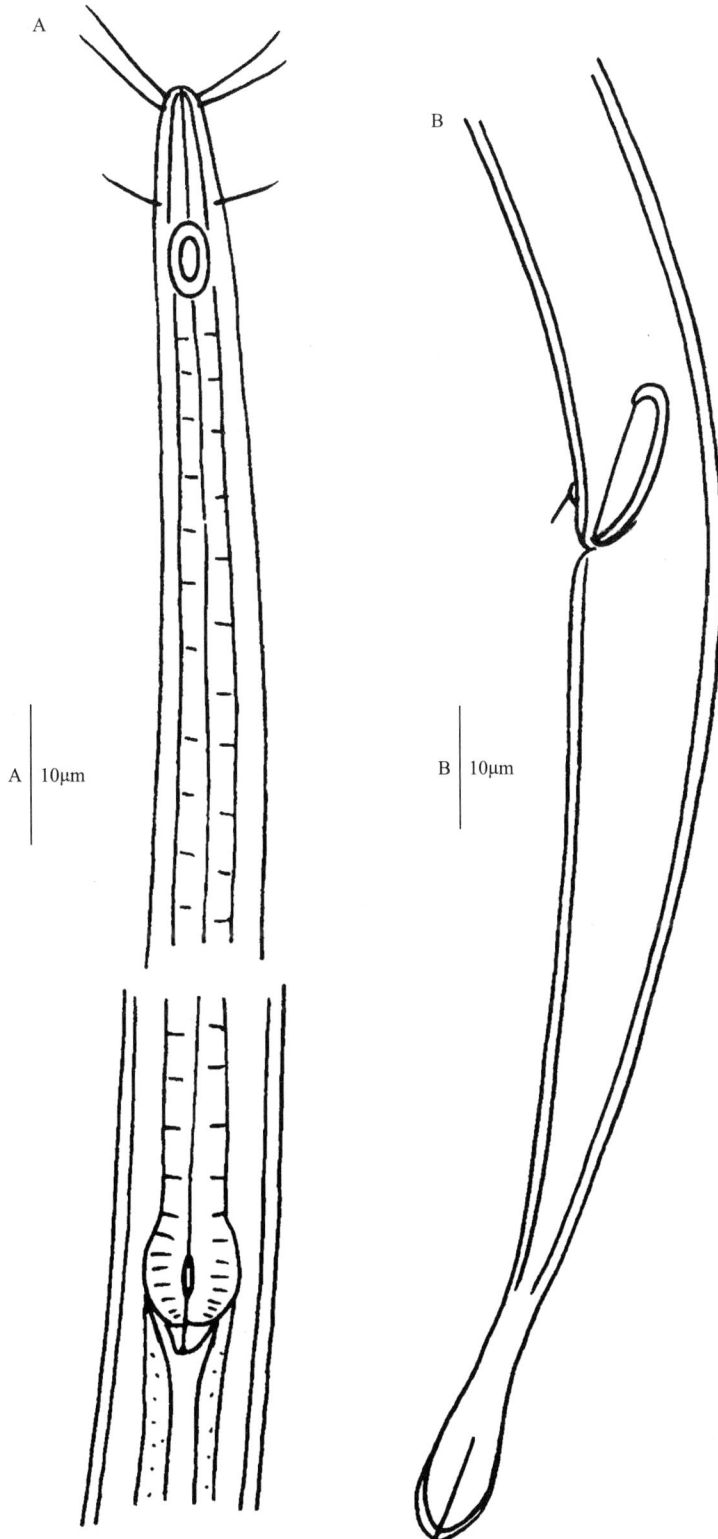

图 6.16.1 纤细韦氏线虫（*Wieseria tenuisa* Huang，Sun & Huang，2018）手绘图
A. 雄体前端，示唇刚毛、头刚毛、化感器和后咽球；B. 雄体尾端，示交接刺、引带和肛前刚毛

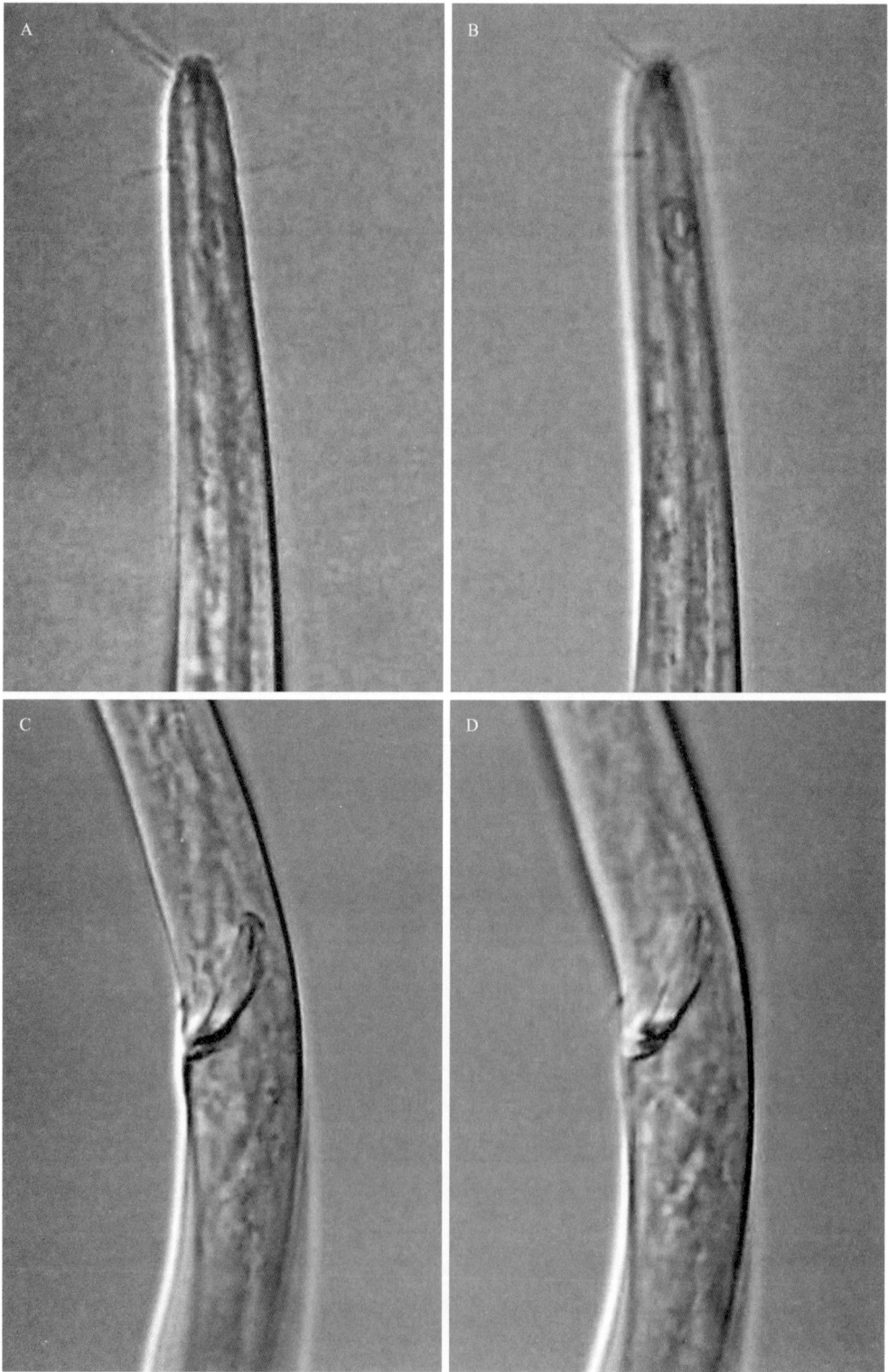

图 6.16.2　纤细韦氏线虫（*Wieseria tenuisa* Huang，Sun & Huang，2018）显微图
A、B. 雄体头端，示化感器、头刚毛；C、D. 雄体泄殖孔区，示交接刺

17. 中国近瘤线虫

Adoncholaimus chinensis **Huang & Zhang, 2009**（图 6.17.1，图 6.17.2）

Cobb 公式：

模式标本：$\dfrac{-\quad 455 \quad M \quad 2350}{25 \quad 55 \quad 56 \quad 39}$ 2460μm；a＝43.9，b＝5.4，c＝22.4，spic＝40

雌性副模式标本：$\dfrac{-\quad 459 \quad M \quad 2684}{27 \quad 68 \quad 70 \quad 49}$ 2826μm；a＝40.4，b＝6.2，c＝19.9，V%＝46.5%

属于嘴刺目、瘤线虫科、近瘤线虫属。

雄体细柱形，长 2412～2644μm，最大体宽 56～61μm，头端圆钝。角皮光滑，颈部分布许多短的体刚毛。6 个唇瓣圆形，头感觉器乳突状，无头刚毛。口腔较大，被 1 个凹槽分成上下 2 部分，基部具 3 个齿，右亚腹齿（长 32μm）大于另外两个齿（26μm）。化感器口袋状，宽 8.5μm，位于口腔的中间位置。咽柱状，长为体长的 18%，基部膨大但不形成后咽球。排泄孔位于口腔下，距头端约 2 个口腔长度。神经环位于咽的中间位置。尾锥柱状，长为泄殖孔相应体径的 2.8 倍，锥状部分约占尾长的 1/2，突然变细成均匀的柱状部分。柱状部分具有许多粗短的尾刚毛，具 3 个尾腺细胞，末端具 2 根端刚毛。

交接刺细长，长 97μm，略向腹部弯曲，近端头状，末端尖细。引带棒状，中部弯曲，远端与交接刺末端平行，近端具 1 个尾状引带突。（泄殖孔左右两侧各由一列 7 或 8 条 3～4μm 长的生殖刚毛环绕。）

雌体稍大于雄体，长 2817～2832μm，最大体宽 63～70μm。具 1 对前后反向排列的反折卵巢，雌孔位于身体中间部位，至头端距离为体长的 47%～51%。德曼系统没有观测到。

该种分布于黄海潮间带泥沙质沉积物中。

该种所在属目前共发现 23 种，其中首次于中国黄海发现 1 新种。

18. 丝状弯咽线虫

Curvolaimus filiformis **Zhang & Huang, 2005**（图 6.18.1，图 6.18.2）

Cobb 公式：

模式标本：$\dfrac{-\quad 331 \quad M \quad 2647}{12.5 \quad 41 \quad 41 \quad 30}$ 2856μm；a＝69.7，b＝8.6，c＝13.7，spic＝25

雌性副模式标本：$\dfrac{-\quad 380 \quad M \quad 3198}{12 \quad 51 \quad 46 \quad 31}$ 3473μm；a＝66.8，b＝9.1，c＝12.6，V%＝70%

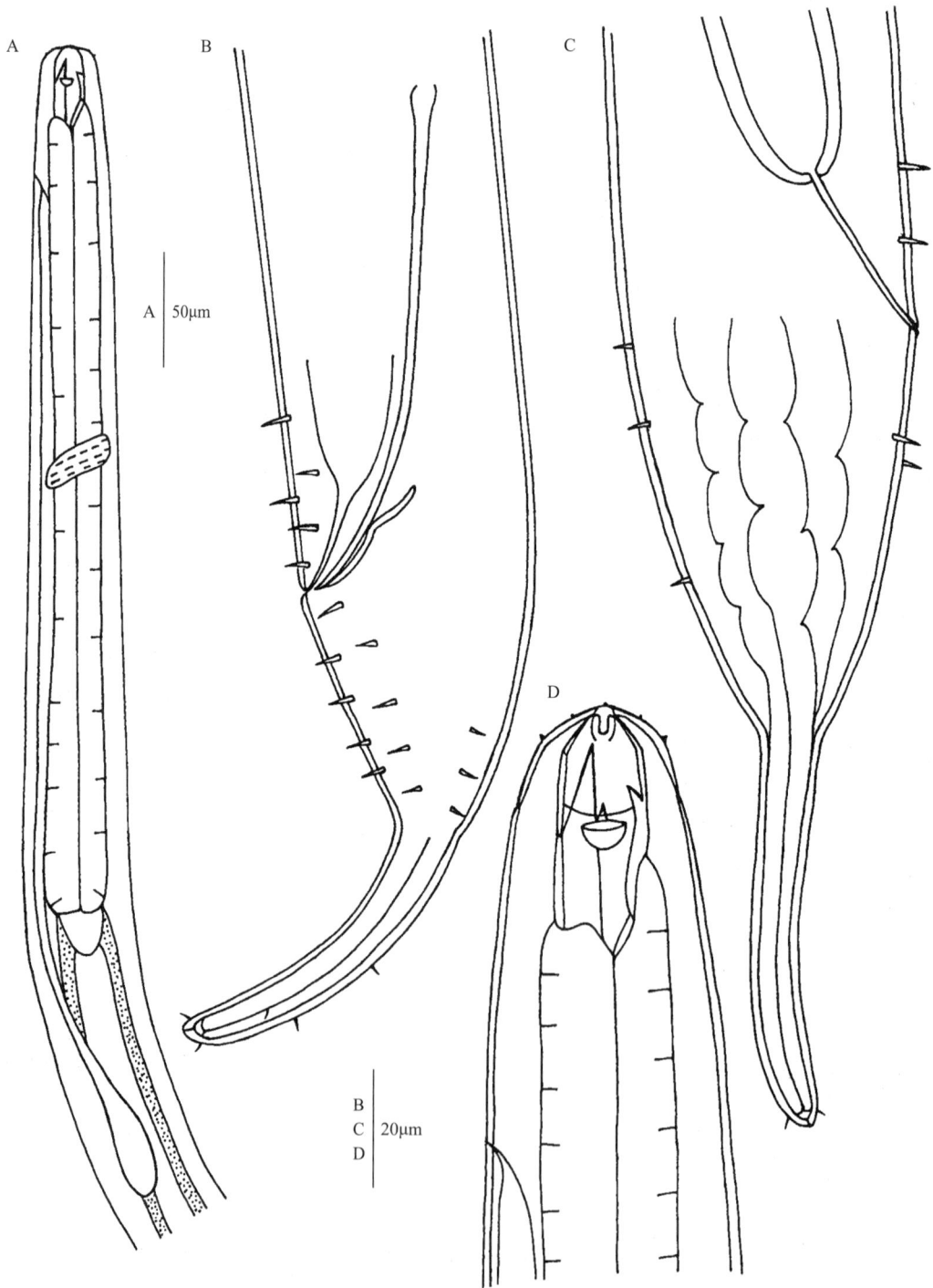

图 6.17.1　中国近瘤线虫（*Adoncholaimus chinensis* Huang & Zhang，2009）手绘图

A. 雄体咽区，示口腔齿和神经环；B. 雄体尾端，示交接刺和引带；C. 雌体尾端；

D. 雄体头端，示口腔齿、化感器和排泄孔

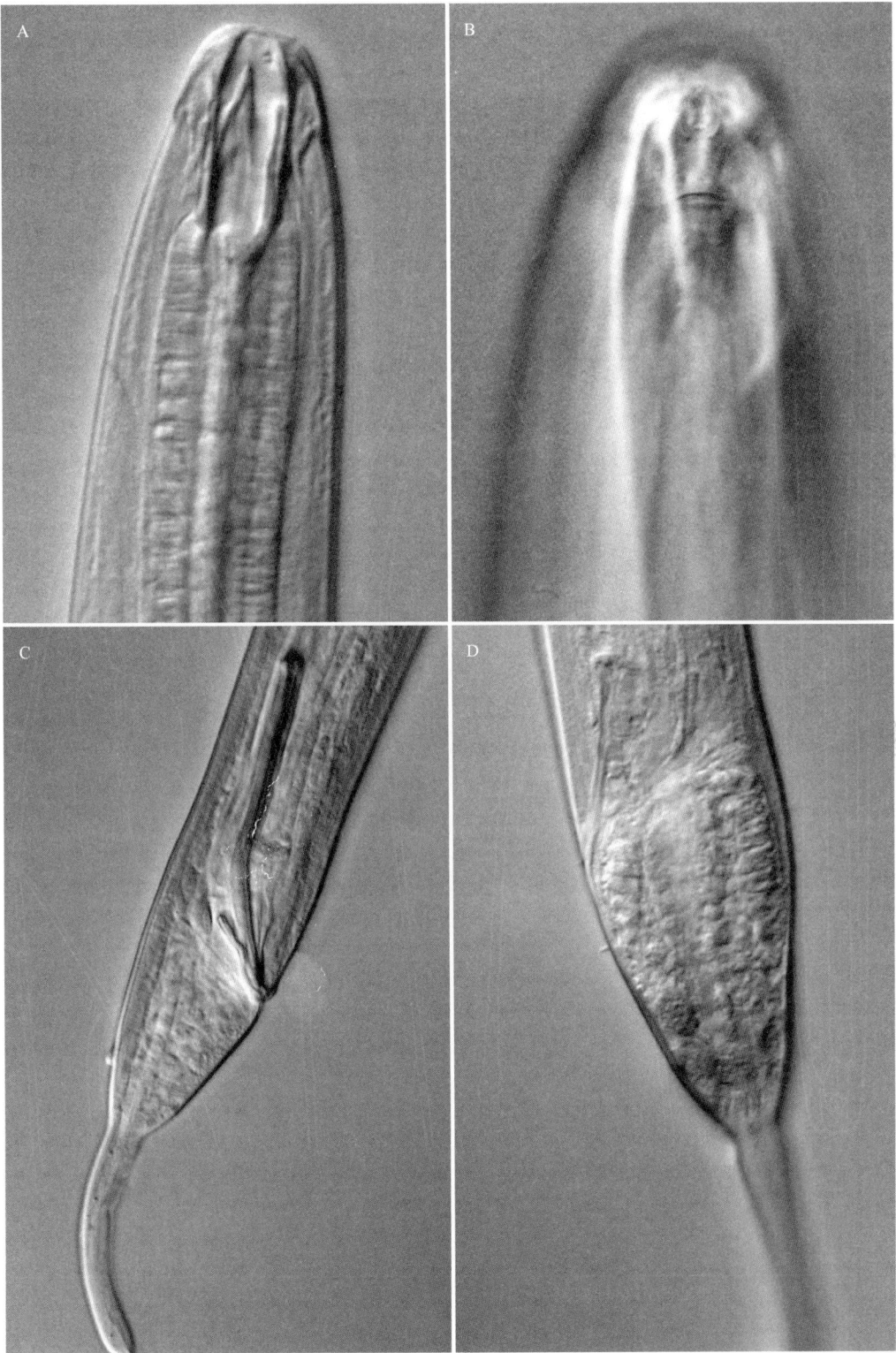

图 6.17.2 中国近瘤线虫（*Adoncholaimus chinensis* Huang & Zhang，2009）显微图
A. 雄体头端，示口腔齿；B. 雄体头端，示化感器；C. 雄体尾端，示交接刺和引带；D. 雌体尾端

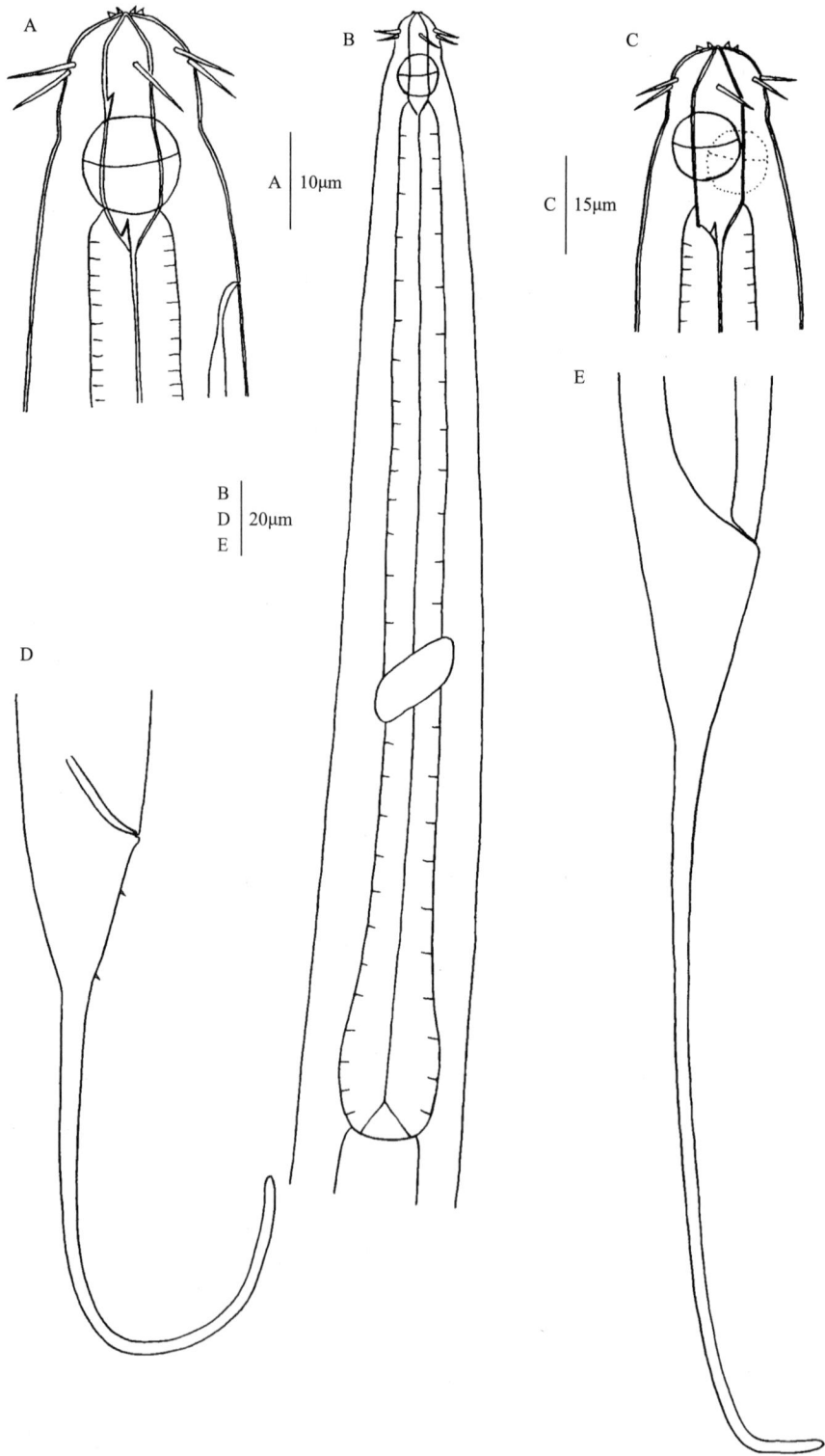

图 6.18.1　丝状弯咽线虫（*Curvolaimus filiformis* Zhang & Huang，2005）手绘图

A. 雄体头端，示口腔齿和化感器；B. 雄体咽区；C. 雌体头端；D. 雄体尾端，示交接刺；E. 雌体尾端

图 6.18.2　丝状弯咽线虫（*Curvolaimus filiformis* Zhang & Huang，2005）显微图
A. 雄体头端，示口腔；B. 雄体头端，示化感器；C、D. 雄体尾端，示交接刺

属于嘴刺目、瘤线虫科、弯咽线虫属。

雄体细长，长 2562～3413μm，最大体宽 41～56μm。头端渐尖，基部收缩，头径为咽基部体径的 22%～34%。角皮光滑，无装饰。内唇感觉器乳突状，外唇感觉器刚毛状，长 8～11μm，与 4 根等长的头刚毛排列成一圈，距离头端 5～6μm。化感器袋状，宽 10μm，为头径的 70%～80%。神经环位于咽的中后部，与头端距离占咽长的 55%～60%。排泄孔紧邻口腔的基部。口腔长菱形，稍微角质化，长 24～30μm，约为头径的 2 倍，宽 7μm，中间和基部各有 1 个明显的小齿。咽圆柱形，细长，325～332μm，基部膨大但不形成明显的咽球。尾锥柱状，前 1/4 锥状，后 3/4 突然变细呈柱状（丝状），锥状部分有 2 对短的亚腹刚毛，无尾端刚毛。

生殖系统具有 2 个反向排列的精巢。交接刺短而直，轻度角质化，长 25～34μm，末端渐尖。无引带和肛前辅器，具 2 对短的肛后亚腹刚毛。

雌体略大，长 3458～3680μm，最大体宽 52～60μm。生殖系统只有 1 个前置卵巢，长 900μm，雌孔位于身体后半部分，至头端距离为体长的 68%～70%。无德曼系统。

该种分布于黄海大陆架泥质沉积物中。

该种所在属目前共发现 5 种，其中首次于中国黄海发现 1 新种。

19. 栈桥后瘤线虫 *Metoncholaimus moles* Zhang & Platt, 1983（图 6.19.1，图 6.19.2）

Cobb 公式：

模式标本：$\dfrac{-\quad 420\quad M\quad 3172}{25\quad 52\quad 52\quad 35}$ 3320μm；a＝64，b＝8，c＝22，spic＝43

雌性副模式标本：$\dfrac{-\quad 440\quad M\quad 2820}{24\quad 53\quad 53\quad 36}$ 2950μm；a＝56，b＝7，c＝23，V%＝68%

属于嘴刺目、瘤线虫科、后瘤线虫属。

雄体细长，顶端圆钝，长 3320～3700μm，最大体宽 52～55μm，头径 25μm。角皮光滑无装饰。头感觉器 6＋10 模式，外唇感觉器乳突状，内唇感觉器刚毛状，长 7～8μm，头刚毛 5.0～7.5μm。体刚毛 5～7μm，咽区较多。化感器袋状，外廓椭圆形，位于口腔中部相当于背齿位置上。宽 10μm，占相应体径的 33%。口腔宽大，桶状，深 26～30μm，内有 3 个齿，其中左亚腹齿大，右亚腹齿和背齿小。咽长柱形，基部略膨大，但不形成咽球。排泄孔位于口腔基部，距离头端 29～36μm。神经环位于咽的前半部分，占咽长的 44%～49%。尾柱状，向腹面弯曲，长为泄殖孔相应体径的 3.6～4.2 倍，具尾刚毛和端刚毛，近末端亚腹面有 3 对粗刚毛。

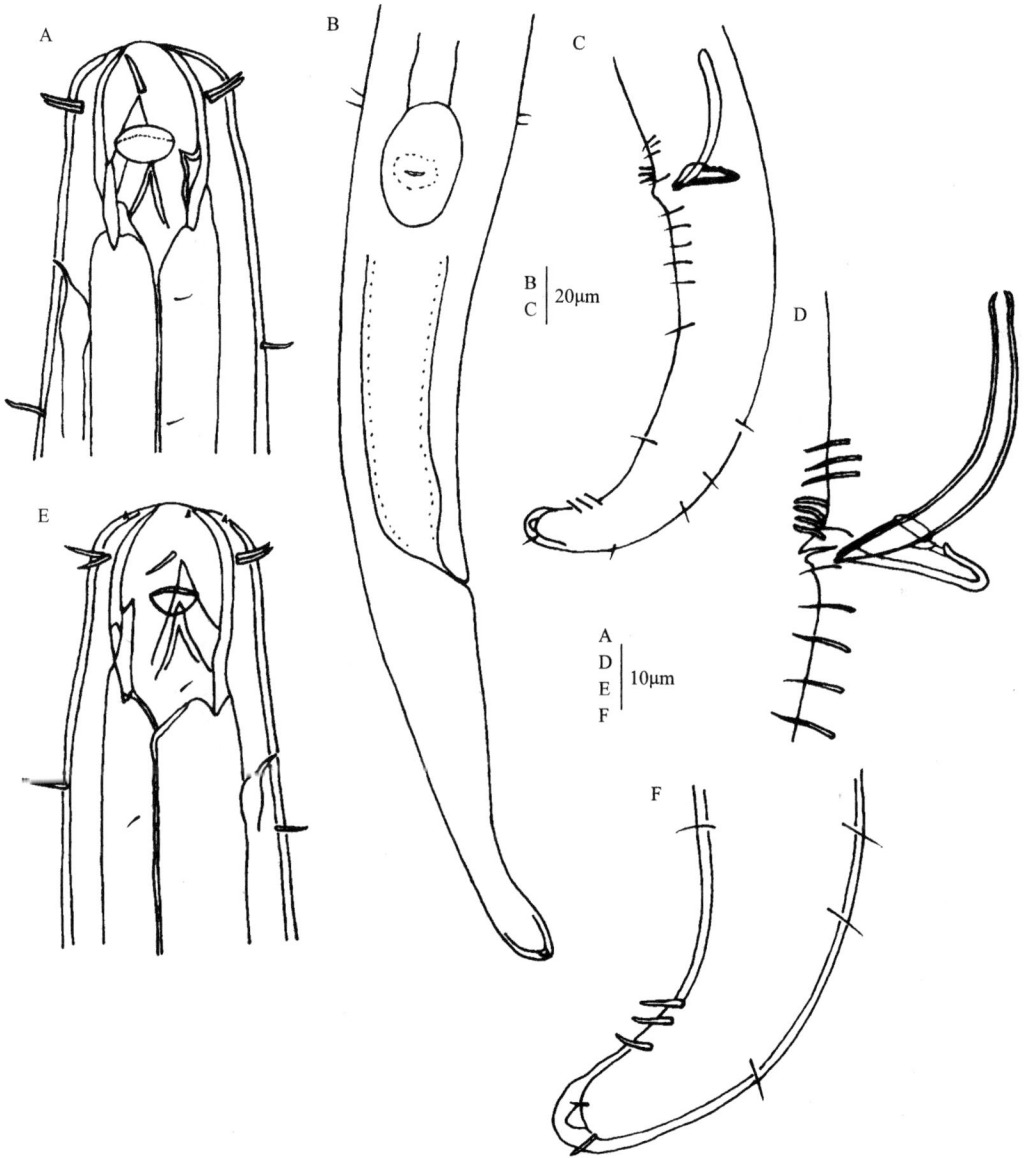

图 6.19.1 栈桥后瘤线虫 (*Metoncholaimus moles* Zhang & Platt, 1983) 手绘图

A. 雄体头端, 示口腔齿和化感器; B. 雌体尾端, 示德曼系统; C. 雄体尾端;

D. 交接刺和引带; E. 雌体头端; F. 雌体尾端

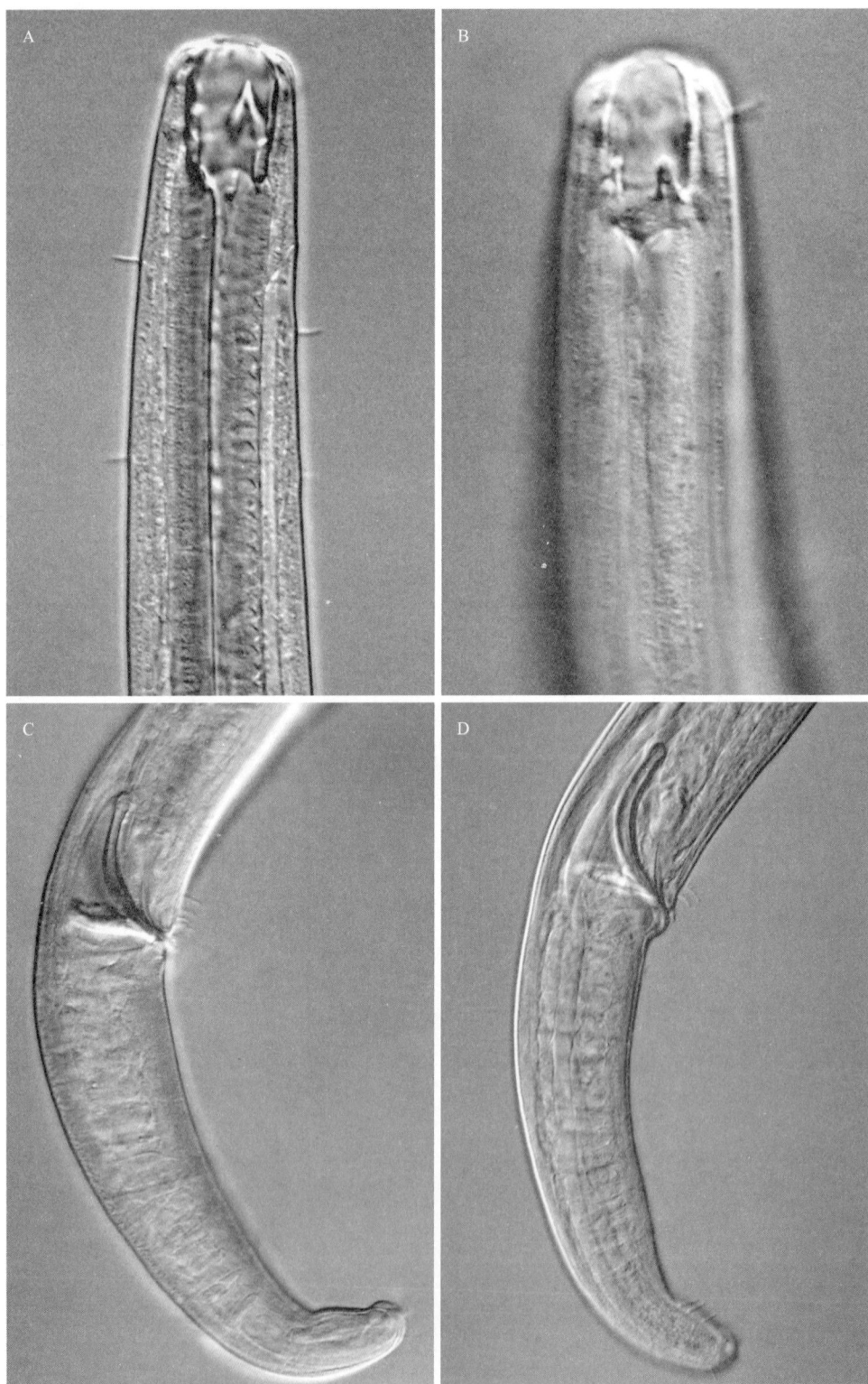

图 6.19.2　栈桥后瘤线虫（*Metoncholaimus moles* Zhang & Platt，1983）显微图
A. 雄体头端，示口腔齿；B. 雌体头端，示口腔齿；C、D. 雄体尾端；示交接刺、引带和肛前刚毛

生殖系统具 2 个反向排列的精巢。交接刺 43～44μm，为泄殖孔相应体径的 1.2 倍，弓形弯曲，近端头状，末端尖细。引带具 1 个长 21～22μm 的尾状突。肛前具 9～11 对粗的生殖刚毛和 4～6 对短钝的刚毛。

雌体具 1 个前置卵巢。雌孔位于身体中后部，至顶端距离占体长的 68%～78%。德曼系统较简单，端管开口呈横向缝隙状，位于肛前 65μm 处，此处身体收缩，周围具有成对的亚腹、亚背短刚毛。

该种分布于黄海潮间带泥沙质沉积物中。

该种所在属目前共发现 21 种，其中首次于中国黄海发现 1 新种。

20. 青岛瘤线虫 *Oncholaimus qingdaoensis* Zhang & Platt, 1983（图 6.20.1）

Cobb 公式：

模式标本：$\dfrac{-\quad 372\quad M\quad 2590}{20\quad 25\quad 27\quad 20}$ 2640μm；a＝98，b＝7，c＝53，spic＝36

雌性副模式标本：$\dfrac{-\quad 365\quad M\quad 2300}{22\quad 31\quad 32\quad 24}$ 2350μm；a＝73，b＝6，c＝47，V%＝69%

属于嘴刺目、瘤线虫科、瘤线虫属。

雄体圆柱形。长 2380～2640μm，最大体宽 25～27μm。体表光滑无装饰，具纵向排列的短的体刚毛。头部圆钝，内唇感觉器乳突状，外唇感觉器刚毛状，与 4 根头刚毛排列成一圈，为 6＋10 模式，长 8～9μm，为头径的 40%～45%。头部在头刚毛下稍收缩。化感器袋状，宽 9μm，位于口腔基部。排泄孔位于距头端后 48～64μm 处，是口腔长度的 2.0～2.5 倍。神经环位于咽的中前部，咽长的 43%～48% 处。口腔较大，深 25～27μm，内具 3 个角质化的齿，其中左亚腹齿较大，右亚腹齿和背齿较小。咽管圆柱形，末端稍膨大，无咽球。尾短，锥状，向腹面弯曲，具多数尾刚毛。近末端腹面具 1 个乳突，末端具明显的黏管口。

生殖系统具 2 个反向排列的精巢。两条交接刺等长，直伸，34～36μm 即泄殖孔相应体径的 1.8 倍。近端头状，远端渐尖，中后部稍膨大。无引带和肛前辅器。具多对长 3～7μm 粗钝的亚腹刚毛，其中 4 对位于肛前，4 对位于肛后，3 对分布在尾上。另有 2 对肛前刺突。

雌体较雄体略小，尾短，雌雄两型，锥柱状，为肛门相应体宽的 2 倍。生殖系统具 1 个前置、反折的卵巢，雌孔开口于身体中后部的腹面，与头端距离为体长的 69%。

该种分布于黄海海滨潮间带泥沙质沉积物中。

该种所在属目前共发现 108 种，其中首次于中国发现 6 新种。

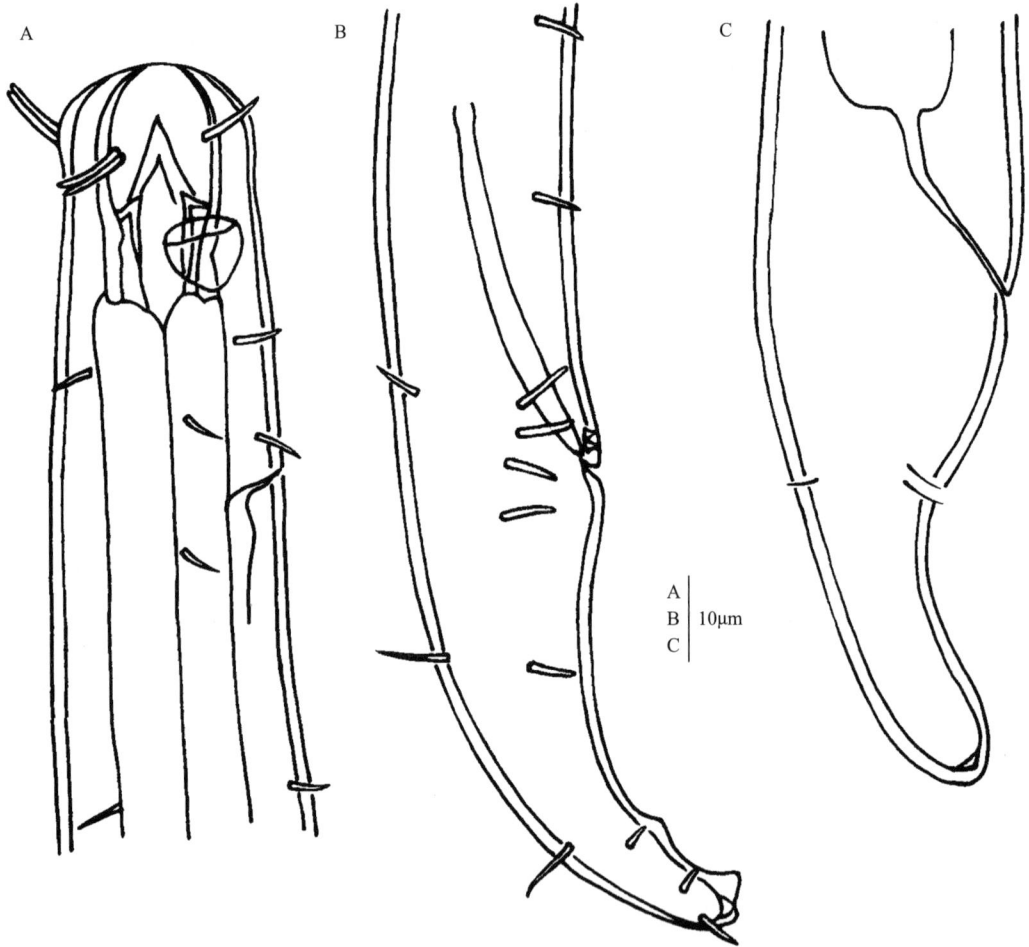

图 6.20.1　青岛瘤线虫（*Oncholaimus qingdaoensis* Zhang & Platt，1983）手绘图
A. 雄体头端，示口腔齿和化感器；B. 雄体尾端，示交接刺和尾乳突；C. 雌体尾端

21. 中华瘤线虫

Oncholaimus sinensis Zhang & Platt, 1983（图 6.21.1，图 6.21.2）

Cobb 公式：

模式标本： $\dfrac{—\quad 310\quad M\quad 1990}{19\quad 38\quad 40\quad 22}$ 2080μm；a＝52，b＝7，c＝23，spic＝26

雌性副模式标本： $\dfrac{—\quad 515\quad M\quad 3247}{28\quad 40\quad 46\quad 28}$ 3381μm；a＝73.4，b＝6.6，c＝25.2，V%＝67%

属于嘴刺目、瘤线虫科、瘤线虫属。

雄体圆柱形，长 2010～2770μm，最大体宽 38～42μm。体表光滑无装饰，具纵向排列的短的体刚毛。头部圆钝，内唇感觉器乳突状，外唇感觉器刚毛状，与 4 条头刚毛排列成一圈，为 6＋10 模式，长 6μm。化感器袋形，宽 7～8μm，位于背齿齿尖处。排泄孔位于距头端 120μm 处的腹面。神经环位于整个咽的中部。口腔较大，深 24～26μm，内具 3 个角质化的齿，其中左亚腹齿较大，右亚腹齿和背齿较小。咽圆柱状，末端稍膨大，与肠相连，长约占体长的 16%。尾锥柱状，末端稍膨大呈棒状，长 90～94μm，为泄殖孔相应体宽的 3.4～4.0 倍。尾腺细胞伸至肛前身体的后端。

生殖系统具 2 个反向排列的精巢。2 条交接刺等长，结构简单，稍弯曲，近端头状，远端尖，中后部稍膨大，长 26～27μm，为泄殖孔相应体宽的 1.2 倍。无引带和肛前辅器。肛前具 1 个显著的肉质突起，尾的中部腹面有 1 个肛后乳突，着生 2 对长约 3μm 的刚毛。除尾部亚背侧刚毛外，还有约 11 对长 5～9μm 的环肛刚毛。

雌体较雄体大，长 3380μm，最大体宽 46μm，尾长 134μm，锥柱状，末端膨大呈棒状。生殖系统具 1 个前置反折的卵巢，卵长椭圆形。雌孔开口于身体的中后部，与头端距离为体长的 67%，阴唇角质化，突出。

该种广泛分布于黄海海滨潮间带泥沙质沉积物中，为个体较大的优势种。

该种所在属目前共发现 108 种，其中首次于中国发现 6 新种。

22. 多毛瘤线虫

Oncholaimus multisetosus Huang & Zhang, 2006（图 6.22.1，图 6.22.2）

Cobb 公式：

模式标本： $\dfrac{—\quad 532\quad M\quad 3110}{31\quad 68\quad 70\quad 47}$ 3270μm；a＝46.7，b＝6.1，c＝20.4，spic＝40

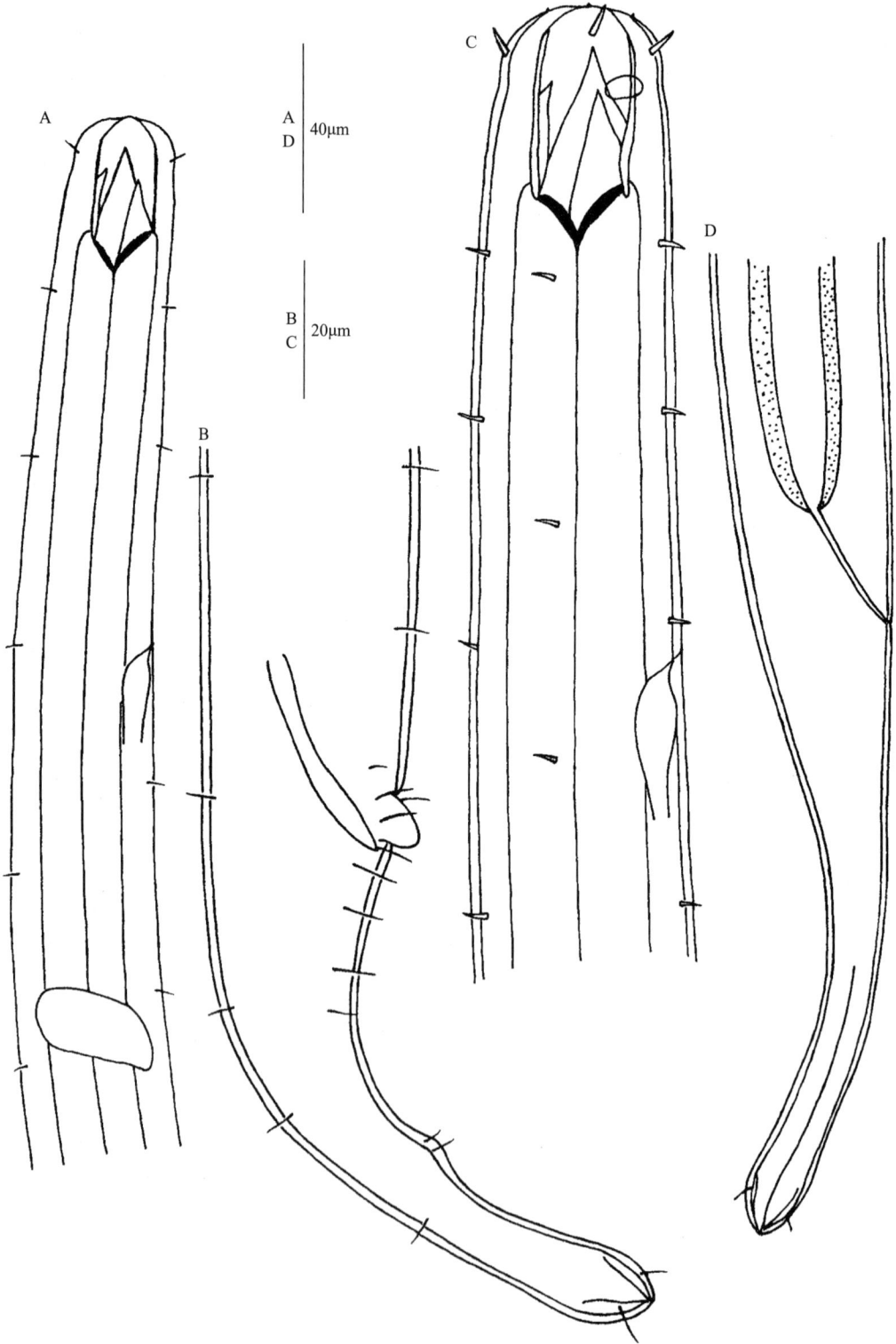

图 6.21.1　中华瘤线虫（*Oncholaimus sinensis* Zhang & Platt，1983）手绘图
A. 雄体咽区，示口腔齿和神经环；B. 雄体尾端，示交接刺和乳突；C. 雄体头端；D. 雌体尾端

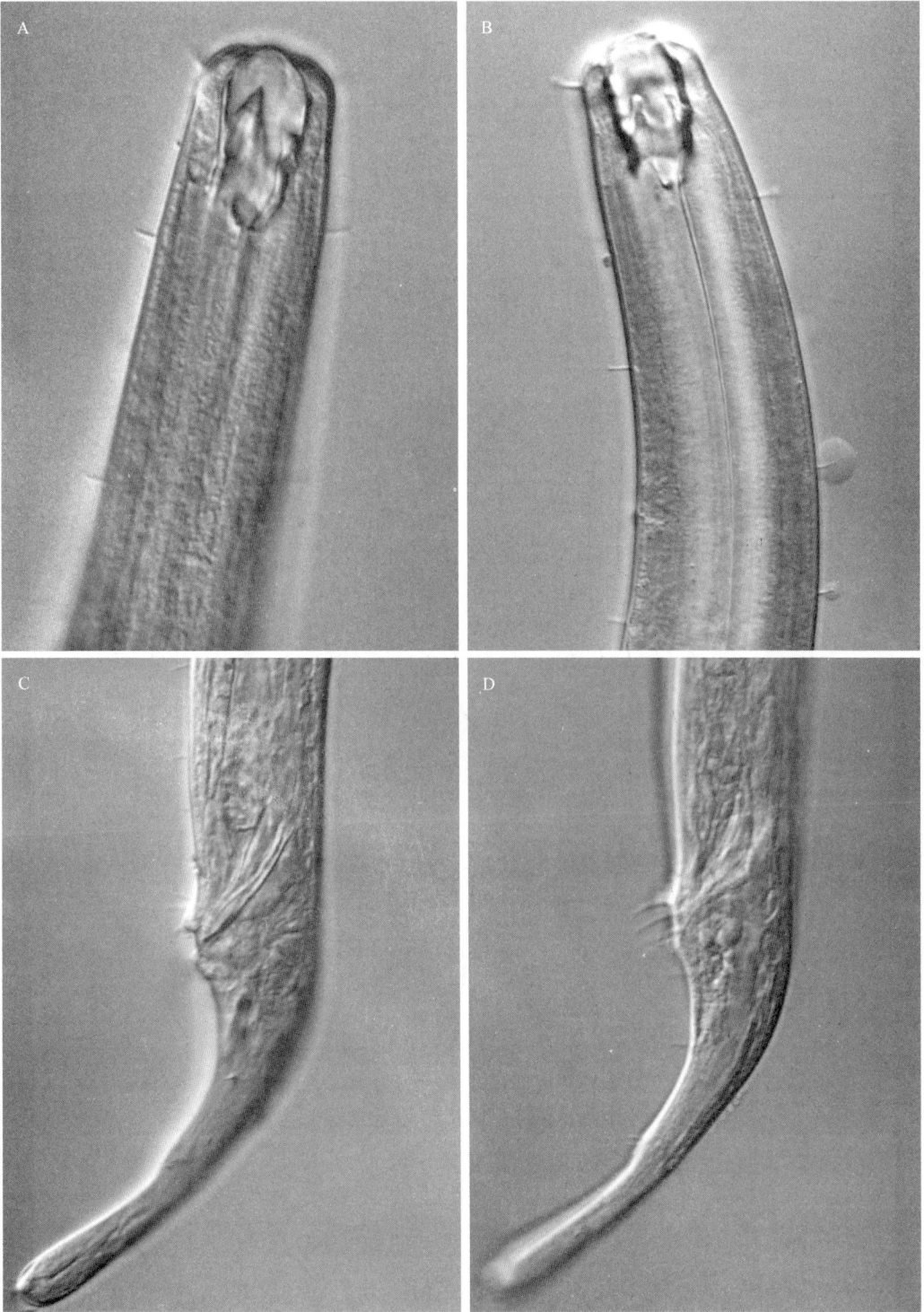

图 6.21.2　中华瘤线虫（*Oncholaimus sinensis* Zhang & Platt，1983）显微图
A. 雄体头端，示口腔齿；B. 雌体头端，示口腔齿；C、D. 雄体尾端，示交接刺和刚毛

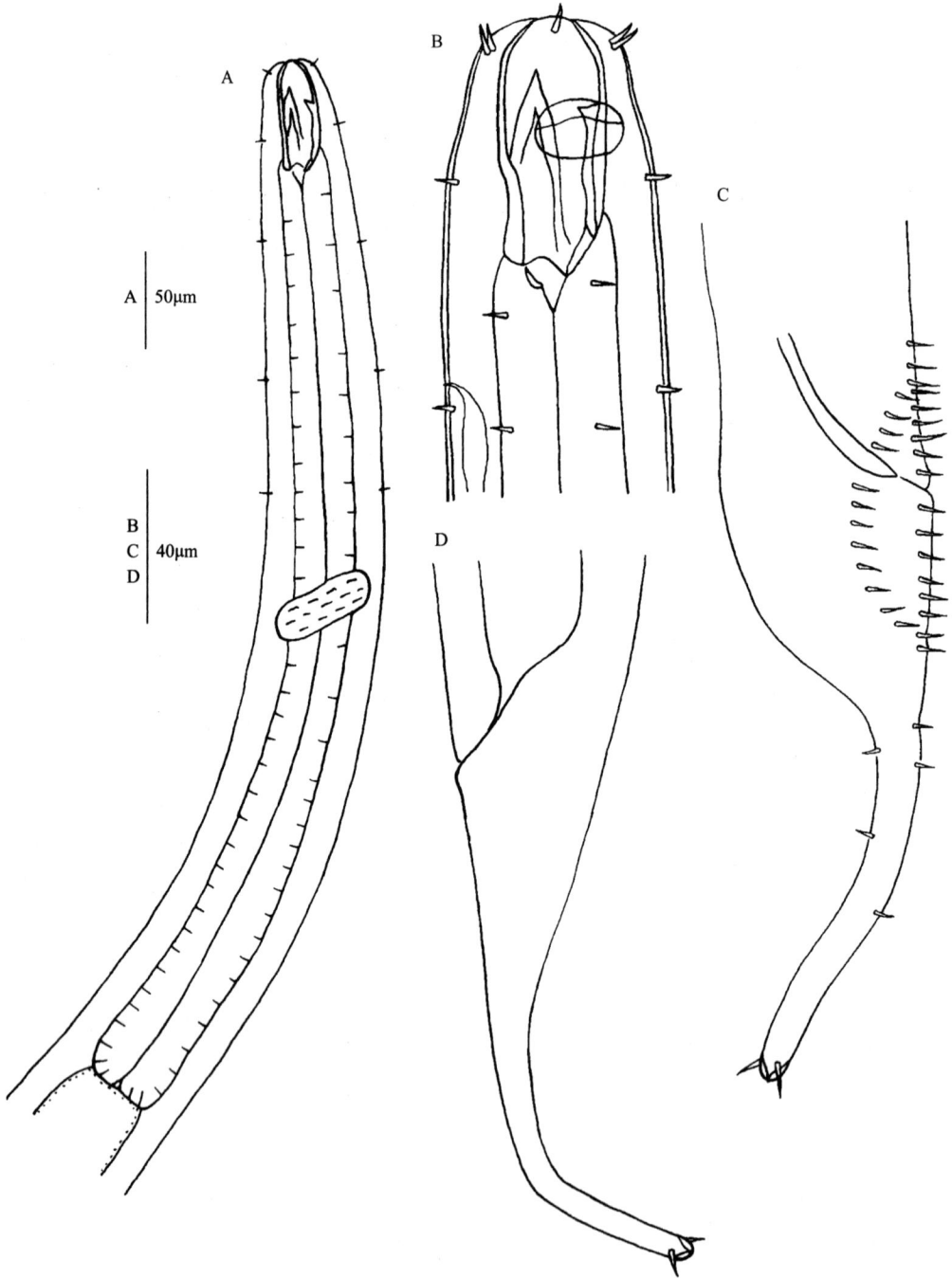

图 6.22.1 多毛瘤线虫（*Oncholaimus multisetosus* Huang & Zhang，2006）手绘图
A. 雄体咽区，示口腔齿和神经环；B. 雄体头端，示口腔齿和化感器；
C. 雄体尾端，示交接刺和刚毛；D. 雌体尾端

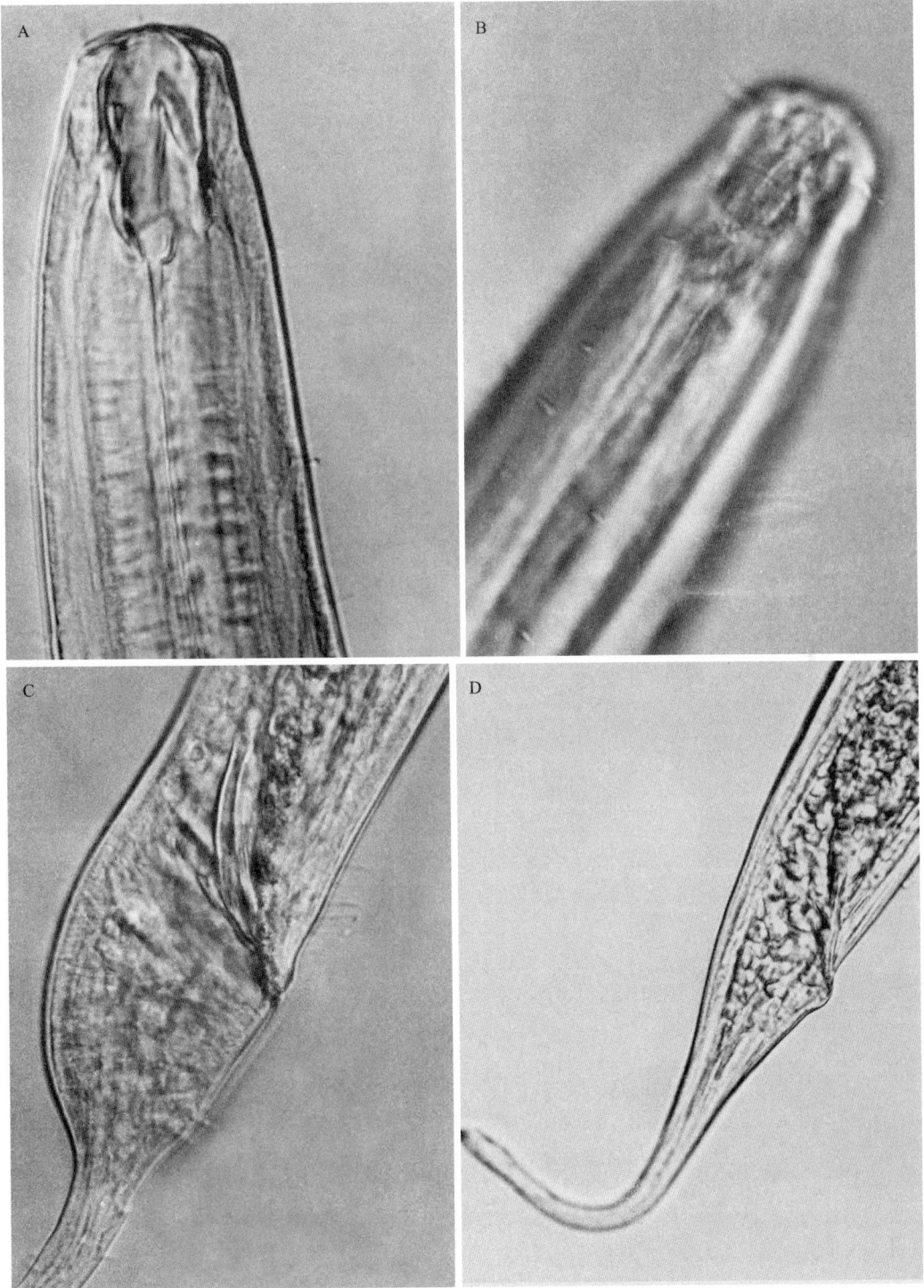

图 6.22.2 多毛瘤线虫（*Oncholaimus multisetosus* Huang & Zhang，2006）显微图
A. 雄体头端，示口腔齿；B. 雄体头端，示化感器；
C. 雄体尾端，示交接刺和刚毛；D. 雌体尾端雌性副模式标本： $\dfrac{—\quad 523\quad M\quad 2698}{27\quad 68\quad 66\quad 36}$ 2850μm；a＝41.3，b＝5.5，c＝18.8，V％＝71.8%

属于嘴刺目、瘤线虫科、瘤线虫属。

雄体圆柱形，长 2850～3620μm，最大体宽 62～85μm。体表光滑，颈部前端具 8 纵列短的体刚毛。头部圆钝，宽 28～33μm，在头刚毛着生处下面收缩。6 个唇瓣圆形，内唇感觉器乳突状，外唇感觉器刚毛状，长 7μm，与 4 根头刚毛排列成一圈，头刚毛长 8μm。化感器袋状，直径 16～18μm，外廓椭圆形，开口新月形，位于背齿处。排泄孔位于头端后约 80μm 处的腹面。神经环位于咽的中部。口腔较大，桶状，深 44～47μm，宽 20～22μm，口腔壁角质化加厚，内具 3 个齿，其中左亚腹齿较大，右亚腹齿和背齿较小。咽圆柱状，长 517～540μm，基部稍膨大。尾锥柱状，长为泄殖孔相应体径的 3.5 倍，锥状部分稍膨大，基部急剧收缩呈细的柱状部分，并向背面弯曲。具短的尾刚毛和 3 根 7μm 长的尾端刚毛，无乳突。尾端稍膨大，具黏液管开口。

生殖系统具 2 个反向排列的精巢。两条交接刺等长，较短，稍直，远端渐尖，中后部稍膨大。无引带和肛前辅器。具 2 圈环肛刚毛，腹侧的一圈由 15 对 6～11μm 的刚毛组成，背侧的一圈由 12 对 8μm 的刚毛组成。

雌体尾部与雄体异形，锥状逐渐过渡为柱状，无尾刚毛。生殖系统具 1 个前置反折的卵巢。雌孔开口于身体的后部，距头端为体长的 71%～72%。没有发现德曼系统。

该种分布于黄海大陆架泥质沉积物中。

该种所在属目前共发现 108 种，其中首次于中国发现 6 新种。

23. 张氏瘤线虫
Oncholaimus zhangi Gao & Huang, 2017（图 6.23.1，图 6.23.2）

Cobb 公式：

模式标本： $\dfrac{—\quad 553\quad M\quad 3773}{34\quad 61\quad 63\quad 35}$ 3883μm；a＝61.6，b＝7，c＝35.3，spic＝52

雌性副模式标本： $\dfrac{—\quad 554\quad M\quad 3687}{35\quad 69\quad 79\quad 44}$ 3783μm；a＝48.1，b＝6.8，c＝35.3，V％＝67%

属于嘴刺目、瘤线虫科、瘤线虫属。

雄体圆柱形，较大。长 3718～3934μm，最大体宽 63～69μm。体表光滑，具 6 排纵向排列的短的体刚毛。头部圆钝，6 个唇瓣圆形，内唇感觉器乳突状，外唇感觉器刚毛状，与 4 根头刚毛排列成一圈，为 6＋10 模式，长 7μm。化感器杯状，位于

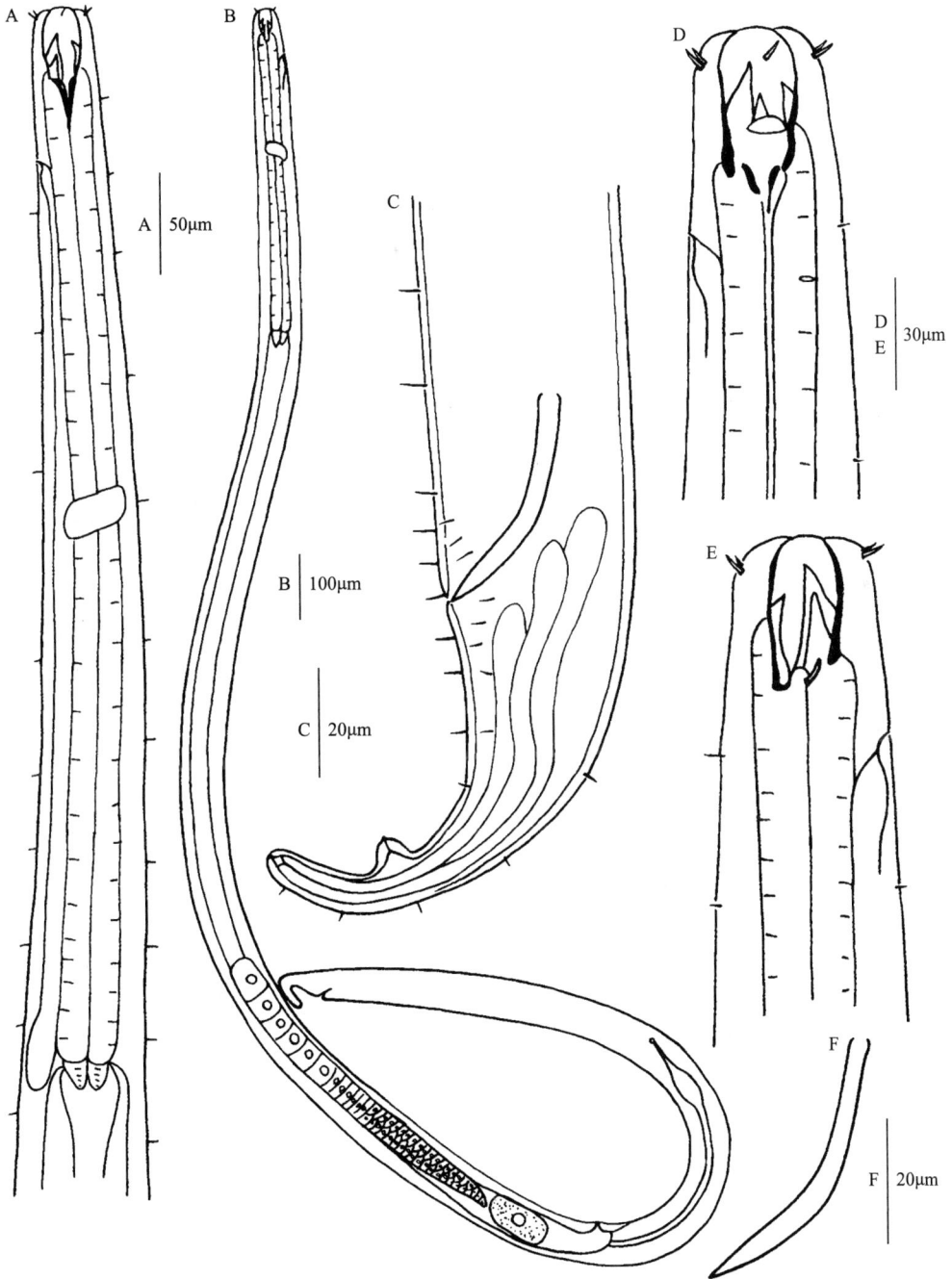

图 6.23.1 张氏瘤线虫（*Oncholaimus zhangi* Gao & Huang，2017）手绘图

A. 雄体咽区，示口腔齿和神经环；B. 雌体，示生殖系统；C. 雄体尾端，示交接刺、尾腺细胞和尾部乳突；

D. 雄体头端；E. 雌体头端；F. 交接刺

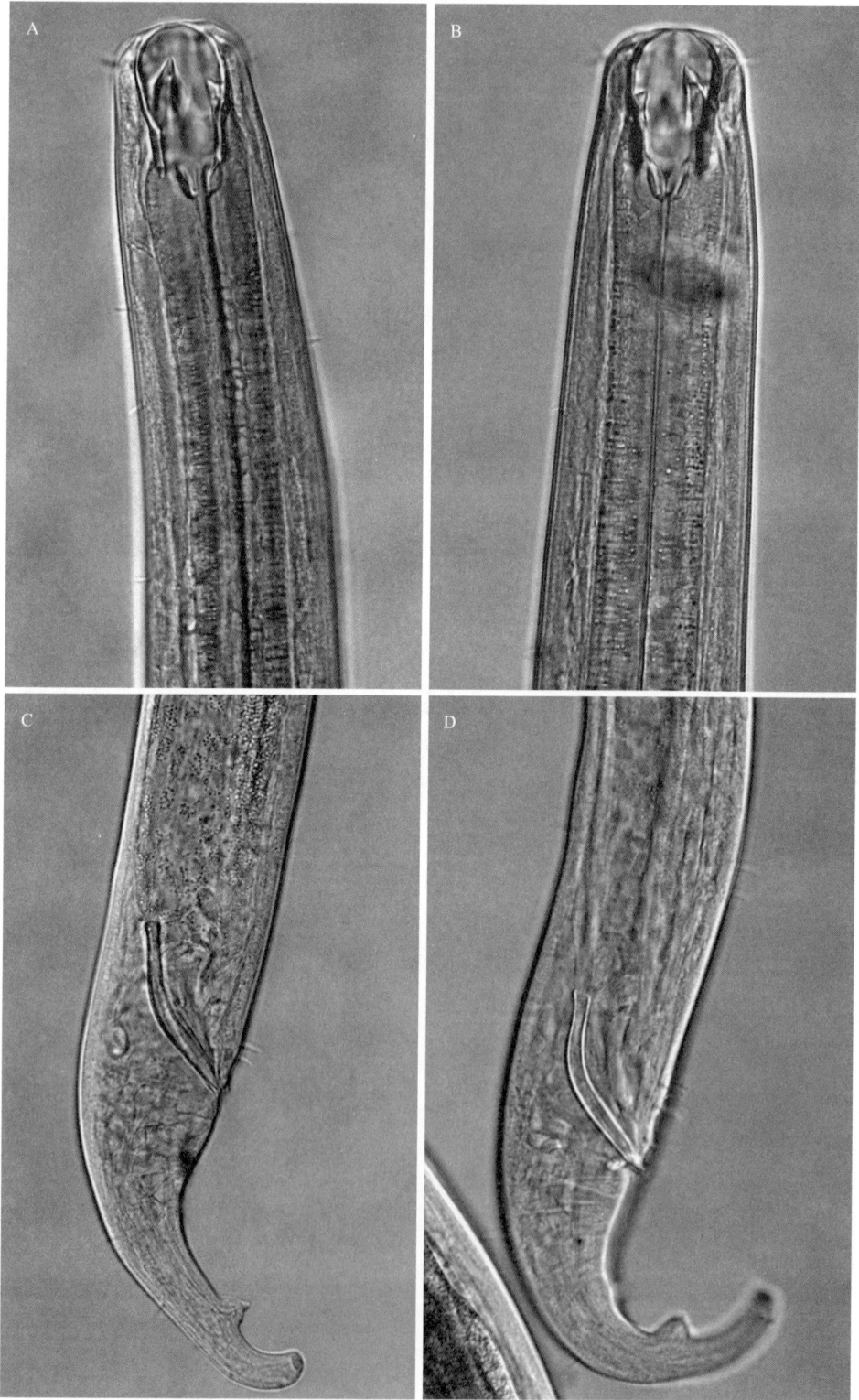

图 6.23.2　张氏瘤线虫（*Oncholaimus zhangi* Gao & Huang，2017）显微图

A、B. 雄体头端，示口腔齿；C、D. 雄体尾端，示交接刺和尾部乳突

口腔中间位置。排泄孔位于头端后 49～57μm 处的腹面。神经环位于咽的中部。口腔较大，桶状，深 33～35μm，宽 18～20μm，口腔壁角质化加厚，内具 3 个齿，其中左亚腹齿较大，右亚腹齿和背齿较小。咽圆柱状，长 550～560μm，末端不膨大。贲门发达。尾锥柱状，向腹面弯曲，长 98～110μm，为泄殖孔相应体宽的 2.4～3.1 倍。尾刚毛较短，在尾的中后部腹面有 1 个大的乳突。3 个尾腺细胞延伸至肛前，尾端具 1 个帽状的开口。

生殖系统具 2 个反向排列的精巢，都位于肠的右侧。2 条交接刺等长，中部稍弯曲，近端头状，远端渐尖，中后部稍膨大。无引带和肛前辅器。具 6 对 4μm 长的环肛刚毛和 1 纵列 6 或 7 根 5μm 长的腹刚毛，肛前 3 或 4 条，肛后 3 条。

雌体较雄体略小，长 3228～3783μm，无体刚毛。生殖系统具 1 个前置反折的卵巢，位于肠的右侧。雌孔开口于身体的中后部的腹面，距头端为体长的 65%～67%。德曼系统为发育良好的管道系统，位于肠的右侧，主管末端开口于身体的侧面。

该种分布于东海潮间带沙质沉积物中。

该种所在属目前共发现 108 种，其中首次于中国发现 6 新种。

24. 布氏无管球线虫　*Abelbolla boucheri* Huang & Zhang, 2004（图 6.24.1，图 6.24.2）

Cobb 公式：

模式标本：$\dfrac{—\quad 560\quad M\quad 2014}{10\quad 42\quad 47\quad 33}$ 2210μm；a＝46.9，b＝3.9，c＝11.3，spic＝59

雌性副模式标本：$\dfrac{—\quad 573\quad M\quad 1961}{12\quad 43\quad 50\quad 25}$ 2173μm；a＝43.5，b＝3.8，c＝10.3，V%＝53%

属于嘴刺目、矛线虫科、无管球线虫属。

雄体细长，前端尖细。头径为咽基部体径的 23%～28%。6 根外唇刚毛和 4 根头刚毛排列成一圈，长 9～13μm，着生于口腔中部环带处。口腔下面着生 1 圈 6 根长的颈刚毛，长 17～22μm。化感器不明显。神经环位于咽的前半部分，距头端为咽长的 42%～48%。口腔桶状，深 13～14μm，宽 8μm。中部被 1 个光滑的环带分成上下 2 室，基部着生 3 个齿，其中右亚腹齿大，左亚腹齿和背齿小。咽柱状，向后逐渐均匀加粗，不形成咽球。尾细长，为泄殖孔相应体径的 5.6～8.5 倍，锥柱状，前半部分锥状，后半部分柱状，具短的尾刚毛，尾端具 3 根端刚毛。

生殖系统具有 2 个伸展的精巢。交接刺长 56～62μm，为泄殖孔相应体径的

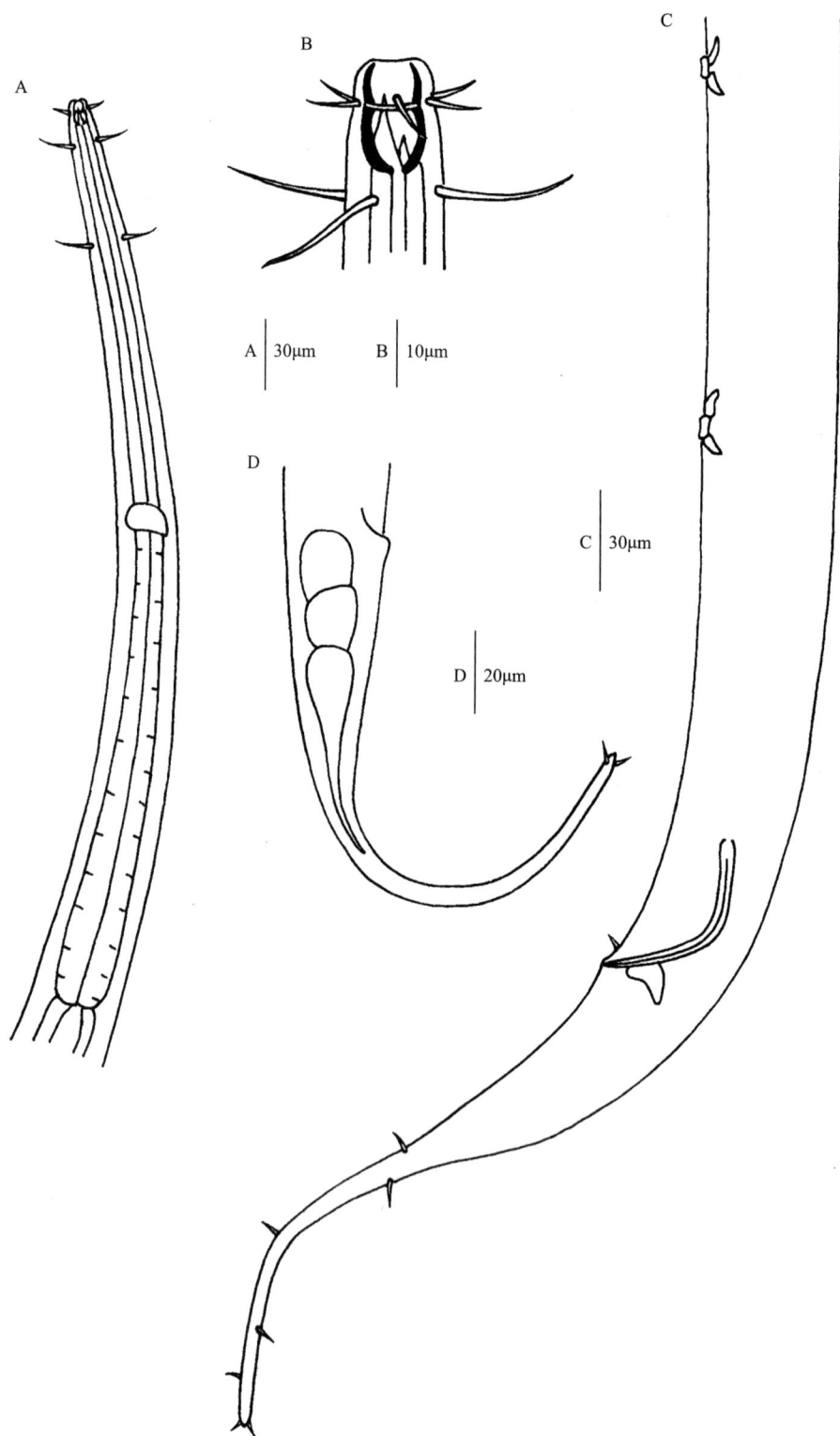

A | 30μm   B | 10μm

C | 30μm

D | 20μm

图 6.24.1　布氏无管球线虫（*Abelbolla boucheri* Huang & Zhang，2004）手绘图
A. 雄体咽区；B. 雄体头端，示口腔齿和颈刚毛；C. 雄体尾端，示交接刺、引带和肛前辅器；D. 雌体尾端

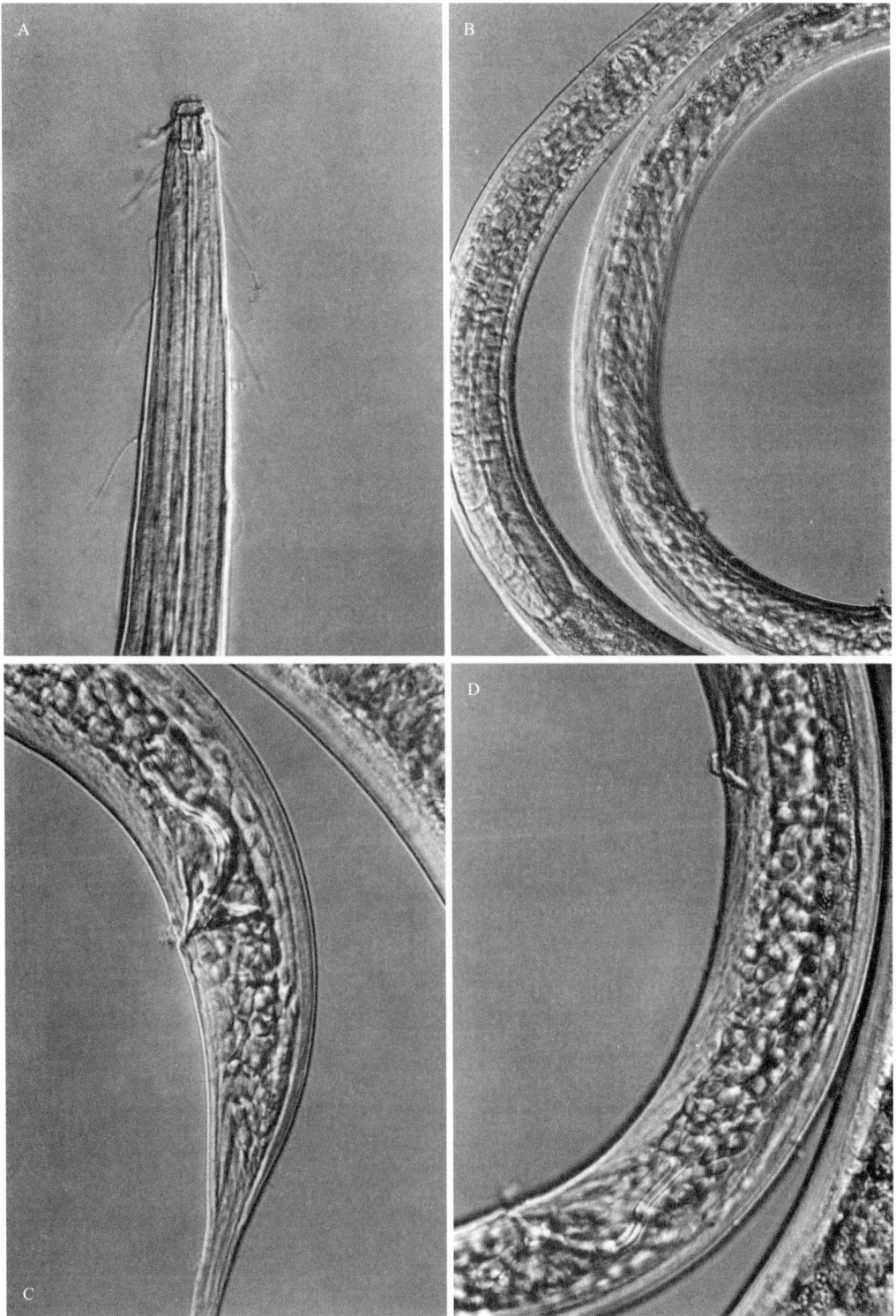

图 6.24.2 布氏无管球线虫（*Abelbolla boucheri* Huang & Zhang，2004）显微图

A. 雄体头端，示口腔齿和颈刚毛；B. 雄体咽区；C. 雄体尾端，示交接刺和引带；

D. 雄体泄殖孔区，示交接刺和肛前辅器

1.8～2.0 倍，细长，弯曲具中肋，后端渐尖。引带三角形，背部具 1 个短的尾突，长 10～14μm。2 个翼状辅器，前面一个长 17～20μm，后面一个长 14～19μm，距离泄殖孔 120～158μm，两个辅器间距 93～124μm。

雌体类似于雄体，具有 2 个反向排列的等大的反折卵巢，雌孔位于身体中部，至头端的距离占体长的 53%～55%。

该种分布于黄海大陆架泥质沉积物中。

该种所在属是于中国建立的新属，目前共发现 5 种，其中首次于中国黄海发现 4 新种。

25. 黄海无管球线虫

Abelbolla huanghaiensis Huang & Zhang, 2004（图 6.25.1，图 6.25.2）

Cobb 公式：

模式标本：$\dfrac{—\quad 712\quad M\quad 2192}{10.5\quad 42\quad 44\quad 35}$ 2390μm；a＝54.3，b＝3.4，c＝12.1，spic＝89

雌性副模式标本：$\dfrac{—\quad 680\quad M\quad 2130}{10\quad 48\quad 49\quad 31}$ 2306μm；a＝43.5，b＝3.4，c＝13.1，V%＝58%

属于嘴刺目、矛线虫科、无管球线虫属。

雄体细长，前端非常尖细。头径为咽基部体径的 18%～25%。颈的前半部分明显细缩。6 个内唇感觉器乳突状，6 根外唇刚毛和 4 根头刚毛排列成 1 圈，长 4～8μm，着生于口腔中部环带处。口腔下面着生 1 圈 6 根长的颈刚毛，长 9～13μm，距头端 23μm。化感器不明显。神经环位于咽的中部，距头端为咽长的 45%～54%。口腔桶状，深 13～14μm，宽 7～8μm，中部被 1 个光滑的环带分成上下 2 室，基部着生 3 个齿，其中右亚腹齿大，左亚腹齿和背齿小。咽柱状，向后逐渐均匀加粗，不形成咽球。尾锥柱状，长为泄殖孔相应体径的 4.9～5.9 倍，前 2/3 锥状，逐渐过渡为柱状，末端稍膨大，具 3 根端刚毛。具 3 个尾腺细胞。

生殖系统具有 2 个伸展的精巢。交接刺长 61～89μm，即泄殖孔相应体径的 1.7～2.5 倍，细长，弯曲呈弓形，近端头状，末端钩状具刺。引带背部具长的尾状突，长 26～33μm。2 个翼状辅器，前面 1 个长 17～24μm，后面 1 个长 19～21μm，距离泄殖孔 135～208μm，两个辅器间距 70～90μm。

雌体类似于雄体，具有 2 个反向排列的等大的反折卵巢，雌孔位于身体中后部，距离头端占体长的 54%～58%。

该种分布于黄海大陆架泥质沉积物中。

该种所在属目前共发现 5 种，其中首次于中国黄海发现 4 新种。

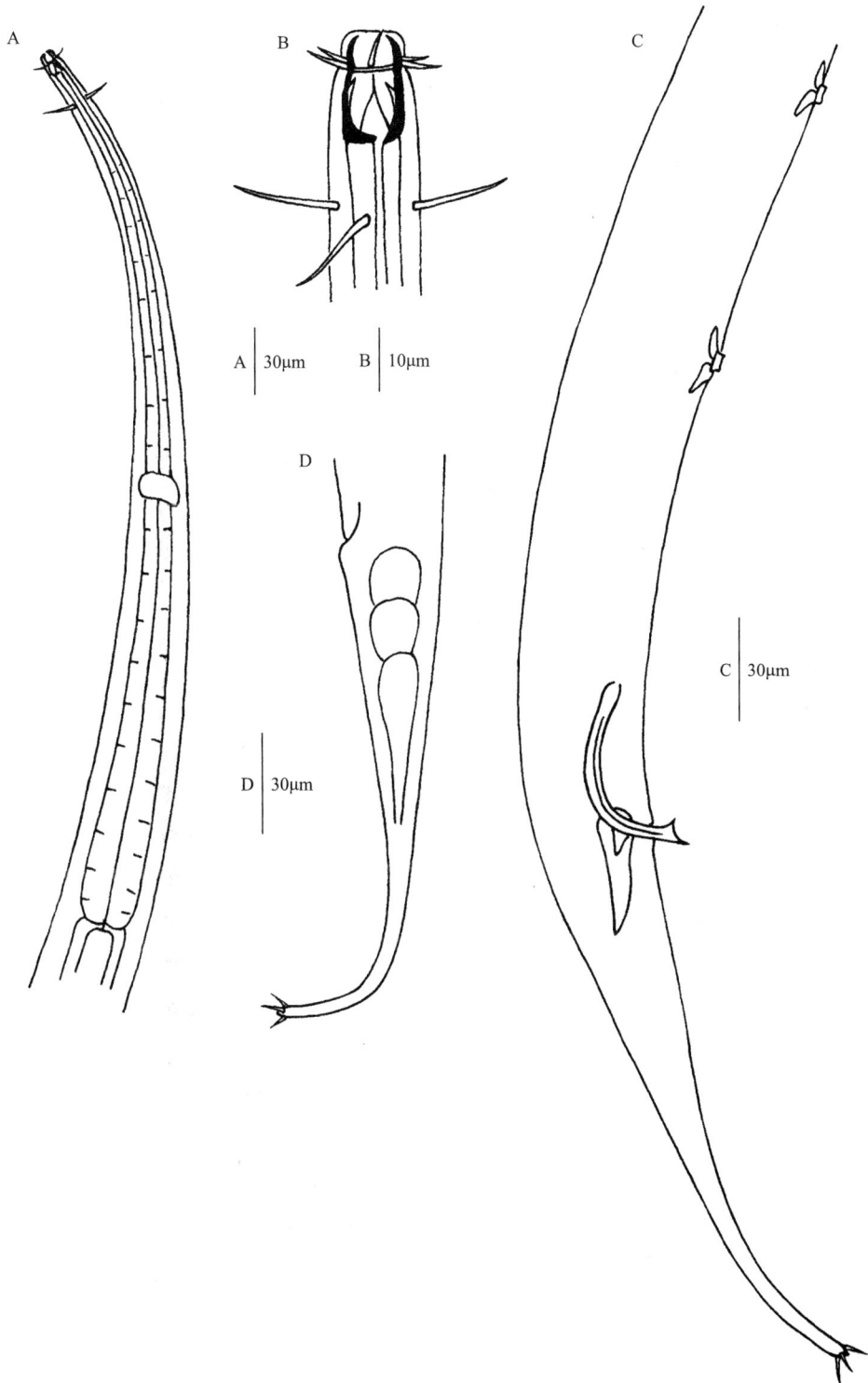

图 6.25.1 黄海无管球线虫（*Abelbolla huanghaiensis* Huang & Zhang，2004）手绘图

A. 雄体咽区，示口腔齿和神经环；B. 雄体头端，示口腔齿和颈刚毛；D. 雌体尾端，示尾腺细胞；

C. 雄体尾端，示交接刺和肛前辅器

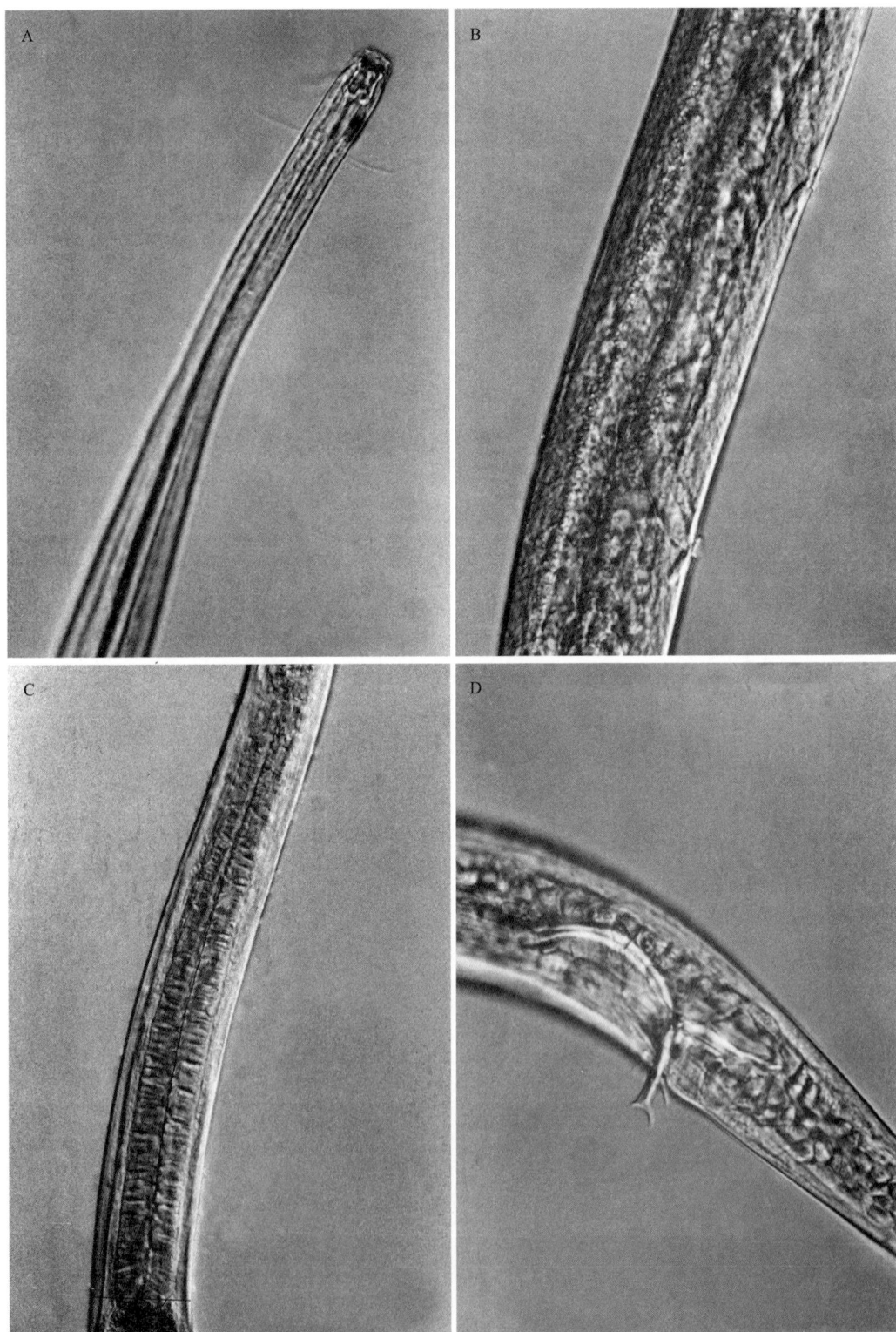

图 6.25.2　黄海无管球线虫（*Abelbolla huanghaiensis* Huang & Zhang，2004）显微图
A. 雄体前端，示口腔和颈刚毛；B. 雄体泄殖孔区，示肛前辅器；C. 雄体咽区；D. 交接刺和引带

26. 瓦氏无管球线虫

Abelbolla warwicki **Huang & Zhang, 2004**（图 6.26.1，图 6.26.2）

Cobb 公式：

$$模式标本：\frac{—\quad 869\quad M\quad 2860}{17.5\quad 68\quad 70\quad 49}\ 3037\mu m；a=43.4,\ b=3.5,\ c=17.2,\ spic=100$$

属于嘴刺目、矛线虫科、无管球线虫属。

雄体柱状，相对较粗，前端钝圆。头径为咽基部体径的 26%～28%。6 个内唇感觉器乳突状，6 根外唇刚毛和 4 根头刚毛排列成一圈，长 9～16μm，着生于口腔中部环带处。口腔下面着生 1 圈 6 根长的颈刚毛，长 32～35μm。神经环位于咽的前 1/3 处。口腔桶状，宽阔，深 16～31μm，宽 10～23μm，中部被 1 个光滑的环带分成上下 2 室，基部着生 3 个齿，其中右亚腹齿非常大，左亚腹齿和背齿小。咽柱状，向后逐渐均匀加粗，不形成咽球。尾锥柱状，长为泄殖孔相应体径的 3.3～3.6 倍，前 2/3 部分锥状，逐渐过渡为细柱状，末端稍膨大，具 2 根端刚毛。具 3 个尾腺细胞。

生殖系统具有 2 个伸展的精巢。交接刺长 100～130μm，即泄殖孔相应体径的 2 倍，稍微向腹面弯曲，近端稍粗，向末端逐渐变细。引带三角形，背部具短的尾状突，长 16～23μm。2 个肛前辅器不呈翼状，退化成袋状，前面一个长 23～29μm，后面一个长 30～36μm，2 个辅器距离 70～90μm。

没有发现雌体。

该种分布于黄海大陆架泥质沉积物中。

该种所在属目前共发现 5 种，其中首次于中国黄海发现 4 新种。

27. 大无管球线虫

Abelbolla major **Jiang, Wang & Huang, 2015**（图 6.27.1，图 6.27.2）

Cobb 公式：

$$模式标本：\frac{—\quad 417\quad M\quad 2267}{16\quad 44\quad 46\quad 34}\ 2357\mu m；a=51.2,\ b=5.7,\ c=26.2,\ spic=50$$

属于嘴刺目、矛线虫科、无管球线虫属。

雄体柱状，两端渐尖。头径 16μm，为咽基部体径的 36%。角皮光滑，具短的颈刚毛，长 6～10μm。6 个内唇感觉器乳突状，其他刚毛状，较短。6 根外唇刚毛和 4 根头刚毛排列成一圈，长 4～5μm，着生于口腔中部环带处。化感器不明显。神经环位于咽的中部，距头端为咽长的 48%。口腔桶状，深 13μm，宽 8μm，中部被 1 个光滑的环带分成上下 2 室，基部着生 3 个齿，其中右亚腹齿大，左亚腹齿和背齿小。咽柱状，向后逐渐均匀加粗，不形成咽球。贲门三角形。尾短，锥柱状，长 90μm，即泄殖孔相应

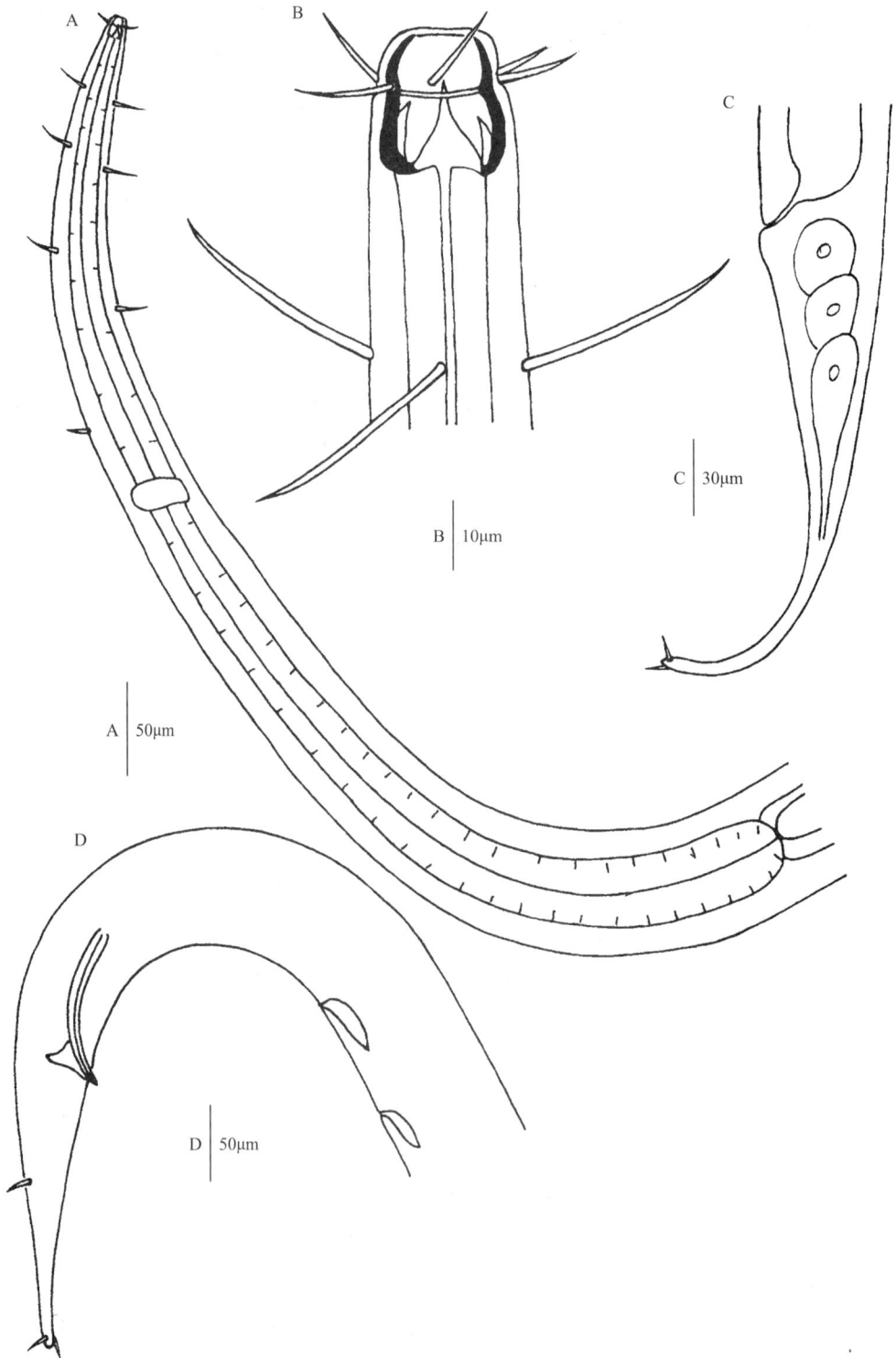

图 6.26.1　瓦氏无管球线虫（*Abelbolla warwicki* Huang & Zhang，2004）手绘图

A. 雄体咽区，示神经环；B. 雄体头端，示口腔齿和刚毛；C. 雌体尾端；D. 雄体尾端，示交接刺和肛前辅器

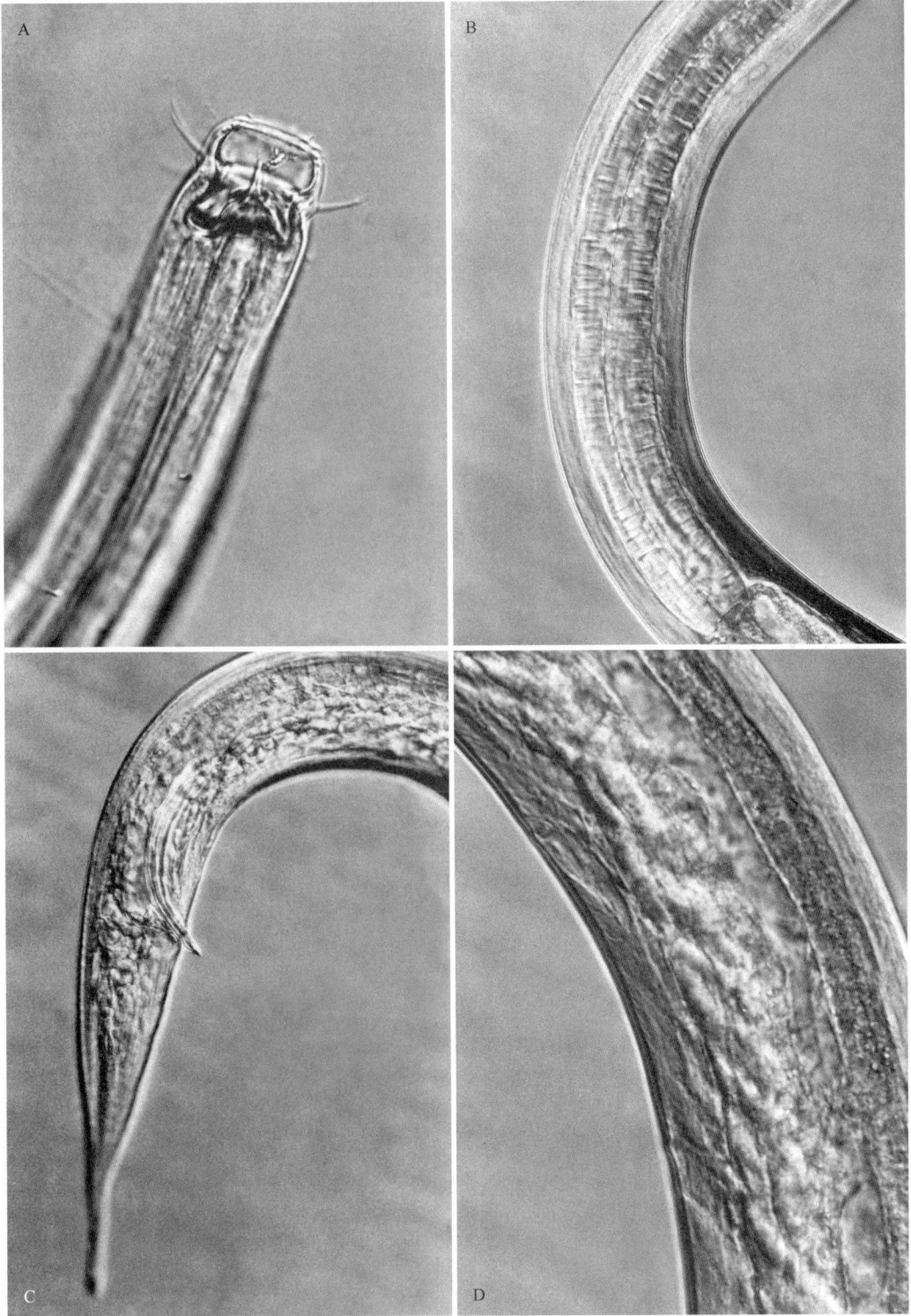

图 6.26.2　瓦氏无管球线虫（*Abelbolla warwicki* Huang & Zhang，2004）显微图

A. 雄体头端，示口腔齿和刚毛；B. 雄体咽区；C. 雄体尾端，示交接刺；D. 示肛前辅器

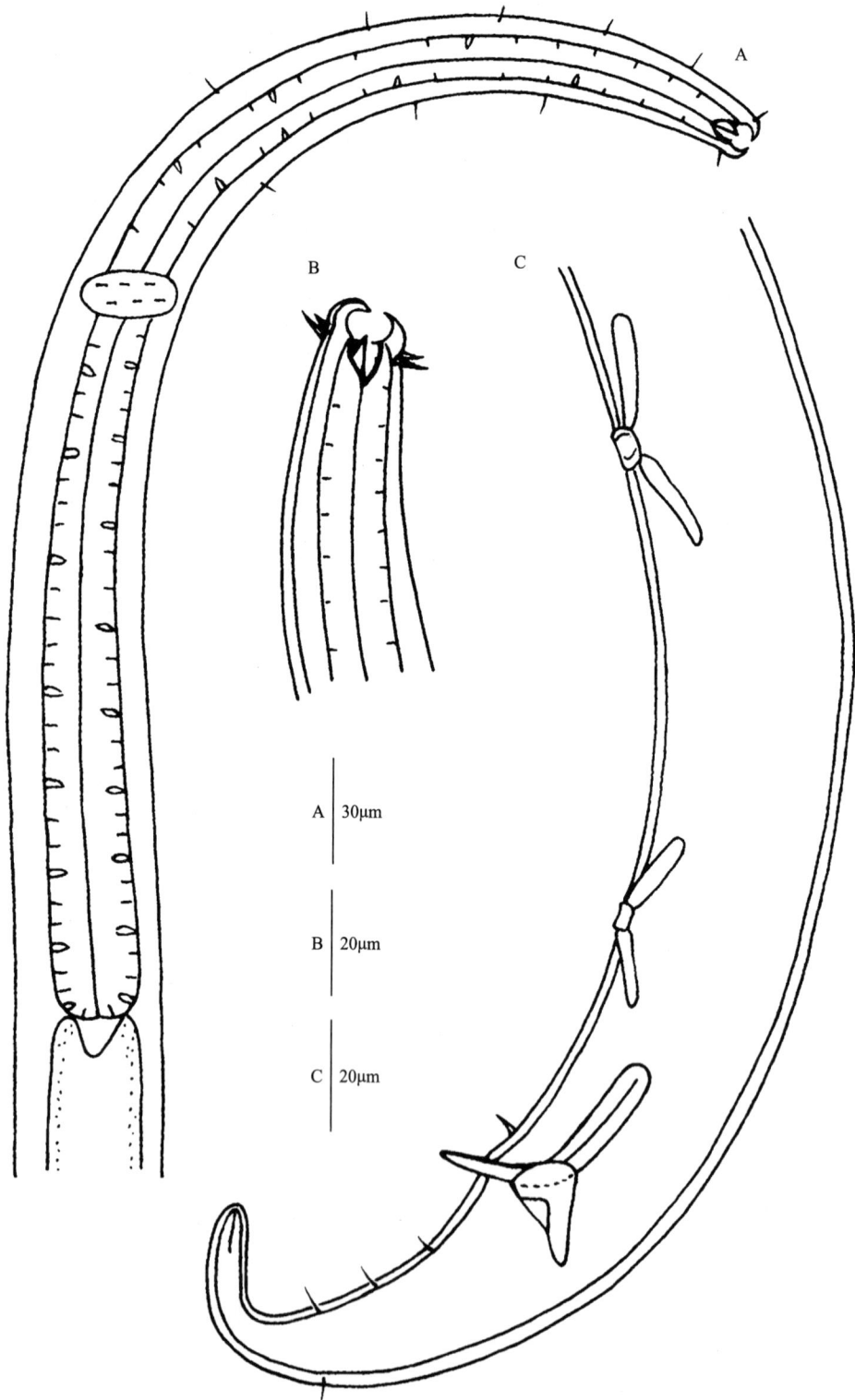

图 6.27.1　大无管球线虫（*Abelbolla major* Jiang，Wang & Huang，2015）手绘图
A. 雄体咽区，示口腔和神经环；B. 雄体头端，示口腔齿；C. 雄体尾端，示交接刺、引带和肛前辅器

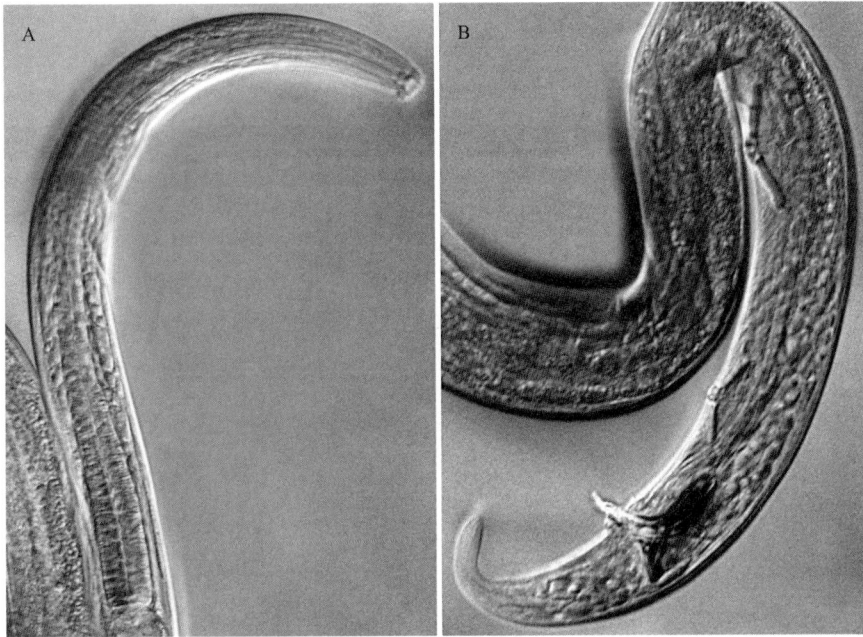

图 6.27.2　大无管球线虫（*Abelbolla major* Jiang，Wang & Huang，2015）显微图
A. 雄体咽区；B. 雄体尾端，示交接刺和肛前辅器

体径的 2.6 倍，前 2/3 部分锥状，逐渐过渡为柱状，向腹面弯曲，末端稍膨大，具黏液管开口，无端刚毛；锥状部分具 1 列 4 根腹刚毛，长 5μm。

　　生殖系统具有 2 个伸展的精巢。交接刺长 50μm，即泄殖孔相应体径的 1.5 倍，向腹面弯曲呈弧形，近端粗，向末端逐渐变细。引带背部具三角形的尾状突，长 20μm。肛前有 1 根 5μm 的刚毛和 2 个翼状辅器，前面一个辅器较大，长为泄殖孔相应体径的 1.5 倍，距离泄殖孔 153μm；后面一个辅器较小，长为泄殖孔相应体径的 1.1 倍，距离泄殖孔 55μm，两个辅器间距 98μm。

　　没有发现雌体。

　　该种分布于黄海潮间带泥沙质沉积物中。

　　该种所在属目前共发现 5 种，其中首次于中国黄海发现 4 新种。

28. 黄海球咽线虫　　　　*Belbolla huanghaiensis* Huang & Zhang, 2005（图 6.28.1，图 6.28.2）

Cobb 公式：

模式标本：$\dfrac{—\quad 830 \quad M \quad 3450}{13 \quad 90 \quad 96 \quad 66}$ 3700μm；a＝38.5，b＝4.5，c＝14.8，spic＝81

雌性副模式标本：$\dfrac{—\quad 650 \quad M \quad 2290}{9 \quad 52 \quad 57 \quad 39}$ 2458μm；a＝43.9，b＝3.8，c＝14.6，V%＝59%

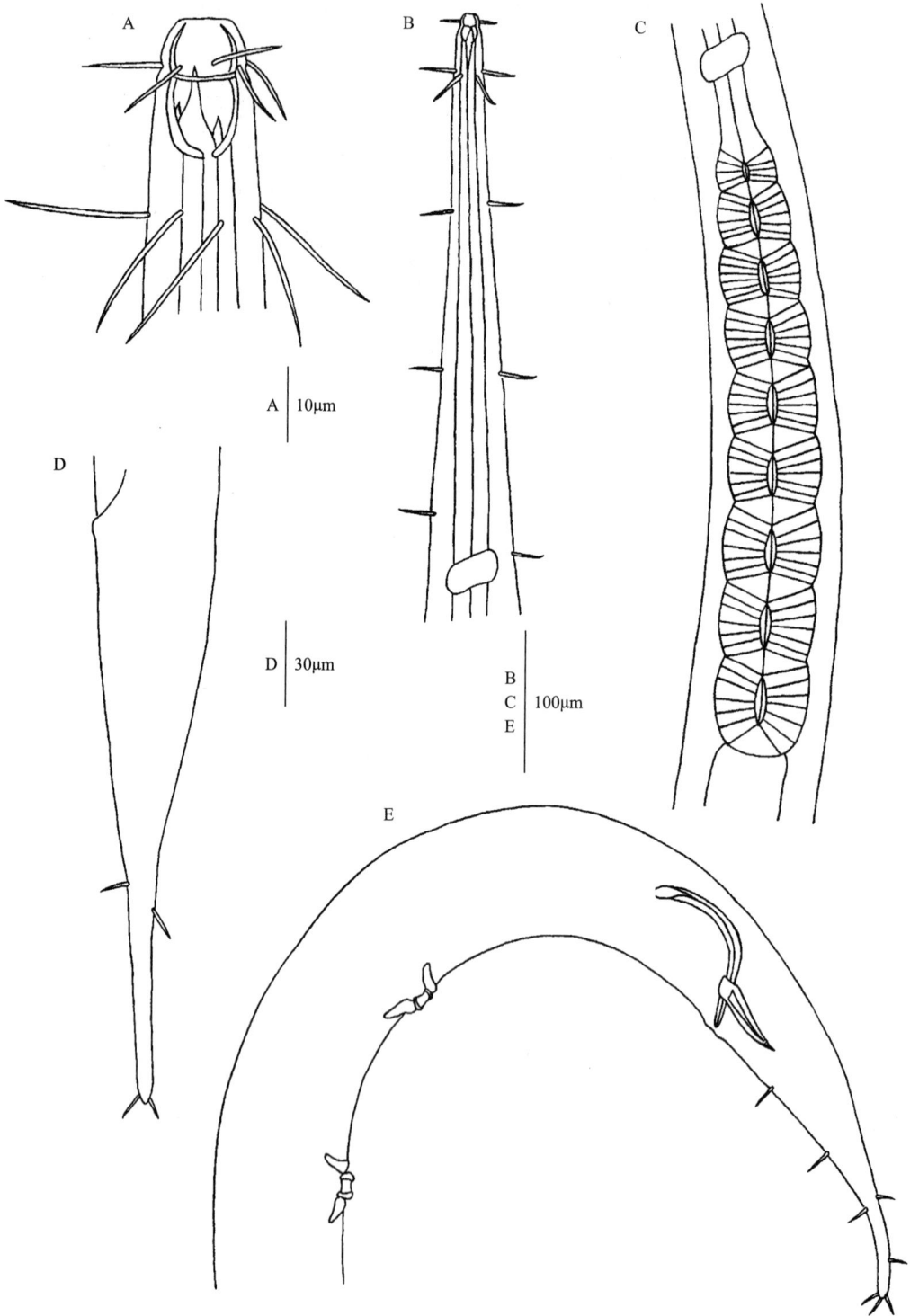

图 6.28.1 黄海球咽线虫（*Belbolla huanghaiensis* Huang & Zhang，2005）手绘图

A. 雄体头端，示口腔齿和颈刚毛；B. 雄体前端；C. 雄体咽区，示咽球；D. 雌体尾端；

E. 雄体尾端，示交接刺、引带和肛前辅器

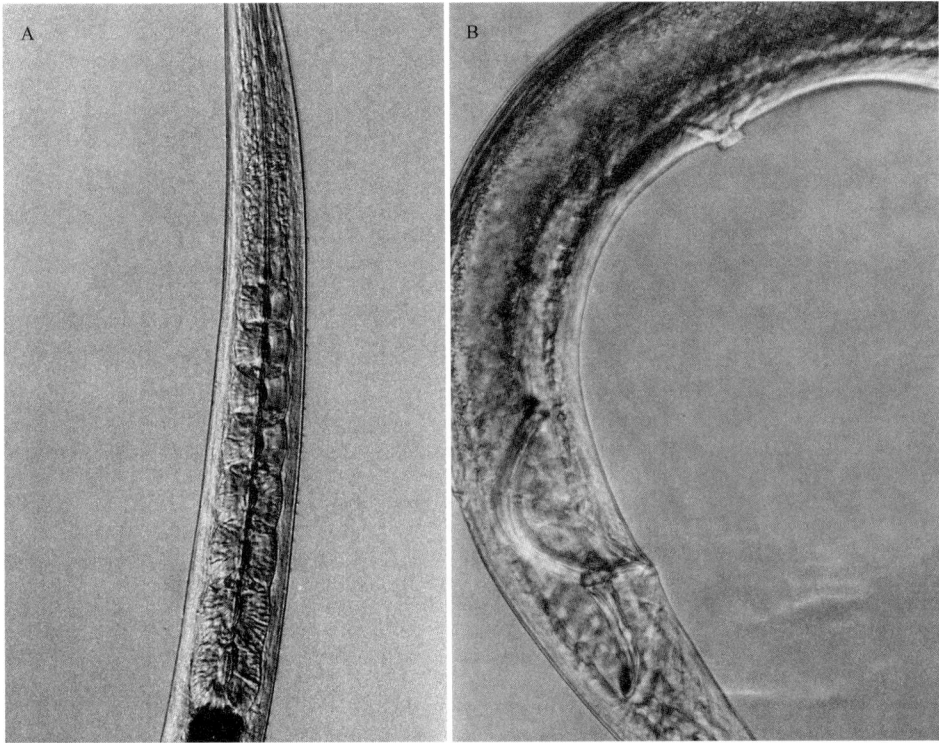

图 6.28.2 黄海球咽线虫（*Belbolla huanghaiensis* Huang & Zhang，2005）显微图
A. 雄体咽区，示咽球；B. 雄体尾端，示交接刺、引带和肛前辅器

属于嘴刺目、矛线虫科、球咽线虫属。

雄体较大，长 3037～3700μm，最大体宽 76～96μm。前端非常尖细，头径 11～13μm，为咽基部体径的 14%～15%。6 个内唇感觉器乳突状，6 根外唇刚毛和 4 根头刚毛等长，排列成一圈，长 10～13μm，着生于口腔中部环带处。颈部分布许多刚毛，其中最前端一圈颈刚毛较长，由 10 根组成，长 18～26μm，距头端 26μm。化感器不明显。神经环位于咽的前部，距头端为咽长的 41%～46%。口腔杯状，深 16～17μm，宽 10～11μm，中部被 1 条光滑的环带分成上下 2 室，基部着生 3 个齿，其中右亚腹齿大，左亚腹齿和背齿小。咽柱状，在神经环之后逐渐加粗，形成 9 个咽球。尾锥柱状，长为泄殖孔相应体径的 3.8～5.2 倍，前 2/3 锥状，逐渐过渡为柱状，末端稍膨大，具 4 根端刚毛和少量尾刚毛。

生殖系统具有 2 个精巢。交接刺较长，106～137μm，为泄殖孔相应体径的 1.9～2.1 倍，弯曲呈弓形，近端头状，末端尖细。引带背部具长的尾状突，长 45～60μm。2 个翼状辅器，前面一个长 41～45μm，后面一个长 36～46μm，距离泄殖孔 210～255μm，2 个辅器间距 115～140μm。

雌体小于雄体，具有 2 个反向排列的等大的反折卵巢，雌孔位于身体中部，至头端的距离占体长的 48%～59%。

该种分布于黄海大陆架泥质沉积物中。

该种所在属目前共发现 15 种，其中首次于中国渤海、黄海发现 4 新种。

29. 尖头球咽线虫

Belbolla stenocephalum **Huang & Zhang, 2005**（图 6.29.1，图 6.29.2）

Cobb 公式：

模式标本： $\dfrac{-\quad 650\quad M\quad 2200}{13\quad 66\quad 66\quad 53}$ 2394μm；a＝36.3，b＝3.7，c＝12.3，spic＝82

雌性副模式标本： $\dfrac{-\quad 700\quad M\quad 2480}{14\quad 72\quad 73\quad 47}$ 2669μm；a＝36.6，b＝3.8，c＝14.1，V％＝50%

属于嘴刺目、矛线虫科、球咽线虫属。

雄体长 2226~2394μm，最大体宽 66~67μm。前端非常尖细，头径 12~13μm，为咽基部体径的 19%~20%。6 个内唇感觉器乳突状，6 根外唇刚毛和 4 根头刚毛等长，排列成一圈，长 9~12μm，着生于口腔中部环带处。颈部分布许多刚毛，其中最前端一圈颈刚毛较长，由 10 根组成，长 17~26μm，距头端 23μm。化感器不明显。神经环位于咽的前部，距头端为咽长的 42%~47%。口腔杯状，深 16~18μm，宽 10~11μm，中部被 1 条光滑的环带分成上下 2 室，基部着生 3 个齿，其中右亚腹齿大，左亚腹齿和背齿小。咽柱状，在神经环之后逐渐加粗，形成 8 个咽球。尾锥柱状，长 172~210μm，即泄殖孔相应体径的 3.5~4.1 倍，前 2/3 锥状，逐渐过渡为柱状，末端稍膨大，具 2 根端刚毛和少量尾刚毛。

生殖系统具有 2 个精巢。交接刺长 80~100μm，即泄殖孔相应体径的 2.2~2.9 倍，弯曲呈弓形，近端较粗，逐渐变细，末端膨大。引带背部具长的尾状突，长 34~36μm。2 个翼状辅器，前面一个长 37~47μm，后面一个长 34~37μm，距离泄殖孔 130~180μm，2 个辅器间距 70~110μm。

雌体大于雄体，具有 2 个反向排列的等大的反折卵巢，雌孔位于身体中部，距离头端占体长的 48%~50%。

该种分布于黄海大陆架泥质沉积物中。

该种所在属目前共发现 15 种，其中首次于中国渤海、黄海发现 4 新种。

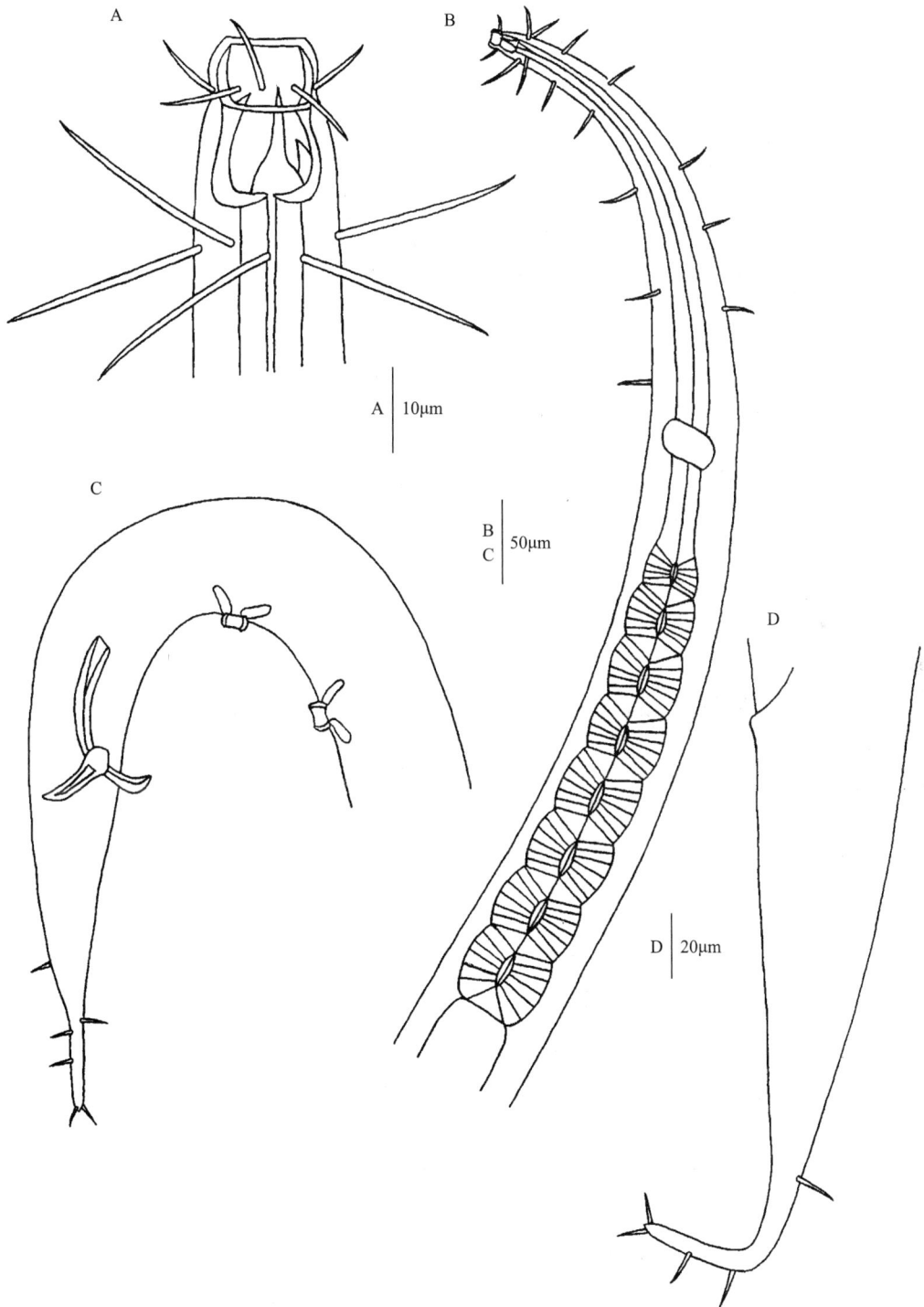

图 6.29.1　尖头球咽线虫（*Belbolla stenocephalum* Huang & Zhang，2005）手绘图
A. 雄体头端，示口腔齿；B. 雄体咽区，示咽球；C. 雄体尾端，示交接刺、引带和肛前辅器；D. 雌体尾端

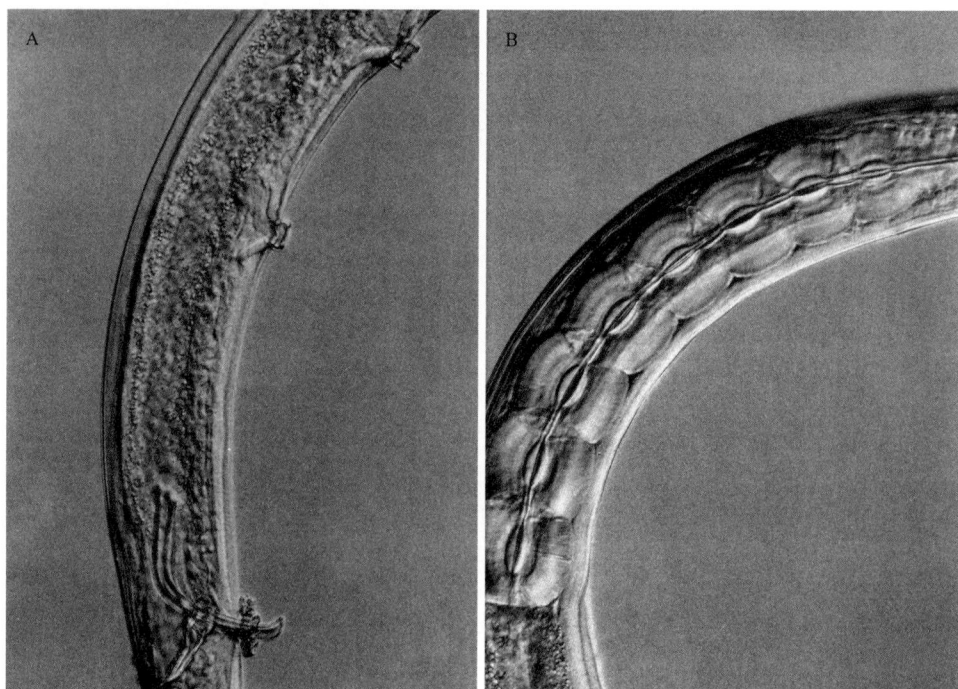

图 6.29.2 尖头球咽线虫（*Belbolla stenocephalum* Huang & Zhang，2005）显微图
A. 交接刺、引带和肛前辅器；B. 雄体咽区，示咽球

30. 瓦氏球咽线虫

Belbolla warwicki **Huang & Zhang, 2005**（图 6.30.1，图 6.30.2）

Cobb 公式：

模式标本： $\dfrac{—\quad 430\quad M\quad 1354}{7\quad 36\quad 37\quad 24}$ 1470μm；a＝40.8，b＝3.4，c＝12.7，spic＝30

雌性副模式标本： $\dfrac{—\quad 424\quad M\quad 1272}{6\quad 35\quad 35\quad 20}$ 1390μm；a＝39.7，b＝3.3，c＝12.9，V%＝59%

属于嘴刺目、矛线虫科、球咽线虫属。

身体柱状，长 1470～1770μm，最大体宽 37～43μm。前端非常尖细，头径 7～8μm，为咽基部体径的 17%～22%。6 个内唇感觉器乳突状，6 根外唇刚毛和 4 根头刚毛等长，排列成一圈，长 5～6μm，着生于口腔中部环带处。颈部细长，分布许多刚毛，其中最前端一圈颈刚毛较长，由 10 条组成，长 10～15μm，距头端 12μm。化感器不明显。神经环位于咽的中部，距头端为咽长的 51%～56%。口腔杯状，深 9μm，宽 5～6μm，中部被 1 条光滑的环带分成上下 2 室，基部着生 3 个齿，其中右亚腹齿大，左亚腹齿和背齿小。咽柱状，在神经环之后逐渐加粗，形成 7 个咽球。尾锥柱状，长 116～140μm，即泄殖孔相应体径的 4.8～5.6 倍，前 2/3 锥状，逐渐过渡为柱状，末端

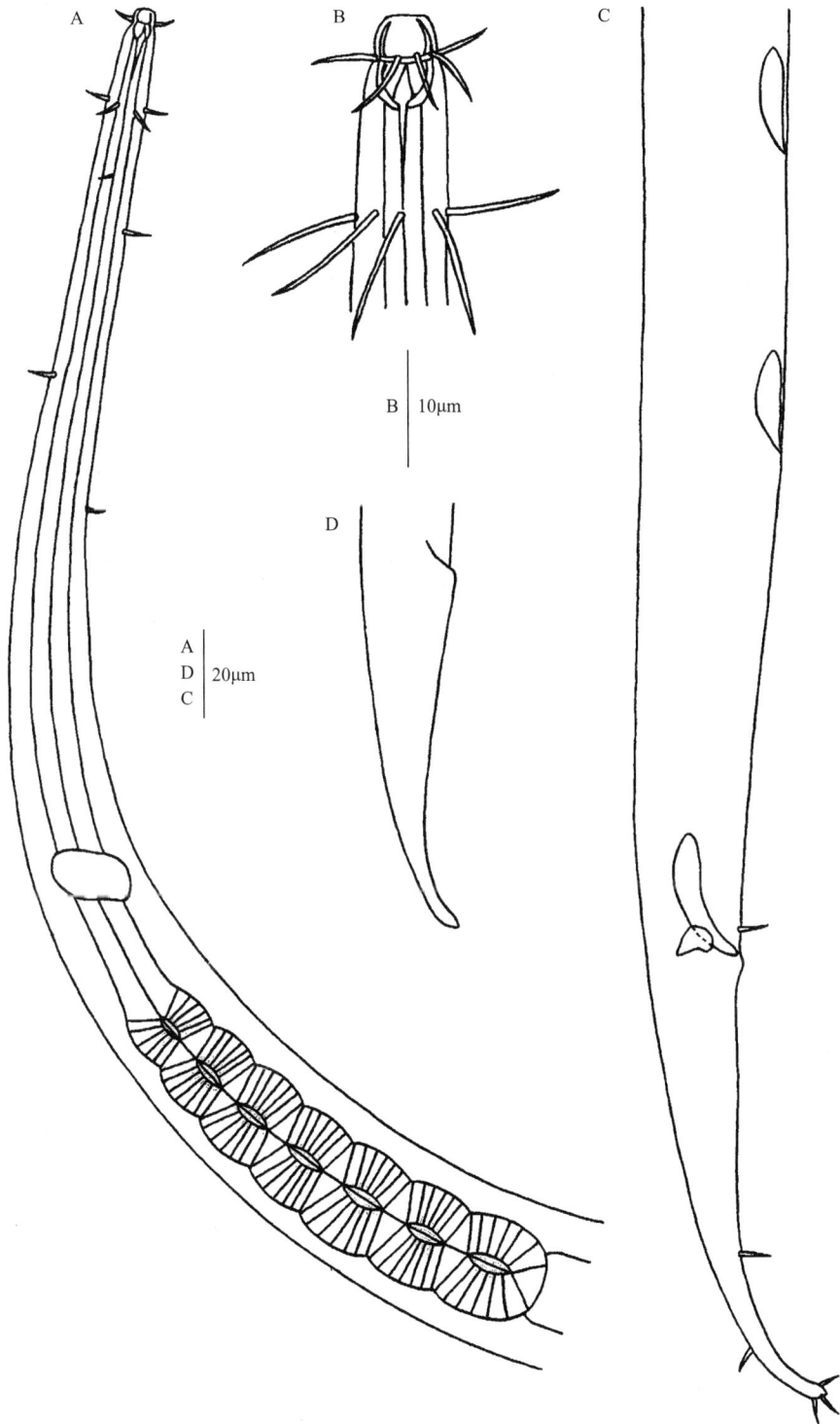

图 6.30.1 瓦氏球咽线虫（*Belbolla warwicki* Huang & Zhang，2005）手绘图

A. 雄体咽区，示神经环和咽球；B. 雄体头端，示口腔齿和颈刚毛；

C. 雄体尾端，示交接刺、引带和肛前辅器；D. 雌体尾端

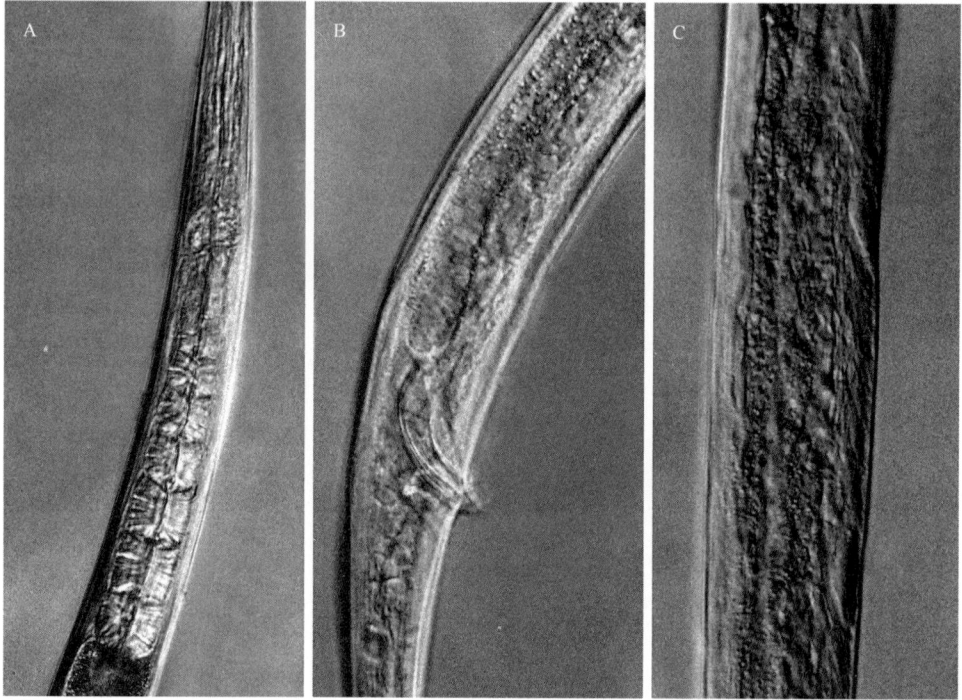

图 6.30.2　瓦氏球咽线虫（*Belbolla warwicki* Huang & Zhang，2005）显微图
A. 咽球；B. 交接刺和引带；C. 肛前辅器

稍膨大，具 3 根端刚毛和少量尾刚毛。

生殖系统具有 2 个精巢。交接刺宽阔，略向腹面弯曲，长 33～37μm，即泄殖孔相应体径的 1.3～2.5 倍，近端较粗，向末端逐渐变细。引带三角形，背部具很短的尾状突，长 7～8μm。2 个肛前辅器袋状，非翼状，前面一个长 18～23μm，后面一个长 17～21μm，距离泄殖孔 130～156μm，两个辅器间距 49～60μm。

雌体小于雄体，长 1230～1390μm，最大体宽 36μm，尾无端刚毛。具有 2 个反向排列的反折的卵巢，雌孔位于身体中后部，距离头端占体长的 55%～59%。

该种分布于黄海大陆架泥质沉积物中。

该种所在属目前共发现 15 种，其中首次于中国渤海、黄海发现 4 新种。

31. 张氏球咽线虫　　*Belbolla zhangi* Guo & Warwick, 2000（图 6.31.1）

Cobb 公式：

模式标本：$\dfrac{— \quad 560 \quad M \quad 2408}{11 \quad 61 \quad 75 \quad 52}$ 2600μm；a＝34.7，b＝4.6，c＝13.5，spic＝56

雌性副模式标本：$\dfrac{— \quad 827 \quad M \quad 2620}{11 \quad 78 \quad 84 \quad 48}$ 2780μm；a＝33.1，b＝4.7，c＝16.3，V%＝45%

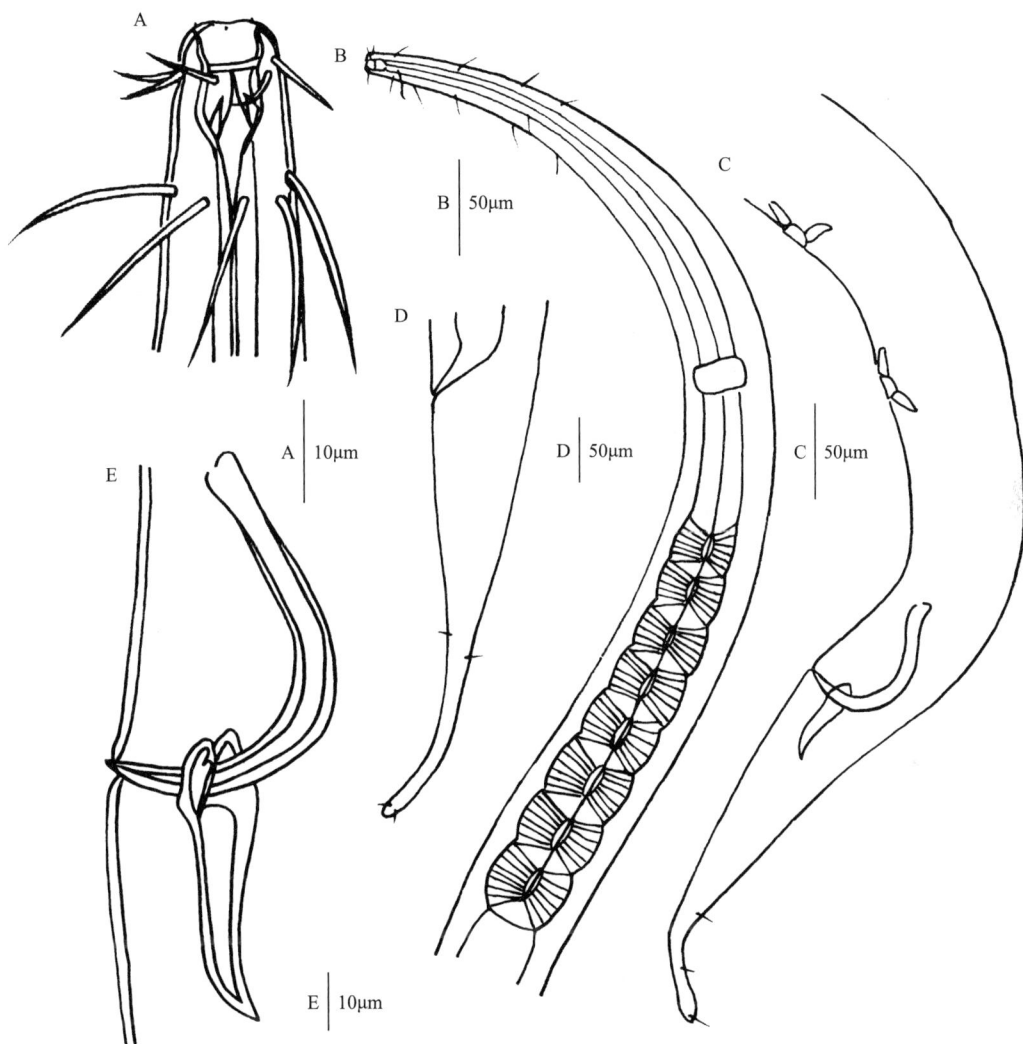

图 6.31.1 张氏球咽线虫 [*Belbolla zhangi* Guo & Warwick，2000（引自 Guo & Warwick，2001）] 手绘图

A. 雄体头端，示口腔齿和颈刚毛；B. 雄体咽区，示咽球；C. 雄体尾端，示交接刺、引带和肛前辅器；D. 雌体尾端；E. 交接刺和引带

属于嘴刺目、矛线虫科、球咽线虫属。

雄体长纺锤形，长 2230~2750μm，最大体宽 68~78μm。前端尖细，头径 10~14μm，为咽基部体径的 14%~16%。6 个内唇感觉器乳突状，6 根外唇刚毛和 4 根头刚毛等长，排列成一圈，长 8~10μm，着生于口腔中部环带处。颈部分布许多刚毛，其中最前端一圈颈刚毛较长，由 10 条组成，长 18~22μm，距头端约 20μm。化感器不明显。神经环位于咽的中前部，距头端为咽长的 40%~50%。口腔杯状，深 12~18μm，宽 6μm，中部被 1 条光滑的环带分成上下 2 室，基部着生 3 个齿，其中右亚腹齿大，

长 7μm，左亚腹齿和背齿小。咽柱状，向后逐渐加粗，基部形成 8 或 9 个连续的咽球。尾锥柱状，长 170～210μm，为泄殖孔相应体径的 2.9～4.0 倍，前 3/4 锥状，后 1/4 骤然收缩为短的柱状，末端稍膨大，具 2 根端刚毛和少量尾刚毛。

生殖系统具有 2 个精巢。交接刺粗大，强烈弯曲成弓形，弦长 56～74μm，近端头状，末端渐尖。引带背部具长的尾状突，长 40～45μm。2 个翼状辅器排列较近，前面一个长 36～47μm，后面一个长 41～42μm，距离泄殖孔 123～195μm，2 个辅器间距 77～122μm。

雌体类似于雄体，具有 2 个反向排列的等大的反折卵巢，雌孔位于身体中前部，距离头端占体长的 44%～45%。

该种分布于渤海水下泥质沉积物中。

该种所在属目前共发现 15 种，其中首次于中国渤海、黄海发现 4 新种。

32. 九球多球线虫　　*Polygastrophora novenbulba* Jiang, Wang & Huang, 2015（图 6.32.1，图 6.32.2）

Cobb 公式：

模式标本：$\dfrac{—\quad 630\quad M\quad 2155}{9.5\quad 63\quad 65\quad 40}$ 2325μm；a＝35.8，b＝3.7，c＝13.7，spic＝135

属于嘴刺目、矛线虫科、多球线虫属。

雄体长 2325μm，最大体宽 63μm。前端尖细，头径 9.5μm，为咽基部体径的 15%。6 个内唇感觉器乳突状，6 根外唇刚毛和 4 根头刚毛等长，长 4μm，排列成一圈，着生于口腔最前端环带处。颈部无规则散布许多刚毛，长达 14μm。化感器不明显。神经环位于咽的中部。口腔杯状，深 15μm，宽 6μm，被 3 条环带分成上下 4 室，基部着生 3 个齿，其中右亚腹齿大，左亚腹齿和背齿小。咽柱状，在神经环之后逐渐加粗，形成 9 个咽球。贲门圆锥状。尾锥柱状，长 170μm，即泄殖孔相应体径的 4.3 倍，前半部分锥状，逐渐过渡为柱状，末端稍膨大，无尾端刚毛。柱状部分具有 8 对亚腹刚毛和 1 根亚端刚毛。3 个尾腺细胞，开口于尾的末端。

生殖系统具有 2 个精巢。交接刺细长，135μm，即泄殖孔相应体径的 3.4 倍，略向腹面弯曲，近端较粗，逐渐变细，末端钩状。引带棒状，无引带突，长 23μm。肛前具 6 个乳突状辅器，最后面一个辅器位于肛前 10μm 处，越向前端辅器之间距离越远，最前端一个辅器距离泄殖孔 425μm。

没有发现雌体。

该种分布于东海潮间带泥质沉积物中。

该种所在属目前共发现 15 种，其中首次于中国东海发现 1 新种。

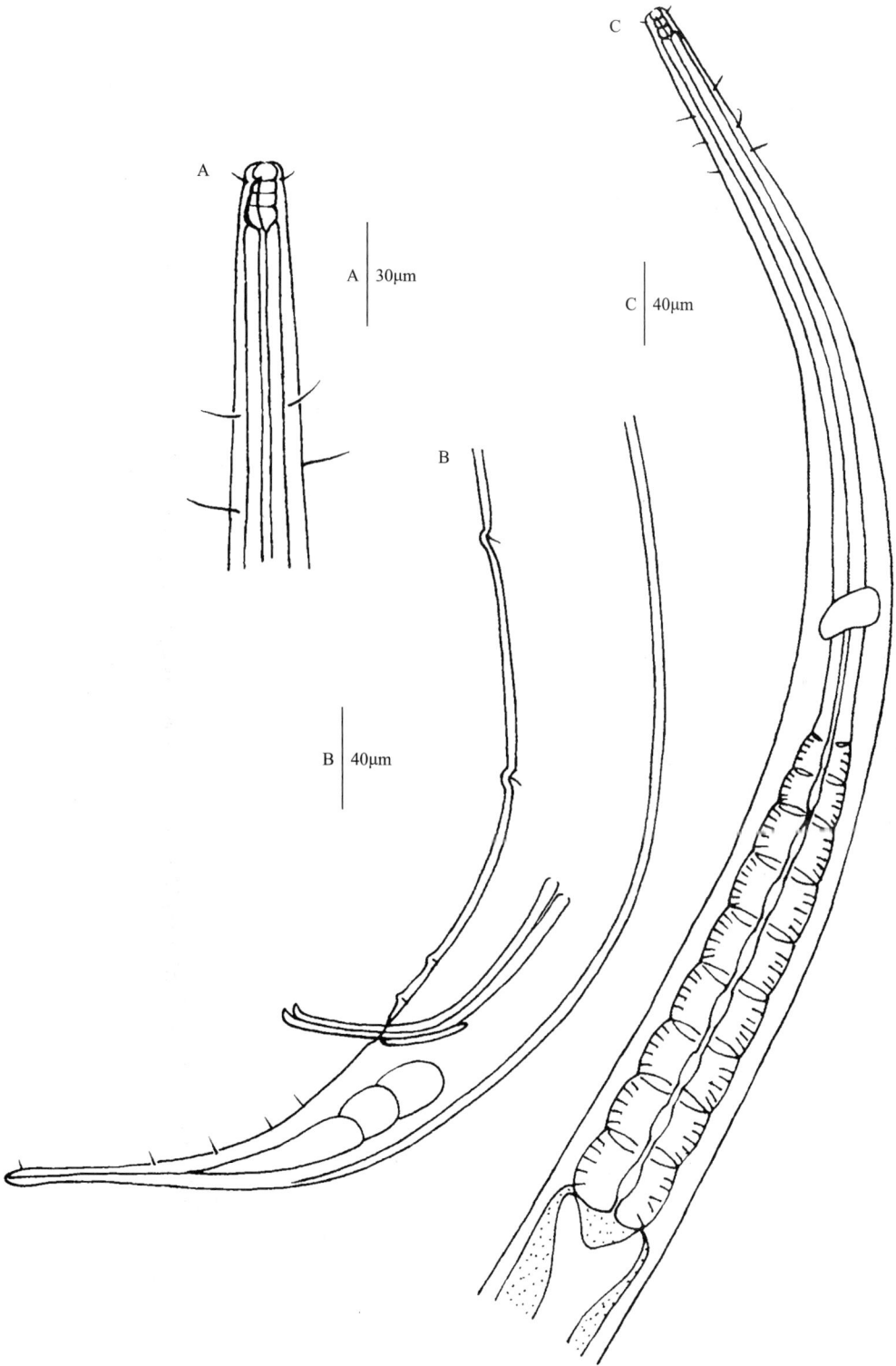

图 6.32.1 九球多球线虫（*Polygastrophora novenbulba* Jiang Wang & Huang，2015）手绘图
A. 雄体头端，示口腔齿；B. 雄体尾端，示交接刺、引带和肛前辅器；C. 雄体咽区，示咽球

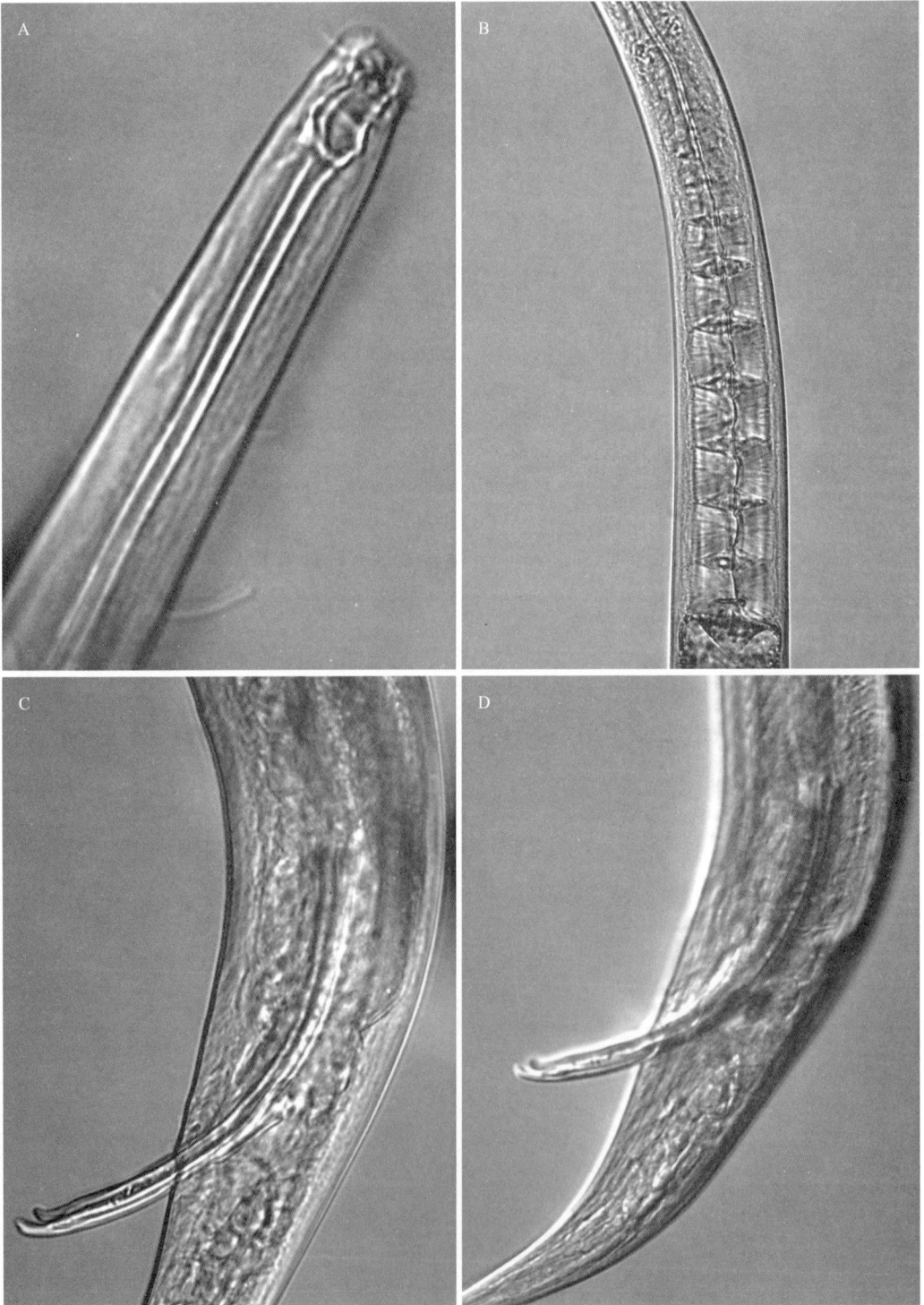

图 6.32.2　九球多球线虫（*Polygastrophora novenbulba* Jiang Wang & Huang，2015）显微图
A. 雄体头端，示口腔齿；B. 雄体咽区，示咽球；C、D. 雄体尾端，示交接刺

33. 美丽拟多球线虫

Polygastrophoides elegans Sun & Huang, 2016（图 6.33.1，图 6.33.2）

Cobb 公式：

$$模式标本： \frac{—\quad730\quad M\quad3255}{11\quad77\quad84\quad47}\; 3460\mu m；a＝41.2，b＝4.7，c＝16.9，spic＝150$$

$$雌性副模式标本： \frac{—\quad827\quad M\quad3388}{12\quad83\quad106\quad46}\; 3583\mu m；a＝33.8，b＝4.3，c＝18.4， V\%＝57\%$$

属于嘴刺目、矛线虫科、拟多球线虫属。

身体细长，由中部向两端渐细，咽区细长。雄体长 3460μm，最大体宽 84μm。前端细，头径 11μm，为咽基部体径的 28%。角皮光滑，散布许多 5～10μm 的体刚毛。6个内唇感觉器乳突状，外唇感觉器刚毛状，长 3μm，与 4 根 8μm 的头刚毛排列成一圈，着生于口腔最前端环带处，距头端 10μm。口腔下身体两侧各具 1 个圆形的色素点。化感器不明显。神经环位于咽的中前部，占咽长的 42%。口腔杯状，深 15μm，基部宽 6.5μm，被 1 条环带分成上下 2 室，基部着生 3 个齿，其中右亚腹齿大，左亚腹齿和背齿小。咽柱状，向后逐渐均匀加粗，不形成咽球。贲门圆锥状。尾锥柱状，长 205μm，即泄殖孔相应体径的 4.4 倍，前半部分锥状，逐渐过渡为柱状，末端稍膨大，无尾端刚毛，具帽状的黏液管开口。柱状部分具短的尾刚毛。

生殖系统具有 2 个伸展的精巢。交接刺细长，150μm，即泄殖孔相应体径的 3.2 倍，略向腹面弯曲，近端头状。引带棒状，长 23μm，无引带突。肛前腹面具 1 根粗短的生殖刚毛和 11 个乳突状的辅器，最后面一个辅器位于肛前 16μm 处，最前端一个辅器距离泄殖孔 350μm。肛前具 2 排亚腹刚毛，每排 6 根，每条 16～18μm。

雌体较雄体粗，最大体宽 95～106μm。口腔较大，深 17μm，基部宽 7μm，被 2 条环带分成上、中、下 3 室。化感器新月形。生殖系统具有 2 个反向排列的反折的卵巢，前面一个长 210μm，后面一个长 190μm。雌孔位于身体中后部，至头端距离占体长的 57%。

该种分布于东海潮间带泥质沉积物中。

该种所在属是首次于中国建立的属，目前共发现 1 种。

34. 黄海深咽线虫

Bathylaimus huanghaiensis Huang & Zhang, 2009（图 6.34.1，图 6.34.2）

Cobb 公式：

$$模式标本： \frac{—\quad327\quad M\quad2337}{26\quad36\quad36\quad34}\; 2447\mu m；a＝67.9，b＝7.5，c＝22.2，spic＝29$$

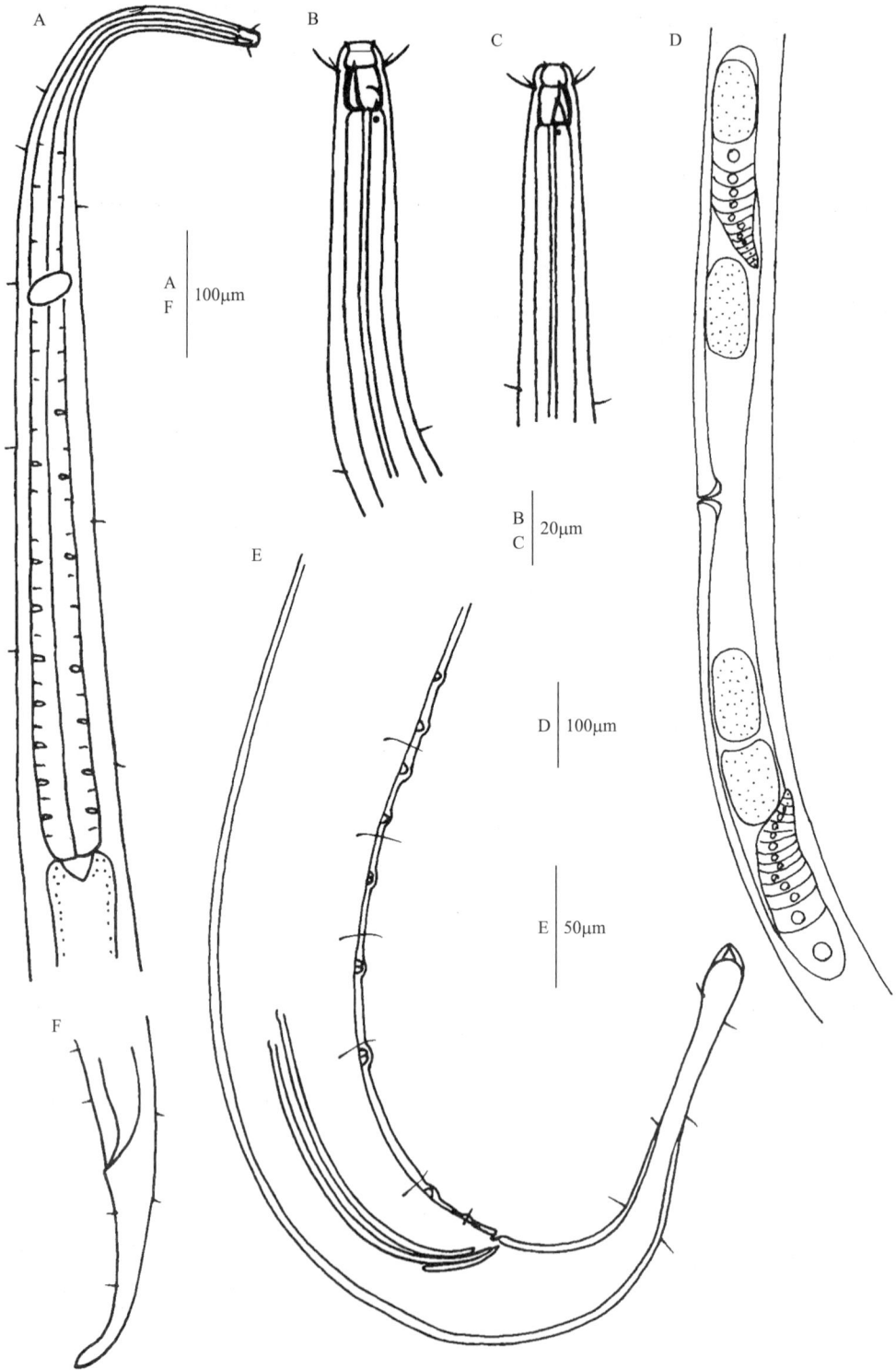

图 6.33.1　美丽拟多球线虫（*Polygastrophoides elegans* Sun & Huang，2016）手绘图
A. 雄体咽区；B. 雄体头端，示口腔齿和色素点；C. 雌体头端；D. 雌体生殖系统；
E. 雄体尾端，示交接刺、引带和肛前辅器

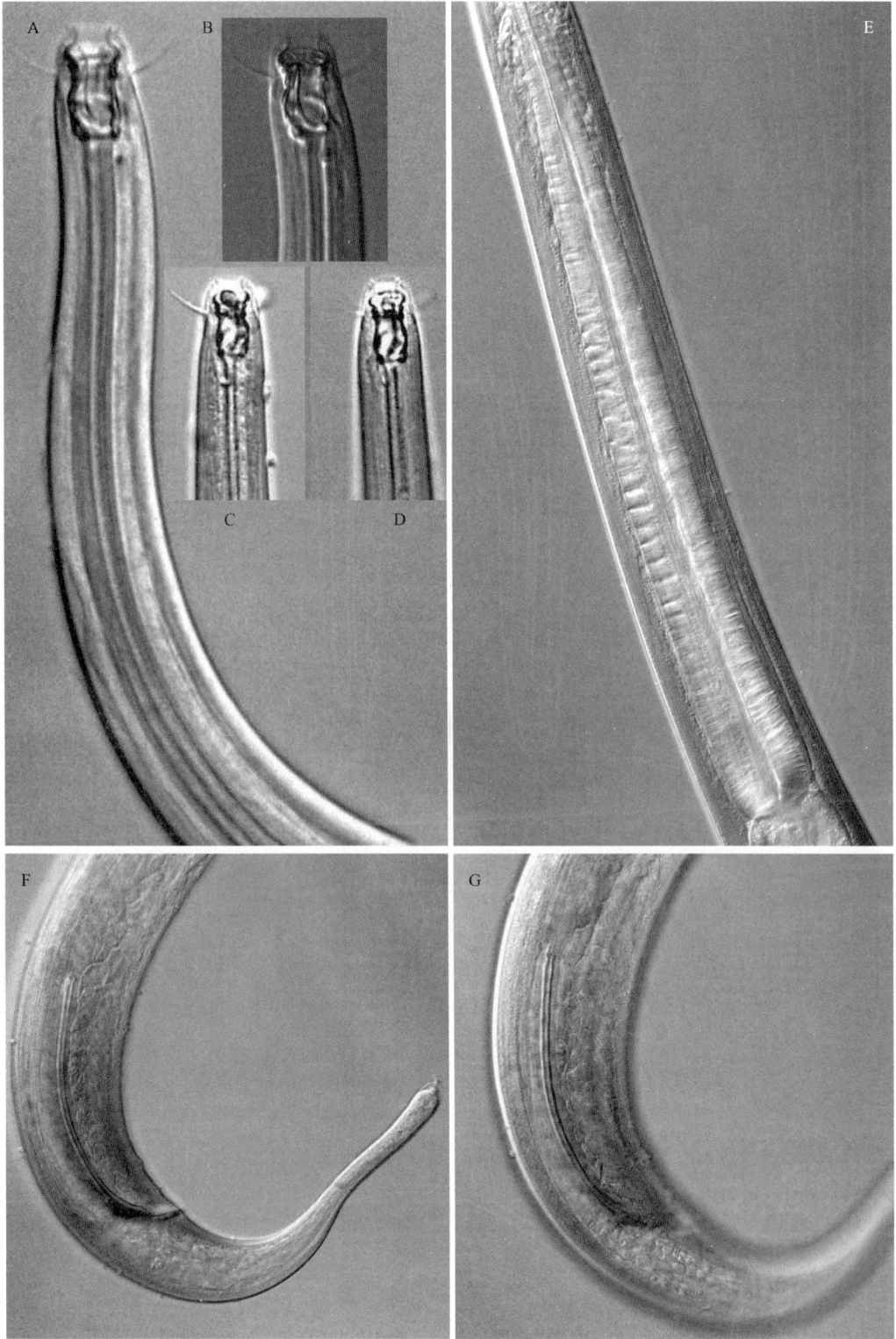

图 6.33.2 美丽拟多球线虫（*Polygastrophoides elegans* Sun & Huang，2016）显微图
A、B. 雄体头端，示口腔齿和头刚毛；C、D. 雌体头端；E. 咽区；F、G. 雄体尾端，示交接刺和引带

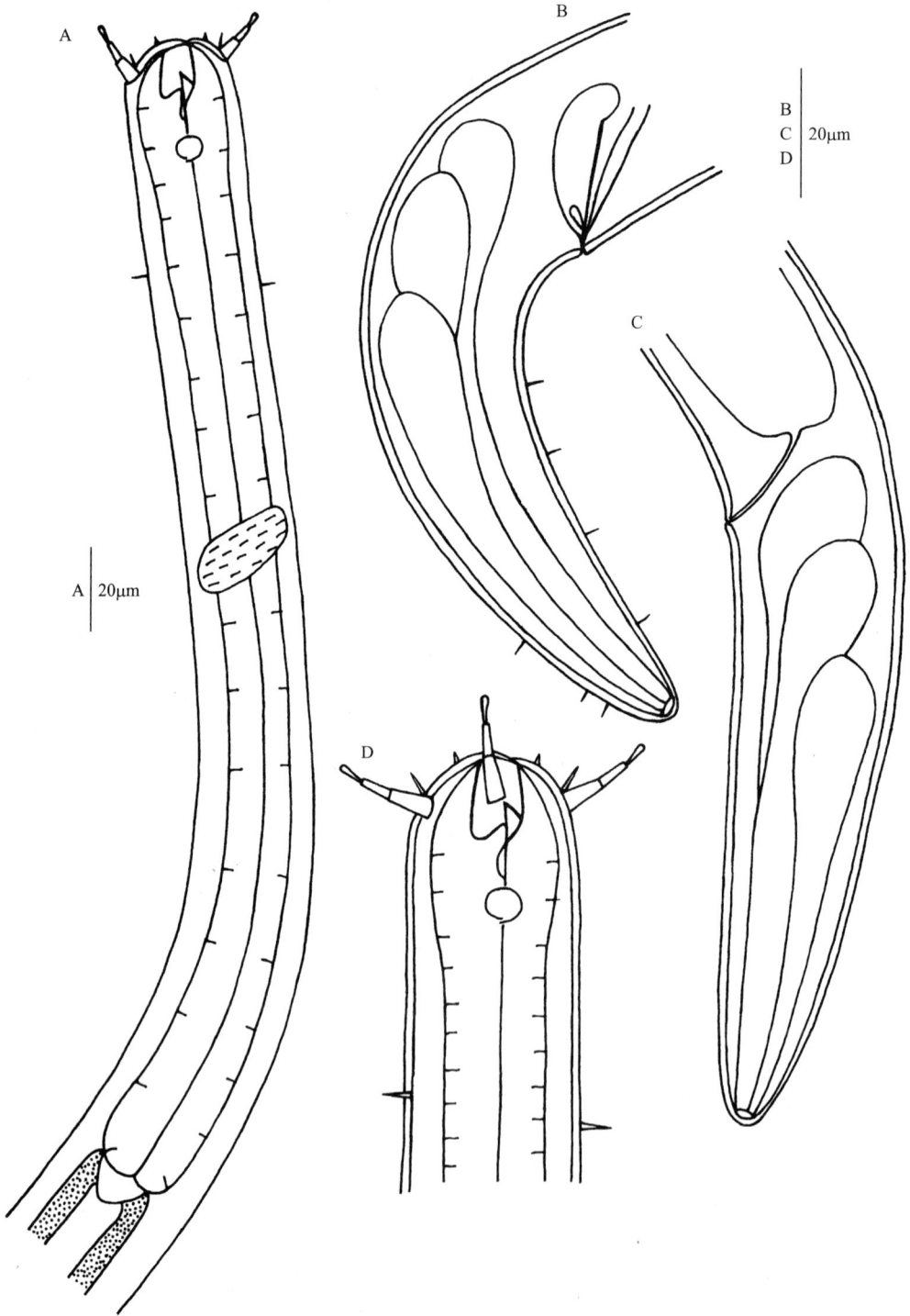

图 6.34.1　黄海深咽线虫（*Bathylaimus huanghaiensis* Huang & Zhang，2009）手绘图
A. 雄体咽区；B. 雄体尾端，示交接刺、引带和尾腺细胞；C. 雌体尾端；D. 雄体头端，示头刚毛、口腔齿和化感器

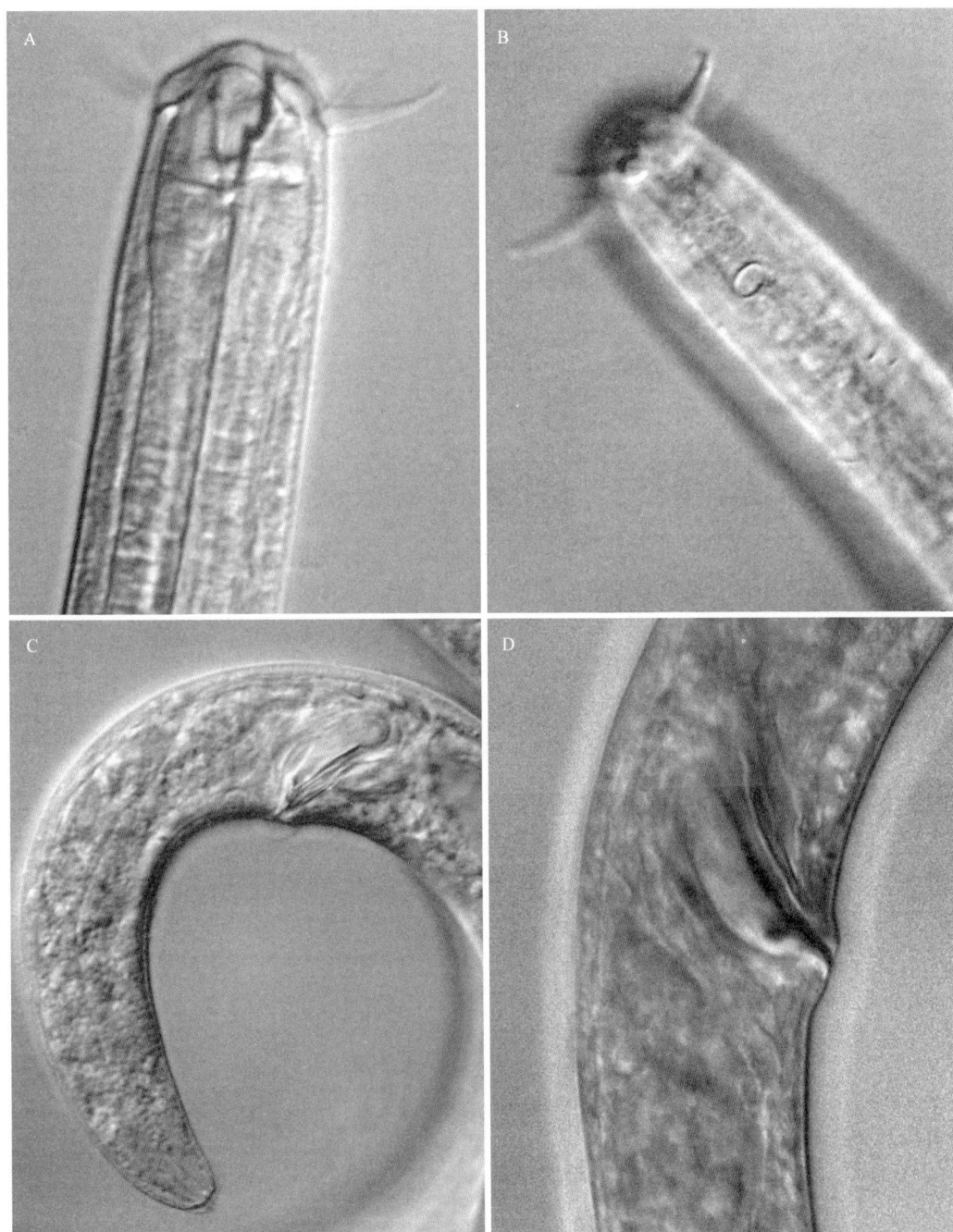

图 6.34.2　黄海深咽线虫（*Bathylaimus huanghaiensis* Huang & Zhang，2009）显微图
A. 雄体头端，示头刚毛和口腔齿；B. 雌体头端，示化感器；C. 雄体尾端，示交接刺和引带；
D. 雄体泄殖孔区，示交接刺和引带

雌性副模式标本： $\dfrac{—\quad 346\quad M\quad 2313}{26\quad 37\quad 45\quad 29}$ 2428μm；a＝54，b＝7.0，c＝21.1，V%＝54.6%

属于似三孔亚目、似三孔线虫科、深咽线虫属。

雄体长 2177～2447μm，最大体宽 34～36μm。体表光滑，散布着稀疏的体刚毛。头部圆钝，口腔由 3 个圆形的唇瓣组成，每瓣深裂。6 个内唇感觉器乳突状，6 个外唇感觉器刚毛状，长 16～19μm，粗钝，分 3 节；4 根头刚毛，短，分 2 节。口腔分为 2 室，前室较大，具 1 个较大的三角形背齿；后室较小，无齿。化感器亚螺旋形，1.2 圈，宽约为相应体宽的 0.28 倍，位于口腔的后部两侧。排泄孔不明显。神经环位于整个咽的中前部。咽圆柱形，长为体长的 0.13 倍，后端稍膨大，基部与肠相连。尾圆锥状，长 110～125μm，即肛部体宽的 3.5 倍。有尾刚毛；3 个尾腺细胞共同开口于尾部末端。

生殖系统具 1 个伸展的精巢。交接刺细，结构简单，不弯曲，长 28～31μm。引带肾形，宽阔，长 26～29μm，具 1 个小的引带突。

雌体与雄体相似，稍粗，最大体宽 43～45μm。具 2 个反向排列的反折的卵巢，雌孔开口于身体中部的腹面，至头端距离约为体长的 55%。

该种分布于黄海海滨潮间带沙质沉积物中，为常见的优势种。

该种所在属目前共发现 36 种，其中首次于中国黄海、东海各发现 1 新种。

6.2 长尾线虫目 Trefusiida

35. 巨口花冠线虫　　*Lauratonema macrostoma* Chen & Guo, 2015（图 6.35.1，图 6.35.2）

Cobb 公式：

模式标本： $\dfrac{—\quad 297\quad M\quad 1476}{13\quad 28\quad 30\quad 29}$ 1615μm；a＝53，b＝5.4，c＝11.6，spic＝16

雌性副模式标本： $\dfrac{—\quad 305\quad M\quad 1454}{13\quad 27\quad 31\quad 28}$ 1592μm；a＝51.6，b＝5.2，c＝11.5，V%＝54.6%

属于长尾线虫目、桂线虫科、桂线虫属。

雄体圆柱状，向两端逐渐变细。长 1615～1760μm，最大体宽 30～32μm。角皮具细的环纹，附着杆状细菌。头径 13～14μm。内唇感觉器不明显，外唇感觉器刚毛状，长 13～17μm，与 4 根长 9～12μm 的头刚毛排列成一圈，着生于口腔的 2/3 处。口腔较大，桶状，中部收缩呈鼓形，壁角质化加厚，无齿。化感器杯状，宽为相应体径的 1/3，紧邻头刚毛着生处。咽圆柱形，末端稍膨大，无咽球。贲门发达，心形，四周被

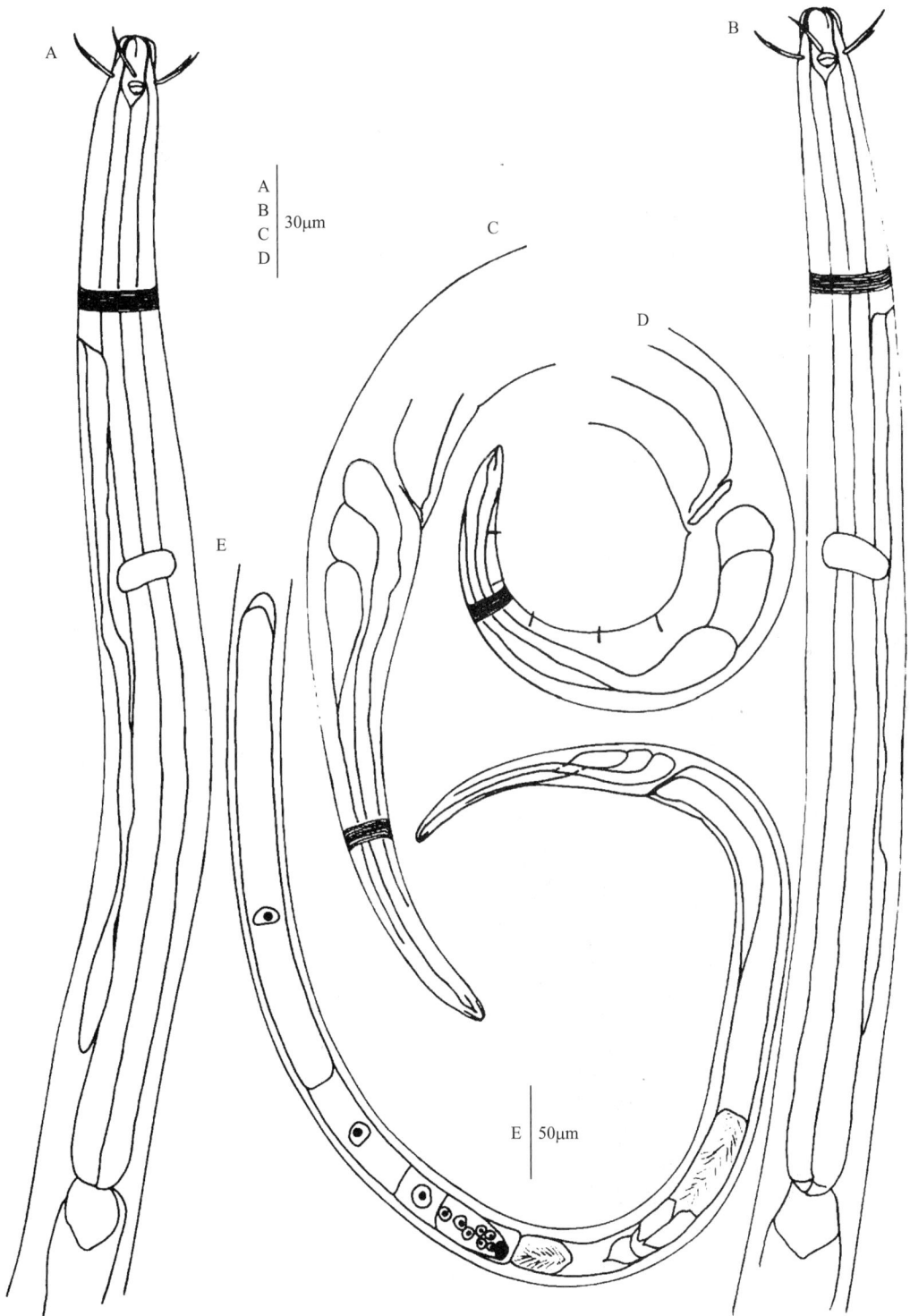

图 6.35.1　巨口花冠线虫（*Lauratonema macrostoma* Chen & Guo，2015）手绘图
A. 雄体咽区；B. 雌体咽区；C. 雌体尾端；D. 雄体尾端，示交接刺；E. 雌体后端，示生殖系统

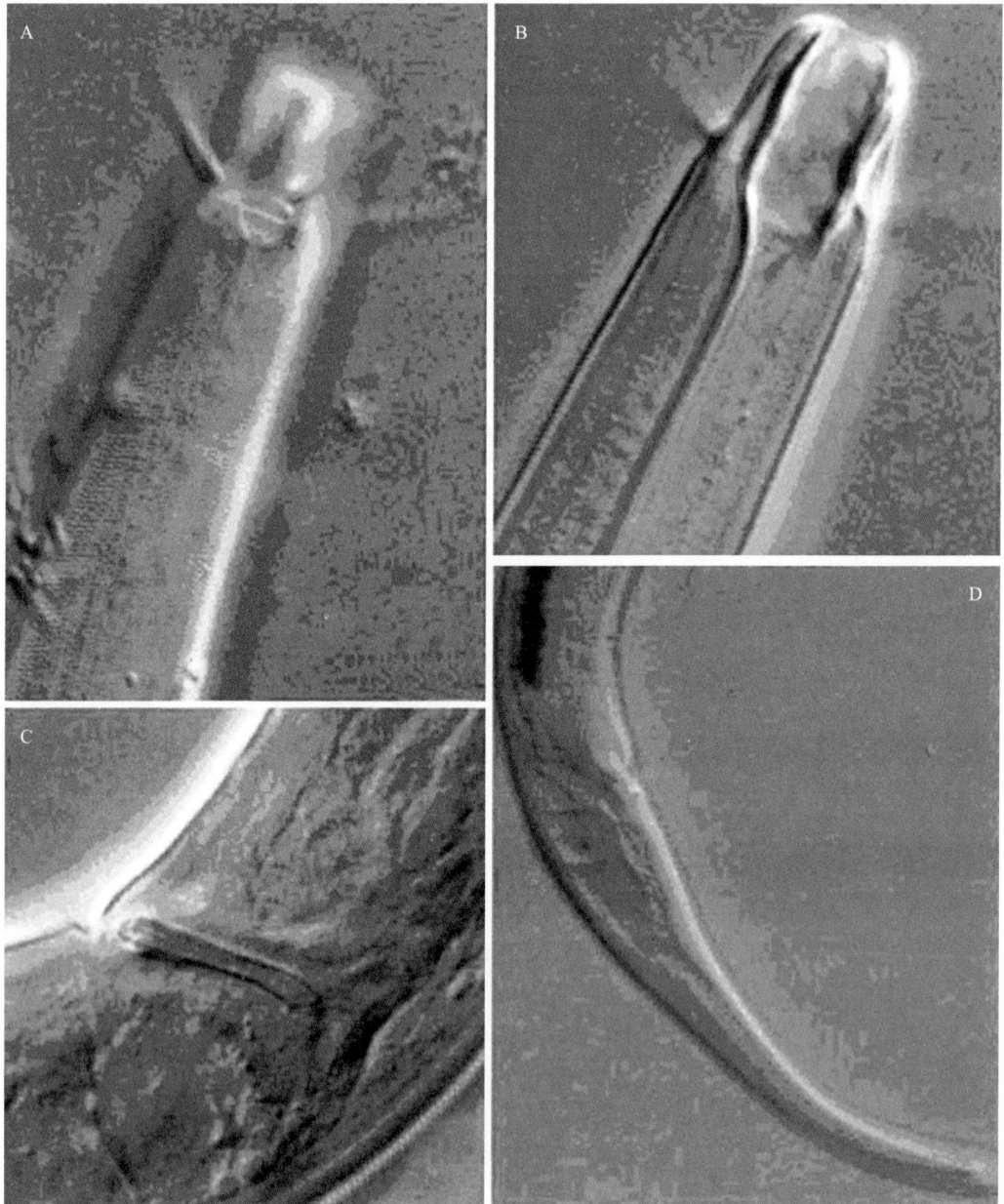

图 6.35.2　巨口花冠线虫（*Lauratonema macrostoma* Chen & Guo，2015）显微图
A. 雄体头端，示头刚毛和化感器；B. 雄体头端，示口腔；C. 示交接刺；D. 雌体尾端

肠组织包围。神经环位于咽的前半部分，占咽长的 42%～47%。排泄孔开口于神经环前 49～65μm 处，距离头端 77～91μm。腹腺细胞较小，位于咽基部前 40μm 处。尾长锥状，为泄殖孔相应体径的 4.6～5.7 倍，具 2 排亚腹刚毛，无端刚毛。末端具小的黏液管开口。3 个尾腺细胞明显。

生殖系统具 2 个同向的精巢，前面 1 个位于肠的右侧，后面一个位于肠的左侧。交接刺短且直，呈刀状，14～16μm，即泄殖孔相应体径的 0.55～0.65 倍。无引带和肛前辅器。

雌体类似于雄体，但尾无亚腹刚毛。生殖系统具 1 个前置的弯折的卵巢，位于肠的右侧。卵原细胞 1 或 2 列，生长区具 1 列逐渐长大的卵细胞，成熟卵细胞圆球形。输卵管与直肠末端联合。共同形成泄殖孔，距离头端为体长的 91%。

该种分布于东海海滨潮间带沙质沉积物中。

该种所在属目前共发现 11 种，其中首次于中国东海发现 2 新种。

6.3 色矛目 Chromadorida

36. 大双色矛线虫 *Dichromadora major* Huang & Zhang, 2010（图 6.36.1，图 6.36.2）

Cobb 公式：

模式标本： $\dfrac{—\ 210\ \ \text{M}\ \ 1170}{26\ \ 36\ \ 38\ \ 34}$ 1335μm；a＝35.1，b＝6.4，c＝8.1，spic＝44

雌性副模式标本： $\dfrac{—\ 202\ \ \text{M}\ \ 1134}{28\ \ 37\ \ 38\ \ 29}$ 1276μm；a＝33.6，b＝6.3，c＝9.0，V%＝51%

属于色矛目、色矛线虫科、双色矛线虫属。

雄体圆柱形，头端圆钝，尾端尖细。体长 1247～1341μm，最大体宽 34～38μm。角皮具环状排列的均匀成行的装饰点。身体两侧各有 2 列纵向排列的由较大圆点组成的侧装饰，2 个装饰点之间有横向条状结构相连。体刚毛稀疏，排成 4 纵裂，长 8～13μm。头径 26～28μm。内、外唇感觉器乳突状，4 根头刚毛，长 11～16μm，着生于齿尖部位。化感器新月形，宽约 11μm，位于头刚毛下面、齿的基部。口腔锥状，内有 1 个显著中空的大背齿和 2 个小的亚腹齿。咽圆柱形，具有前咽球和后咽球，长 202～212μm。神经环位于咽的中后部，约为咽长的 57%。排泄细胞小，位于咽肠连接处，排泄孔开口不明显。尾部锥形，逐渐变尖，长约为泄殖孔相应体宽的 5 倍，具 3 个尾腺细胞。

生殖系统具 1 个向前伸展的精巢，位于肠的右侧。交接刺弯曲呈弓形，长

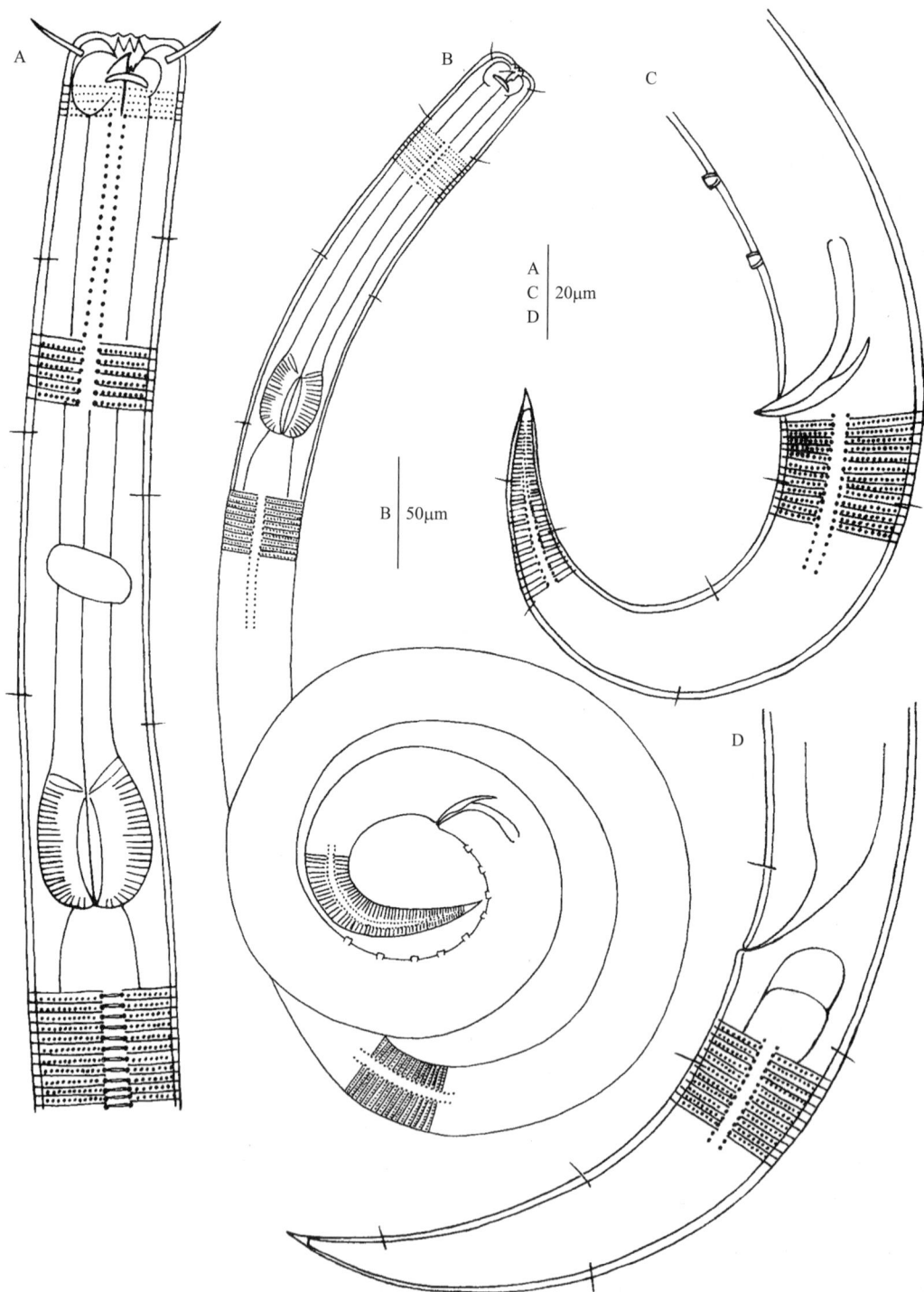

图 6.36.1 大双色矛线虫（*Dichromadora major* Huang & Zhang，2010）手绘图
A. 雄体前端，示头刚毛、口腔齿、化感器、侧装饰和咽球；B. 雄体；
C. 雄体尾端，示交接刺、引带和肛前辅器；D. 雌体尾端

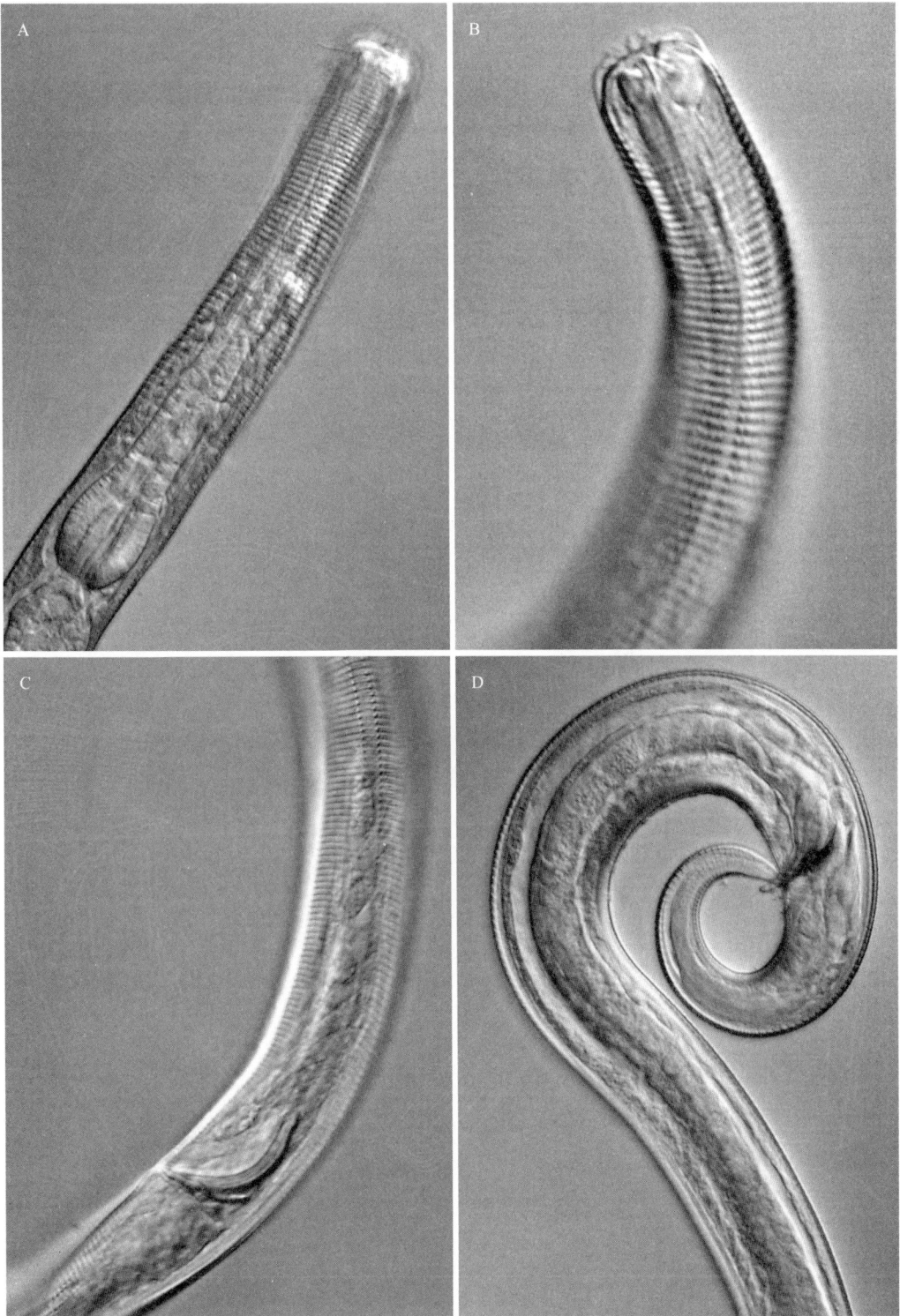

图 6.36.2 大双色矛线虫（*Dichromadora major* Huang & Zhang，2010）显微图

A. 雄体前端，示头刚毛、化感器和咽球；B. 雄体头端，示口腔齿；

C. 雄体泄殖孔区，示交接刺和引带；D. 雄体尾端，示肛前辅器

41～49μm，约为泄殖孔相应体宽的 1.4 倍。引带板状，中部膨大，无引带突。具 9 个小型杯状肛前附器。

雌体与雄体大小相似，具前后 2 个反向排列的弯折的卵巢，前面一个卵巢位于肠的右侧，后面一个位于肠的左侧。成熟卵长椭圆形。雌孔开口于身体中部的腹面，至头端距离为体长的 49%～51%。雌孔前后各具 1 个受精囊，其内充满圆形精子细胞。

该种分布于黄海海滨潮间带细沙质沉积物中。

该种所在属目前共发现 31 种，其中首次于中国黄海发现 3 新种。

37. 多毛双色矛线虫 ***Dichromadora multisetosa* Huang & Zhang, 2010**（图 6.37.1，图 6.37.2）

Cobb 公式：

$$模式标本：\frac{—\quad 86\quad M\quad 441}{14\quad 22\quad 26\quad 21}\ 516μm；a=20，b=6，c=6.9，spic=34$$

$$雌性副模式标本：\frac{—\quad 86\quad M\quad 396}{14\quad 26\quad 29\quad 21}\ 476μm；a=16.4，b=5.5，c=6，V\%=50\%$$

属于色矛目、色矛线虫科、双色矛线虫属。

个体较小，圆柱形，头端圆钝，尾端尖细。体长 475～535μm，最大体宽 23～26μm。角皮具环状排列的均匀成行的装饰点。身体两侧各有 2 列纵向排列的由较大圆点组成的侧装饰，2 个装饰点之间无横向条状结构连接。全身分布较长的体刚毛，排成 4 纵裂，长达 19μm。头径 14～17μm。内、外唇感觉器乳突状，4 根头刚毛，长 7～14μm，着生于齿的中间。化感器不明显。口腔锥状，内有 1 个显著的中空的大背齿和 2 个小的亚腹齿。咽圆柱形，具有前咽球和球状的后咽球，长 82～96μm。神经环不明显。排泄细胞位于咽肠连接处，排泄孔开口不明显。尾部锥形，向后逐渐变尖，长约为泄殖孔相应体宽的 3.7 倍，具 3 个尾腺细胞。

生殖系统具 1 个向前伸展的精巢，位于肠的右侧。交接刺略弯曲呈弧形，近端头状，向下逐渐变细，末端较尖，长 34～38μm，约为泄殖孔相应体径的 1.7 倍。引带小，背部具尾状的引带突，长 10～12μm。没有肛前附器。

雌体与雄体大小相似，具前后 2 个反向排列的弯折的卵巢，前面一个卵巢位于肠的右侧，后面一个位于肠的左侧。成熟卵长椭圆形。雌孔开口于身体中部的腹面，至头端距离为体长的 49%～51%。雌孔前后各具 1 个受精囊，其内充满圆形精子细胞。

该种分布于黄海海滨潮间带泥质沉积物中。

该种所在属目前共发现 31 种，其中首次于中国黄海发现 3 新种。

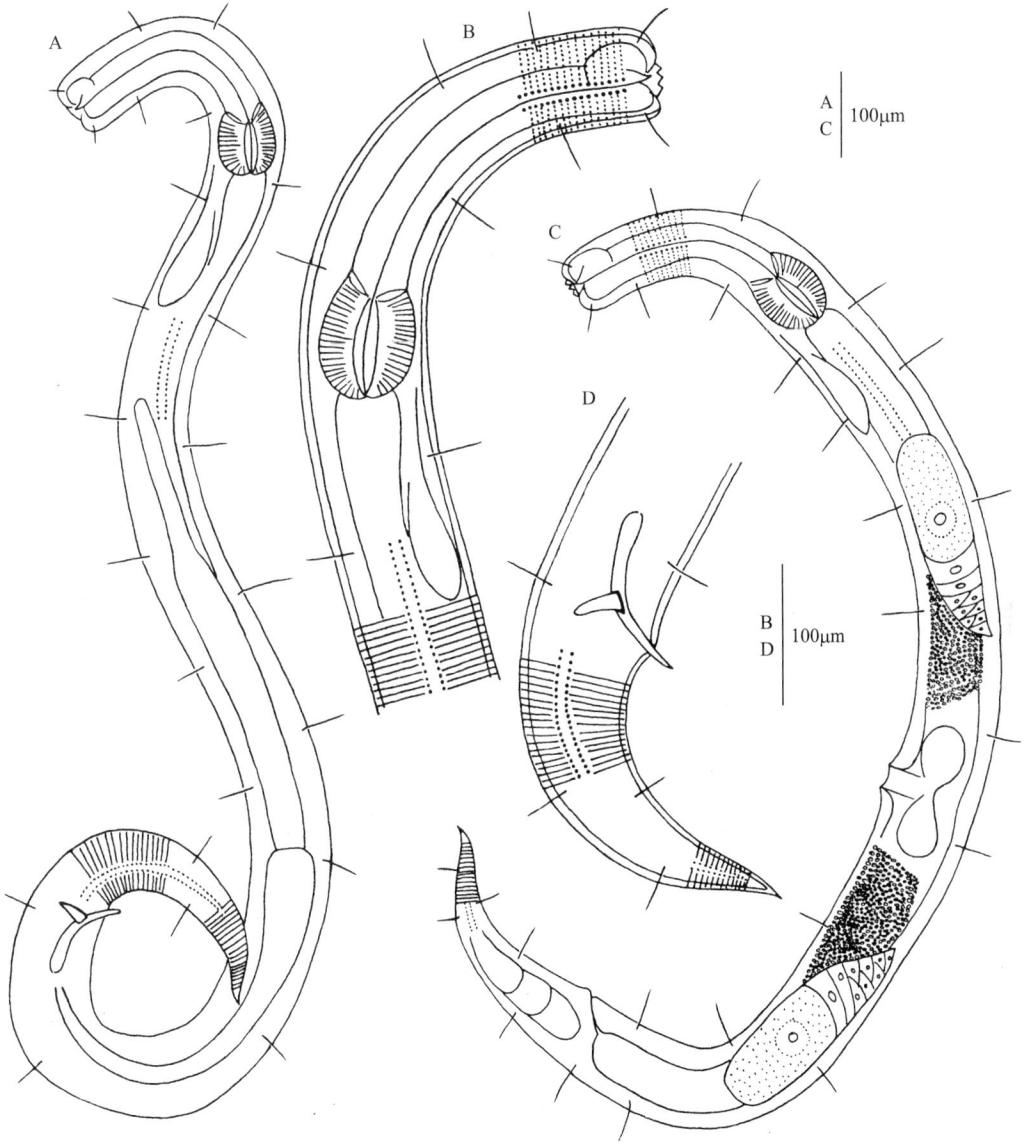

图 6.37.1　多毛双色矛线虫（*Dichromadora multisetosa* Huang & Zhang，2010）手绘图
A. 雄体；B. 雄体前端，示口腔齿、侧装饰、咽球和腹腺细胞；C. 雌体，示生殖系统；D. 雄体尾端，示交接刺和引带

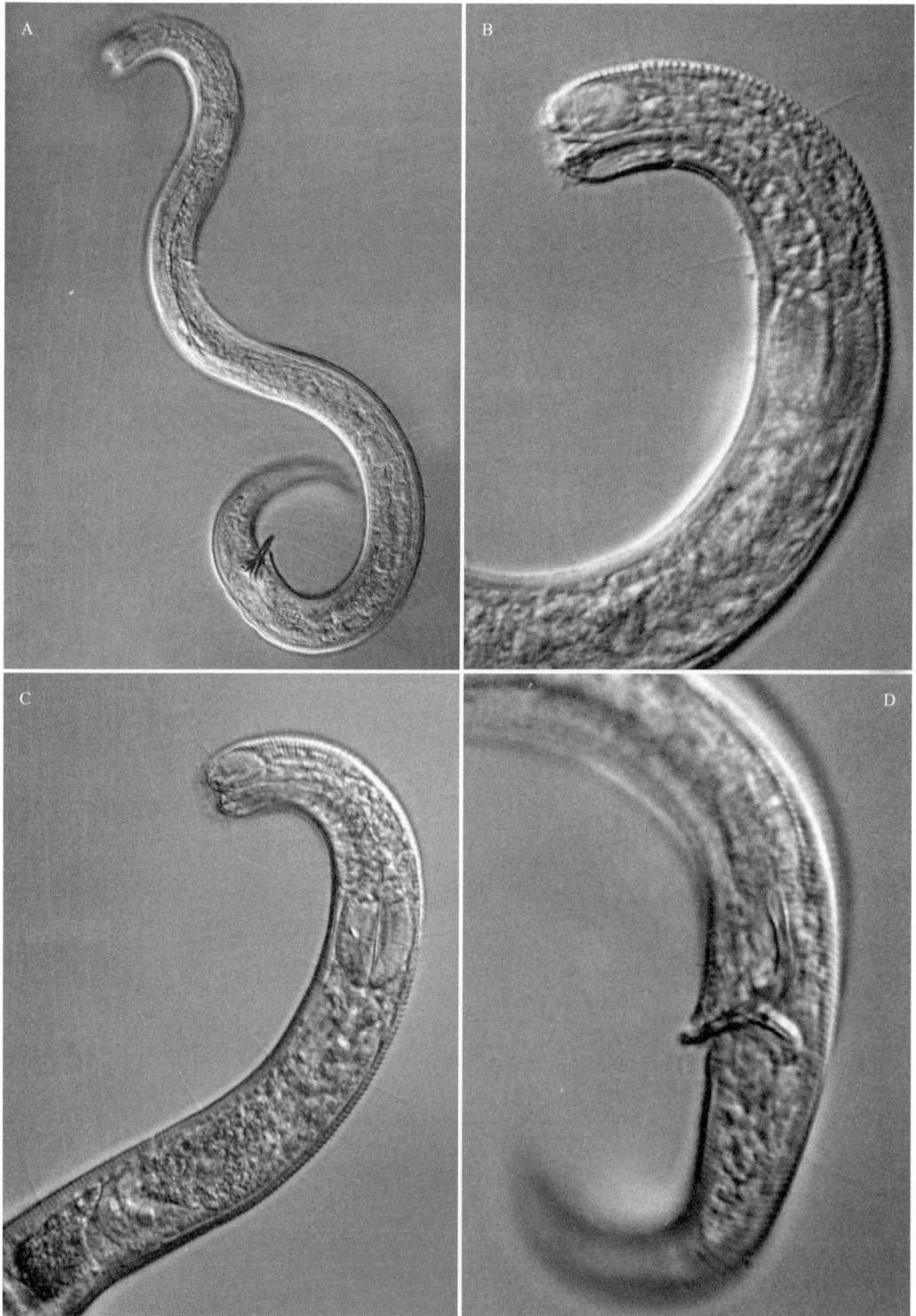

图 6.37.2 多毛双色矛线虫（*Dichromadora multisetosa* Huang & Zhang，2010）显微图
A. 雄体；B. 雄体前端，示口腔齿和咽球；C. 雌体前端，示咽球和卵巢；D. 雄体尾端，示交接刺和引带

38. 中华双色矛线虫

Dichromadora sinica **Huang & Zhang, 2010**（图 6.38.1，图 6.38.2）

Cobb 公式：

模式标本：$\dfrac{-\quad 136\quad M\quad 748}{20\quad 23\quad 24\quad 23}$ 850μm；a＝35.4，b＝6.3，c＝8.3，spic＝30

雌性副模式标本：$\dfrac{-\quad 148\quad M\quad 744}{21\quad 30\quad 36\quad 24}$ 880μm；a＝24.4，b＝5.9，c＝6.5，V%＝47%

属于色矛目、色矛线虫科、双色矛线虫属。

雄体细长，圆柱形，头端平钝，尾端尖细。体长 839～933μm，最大体宽 24μm。角皮具环状排列的均匀成行的装饰点。身体两侧各有 4 列纵向排列的由圆点组成的侧装饰，其中内侧两排点较大，间距可达 5μm。全身稀疏分布着较短的体刚毛，多集中分布在尾部。头端直径 19～22μm。内、外唇感觉器乳突状，4 根头刚毛较长，长 18～22μm，着生于齿的基部。化感器不明显。口腔锥状，内有 1 个显著中空的大背齿。咽圆柱形，具有前咽球和后咽球，后咽球双球状，长 136～144μm。神经环不明显。排泄细胞较大，位于咽肠连接处的下面，排泄孔开口不明显。尾长锥形，长 97～108μm，为泄殖孔相应体宽的 3.7 倍，向后逐渐变细，末端具 1 个明显的黏液管突。具 3 个尾腺细胞。

生殖系统具 1 个向前伸展的精巢，位于肠的右侧。交接刺略弯曲呈弧形，末端尖细略呈钩状，长 26～30μm，约为泄殖孔处体宽的 1.3 倍。引带棒状，简单，与交接刺后端平行，无引带突，长 17～18μm。具有 4 个（3＋1）乳突状的肛前附器，后面 3 个距离较近，最前面一个距离较远。紧邻泄殖孔后面有 1 个肛后突起，顶端着生 1 个锥状刺突。

雌体与雄体形态相似，具前后 2 个反向排列的弯折的卵巢，前面一个卵巢位于肠的右侧，后面一个位于肠的左侧。成熟卵长椭圆形。雌孔位于身体中前部的腹侧，至头端距离为体长的 45%～48%。雌孔前后各具 1 个受精囊，其内充满圆形精子细胞。

该种分布于黄海海滨潮间带泥质沉积物中。

该种所在属目前共发现 31 种，其中首次于中国黄海发现 3 新种。

39. 腹突弯齿线虫

Hypodontolaimus ventrapophyses **Huang & Gao, 2016**（图 6.39.1，图 6.39.2）

Cobb 公式：

模式标本 $\dfrac{-\quad 103\quad M\quad 586}{15\quad 20\quad 23\quad 21}$ 669μm；a＝29.5，b＝6.5，c＝8.0，spic＝35

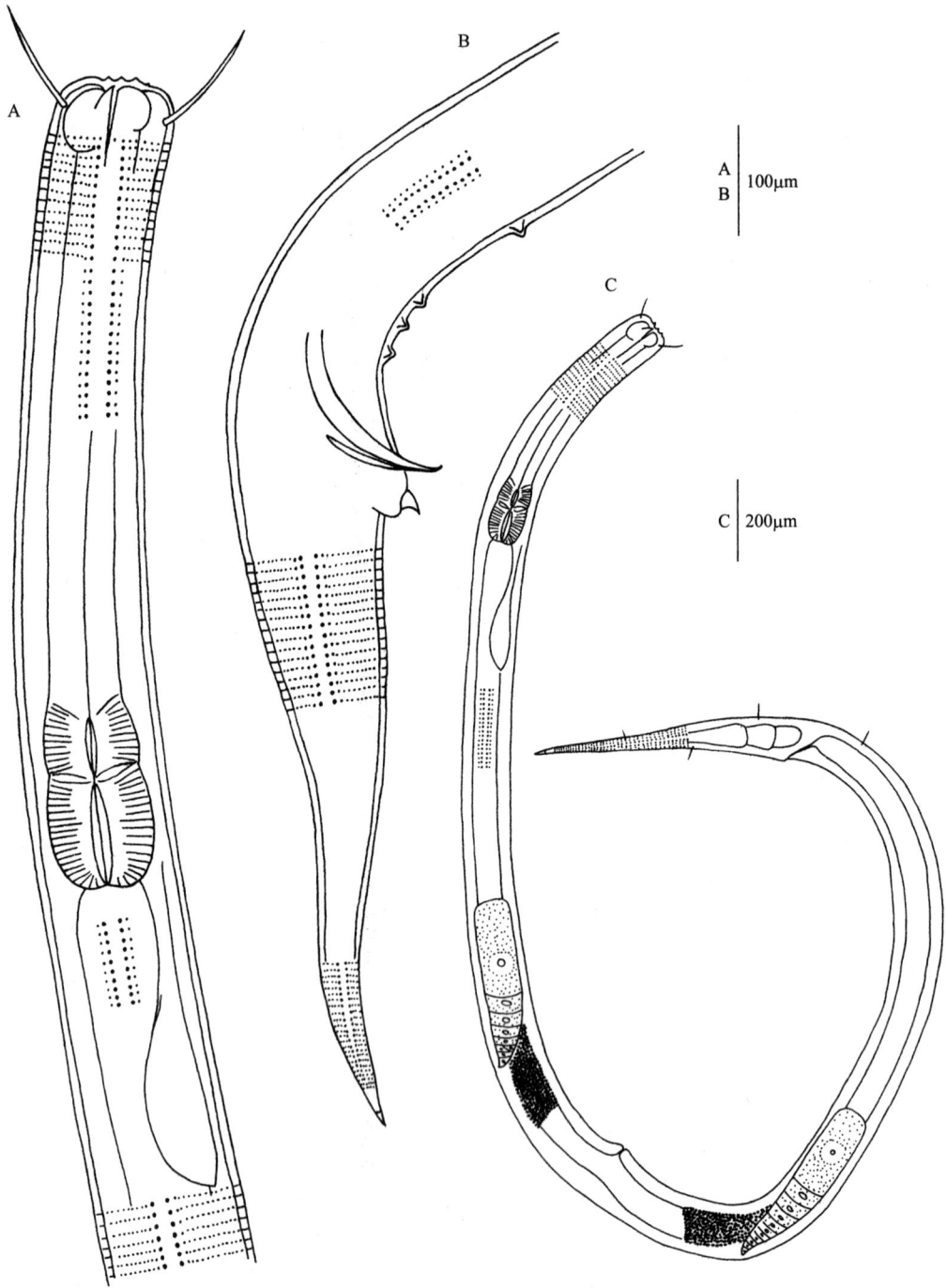

图 6.38.1　中华双色矛线虫（*Dichromadora sinica* Huang & Zhang，2010）手绘图

A. 雄体前端，示头刚毛、口腔齿、侧装饰和咽球；B. 雄体尾端，示交接刺、引带和肛前辅器；C. 雌体，示生殖系统

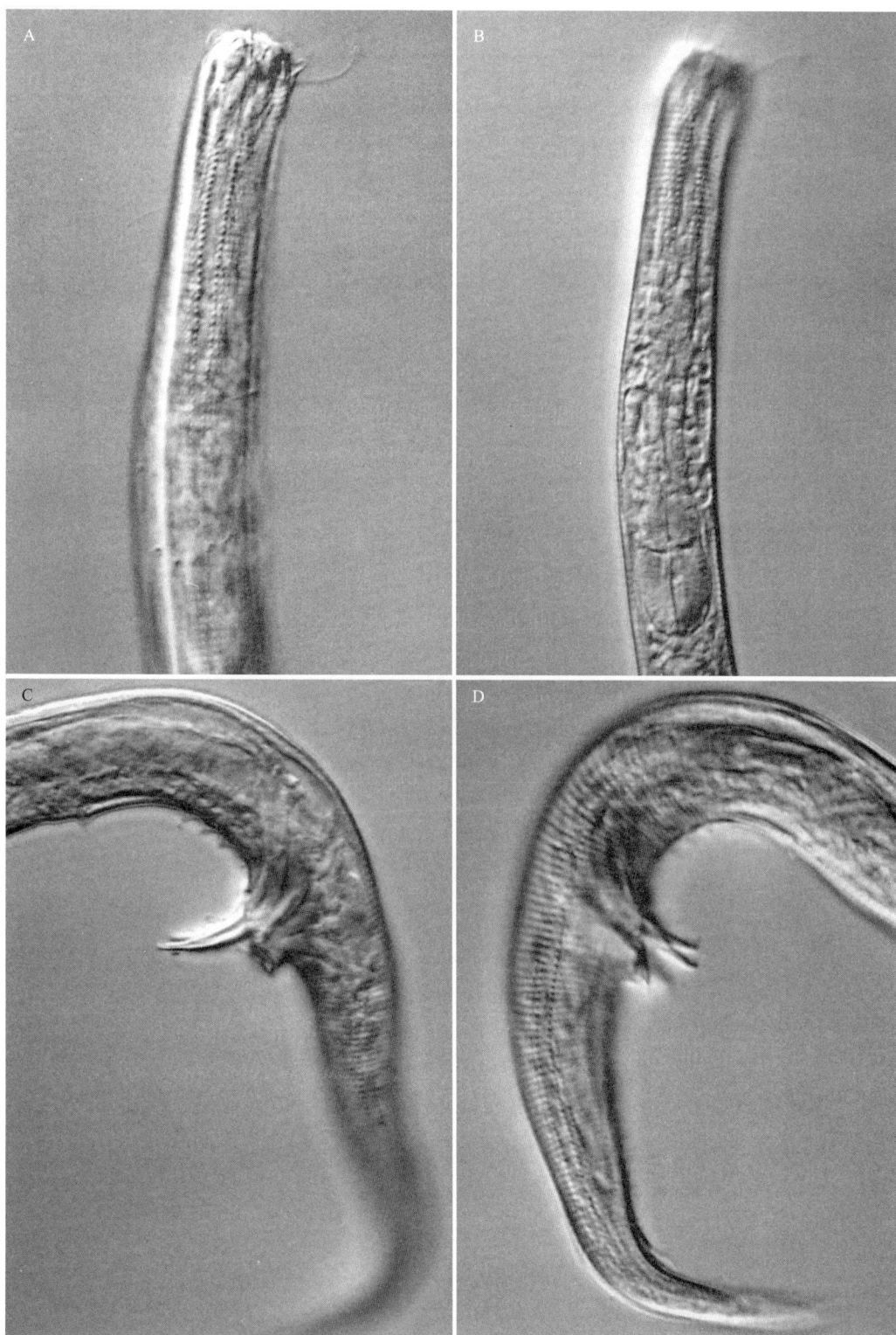

图 6.38.2 中华双色矛线虫（*Dichromadora sinica* Huang & Zhang，2010）显微图
A、B. 雄体前端，示头刚毛、口腔齿、化感器、侧装饰和咽球；C、D. 雄体尾端，示交接刺、引带和肛前辅器

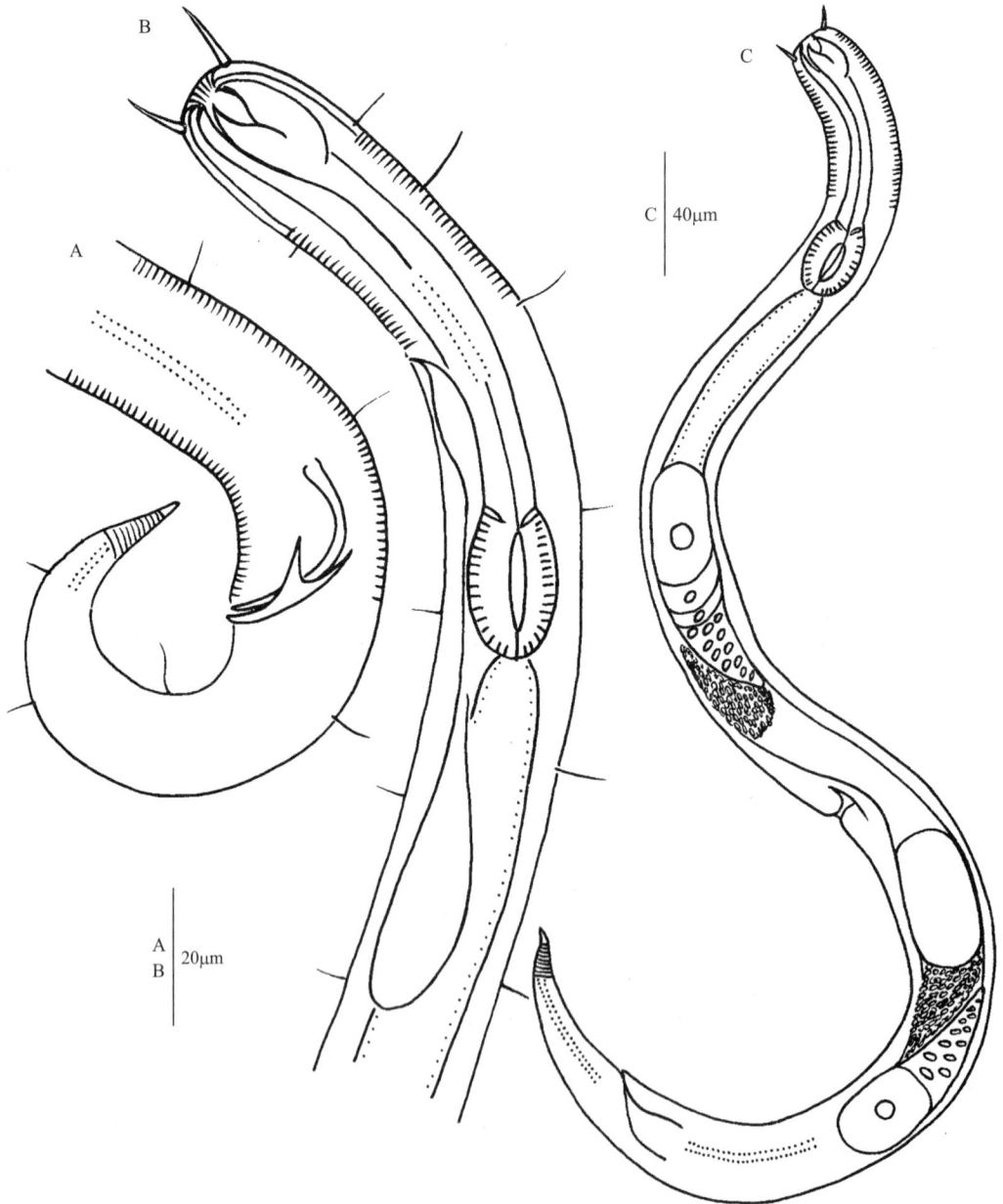

图 6.39.1　腹突弯齿线虫（*Hypodontolaimus ventrapophyses* Huang & Gao，2016）手绘图
A. 雄体尾端，示交接刺和引带；B. 雄体前端，示头刚毛、口腔齿、侧装饰、咽球和排泄系统；C. 雌体，示生殖系统

雌性副模式标本 $\dfrac{-\quad 101\quad M\quad 565}{14\quad 24\quad 26\quad 18}$ 640μm；a＝25.0，b＝6.4，c＝8.5，V％＝51.4%

属于色矛目、色矛线虫科、弯齿线虫属。

个体较小，雄体圆柱形，头端圆钝，稍膨大，尾端尖细。体长651～669μm，最大体宽23μm。角皮具环状排列的均匀环纹和成行的装饰点。身体两侧各有2列纵向排列的由较大圆点组成的侧装饰，装饰点间无连接，间距约2μm。全身纵向分布4列体刚毛，长7～121μm。头端直径13～15μm。内、外唇感觉器乳突状，4根头刚毛较长，9～10μm，着生于齿尖部位。化感器不明显。口腔杯状，内生1个大的中空的"S"形背齿和2个小的亚腹齿。咽圆柱形，长99～103μm，前部围绕口腔膨大形成长圆形的前咽球，后端膨大形成1个椭圆形的后咽球，咽球长22μm。神经环不明显。排泄细胞很大，长31μm，宽9μm，位于肠的前端。排泄孔开口于咽的中间部位。尾长锥形，向后逐渐变细，长81～83μm，末端具1个尖细的黏液管突，具3个尾腺细胞。

生殖系统具1个向前伸展的精巢。交接刺强烈弯曲，近端头状，末端渐尖，长

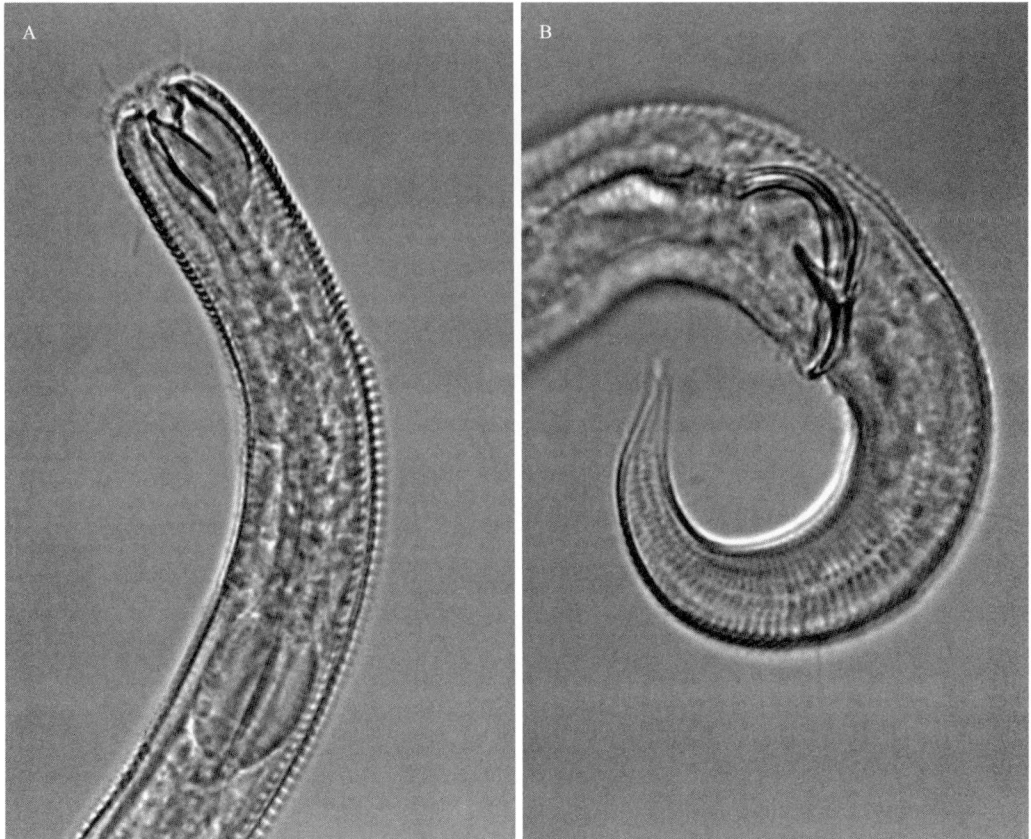

图 6.39.2 腹突弯齿线虫（*Hypodontolaimus ventrapophyses* Huang & Gao，2016）显微图

A. 雄体前端，示头刚毛、口腔齿和咽球；B. 雄体尾端，示交接刺和引带

35μm，为泄殖孔相应体宽的 1.5～1.6 倍。引带板状，两端渐尖，中间向腹面突出形成三角形的引带突，长 6μm。无肛前辅器。

雌体与雄体形态相似，无体刚毛。生殖系统具前后 2 个反向排列的弯折的卵巢，前面一个卵巢位于肠的右侧，后面一个位于肠的左侧。成熟卵长椭圆形。雌孔位于身体中部的腹侧，至头端距离为体长的 50%～51%。阴道管状，壁厚。雌孔前后各具 1 个受精囊，其内充满圆形精子细胞。

该种分布于东海海滨潮间带泥质沉积物中。

该种所在属目前共发现 28 种，其中首次于中国东海发现 1 新种。

40. 纤细拟前色矛线虫　*Prochromadorella gracila* Huang & Wang, 2011（图 6.40.1，图 6.40.2）

Cobb 公式：

$$\text{模式标本}\quad \frac{—\quad 155\quad M\quad 1395}{13\quad 21\quad 22\quad 21}\ 1550\mu m；a=70.5，b=10.0，c=9.9，spic=22$$

$$\text{雌性副模式标本}\quad \frac{—\quad 154\quad M\quad 1310}{14\quad 21\quad 24\quad 18}\ 1495\mu m；a=62.3，b=9.7，c=8.0，V\%=46\%$$

属于色矛目、色矛线虫科、拟前色矛线虫属。

身体长梭形，雄体长 1115～1555μm，最大体宽 20～22μm。角皮具环状排列的成行的大小不均匀的装饰点，咽的前半部分两侧各有 3～6 列较大的侧装饰点，后半部分装饰点变小并均匀化。少量体刚毛分布于身体的前端和尾部。头钝圆，直径 12～13μm。内、外唇感觉器乳突状，4 根头刚毛较长，5～7μm，着生点距离头端 6μm。化感器狭缝状，宽 8～10μm。口腔小，锥状，内有 3 个实心齿，通常伸出口外。咽圆柱形，基部膨大，不形成咽球，长 151～164μm。神经环位于咽的中后部，为咽长的 55%。排泄细胞较大，位于咽肠连接处，排泄孔开口不明显。尾长锥形，向后逐渐变细，末端尖刺状，具黏液管突，长 142～156μm，为泄殖孔相应体宽的 7.4 倍。3 个尾腺细胞聚集于尾的前端。

生殖系统具 1 个向前伸展的精巢，位于肠的右侧。交接刺细长，弯曲呈弓形，末端尖细，长 23～28μm，约为泄殖孔相应体宽的 1.3 倍。引带棒状，简单，与交接刺后端平行，无引带突，长 12～16μm。具 5 个杯状的肛前附器，从肛前 18μm 延伸到肛前 80μm，相邻两个辅器间距为 15μm。

雌体与雄体相似，但尾较长。生殖系统具前后 2 个反向排列的弯折的卵巢，前面一个卵巢位于肠的右侧，后面一个位于肠的左侧。成熟卵长椭圆形。雌孔位于身体中

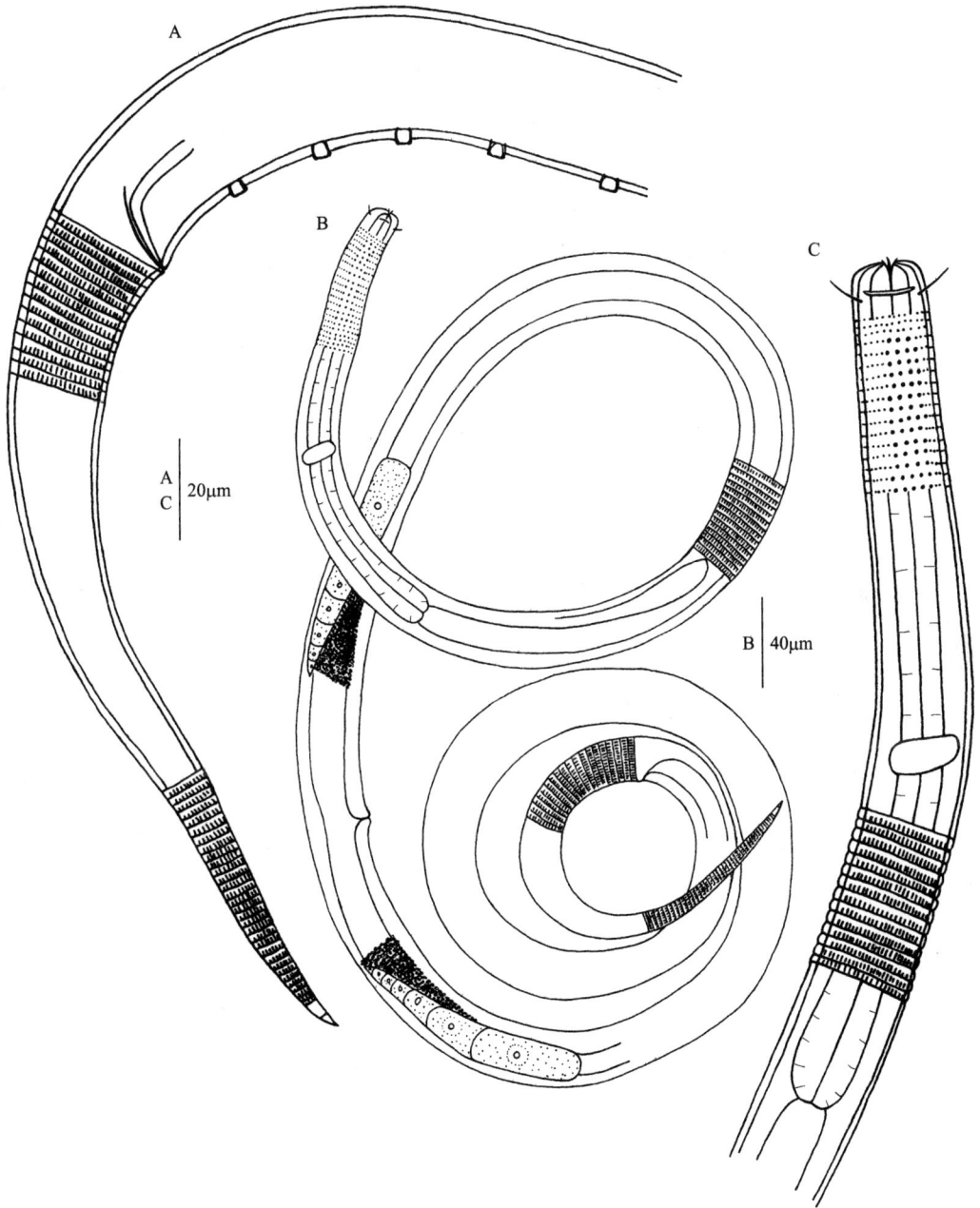

图 6.40.1　纤细拟前色矛线虫（*Prochromadorella gracila* Huang & Wang，2011）手绘图

A. 雄体尾端，示交接刺、引带和肛前辅器；B. 雌体，示生殖系统；C. 雄体前端，示头刚毛、化感器和装饰点

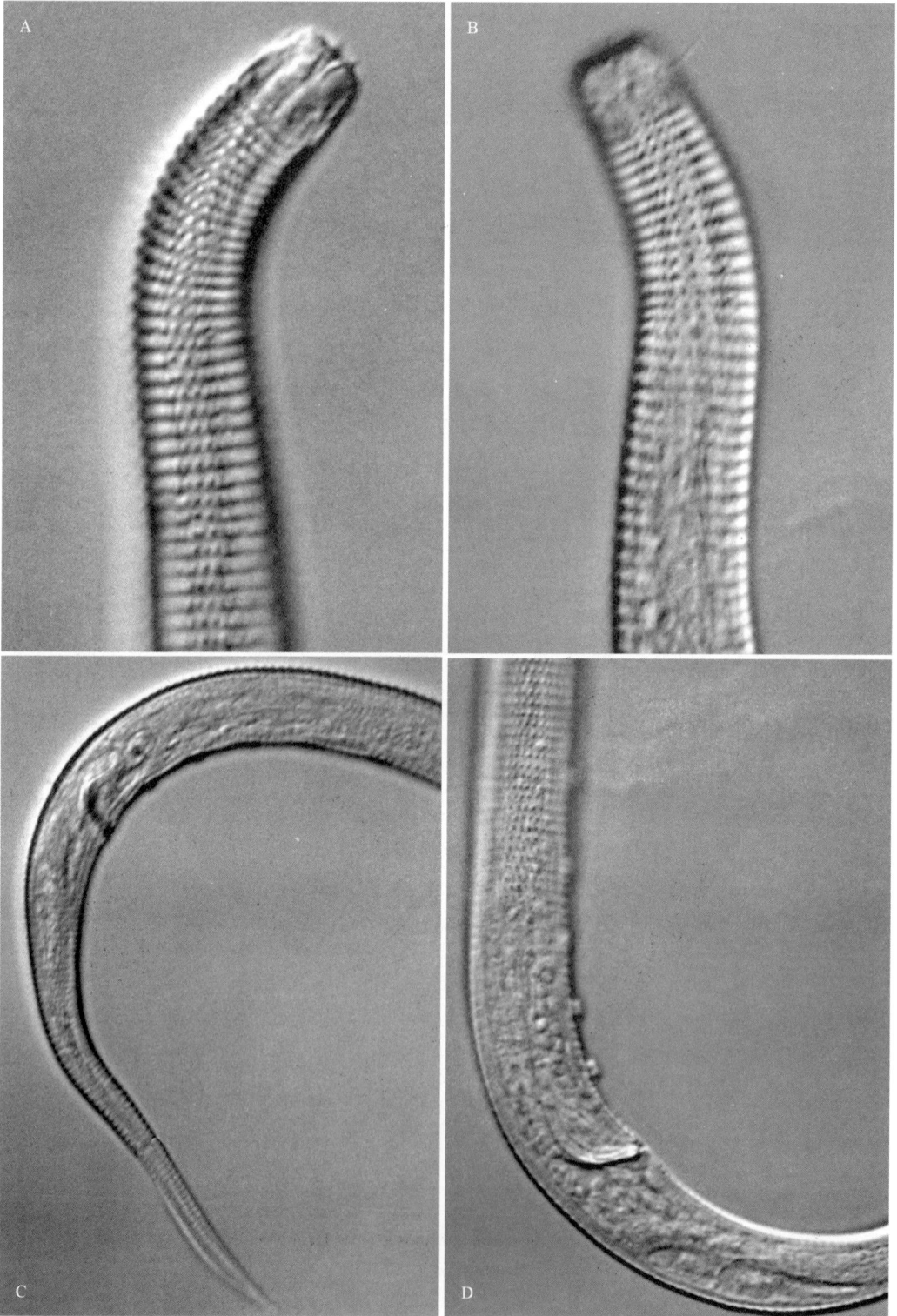

图 6.40.2　纤细拟前色矛线虫（*Prochromadorella gracila* Huang & Wang，2011）显微图
A、B. 雄体前端，示头刚毛、口腔齿和侧装饰；C、D. 雄体尾端，示交接刺和肛前辅器

前部的腹侧,至头端距离为体长的45%~46%。雌孔前后各具1个受精囊,其内充满圆形精子细胞。

该种分布于黄海海滨潮间带沙质沉积物中。

该种所在属目前共发现43种,其中首次于中国黄海发现1新种。

41. 色素点折咽线虫

Ptycholaimellus ocellus **Huang & Wang, 2011**(图6.41.1,图6.41.2)

Cobb 公式:

$$模式标本 \quad \frac{—\quad 152 \quad M \quad 704}{12 \quad 27 \quad 29 \quad 22} \quad 800\mu m;\ a=27.6,\ b=5.3,\ c=8.3,\ spic=36$$

$$雌性副模式标本 \quad \frac{—\quad 160 \quad M \quad 776}{12 \quad 30 \quad 32 \quad 23} \quad 870\mu m;\ a=27.2,\ b=5.4,\ c=9.3,\ V\%=49\%$$

属于色矛目、色矛线虫科、折咽线虫属。

身体长梭状,身体在咽的前1/3部分收缩。雄体长772~828μm,最大体宽29~32μm。角皮具环状排列的均匀成行的装饰点。身体两侧各有2列纵向排列的由大的圆点组成的侧装饰,其间距3μm。无体刚毛。头的基部有1个细缩的颈圈,头部直径11~12μm。内、外唇感觉器不明显,4根头刚毛较短,长3μm,着生于颈圈位置。化感器不明显。距离头端17~19μm处的身体亚背面各有1个直径3μm的色素点。口腔杯状,内有1个显著中空的"S"形大背齿。咽圆柱形,长152~162μm,具有前咽球和发达的后咽球,后咽球双球状,长38~43μm,为咽长的26%,宽19~23μm。神经环位于咽的中后部,为咽长的55%。排泄细胞较大,位于肠的前端,通过1个大的排泄囊开口于前端颈圈处。尾长锥形,向后逐渐变细,末端具1个长的黏液管突,长96~101μm,为泄殖孔相应体宽的4.3倍。具3个尾腺细胞。

生殖系统具1个向前伸展的精巢,位于肠的右侧。交接刺弯曲呈弓形,近端头状,末端渐尖,长33~39μm,约为泄殖孔相应体宽的1.6倍。引带棒状,与交接刺后端平行,无引带突,长16~20μm。无肛前附器。

雌体比雄体略大,具前后2个反向排列的弯折的卵巢,前面一个卵巢位于肠的右侧,后面一个位于肠的左侧。成熟卵长椭圆形。雌孔位于身体中部的腹侧,至头端距离为体长的49%~51%。

该种分布于黄海海滨大型藻类上。

该种所在属目前共发现22种,其中首次于中国黄海发现1新种,东海发现2新种。

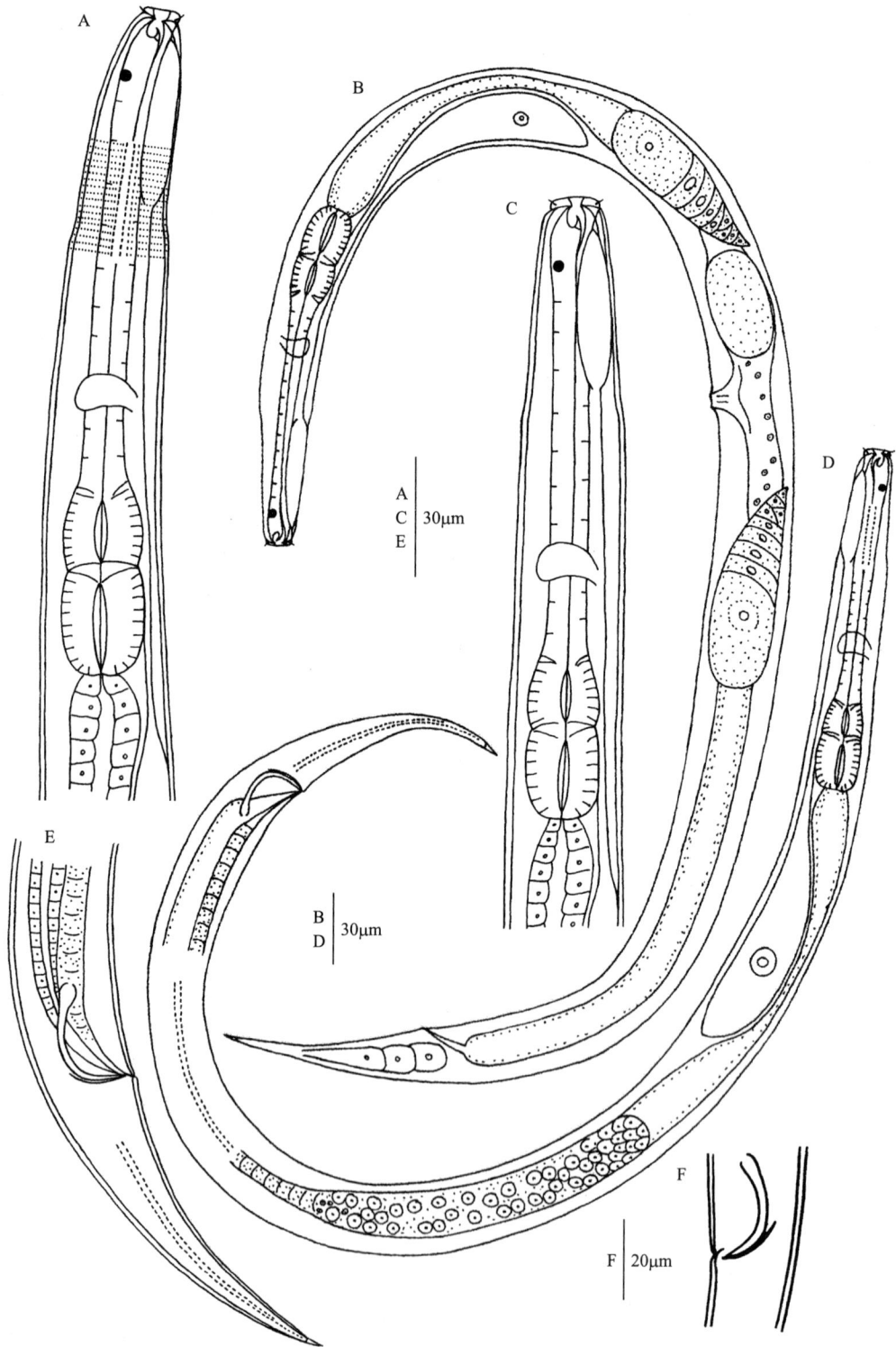

图6.41.1 色素点折咽线虫（*Ptycholaimellus ocellus* Huang & Wang，2011）手绘图
A. 雄体前端，示头刚毛、口腔齿、色素点、侧装饰和咽球；B. 雌体，示生殖系统；C. 雌体头端；
D. 雄体，示排泄系统和生殖系统；E. 雄体尾端，示交接刺；F. 示交接刺和引带

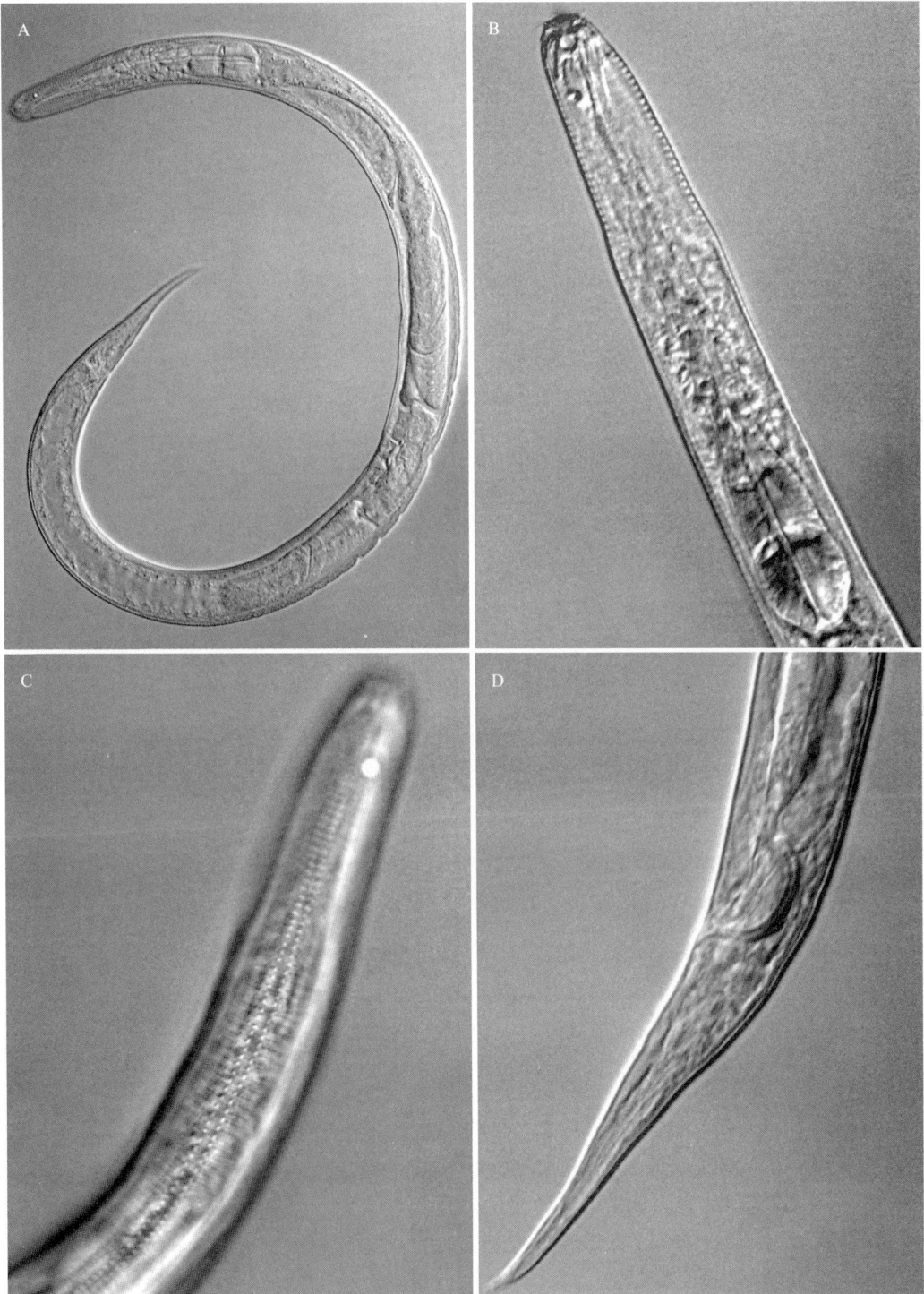

图 6.41.2 色素点折咽线虫（*Ptycholaimellus ocellus* Huang & Wang，2011）显微图

A. 雌体，示生殖系统；B. 雄体前端，示口腔齿、色素点和咽球；C. 雄体前端，示色素点和侧装饰；

D. 雄体尾端，示交接刺和引带

42. 长咽球折咽线虫

Ptycholaimellus longibulbus Wang & Huang, 2015（图 6.42.1，图 6.42.2）

Cobb 公式：

模式标本：$\dfrac{—\quad 215\quad M\quad 1185}{19\quad 51\quad 52\quad 32}$ 1302μm；a＝25.1，b＝6.1，c＝10.9，spic＝55

雌性副模式标本：$\dfrac{—\quad 220\quad M\quad 1045}{17\quad 45\quad 45\quad 25}$ 1169μm；a＝26，b＝5.3，c＝9.4，V%＝50%

属于色矛目、色矛线虫科、折咽线虫属。

雄体长柱状，长 1200～1407μm，最大体宽 48～53μm。角皮具环状排列的均匀成行的装饰点。身体两侧各具 2 列纵向排列的由大的圆点组成的侧装饰，间距 3μm，两点之间由角质化的横条连接。无体刚毛。头较宽，基部有 1 个细缩的颈圈使之与颈部分开。头部直径 17～20μm。内、外唇感觉器不明显，4 根头刚毛，长 9μm，着生于颈圈位置。化感器不明显。口腔杯状，内有 1 个显著的角质化中空的"S"形大背齿，齿尖钩状。咽圆柱形，长 212～225μm，具有小的前咽球和发达的较长的后双咽球，后咽球长 96～106μm，为咽长的 44%～49%，宽 35μm。神经环位于咽的中后部，为咽长的55%。排泄细胞较大，长囊状，位于肠的前端，通过 1 个大的排泄囊开口于前端颈圈处。尾锥柱状，向后逐渐变细，长 110～120μm，为泄殖孔相应体宽的 4.3 倍，末端具1 个长的指状黏液管突，长达 10μm。具 3 个尾腺细胞。

生殖系统具 1 个向前伸展的精巢，位于肠的右侧。交接刺弯曲呈弓形，末端渐尖，长 45～55μm，约为泄殖孔处体宽的 1.7 倍。引带新月形，与交接刺后端平行，无引带突，长 22～24μm。无肛前附器。

雌体类似于雄体，具前后 2 个反向弯折的卵巢，前面一个卵巢位于肠的右侧，后面一个位于肠的左侧。雌孔位于身体的正中间，至头端距离为体长的 50%。

该种分布于东海海滨潮间带泥质沉积物中。

该种所在属目前共发现 22 种，其中首次于中国黄海发现 1 新种，东海发现 2 新种。

43. 梨形折咽线虫

Ptycholaimellus pirus Huang & Gao, 2016（图 6.43.1，图 6.43.2）

Cobb 公式：

模式标本 $\dfrac{—\quad 98\quad M\quad 617}{11\quad 21\quad 22\quad 19}$ 698μm；a＝31.5，b＝7.1，c＝8.6，spic＝30

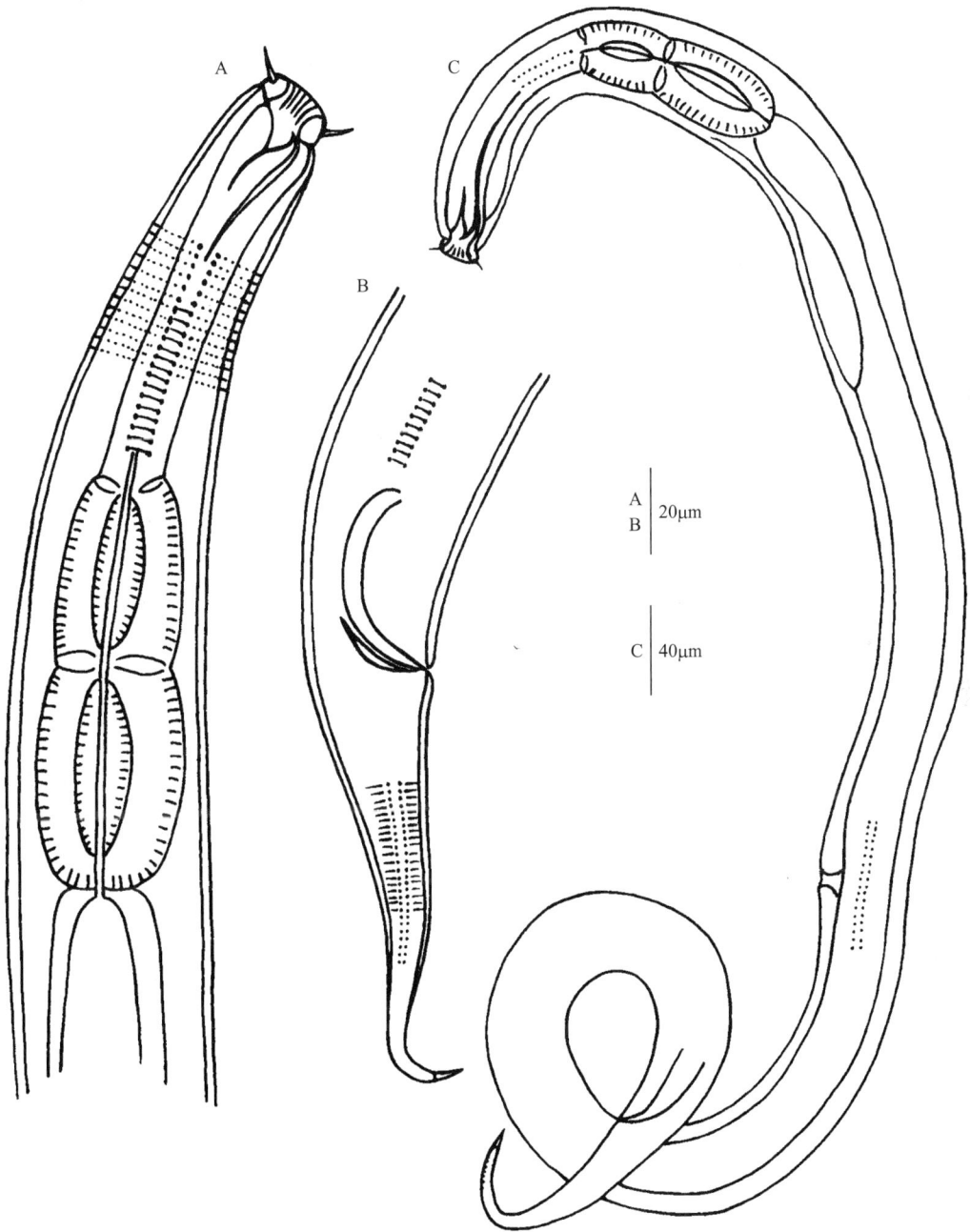

图 6.42.1   长咽球折咽线虫（*Ptycholaimellus longibulbus* Wang & Huang，2015）手绘图
A. 雄体前端，示头刚毛、口腔齿、侧装饰和咽球；B. 雄体尾端，示交接刺和引带；C. 雌体

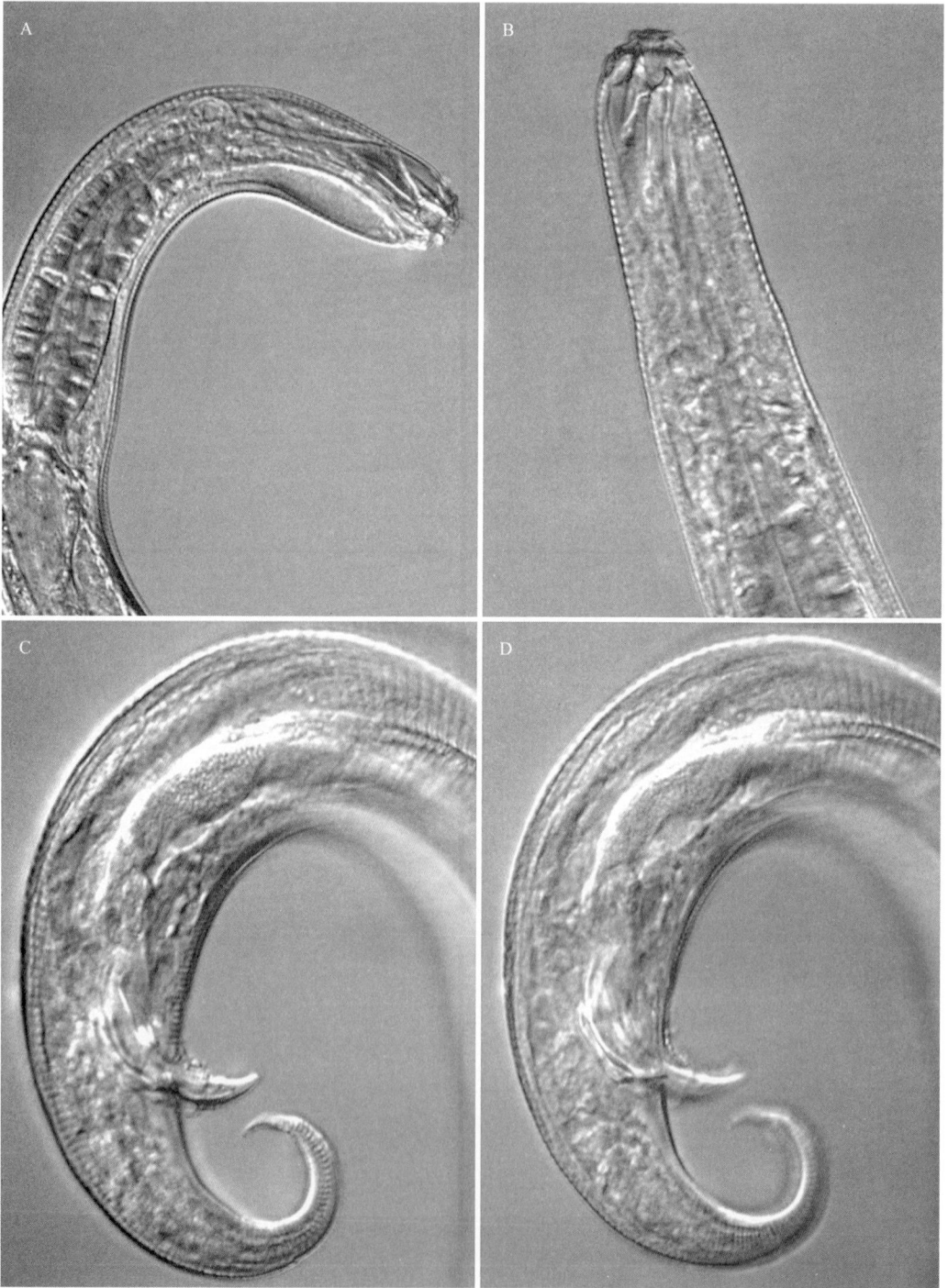

图 6.42.2 长咽球折咽线虫（*Ptycholaimellus longibulbus* Wang & Huang，2015）显微图
A. 雄体前端，示口腔齿和咽球；B. 雄体前端，示头刚毛和口腔齿；C、D. 雄体尾端，示交接刺和引带

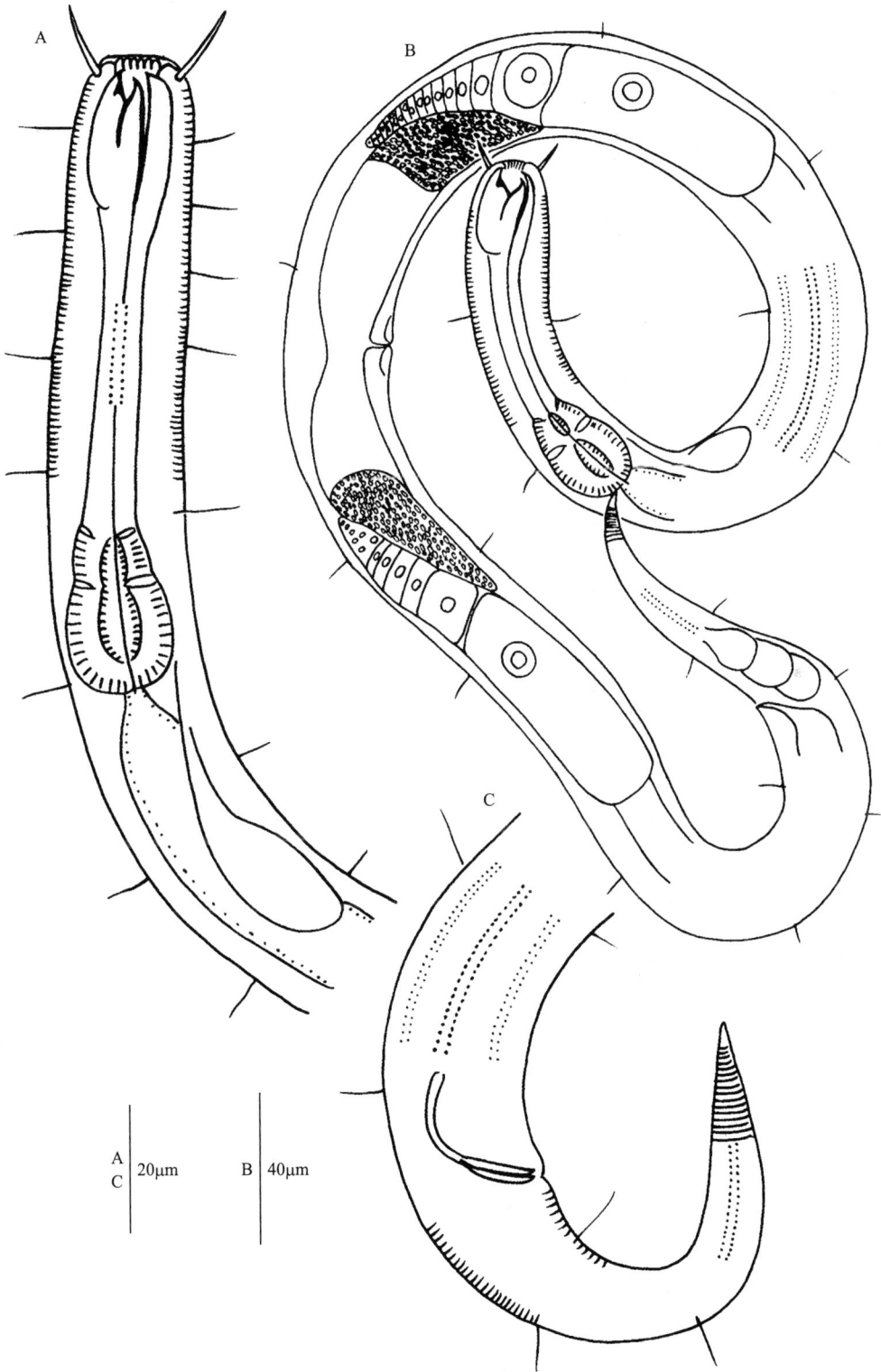

图 6.43.1 梨形折咽线虫（*Ptycholaimellus pirus* Huang & Gao，2016）手绘图

A. 雄体前端，示头刚毛、口腔齿、咽球和腹腺细胞；B. 雌体，示生殖系统；C. 雄体尾端，示交接刺和引带

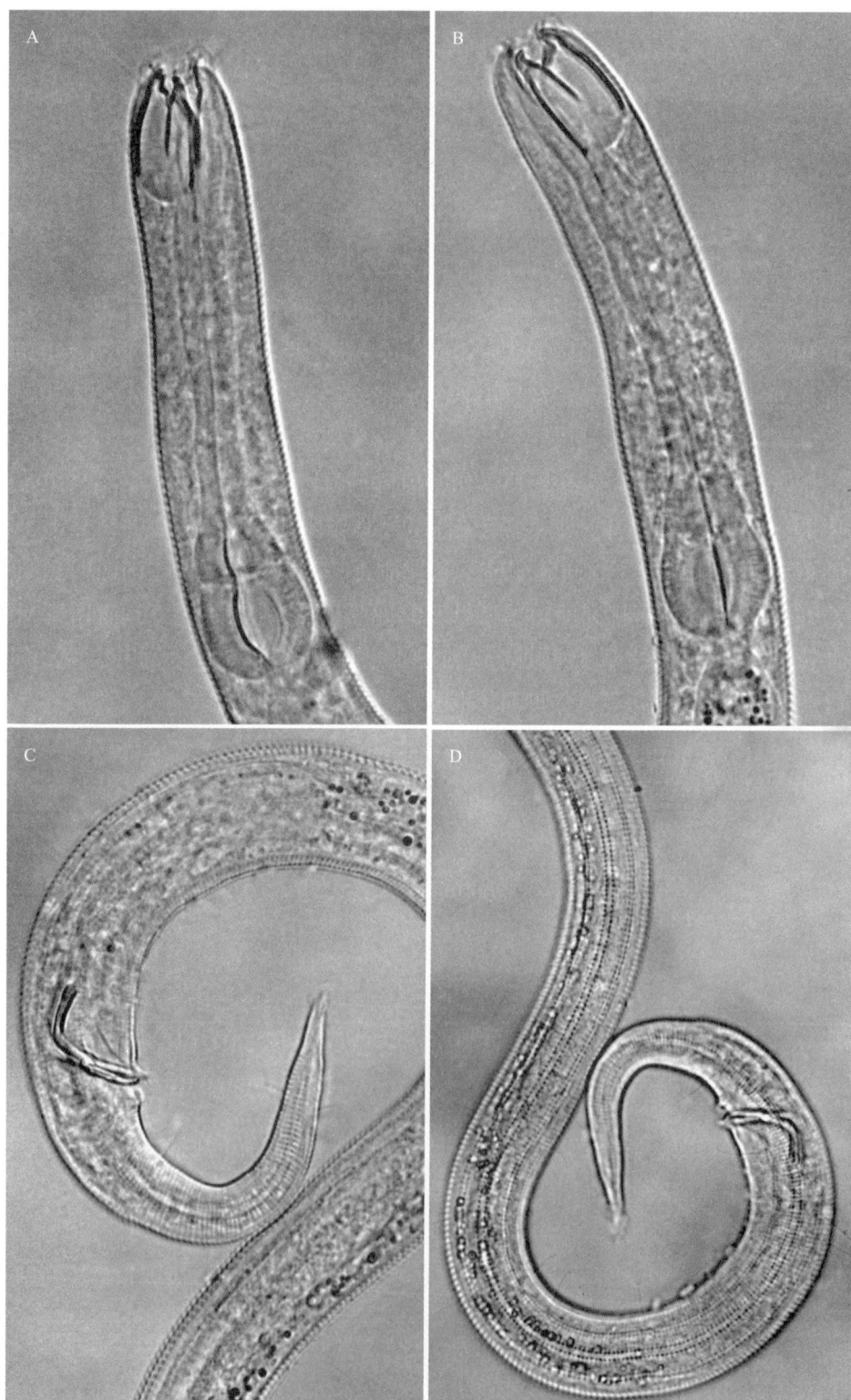

图 6.43.2 梨形折咽线虫（*Ptycholaimellus pirus* Huang & Gao，2016）显微图
A、B. 雄体前端，示头刚毛、口腔齿和咽球；C、D. 雄体尾端，示交接刺、引带和肛前辅器

雌性副模式标本 $\dfrac{— \quad 104 \quad M \quad 664}{14 \quad 25 \quad 32 \quad 21}$ 747μm；a＝23.5，b＝7.2，c＝9.0，V％＝55%

属于色矛目、色矛线虫科、折咽线虫属。

个体较小，长柱状，头端圆钝，尾端渐尖。长 664～698μm，最大体宽 22～25μm。角皮具环状排列的均匀成行的装饰点，另有 6 列纵向排列的点状侧装饰，其中，侧面两排侧装饰点较大，间距 2μm。体刚毛较长，11～18μm。头部直径 10～11μm。内、外唇感觉器不明显，4 根头刚毛，长 10～12μm，着生于头的顶端。化感器不明显。口腔杯状，内有 1 个显著的角质化中空的 "S" 形大背齿，齿尖钩状。咽圆柱形，长 86～98μm，具有长圆形前咽球和梨形后双咽球，后咽球长 25～28μm，为咽长的 26%～30%。神经环不明显。排泄细胞较大，长囊状，位于肠的前端，距离头端 150μm，排泄孔不清楚。尾长锥形，向后逐渐变细，长 72～81μm，为泄殖孔相应体宽的 4.2 倍，末端具尖的黏液管突。具 3 个尾腺细胞。

生殖系统具 1 个向前伸展的精巢，位于肠的右侧。交接刺弯曲呈弓形，近端膨大，末端渐尖，长 27～30μm，约为泄殖孔相应体宽的 1.5 倍。引带棒状，与交接刺后端平行，无引带突，长 11μm。无肛前附器。

雌体类似于雄体，具前后 2 个反向排列的弯折的卵巢，前面一个卵巢位于肠的右侧，后面一个位于肠的左侧。成熟卵细胞较长。雌孔位于身体的中后部，至头端距离为体长的 52%～55%。雌孔前后各具 1 个受精囊，其内充满椭圆形的精子细胞。

该种分布于东海海滨潮间带泥质沉积物中。

该种所在属目前共发现 22 种，其中首次于中国黄海发现 1 新种，东海发现 2 新种。

44. 长刺长颈线虫 *Cervonema longispicula* **Huang, Jia & Huang, 2018**（图 6.44.1，图 6.44.2）

Cobb 公式：

模式标本：$\dfrac{— \quad 198 \quad M \quad 996}{10 \quad 33 \quad 33 \quad 25}$ 1211μm；a＝36.7，b＝6.1，c＝5.6，spic＝48

雌性副模式标本：$\dfrac{— \quad 227 \quad M \quad 1195}{11 \quad 34 \quad 35 \quad 25}$ 1411μm；a＝40.3，b＝6.2，c＝6.5，V％＝48%

属于色矛目、联体线虫科、长颈线虫属。

身体细长，具有伸长的颈部和丝状尾部。雄体长 1211～1373μm，最大体宽 30～34μm。角皮具不明显的细的环纹。头径 10～11μm。内唇感觉器不明显，外唇感觉器刚毛状，粗钝，呈锥形，长 5μm，位于距头端 0.5 倍头径处，4 根头刚毛紧邻外唇刚

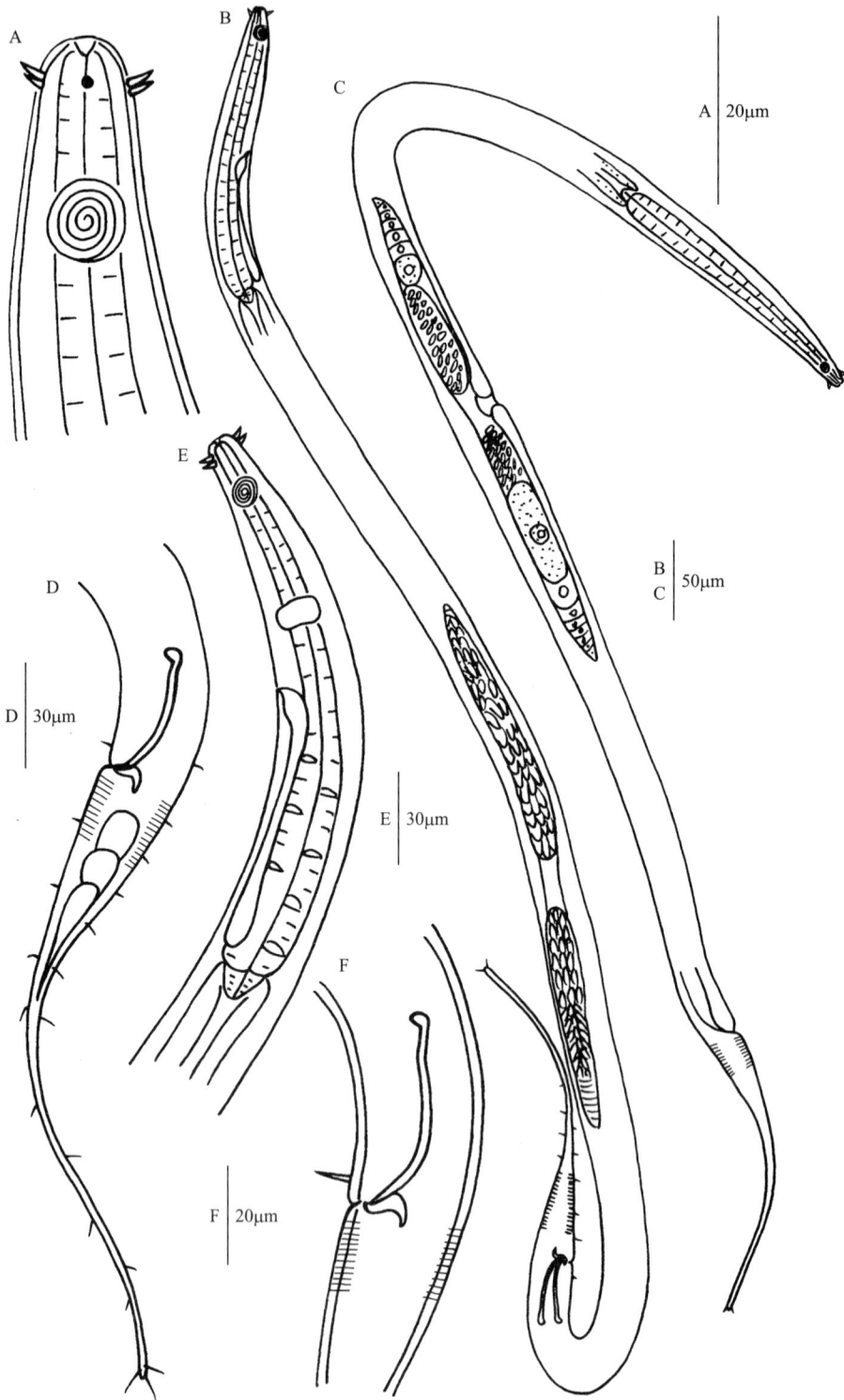

图 6.44.1　长刺长颈线虫（*Cervonema longispicula* Huang，Jia & Huang，2018）手绘图

A. 雄体前端，示头刚毛、化感器；B. 雄体，示生殖系统；C. 雌体，示生殖系统；D. 雄体尾端，示交接刺和引带；

E. 雄体前端；F. 雄体泄殖孔区，示交接刺、引带和肛前刚毛

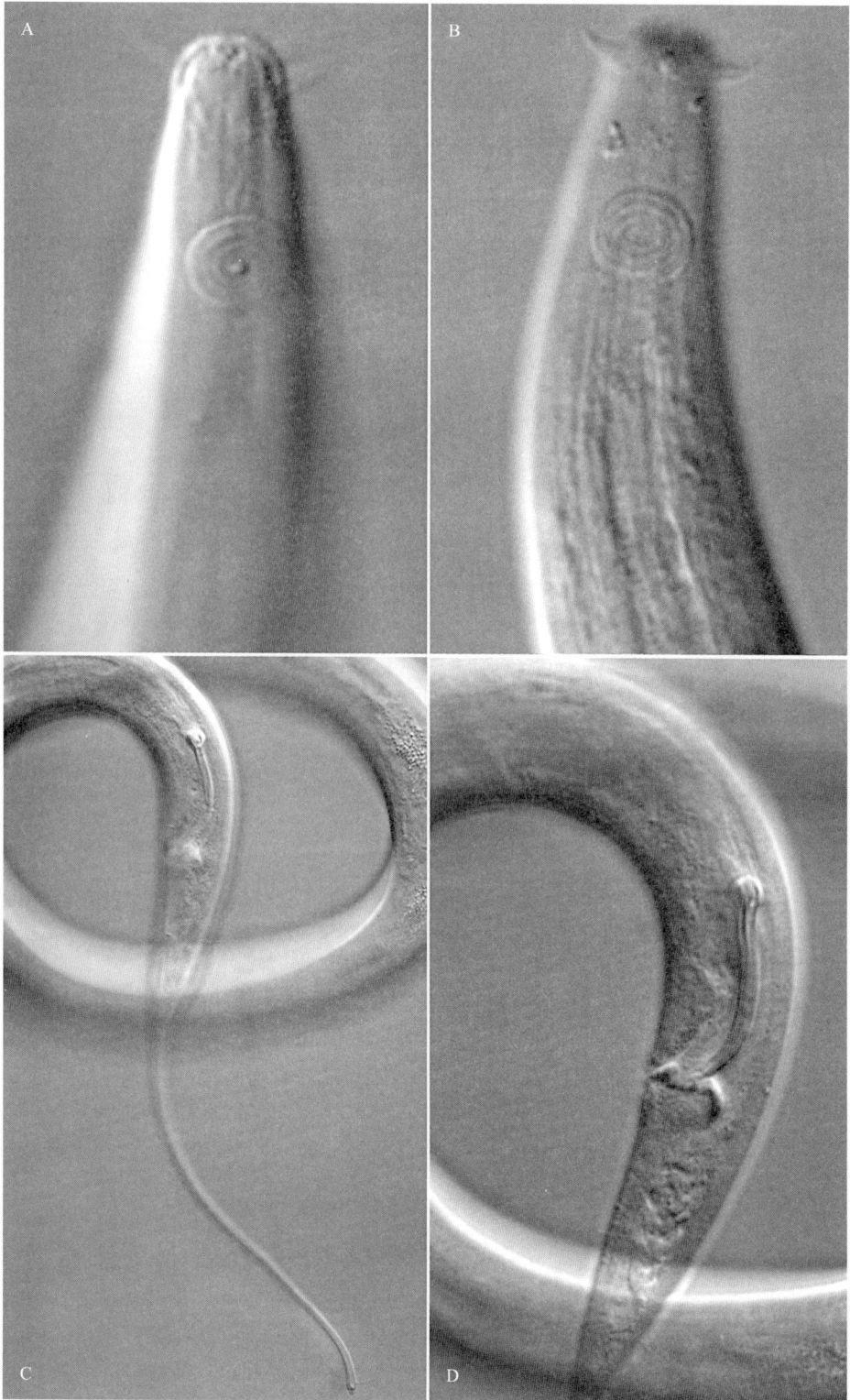

图 6.44.2　长刺长颈线虫（*Cervonema longispicula* Huang，Jia & Huang，2018）显微图
A、B. 雄体前端，示头刚毛、口腔和化感器；C、D. 雄体尾端，示交接刺和引带

毛之下，粗钝，4～5μm。螺旋形化感器较大，具4.5圈，直径10μm，为相应体径的63%，前边距离头端为体径的1.6倍。口腔较小，无齿。咽柱状，长182～222μm。向后逐渐加粗，不形成后咽球。神经环距离头端60μm，为咽长的30%。贲门发达，锥形。腹腺细胞较小，位于贲门的前面，排泄孔位于神经环之后，距离头端95μm。尾锥柱状，198～270μm，即泄殖孔相应体径的7.9～7.4倍，柱状部分为尾长的2/3，较细，呈丝状，尾上分布较多的尾刚毛，长4～5μm。尾端稍膨大，具有3根长7μm的端刚毛和突出的黏液管开口。

生殖系统具有2个反向排列伸展的精巢，前精巢位于肠的左边，后精巢位于肠的右边。交接刺细长，45～48μm，向腹面略弯曲，即泄殖孔相应体径的1.6～1.9倍，近端头状，末端渐尖。引带较小，背面具有1个钩状的引带突。无肛前辅器，肛前具1根4μm的短刚毛。

雌体稍大，长1411μm，无尾刚毛。生殖系统具2个反向排列伸展的卵巢，前卵巢位于肠的左边，后卵巢位于肠的右边。卵巢较短，输卵管粗管状，成熟卵椭圆形。雌孔前后各有1个卵圆形的受精囊，充满椭圆形的精子细胞。雌孔位于身体中部，距头端为体长的48%。

该种分布于南海大陆架泥沙质沉积物中。

该种所在属目前共发现19种，其中首次于中国南海发现1新种。

45. 拉氏矛咽线虫 *Dorylaimopsis rabalaisis* Zhang, 1992（图6.45.1，图6.45.2）

Cobb公式：

模式标本：$\dfrac{—\quad 212\quad M\quad 1417}{13\quad 46\quad 48\quad 39}$ 1562μm；a＝33，b＝7.4，c＝11，spic＝80

雌性副模式标本：$\dfrac{—\quad 224\quad M\quad 1627}{13\quad 47\quad 51\quad 37}$ 1810μm；a＝36，b＝8，c＝10，V%＝49%

属于色矛目、联体线虫科、矛咽线虫属。

雄体柱状，向两端渐细。雄体长1506～1960μm。角皮具环状排列的圆点，具侧装饰。在咽部和尾部侧装饰由3排纵向不规则的大点组成，身体其他部分的侧装饰由2排纵向排列的均匀的大点组成，侧装饰宽9μm，是相应体径的19%。颈刚毛长5μm，体刚毛长4μm，排成8纵列。头部直径13μm。头感觉器排列成6＋6＋4的模式，内唇感觉器乳突状，外唇感觉器刚毛状，较短，2μm。4根头刚毛长9μm。螺旋形化感器，具2.5圈，直径11μm，为相应体径的70%，前边紧邻头刚毛着生处。口腔较大，前部杯状，后部柱状，深16μm，周壁角质化。口腔前端具3个角质化的三角形齿。咽

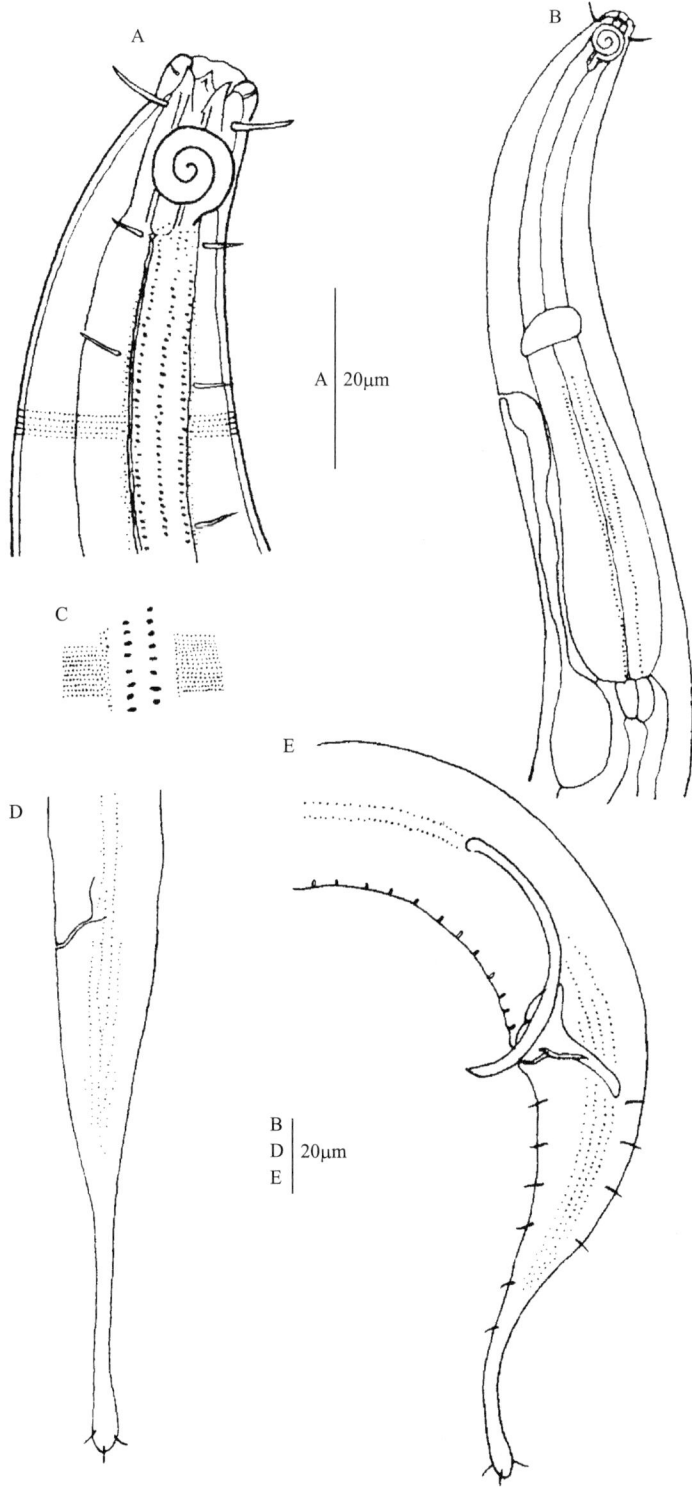

图 6.45.1 拉氏矛咽线虫（*Dorylaimopsis rabalaisis* Zhang，1992）手绘图

A. 雄体前端，示头刚毛、口腔齿、化感器和侧装饰；B. 雄体前端；C. 侧装饰点；
D. 雌体尾端；E. 雄体尾端，示交接刺、引带和肛前辅器

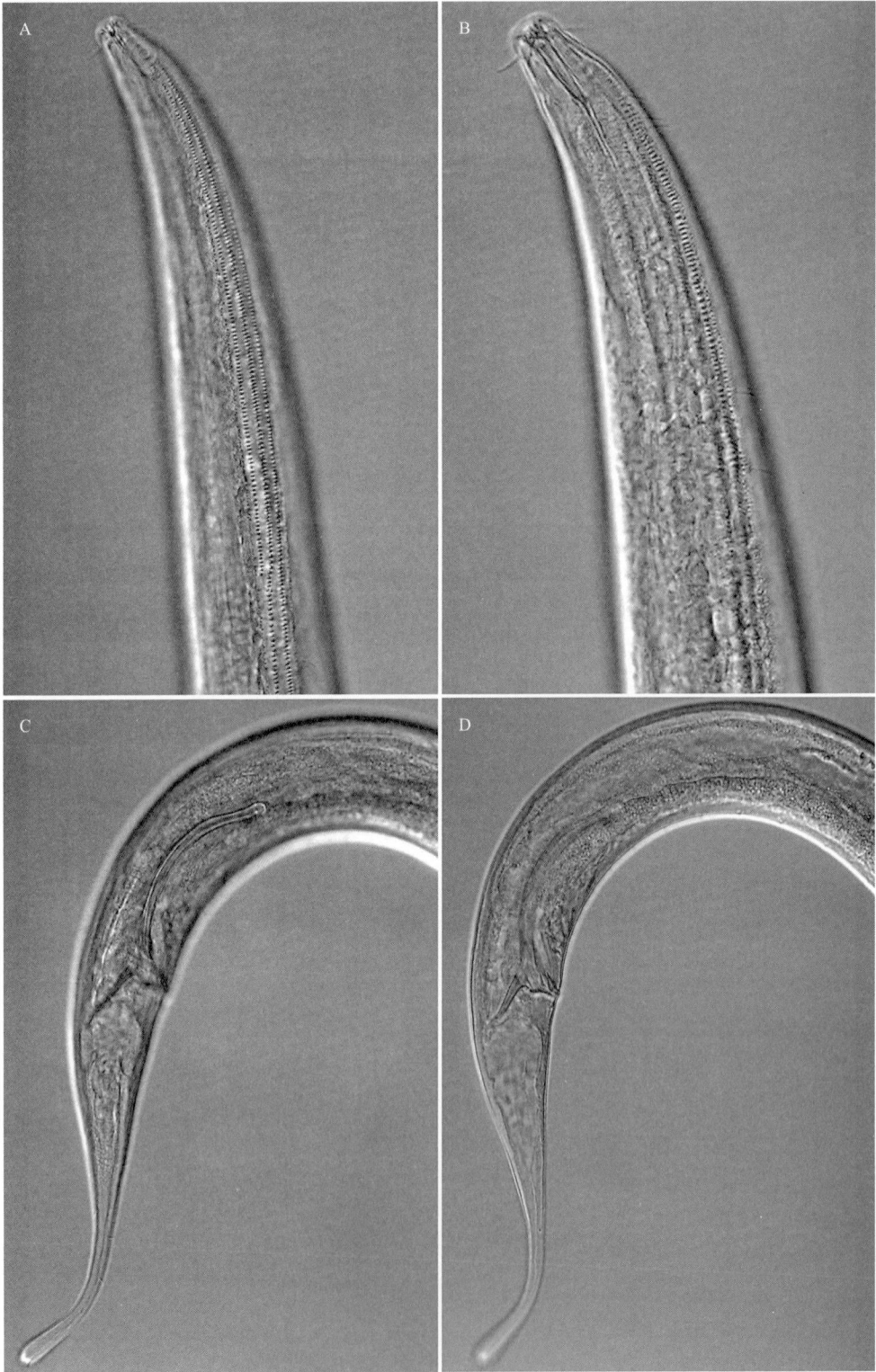

图 6.45.2 拉氏矛咽线虫（*Dorylaimopsis rabalaisis* Zhang，1992）显微图

A、B. 雄体前端，示头刚毛、口腔齿和侧装饰；C、D. 雄体尾端，示交接刺和引带

柱状，长 212～220μm。基部膨大，但不形成显著的后咽球。贲门心脏形。神经环位于咽的中部。排泄系统明显，腹腺细胞较大，位于咽肠的连接处，排泄孔位于神经环的下面，为咽长的 59%。尾锥柱状，长 145μm，即泄殖孔相应体径的 4 倍，锥状部分为尾长的 2/3，具亚腹刚毛和亚背刚毛。尾端稍膨大，具有 3 根长 6.5～8.0μm 的端刚毛和突出的黏液管开口。具 3 个尾腺细胞。

生殖系统具有 2 个反向排列伸展的精巢。交接刺长 80～86μm，即泄殖孔相应体径的 2.4 倍，向腹面弯曲呈弓形，近端头状，具腹面开口。末端渐尖，并向腹面弯曲。引带具 2 个等长的尾状引带突，长约 24μm。具 14～21 个细管状的肛前辅器。

雌体尾较长，为泄殖孔相应体径的 4.5 倍，无尾刚毛。生殖系统具 2 个反向排列伸展的卵巢，前卵巢位于肠的左边，后卵巢位于肠的右边，每个卵巢都具有 1 个长的输卵管。输卵管内有椭圆形的卵。雌孔前后各具 1 个卵圆形的受精囊，充满椭圆形的精子细胞。雌孔位丁身体中部，至头端距离为体长的 49%。

该种分布于渤海陆架泥质沉积物中。

该种所在属目前共发现 22 种，其中首次于中国黄海发现 1 新种，渤海发现 2 新种。

46. 特氏矛咽线虫

Dorylaimopsis tuneri **Zhang, 1992**（图 6.46.1，图 6.46.2）

Cobb 公式：

模式标本：$\dfrac{—\quad 180\quad M\quad 1438}{10\quad 32\quad 38\quad 30}$ 1552μm；a＝41，b＝8.6，c＝13.6，spic＝62

雌性副模式标本：$\dfrac{—\quad 193\quad M\quad 1476}{12\quad 32\quad 39\quad 26}$ 1610μm；a＝41，b＝8.3，c＝12，V%＝49%

属于色矛目、联体线虫科、矛咽线虫属。

雄体柱状，向两端渐细，头基部略收缩。雄体长 1550～1610μm。角皮具环状排列的圆点，具侧装饰。在咽的中前部和尾端部侧装饰点不规则，身体其他部位的侧装饰有 5 排纵向排列的均匀的大点组成，身体中间部位侧装饰宽 11μm，是相应体径的29%。颈刚毛长 3.5～4.5μm，尾部刚毛长 5～6μm，体刚毛 4μm，排成 8 纵列。头部直径 10μm。头感觉器排列成 6＋6＋4 的模式，内唇感觉器乳突状，外唇感觉器刚毛状，较短。后面的 4 根头刚毛长 7μm。螺旋形化感器，具 2.5 圈，直径 8μm，为相应体径的 70%，前边紧邻头刚毛着生处。口腔前部杯状，后部柱状，深 16μm，周壁角质化。口腔前端具 3 个角质化的三角形齿。咽柱状，长 180～190μm。基部膨大，但不形成显著的后咽球。贲门小，圆形。神经环位于咽的中部，距头端为咽长的 53%。排泄系统明显，腹腺细胞较大，位于肠的前端，排泄孔位于神经环的下面，为咽长的 57%。尾

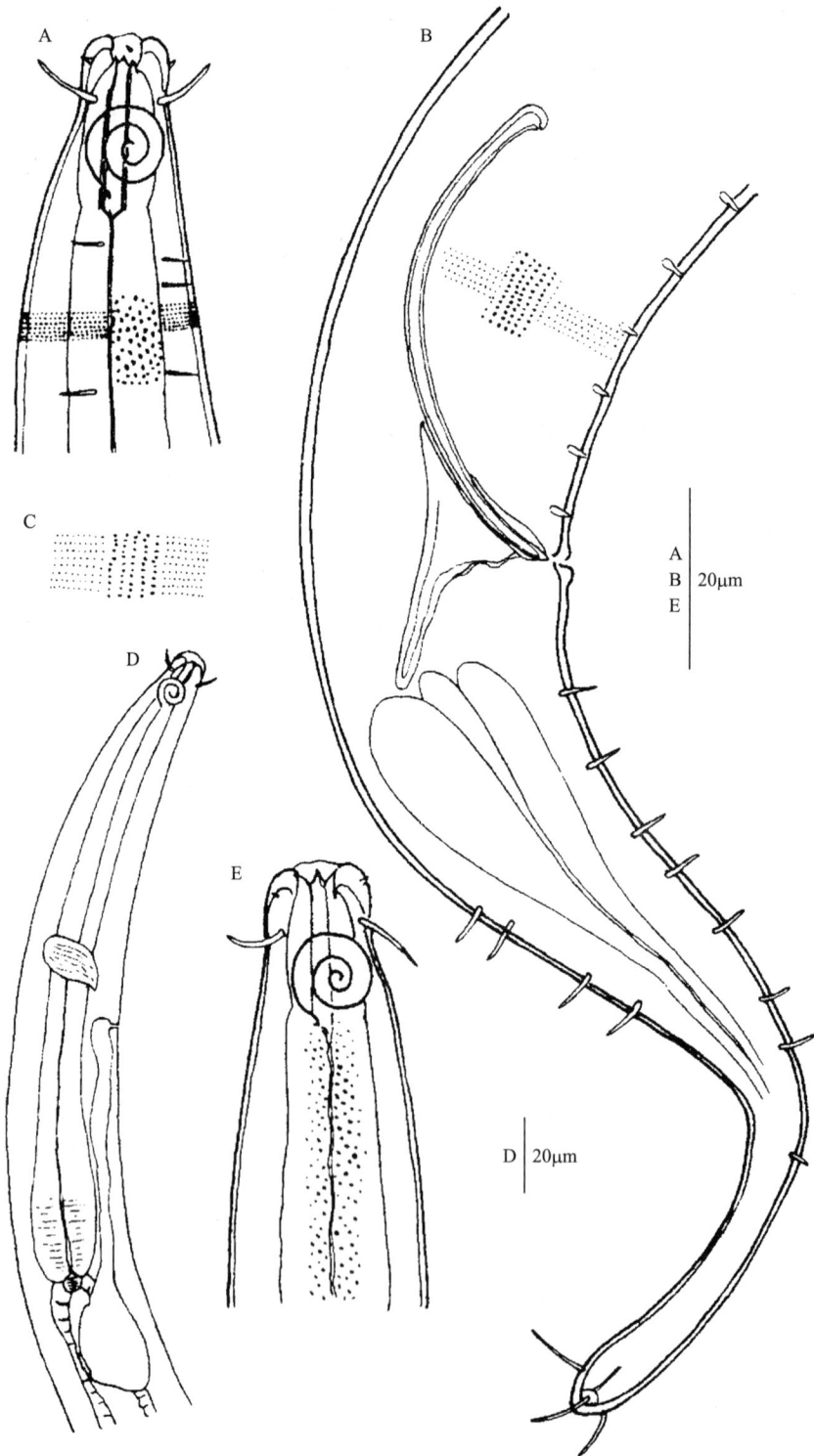

图 6.46.1 特氏矛咽线虫（*Dorylaimopsis tuneri* Zhang，1992）手绘图
A. 雄体前端，示头刚毛、口腔齿、化感器和侧装饰；B. 雄体尾端，示交接刺、引带和肛前辅器；C. 侧装饰点；
D. 雄体前端；E. 雌体头端，示头刚毛、口腔齿和化感器

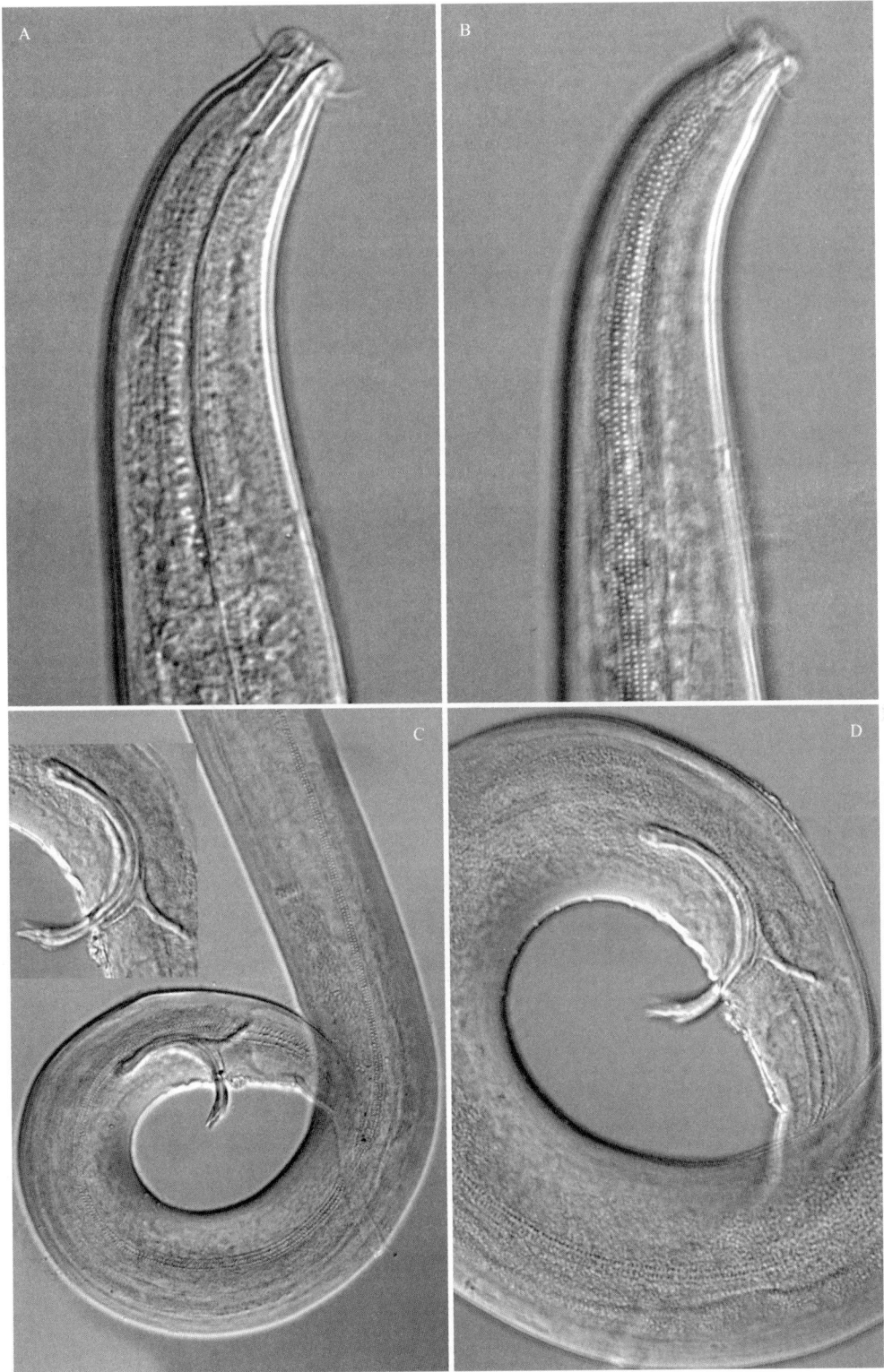

图 6.46.2　特氏矛咽线虫（*Dorylaimopsis tuneri* Zhang，1992）显微图

A. 雄体前端，示头刚毛、口腔齿和侧装饰；B. 雄体前端；C、D. 雄体尾端，示交接刺、引带和肛前辅器

锥柱状，长 114μm，即泄殖孔相应体径的 3.8 倍，锥状部分为尾长的 2/3，具亚腹刚毛和亚背刚毛。尾端稍膨大，具 3 根长 7～8μm 的端刚毛和突出的黏液管开口。具 3 个尾腺细胞。

生殖系统具有 2 个反向排列伸展的精巢。交接刺长 62μm，即泄殖孔相应体径的 2 倍，向腹面弯曲呈弓形，近端头状，末端圆钝。引带具 2 个等长的尾状引带突，长约 20μm，为交接刺长的 34%。具 1 根短的肛前刚毛和 11～17 个细管状的肛前辅器。

雌体较雄体大，具较长的尾。生殖系统具 2 个反向排列伸展的卵巢。输卵管内有椭圆形的卵。雌孔前后各有 1 个卵圆形的受精囊，充满椭圆形的精子细胞。雌孔位于身体中部，至头端距离为体长的 49%。

该种分布于渤海陆架泥质沉积物中。

该种所在属目前共发现 22 种，其中首次于中国黄海发现 1 新种，渤海发现 2 新种。

47. 异突矛咽线虫　　*Dorylaimopsis heteroapophysis* **Huang, Sun & Huang, 2018**（图 6.47.1，图 6.47.2）

Cobb 公式：

模式标本：$\dfrac{—\quad 204\quad M\quad 1667}{12\quad 45\quad 49\quad 34}$ 1784μm；a＝36.4，b＝8.7，c＝15.2，spic＝69

雌性副模式标本：$\dfrac{—\quad 212\quad M\quad 1750}{12\quad 49\quad 62\quad 39}$ 1877μm；a＝30.4，b＝8.9，c＝14.8，V%＝48%

属于色矛目、联体线虫科、矛咽线虫属。

雄体柱状，向两端渐细。雄体长 1632～1784μm，最大体宽 43～51μm。角皮具环状排列的圆点，具侧装饰。咽部和尾部侧装饰由 3 排纵向的大点组成，身体其他部分的侧装饰有 2 排纵向排列的大点组成。有体刚毛，长 4μm。头部直径 11～12μm，在头刚毛处略收缩。头感觉器排列成 6+6+4 的模式，内唇感觉器乳突状，外唇感觉器刚毛状，较短，4 根头刚毛，长 5.0～5.5μm。螺旋形化感器，具 3 圈，直径 9μm，为相应体径的 69%，前边紧邻头刚毛着生处。口腔较大，前部杯状，后部柱状，深 15～17μm，宽 3μm，前端具 3 个角质化的齿。咽柱状，长 185～206μm。基部膨大，但不形成显著的后咽球。贲门锥状，长 9μm。神经环位于咽的中部。排泄系统明显，腹腺细胞较大，位于肠的前端，排泄孔位于咽的中后部，距头端 115μm。尾锥柱状，长 116～123μm，即泄殖孔相应体径的 3.1～4.0 倍，锥状部分为尾长的 2/3，具 2 列 6～8 对亚腹刚毛。尾端稍膨大，具 3 根长 5～6μm 的端刚毛和突出的黏液管开口。

生殖系统具有 2 个反向排列伸展的精巢，前精巢位于肠的左边，后精巢位于右边，

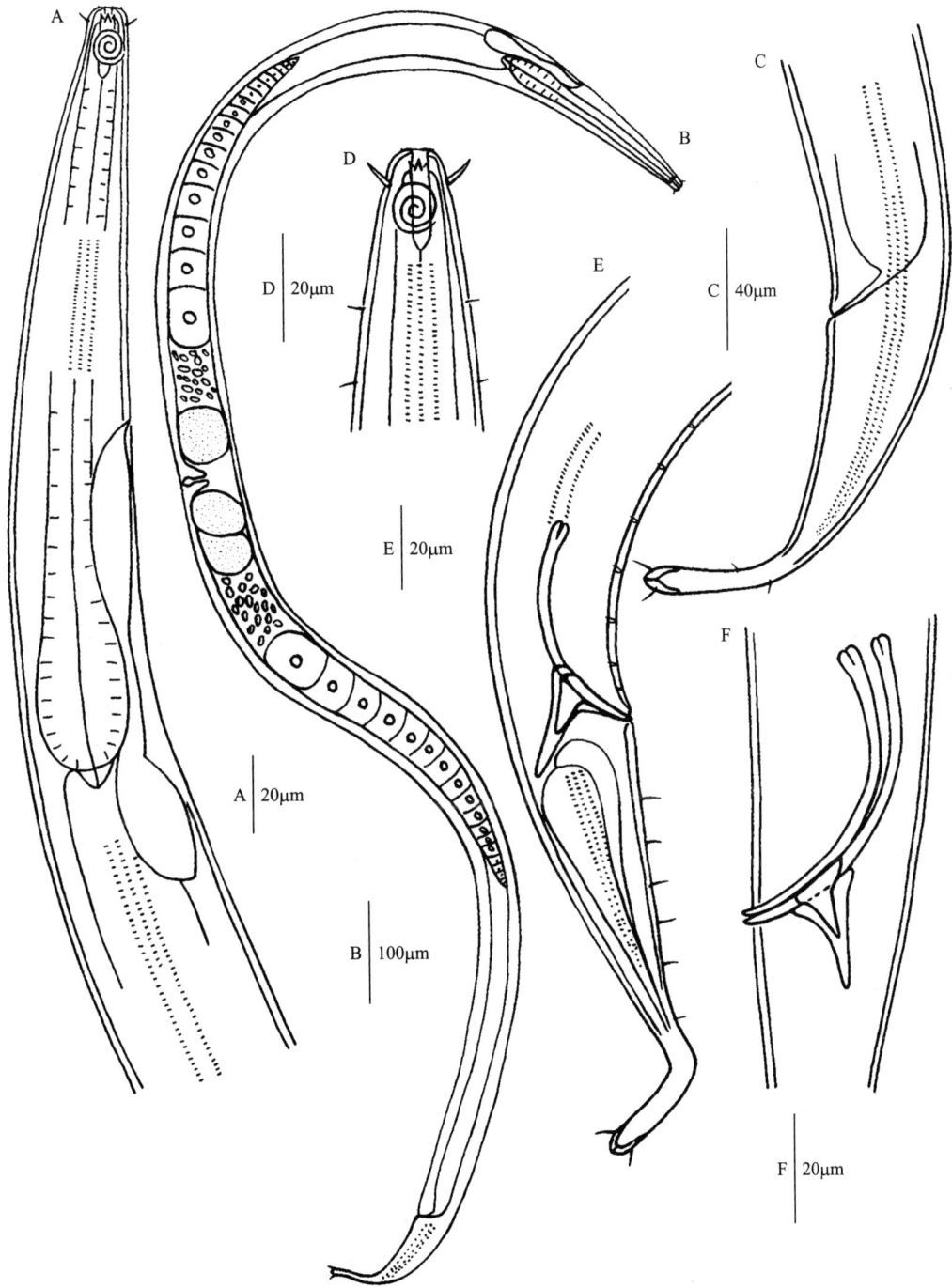

图 6.47.1 异突矛咽线虫（*Dorylaimopsis heteroapophysis* Huang，Sun & Huang，2018）手绘图
A. 雄体前端，示侧装饰和排泄系统；B. 雌体，示生殖系统；C. 雌体尾端；D. 雄体头端，示口腔齿和化感器；
E. 雄体尾端，示交接刺、引带和肛前辅器；F. 交接刺和引带

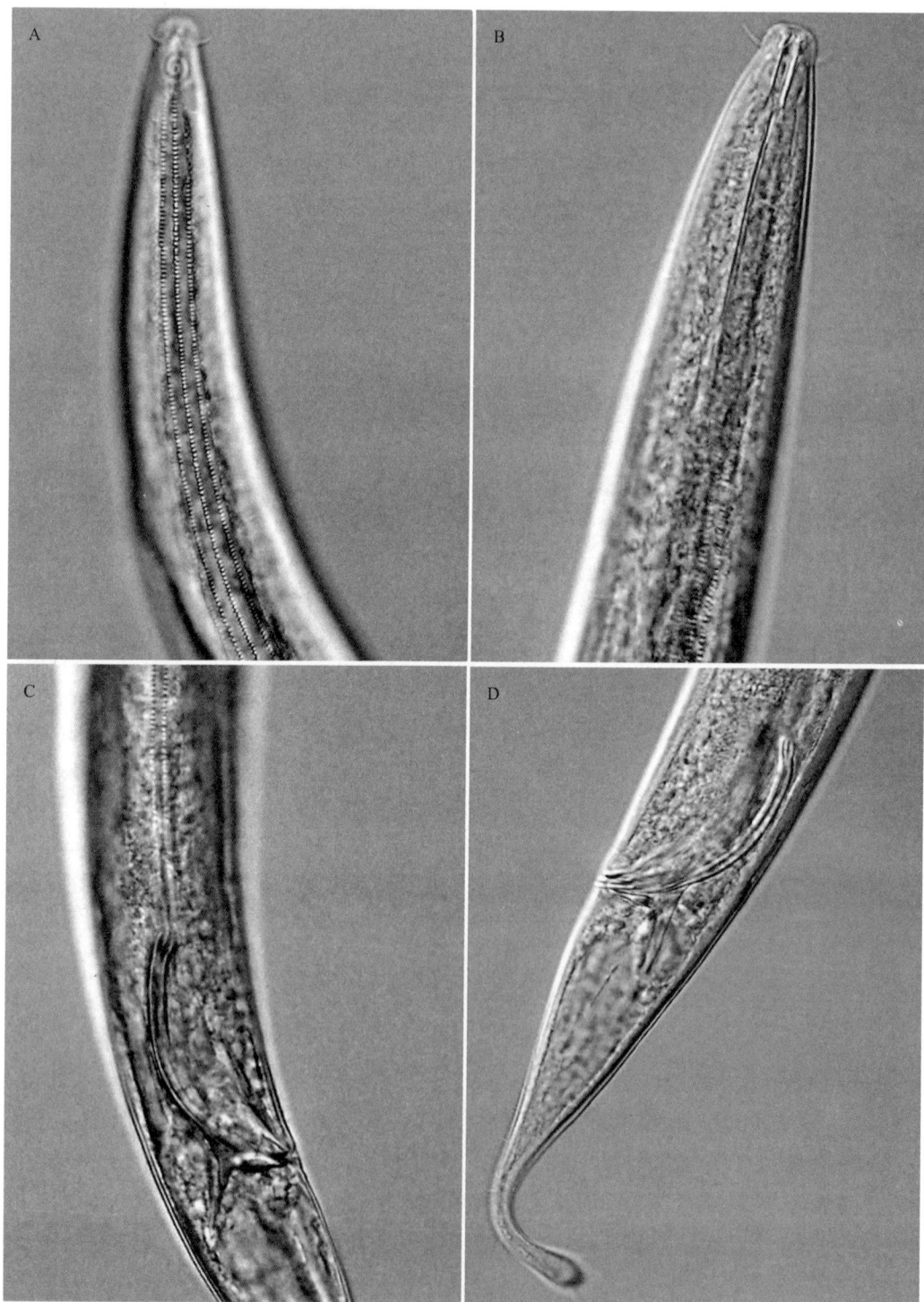

图 6.47.2 异突矛咽线虫（*Dorylaimopsis heteroapophysis* Huang，Sun & Huang，2018）显微图
A、B. 雄体前端，示头刚毛、口腔齿、化感器和侧装饰；C、D. 雄体尾端，示交接刺和引带

输精管内具卵圆形精子。交接刺长 60～69μm，即泄殖孔相应体径的 2 倍，略向腹面弯曲呈弧形，近端头状具中裂。引带长 10μm，具 2 个不等长的尾状引带突。右边一个短，9μm，左边一个长，22μm。具 11 或 12 个细管状的肛前辅器。

雌体化感器稍小，2.5 圈，无尾刚毛。生殖系统具 2 个反向排列伸展的卵巢，前卵巢位于肠的左边，后卵巢位于肠的右边，每个卵巢都具有 1 个长的输卵管。输卵管内有椭圆形的卵。雌孔前后各有 1 个卵圆形的受精囊，充满椭圆形的精子细胞。雌孔位于身体中部，至头端距离为体长的 48%～51%。

该种分布于黄海潮下带泥质沉积物中。

该种所在属目前共发现 22 种，其中首次于中国黄海发现 1 新种，渤海发现 2 新种。

48. 大化感器霍帕线虫   *Hopperia macramphida* Sun & Huang, 2018（图 6.48.1，图 6.48.2）

Cobb 公式：

模式标本： $\dfrac{-\quad 170 \quad M \quad 1099}{15 \quad 38 \quad 39 \quad 33}$ 1220μm；a＝32.1，b＝7.2，c＝10，spic＝47.5

属于色矛目、联体线虫科、霍帕线虫属。

雄体柱状，向两端渐细。雄体长 1220μm，最大体宽 39μm。角皮具环状排列的圆点，具侧装饰，侧装饰由排列不规则的大点组成，不成纵列。无体刚毛。头部直径 15μm，在头刚毛处稍微收缩。头感觉器不发达，内唇感觉器不明显，6 个外唇感觉器乳突状，4 根头刚毛长 4μm。螺旋形化感器较大，5 圈，直径 22μm，为相应体径的 96%，前边紧邻头刚毛着生处，距离头端 6μm。口腔前部杯状，后部柱状，深 30μm，宽 5μm，前端具 3 个角质化的齿。咽柱状，长 170μm，为体长的 14%。基部膨大成咽球。贲门心脏形。神经环不明显。排泄系统发达，腹腺细胞较大，位于肠的前端，排泄孔位于咽球前部，距头端 110μm。尾锥柱状，长 122μm，即泄殖孔相应体径的 3.7 倍，锥状部分为尾长的 2/3，具 3 或 4 根腹刚毛；柱状部分短，末端膨大成棒状，具 3 根短的端刚毛和突出的黏液管开口。具 3 个尾腺细胞。

生殖系统具有 2 个反向排列伸展的精巢，前精巢位于肠的左边，后精巢位于肠的右边。交接刺短，长 47μm，即泄殖孔相应体径的 1.4 倍，略向腹面弯曲，近端膨大，中间具角质化的隔板，向末端逐渐变细。引带具粗的尾状突，长 14.5μm。肛前具 6 个乳突状的辅器，从肛前 32μm 延伸到 130μm，辅器之间的距离越来越近。

没有发现雌体。

该种分布于东海陆架泥质沉积物中。

该种所在属目前共发现 16 种，其中首次于中国东海发现 2 新种。

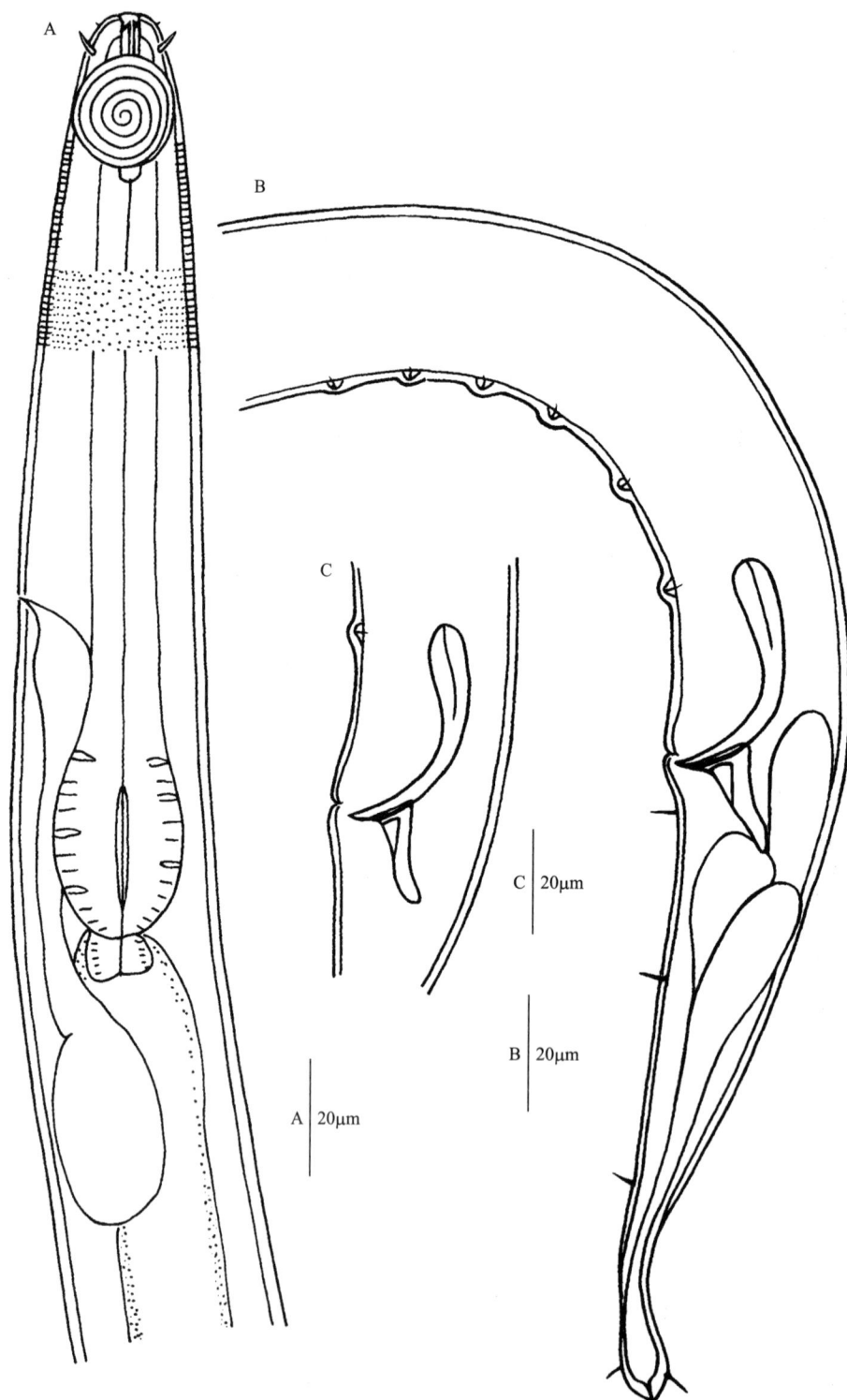

图 6.48.1　大化感器霍帕线虫（*Hopperia macramphida* Sun & Huang，2018）手绘图
A. 雄体前端，示头刚毛、口腔齿、化感器和排泄系统；B. 雄体尾端，示交接刺、引带和肛前辅器；
C. 雄体泄殖孔区，示交接刺、引带和肛前辅器

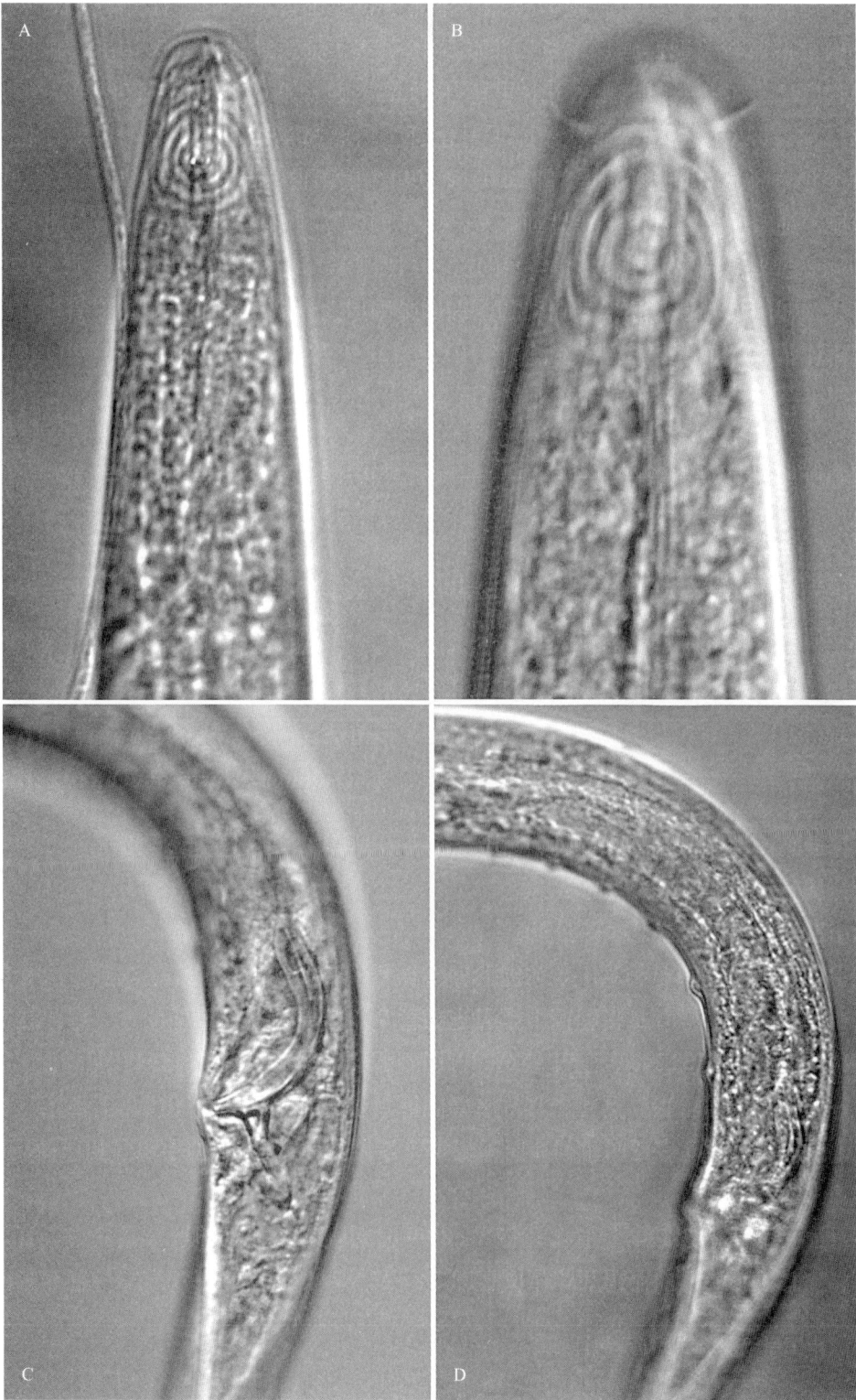

图 6.48.2　大化感器霍帕线虫（*Hopperia macramphida* Sun & Huang，2018）显微图
A、B. 雄体前端，示头刚毛、口腔齿和化感器；C、D. 雄体尾端，示交接刺、引带和肛前辅器

49. 大化感器后丽体线虫

Metacomesoma macramphida Huang & Huang, 2018（图 6.49.1，图 6.49.2）

Cobb 公式：

模式标本： $\dfrac{-\quad 252\quad M\quad 1204}{11\quad 33\quad 34\quad 29}$ 1322μm；a＝32.2，b＝6.2，c＝7.1，spic＝136

属于色矛目、联体线虫科、后丽体线虫属。

雄体柱状，向两端渐细，长 1322μm，最大体宽 34μm。角皮具环状排列的圆点，无侧装饰。有体刚毛，长 4μm。头部直径 11μm。头感觉器排列成 6+6+4 的模式，内唇感觉器和外唇感觉器均为乳突状，4 根头刚毛很短，仅 1.5μm，距头端 1 个头径。螺旋形化感器较大，具 4.5 圈，直径 12μm，为相应体径的 86%，前边距离头端 10μm。口腔较小，无齿。咽柱状，长 252μm，为体长的 19%。后 1/3 咽壁皱褶加厚，无后咽球。贲门较小，锥状，被肠组织围绕。神经环不明显。排泄系统不显著，排泄孔距离头端 140μm。尾锥柱状，长 118μm，即泄殖孔相应体径的 4.1 倍，锥状部分和柱状部分各为尾长的 1/2，锥状部分具 5 根腹刚毛。尾端稍膨大，具 2 根长 2μm 的端刚毛和突出的黏液管开口。

生殖系统具有 2 个并列排列的伸展的精巢，距离泄殖孔分别为 460μm 和 506μm。交接刺细长，向腹面弯曲，长 136μm，即泄殖孔相应体径的 4.7 倍，近端头状，末端指状。引带板状，长 18μm，无引带突。没有发现肛前辅器。

没有发现雌体。

该种分布于东海陆架泥质沉积物中。

该种所在属目前只发现 2 个有效种，其中首次于中国东海发现 1 新种。

50. 异毛拟联体线虫

Paracomesoma heterosetosum Zhang, 1991（图 6.50.1）

Cobb 公式：

模式标本： $\dfrac{-\quad 241\quad M\quad 3370}{15\quad 28\quad 31\quad 28}$ 3550μm；a＝115，b＝15，c＝20，spic＝37

雌性副模式标本： $\dfrac{-\quad 236\quad M\quad 3513}{15\quad 30\quad 34\quad 28}$ 3727μm；a＝110，b＝16，c＝17，V%＝50%

属于色矛目、联体线虫科、拟联体线虫属。

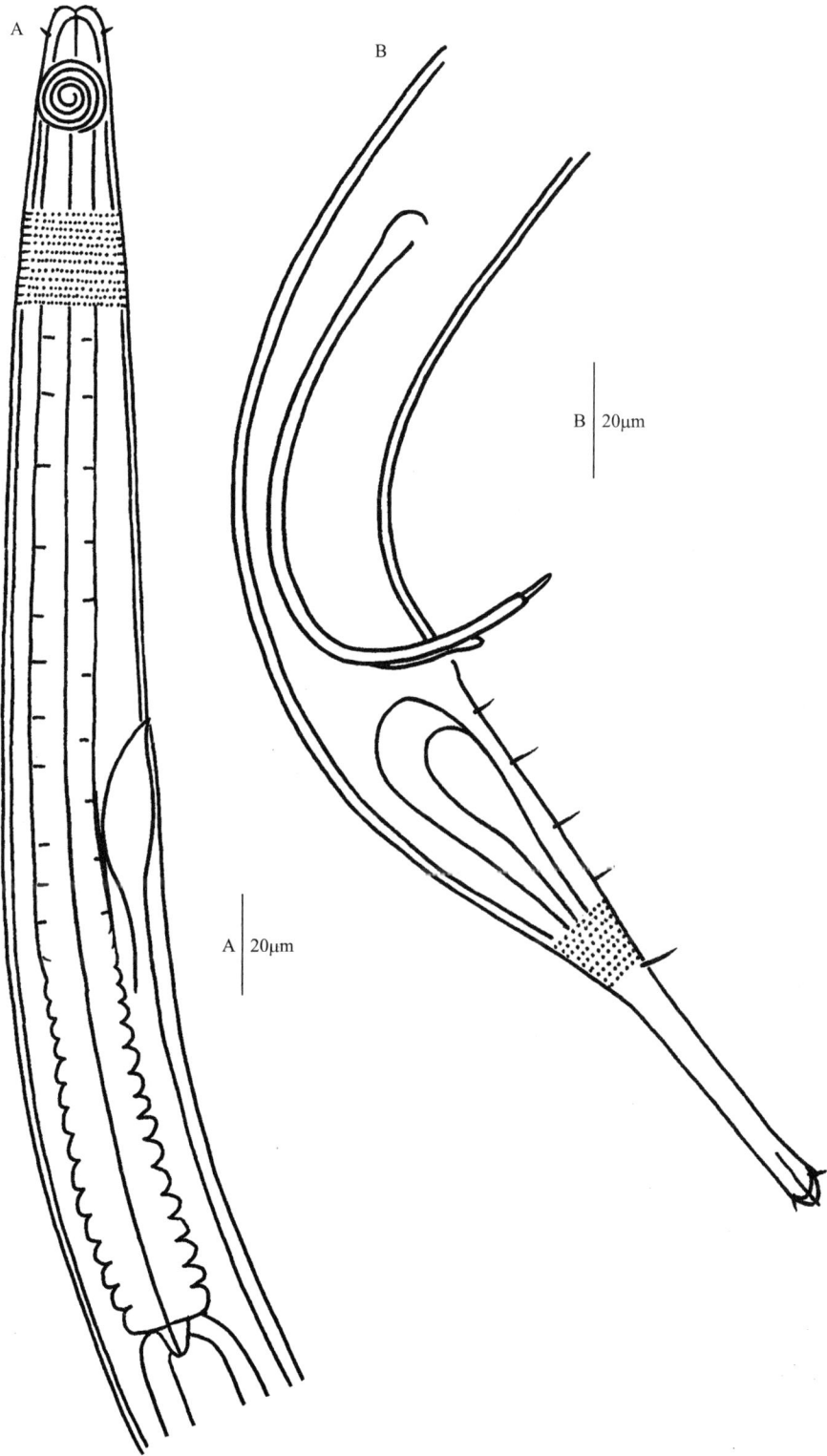

图 6.49.1 大化感器后丽体线虫（*Metacomesoma macramphida* Huang & Huang，2018）手绘图
A. 雄体前端，示头刚毛、化感器和排泄孔；B. 雄体尾端，示交接刺和引带

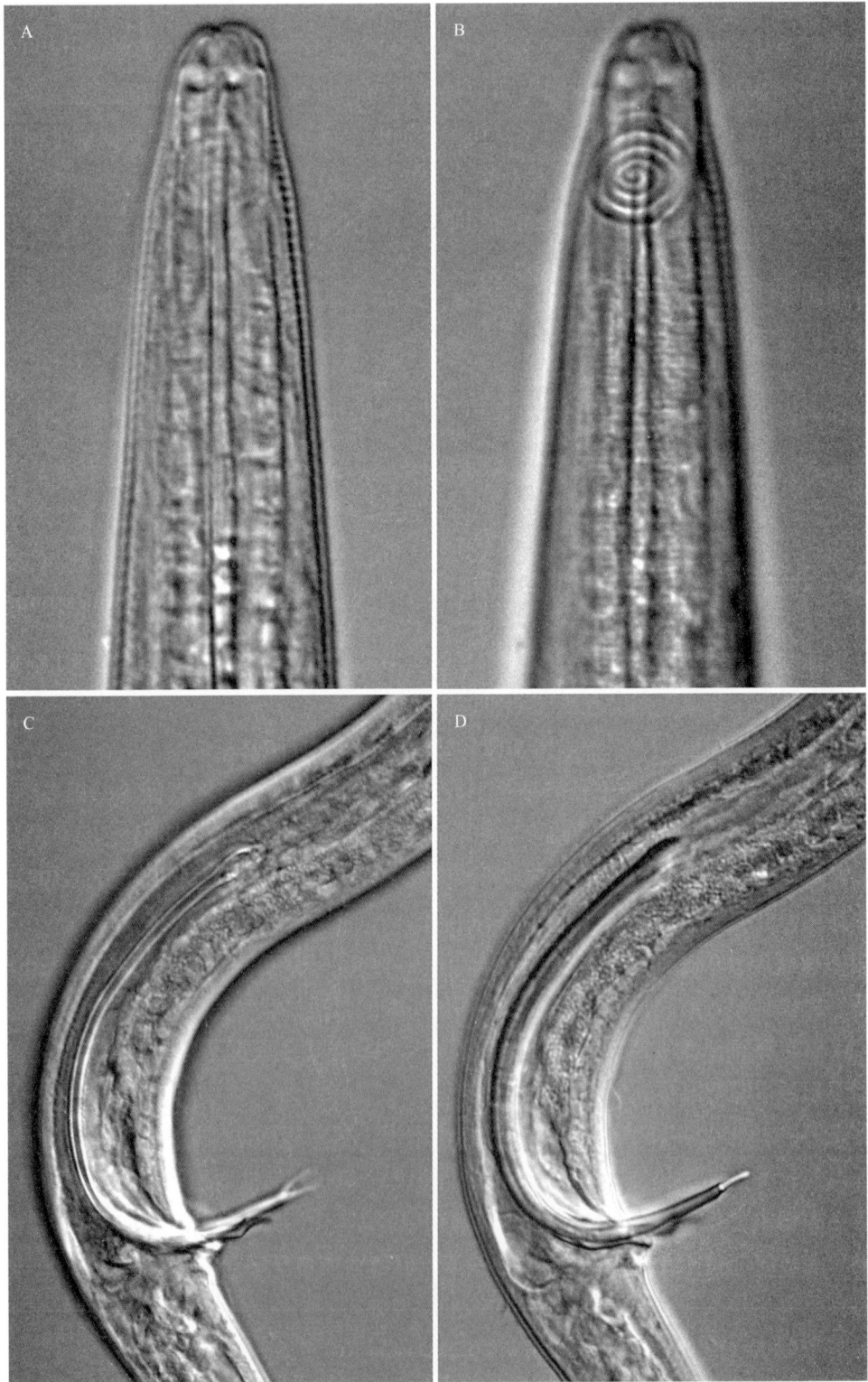

图 6.49.2 大化感器后丽体线虫（*Metacomesoma macramphida* Huang & Huang，2018）显微图

A、B. 雄体前端，示化感器；C、D. 雄体尾端，示交接刺和引带

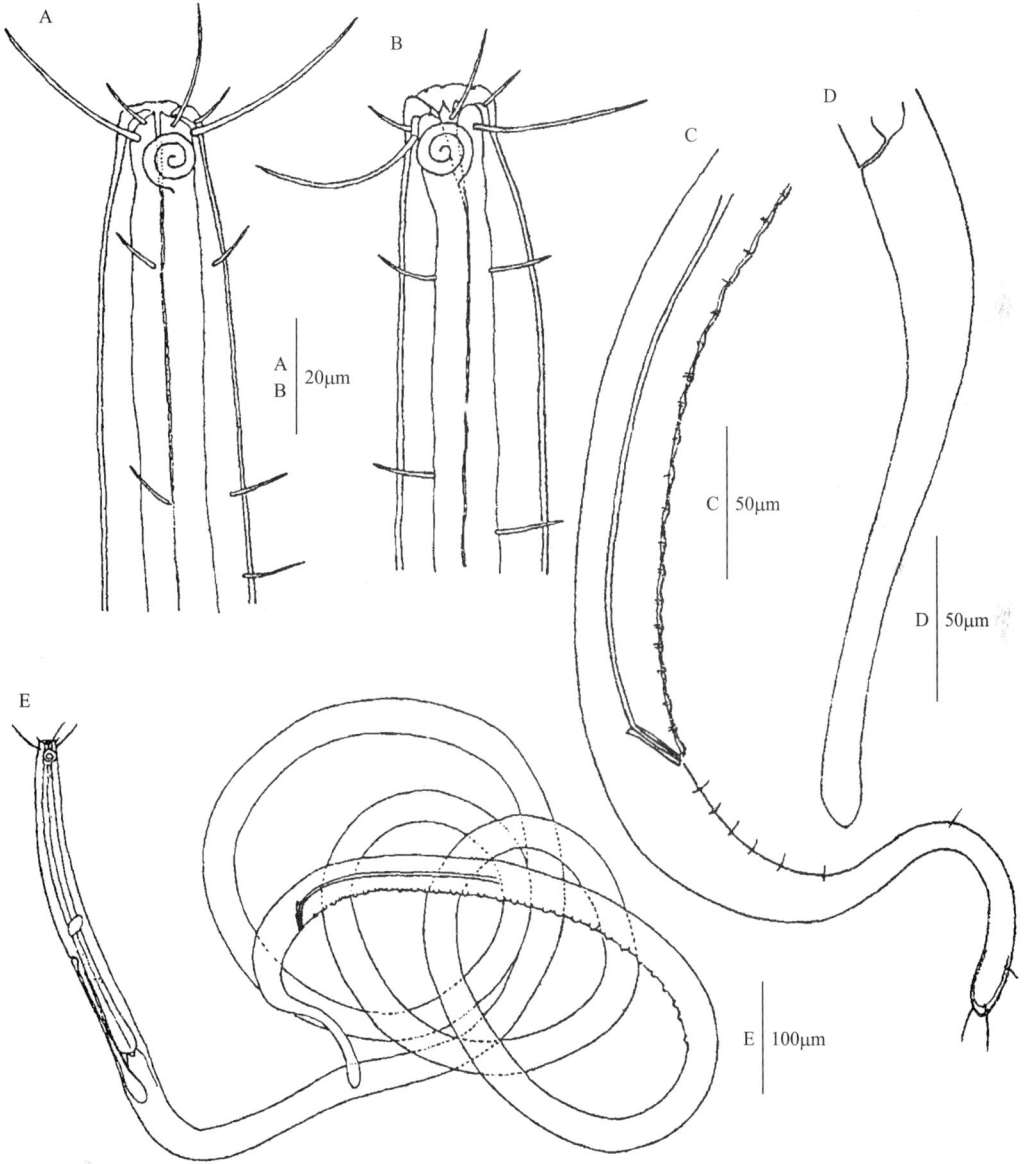

图 6.50.1   异毛拟联体线虫（*Paracomesoma heterosetosum* Zhang，1991）手绘图
A. 雄体前端，示头刚毛、口腔齿和化感器；B. 雌体前端，示头刚毛、口腔齿和化感器；
C. 雄体尾端，示交接刺、引带和肛前辅器；D. 雌体尾端；E. 雄体个体细长。雄体长 2754~3860μm，最大体宽 31~34μm。角皮光滑无装饰。头部直径 15μm，基部略收缩。头感觉器排列成 6+6+4 的模式，内唇感觉器乳突状，外唇感觉器刚毛状，长 17μm，4 根头刚毛较长，28~36μm，着生于化感器前边，紧邻外唇刚毛之下。颈部具有 4 纵列长约 13μm 的颈刚毛。螺旋形化感器，3.5 圈，直径 10μm，为相应体径的 67%，前边位于头刚毛着生处。口腔锥状，壁角质化加厚，深 13μm，前端具 3 个角质化的小齿。咽柱状，前端包围着口腔，基部膨大，但不形成显著的后咽球。贲门小，圆锥状，被肠组织包围。神经环位于咽的中后部，为咽长的 56%。排泄系统明显，腹腺细胞较大，位于肠的前端，排泄孔位于神经环之后，为咽长的 60%~73%。尾锥柱状，长为泄殖孔相应体径的 5.9~7.1 倍，锥状部分和柱状部分各为尾长的 1/2，锥状部分具有亚腹刚毛。尾端稍膨大，具有 3 根长 20~22μm 的端刚毛和突出的黏液管开口。

生殖系统具有 2 个反向排列伸展的精巢，前精巢位于肠的左边，后精巢位于肠的右边。交接刺细长，略向腹面弯曲，长 188μm，即泄殖孔相应体径的 6.4~7.5 倍。引带板状，长 26μm，背面具 1 个 3μm 长的突起。肛前具 26~32 个小的乳突状肛前辅器。

雌体类似雄体，但尾稍长，为泄殖孔相应体径的 7.5 倍。生殖系统具 2 个前后反向排列的伸展的卵巢，前卵巢位于肠的左边，后卵巢位于肠的右边。雌孔位于身体中部，距头端为体长的 50%~53%，阴唇突起。

该种分布于渤海莱州湾水下泥质沉积物中。

该种所在属目前共发现 13 种，其中首次于中国渤海发现 1 新种，东海发现 1 新种。

51. 张氏拟联体线虫 *Paracomesoma zhangi* Huang & Huang, 2018（图 6.51.1，图 6.51.2）

Cobb 公式：

模式标本：$\dfrac{—\quad 216 \quad M \quad 1680}{14 \quad 40 \quad 44 \quad 31}$ 1868μm；a=42.5，b=8.7，c=9.9，spic=152

雌性副模式标本：$\dfrac{—\quad 233 \quad M \quad 1646}{14 \quad 44 \quad 61 \quad 36}$ 1870μm；a=30.7，b=8，c=8.3，V%=46%

属于色矛目、联体线虫科、拟联体线虫属。

雄体长 1508~1868μm，最大体宽 38~44μm。角皮具环状排列的圆点，无侧装饰。有体刚毛，长 4μm。头部直径 12~14μm，基部略收缩。头感觉器排列成 6+6+4 的模式，内唇感觉器乳突状，外唇感觉器刚毛状，长 4μm，4 根头刚毛较长，9~10μm，紧邻外唇刚毛之下，距头端 0.5 倍头径处。螺旋形化感器，具 3 圈，直径 9μm，为相应体径的 70%，前边位于头刚毛着生处。口腔锥状，深 12~14μm，前端具 3 个角质化的

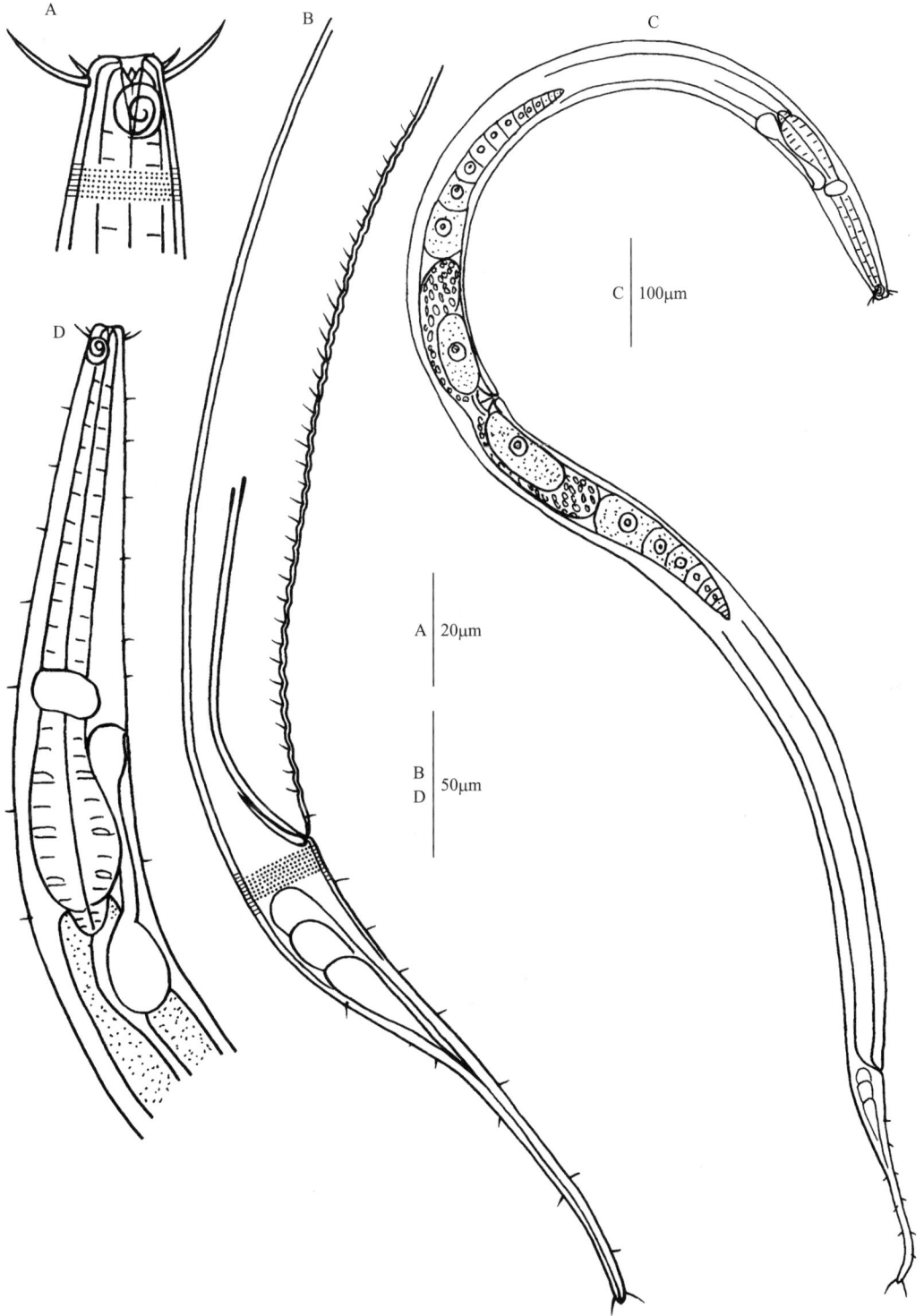

图 6.51.1 张氏拟联体线虫（*Paracomesoma zhangi* Huang & Huang，2018）手绘图

A. 雄体头端，示头刚毛、口腔齿和化感器；B. 雄体尾端，示交接刺、引带和肛前辅器；

C. 雌体，示生殖系统；D. 雄体前端

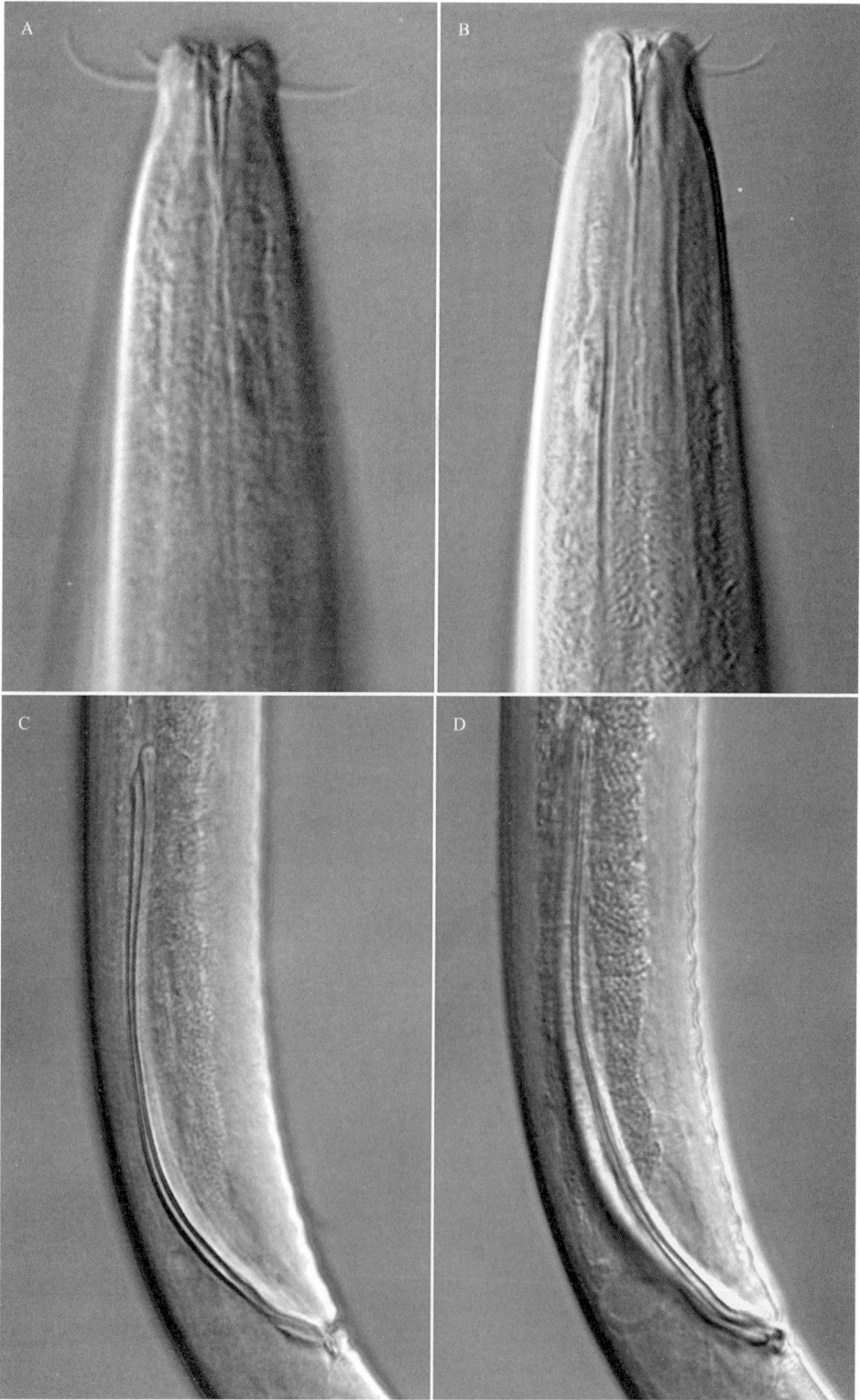

图 6.51.2   张氏拟联体线虫（*Paracomesoma zhangi* Huang & Huang，2018）显微图
A. 雄体头端，示头刚毛和口腔齿；B. 雌体头端，示头刚毛和口腔齿；C、D. 雄体泄殖孔区，示交接刺、引带和肛前辅器

小齿。咽柱状，长 174～216μm。基部膨大，但没形成显著的后咽球。贲门锥状。神经环位于咽的中前部。排泄系统明显，腹腺细胞较大，位于肠的前端，排泄孔紧邻神经环之后，具 1 个大的排泄囊。尾锥柱状，长 167～200μm，即泄殖孔相应体径的 6 倍，锥状部分和柱状部分各为尾长的 1/2，具尾刚毛。尾端稍膨大，具有 2 根 7～10μm 的端刚毛和突出的黏液管开口。

生殖系统具有 2 个反向排列伸展的精巢，前精巢位于肠的左边，后精巢位于肠的右边，输精管内具卵圆形精子。交接刺细长，略向腹面弯曲，长 126～152μm，即泄殖孔相应体径的 4.6 倍，近端角质化加厚。引带板状，长 20μm，无引带突。具 30～39 个细管状的肛前辅器，肛前具 1 根短的刚毛。

雌体稍大，长 1839～1880μm，最大体宽 56～61μm，头刚毛较长，达 15μm。生殖系统具两个反向排列伸展的卵巢，前卵巢位于肠的左边，后卵巢位于肠的右边。输卵管内有椭圆形的卵。雌孔前后各有 1 个卵圆形的受精囊，充满椭圆形的精子细胞。雌孔位于身体中前部，至头端距离为体长的 44%～46%，阴唇突出。

该种分布于东海、南海陆架泥沙质沉积物中。

该种所在属目前共发现 13 种，其中首次于中国渤海发现 1 新种，东海发现 1 新种。

52. 尖头萨巴线虫　　　　　*Sabatieria stenocephalus* Huang & Zhang, 2006（图 6.52.1，图 6.52.2）

Cobb 公式：

模式标本： $\dfrac{—\quad 270\quad M\quad 2020}{16\quad 66\quad 68\quad 50}$ 2250μm；a=33.1，b=8.3，c=9.8，spic=70

雌性副模式标本： $\dfrac{—\quad 303\quad M\quad 2033}{18\quad 62\quad 69\quad 50}$ 2283μm；a=33.1，b=7.5，c=9.3，V%=47.4%

属于色矛目、联体线虫科、萨巴线虫属。

雄体长 2162～2250μm，最大体宽 68～69μm。身体前端骤然变尖呈锥状，头径 16μm，为咽基部体径的 24%。角皮具环状排列的小点，有侧装饰，侧装饰点排列不规则，起始于化感器的下边。体刚毛短而稀疏，纵向排列成 4 排。内唇感觉器不明显，外唇感觉器乳突状，4 根头刚毛较长，11～12μm，位于口腔基部，距头端约 10μm。螺旋形化感器，具 3 圈，直径 15μm，为相应体径的 79%，前边位于头刚毛着生处。口腔较小，杯状，具角质化的齿状边缘。咽柱状，长 270～290μm。基部稍膨大，不形成咽球。贲门锥状。神经环位于咽的中前部，为咽长的 48%。排泄系统明显，腹腺细胞位于咽的基部之前，排泄孔紧邻神经环之后，距离头端 165μm。尾锥柱状，长 195～230μm，即泄殖孔相应体径的 3.8～4.6 倍，锥状部分为尾长的 1/3，具亚腹刚

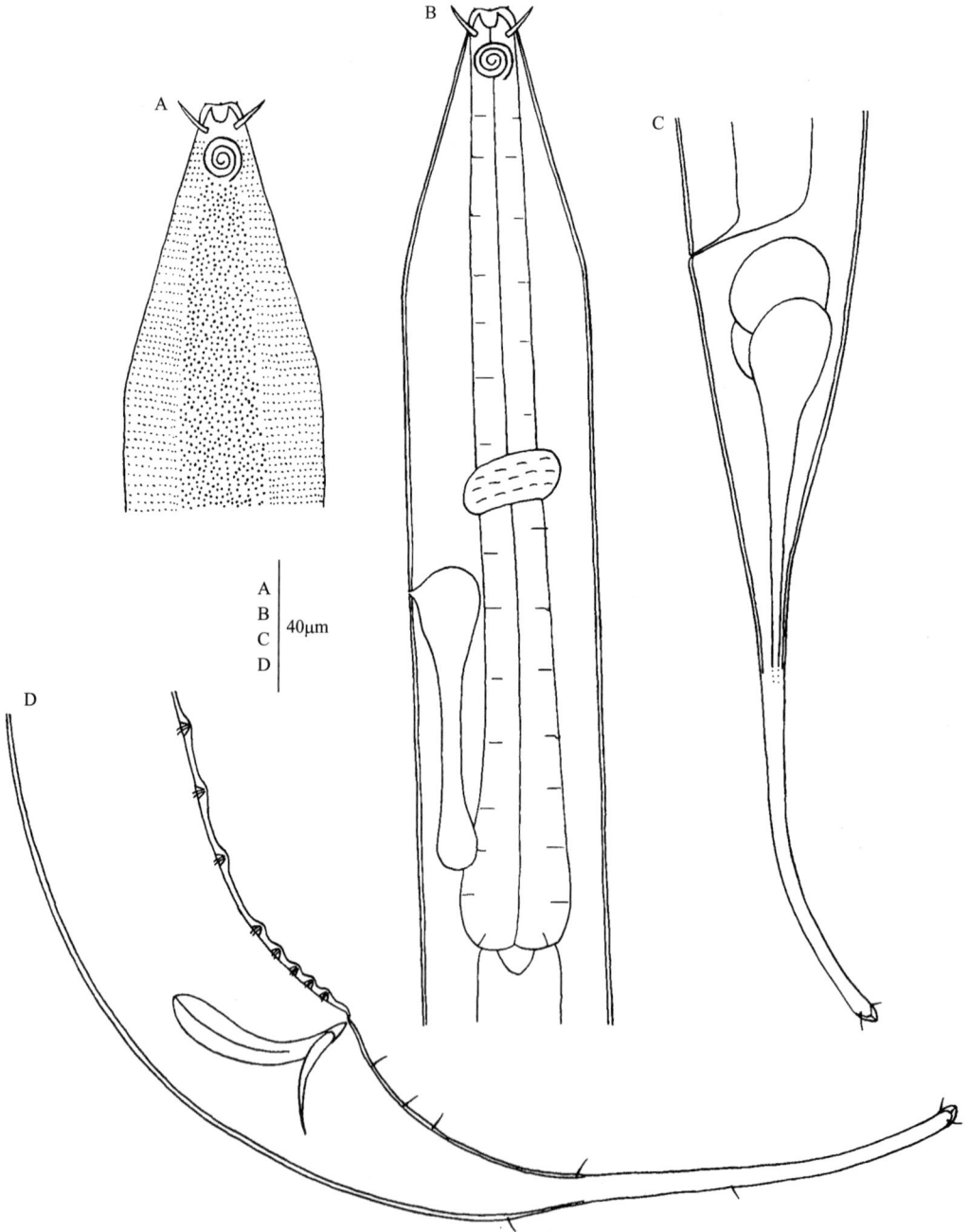

图 6.52.1　尖头萨巴线虫（*Sabatieria stenocephalus* Huang & Zhang，2006）手绘图
A、B. 雄体头端，示头刚毛、口腔、化感器和侧装饰；C. 雌体尾端；D. 雄体尾端，示交接刺、引带和肛前辅器

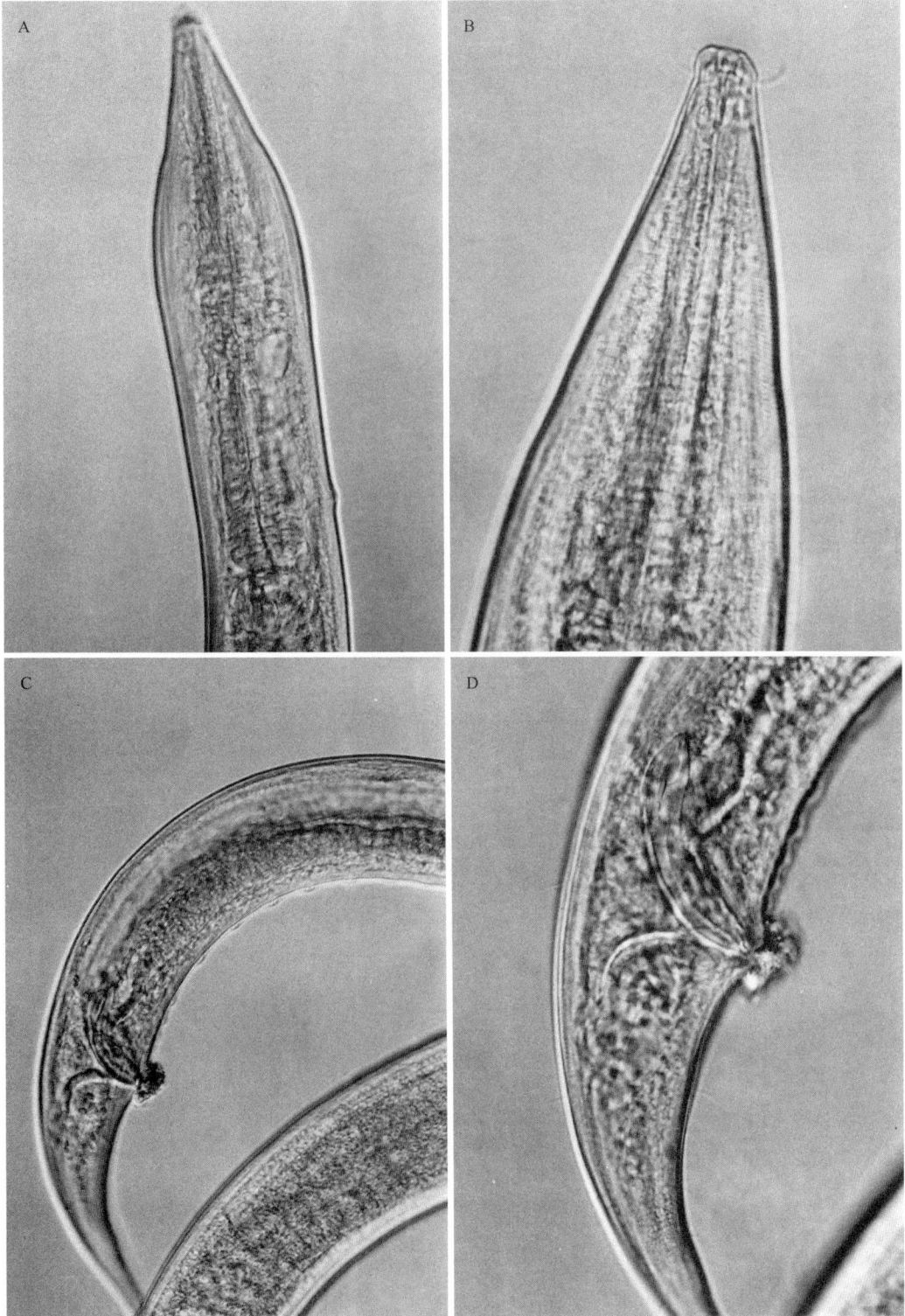

图 6.52.2 尖头萨巴线虫（*Sabatieria stenocephalus* Huang & Zhang，2006）显微图
A、B. 雄体头端，示头刚毛、口腔齿和化感器；C、D. 雄体尾端，示交接刺、引带和肛前辅器

毛；柱状部分细长，末端稍膨大，具 3 条 7μm 的尾刚毛。具 3 个尾腺细胞和突出的黏液管开口。

生殖系统具 2 个反向排列伸展的精巢。交接刺粗钝，略向腹面弯曲，长 65～72μm，即泄殖孔相应体径的 1.3 倍，前半部分膨大，后半部分纤细。引带板状，末端具弯曲的尾状突，长 23～29μm。具 15 个乳突状的肛前辅器，其中，后面 5 个排列较紧密，其余的间距较大。肛前具 1 根短的刚毛。

雌体稍大，长 2283～2738μm，最大体宽 69～86μm，无尾刚毛。生殖系统具 2 个反向排列伸展的卵巢。雌孔位于身体中部，距头端为体长的 48%，阴唇突出。

该种分布于黄海陆架泥沙质沉积物中。

该种所在属目前共发现 97 种，其中首次于中国黄海发现 1 新种。

53. 库氏毛萨巴线虫　*Setosabatieria coomansi* Huang & Zhang, 2006（图 6.53.1，图 6.53.2）

Cobb 公式：

模式标本：$\dfrac{—\quad 254\quad M\quad 1754}{20\quad 60\quad 62\quad 50}$ 1954μm；a＝31.5，b＝7.7，c＝9.8，spic＝70

雌性副模式标本：$\dfrac{—\quad 235\quad M\quad 1790}{17\quad 50\quad 54\quad 40}$ 1983μm；a＝36.7，b＝8.4，c＝10.3，V%＝47%

属于色矛目、联体线虫科、毛萨巴线虫属。

雄体柱状，两端渐尖，长 1601～1954μm，最大体宽 44～62μm。角皮不具环状排列的圆点，而有横向排列的细的环纹，无侧装饰。颈部具明显的 4 排纵向排列的颈刚毛，每排 6～8 条，每条长 7～11μm。体刚毛短而稀疏。头径 15～21μm。口腔杯状。内唇感觉器不明显，外唇感觉器乳突状，4 根头刚毛较长，11～16μm，位于口腔基部，距头端约 10μm。螺旋形化感器，具 3.5 圈，直径 11～13μm，为相应体径的 60%～71%，前边位于头刚毛着生处。咽柱状，长 218～254μm。基部膨大，但不形成真正的咽球。贲门锥状。神经环位于咽的中后部，为咽长的 53%～55%。排泄系统明显，腹腺细胞较大，位于肠的前端，排泄孔紧邻神经环之后，距离头端 147～154μm。尾锥柱状，长 153～200μm，即泄殖孔相应体径的 3.9～4.8 倍，锥状部分为尾长的 2/3，具较密的尾刚毛；柱状部分细长，末端稍膨大，具 3 条长 11～14μm 的尾刚毛。具 3 个尾腺细胞和突出的黏液管开口。

生殖系统具有 2 个反向排列伸展的精巢。交接刺均匀细长，略向腹面弯曲，长 49～86μm，即泄殖孔相应体径的 1.4 倍，末端渐尖。引带背部具较直的尾状突，长 17～21μm。具 15 个小的乳突状的肛前辅器。

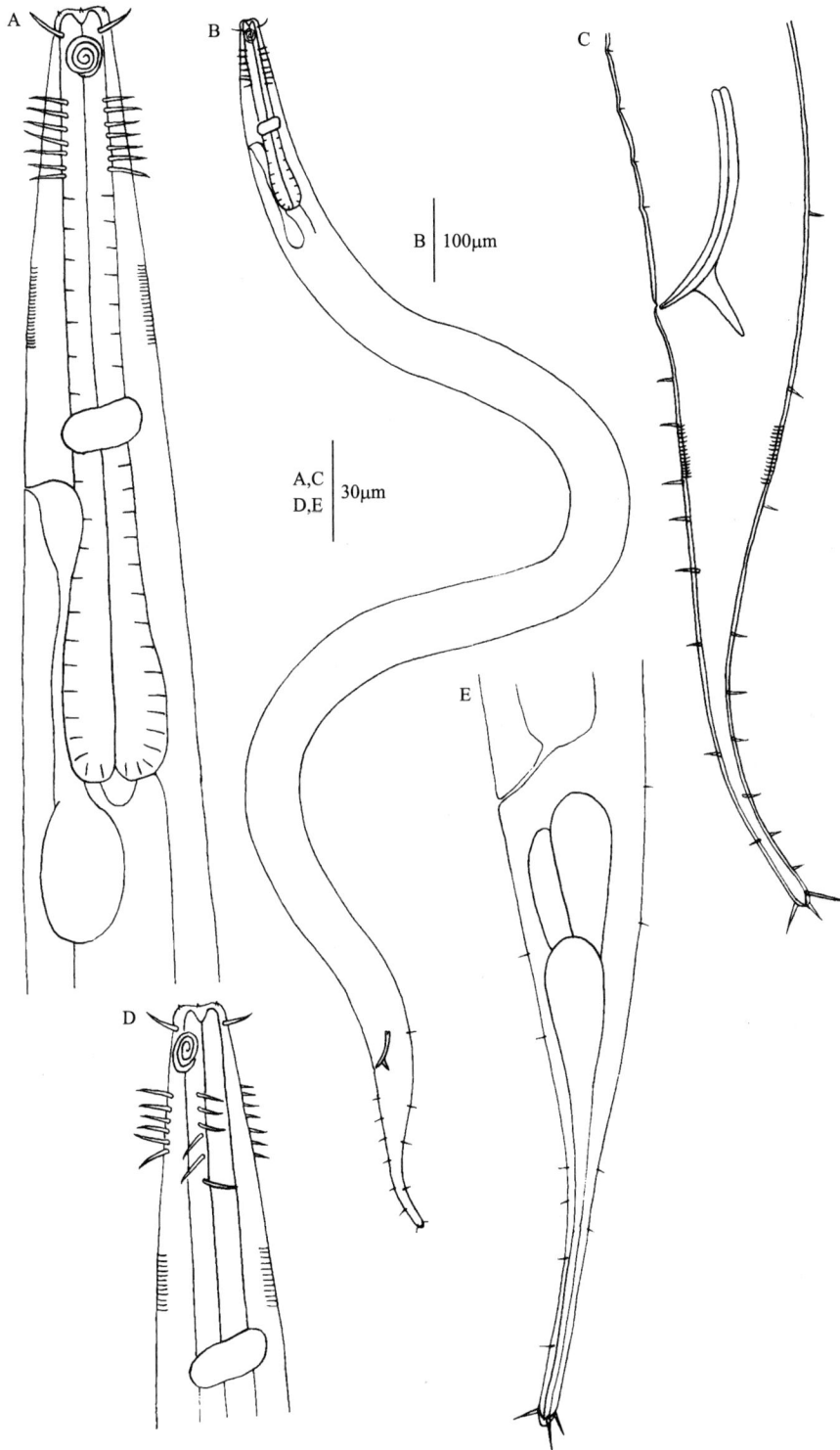

图 6.53.1 库氏毛萨巴线虫（*Setosabatieria coomansi* Huang & Zhang，2006）手绘图

A. 雄体前端，示头刚毛、化感器、颈刚毛和排泄系统；B. 雄体；C. 雄体尾端，示交接刺、引带和肛前辅器；

D. 雌体前端；E. 雌体尾端

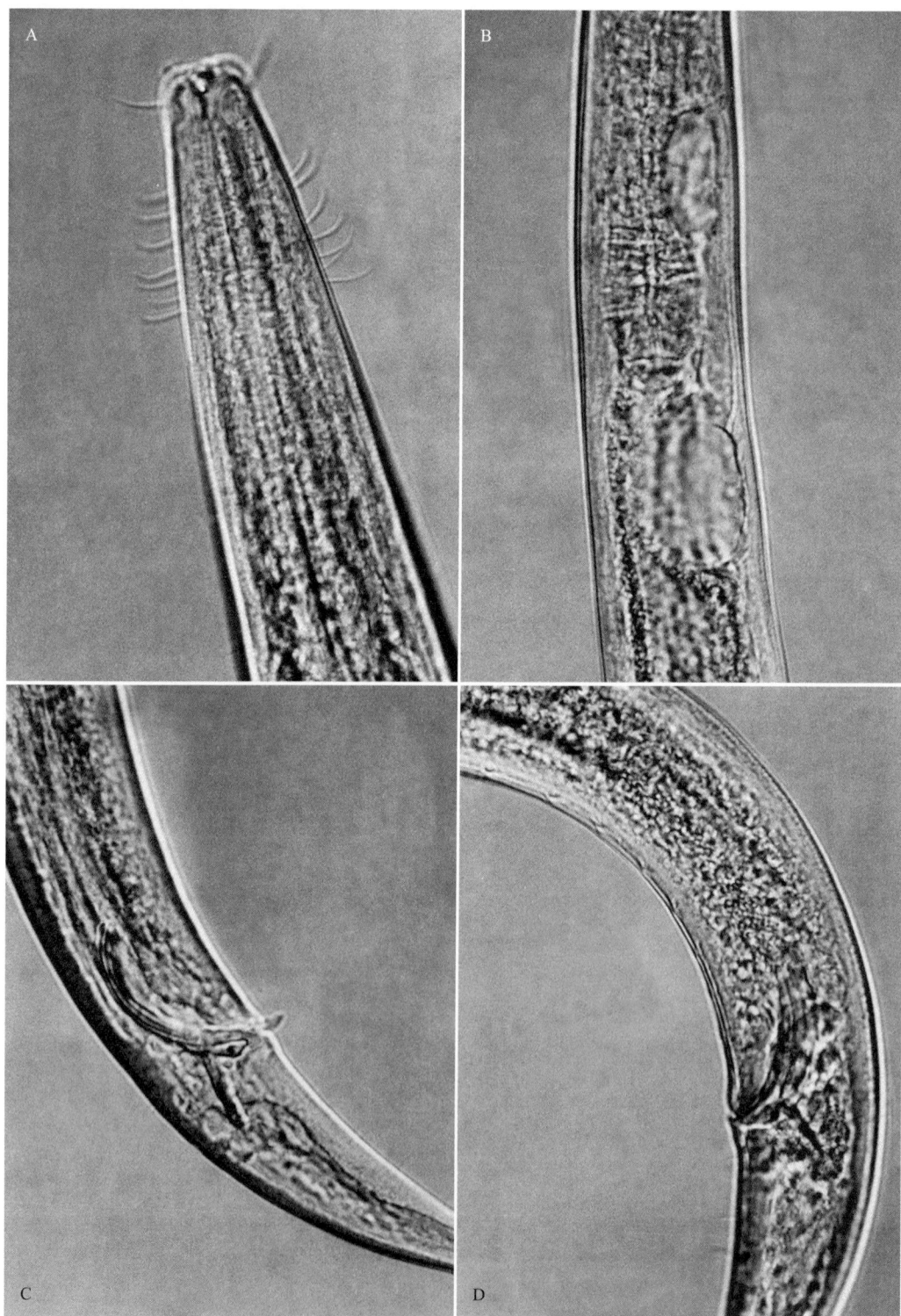

图 6.53.2　库氏毛萨巴线虫（*Setosabatieria coomansi* Huang & Zhang，2006）显微图
A. 雄体头端，示头刚毛、化感器和颈刚毛；B. 排泄系统；C、D. 雄体尾端，示交接刺、引带和肛前辅器

雌体类似于雄体，长达 1983μm。生殖系统具 2 个反向排列伸展的卵巢。雌孔位于身体中部，至头端距离为体长的 47%～49%。

该种分布于黄海陆架泥沙质沉积物中。

该种所在属目前共发现 10 种，其中首次于中国发现 4 新种。渤海发现 1 新种，黄海发现 1 新种，东海发现 2 新种。

54. 晶晶毛线虫

Setosabatieria jingjingae Guo & Warwick, 2001（图 6.54.1）

Cobb 公式：

模式标本： $\dfrac{—\quad 175\quad M\quad 1465}{13\quad 50\quad 56\quad 38}$ 1620μm；a＝29，b＝9，c＝10，spic＝52

雌性副模式标本： $\dfrac{—\quad 208\quad M\quad 1660}{14\quad 53\quad 62\quad 38}$ 1830μm；a＝30，b＝9，c＝11，V%＝53%

属于色矛目、联体线虫科、毛萨巴线虫属。

雄体柱状，两端渐尖。头基部细缩，头端凸出。长 1370～1620μm，最大体宽 40～56μm。角皮不具环状排列的圆点，而有横向排列的细的环纹，无侧装饰。在颈部亚侧面具明显的 4 排纵向排列的颈刚毛，每排 5～8 条，每条长 8～10μm。体刚毛短而稀疏。头径 11～13μm。口腔杯状。内唇感觉器不明显，外唇感觉器刚毛状，长 1.5～2.0μm；4 根头刚毛较长，8～10μm，位于口腔基部、化感器的前方。螺旋形化感器，具 3.5 圈，直径 8～11μm，为相应体径的 60%～71%，前边位于头刚毛着生处。咽柱状，长 180～190μm。基部膨大呈梨形，但不形成真正的咽球。贲门锥状。神经环位于咽的中后部，为咽长的 54%～59%。排泄系统明显，腹腺细胞较大，位于肠的前端，排泄孔紧邻神经环之后，距离头端 113～135μm。尾锥柱状，长 120～155μm，即泄殖孔相应体径的 3.6～5.2 倍，锥状部分约为尾长的 1/2，具短的亚腹刚毛；柱状部分细，末端稍膨大，具 3 条 11～13μm 的尾刚毛。具 3 个尾腺细胞和突出的黏液管开口。

生殖系统具有 2 个反向排列伸展的精巢。交接刺宽大，具翼膜，略向腹面弯曲，向末端渐尖，长 43～52μm，中间具长 26～35μm 的角质化隔板。引带背部具较直的尾状突，长 12～14μm。肛前具 9 个小的管状辅器，最后面一个距离泄殖孔 10μm，向近端间距越来越大。

雌体类似于雄体，长达 1510～1950μm，最大体宽 45～76μm。生殖系统具 2 个反向排列伸展的卵巢。雌孔位于身体中部，至头端距离为体长的 43%～56%。

该种分布于渤海陆架泥沙质沉积物中。

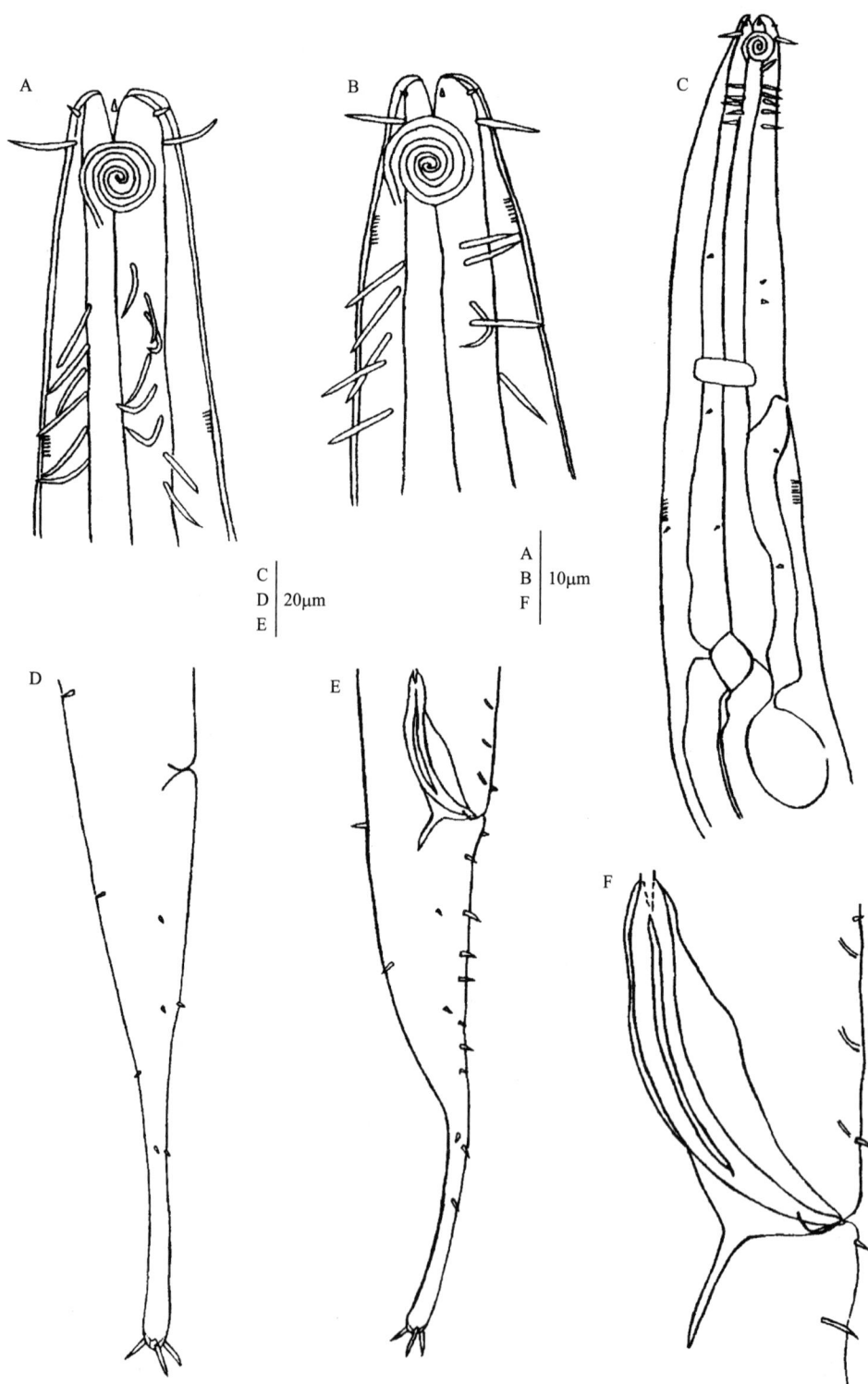

图 6.54.1　晶晶毛线虫（*Setosabatieria jingjingae* Guo & Warwick，2001）手绘图

A. 雄体头端，示头刚毛、口腔、化感器和颈刚毛；B. 雌体头端，示头刚毛、口腔和化感器；C. 雄体前端；
D. 雌体尾端；E. 雄体尾端，示交接刺、引带和肛前辅器；F. 交接刺和引带该种所在属目前共发现 10 种，其中首次于中国渤海发现 1 新种，黄海发现 1 新种，东海发现 2 新种。

55. 长刺管腔线虫

Vasostoma longispicula Huang & Wu, 2010（图 6.55.1，图 6.55.2）

Cobb 公式：

模式标本：$\dfrac{-\quad 382\quad M\quad 2358}{17\quad 81\quad 83\quad 61}$ 2606μm；a＝31.4，b＝6.8，c＝10.5，spic＝125

雌性副模式标本：$\dfrac{-\quad 402\quad M\quad 2608}{17\quad 81\quad 93\quad 62}$ 2868μm；a＝30.8，b＝7.1，c＝11，V%＝45.8%

属于色矛目、联体线虫科、管腔线虫属。

雄体柱状，向两端渐细。雄体长 2542～2771μm，最大体宽 76～84μm。角皮具环状排列的圆点，无侧装饰。体刚毛短，沿身体纵向排列成 8 纵列。头部直径 16～17μm，为咽基部体径的 21%，在头刚毛着生处稍微收缩，使头部突出。内唇感觉器乳突状，外唇感觉器刚毛状，较短，4 根头刚毛长 4～5μm，着生于头下凹缩处，距头端 5μm。螺旋形化感器，具 2.5 圈，直径 11μm，为相应体径的 55%，前边位于头刚毛之下。口腔较大，前部杯状，后部柱状，深 31～37μm，前端具 3 个角质化的三角形齿。咽柱状，长 382～396μm。基部膨大，但不形成真正的咽球。贲门锥状。神经环位于咽的中前部，距头端 172～192μm。排泄系统明显，腹腺细胞位于咽和肠的交接处，排泄孔位于咽的中部，距头端 196～207μm，为咽长的 51%。尾锥柱状，长 220～253μm，即泄殖孔相应体径的 4 倍，锥状部分为尾长的 2/3，具多数短的尾刚毛。尾端稍膨大，具有 3 根长 5μm 的端刚毛。具 3 个尾腺细胞和突出的黏液管开口。

生殖系统具有 2 个反向排列伸展的精巢。交接刺较长，125～148μm，即泄殖孔相应体径的 2.1 倍，呈波状弯曲，近端头状具中裂，末端渐尖。引带新月形，背面具 2 个细长的尾状突，长 32～40μm。具 1 根短的肛前刚毛和 15～17 个小的管状肛前辅器。

雌体略大于雄体，尾较长，无尾刚毛。生殖系统具 2 个反向排列伸展的卵巢，每个卵巢都具有 1 根长的输卵管，输卵管内有圆形的卵。雌孔前后各有卵圆形的受精囊，充满椭圆形的精子细胞。雌孔位于身体中后部，距头端为体长的 45%～46%。

该种分布于黄海陆架泥质沉积物中。

该种所在属目前共发现 8 种，其中首次于中国黄海发现 3 新种，南海发现 1 新种。

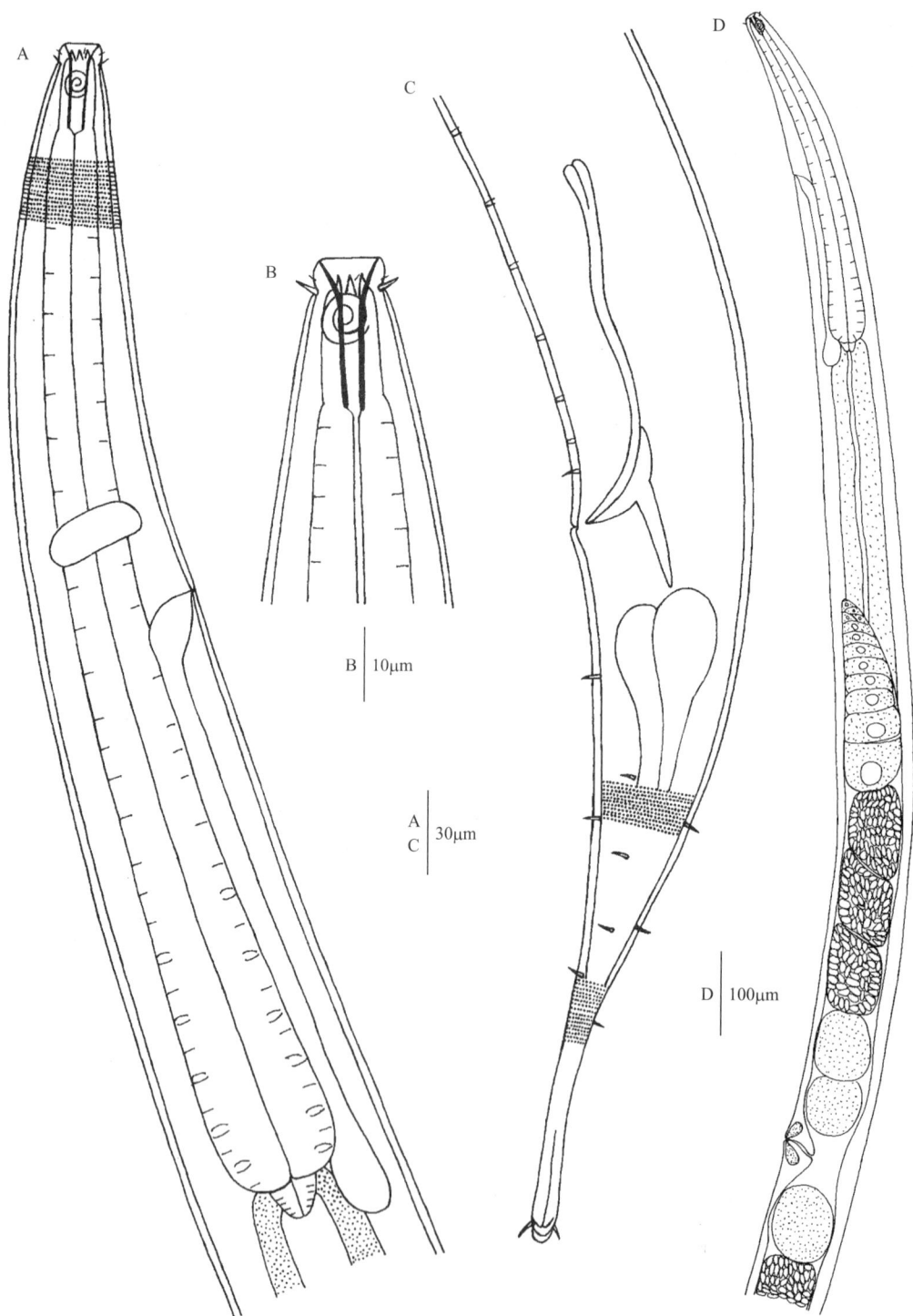

图 6.55.1　长刺管腔线虫（*Vasostoma longispicula* Huang & Wu，2010）手绘图

A. 雄体前端；B. 雄体头端，示头刚毛、口腔齿和化感器；C. 雄体尾端，示交接刺、引带和肛前辅器；

D. 雌体前半部，示生殖系统

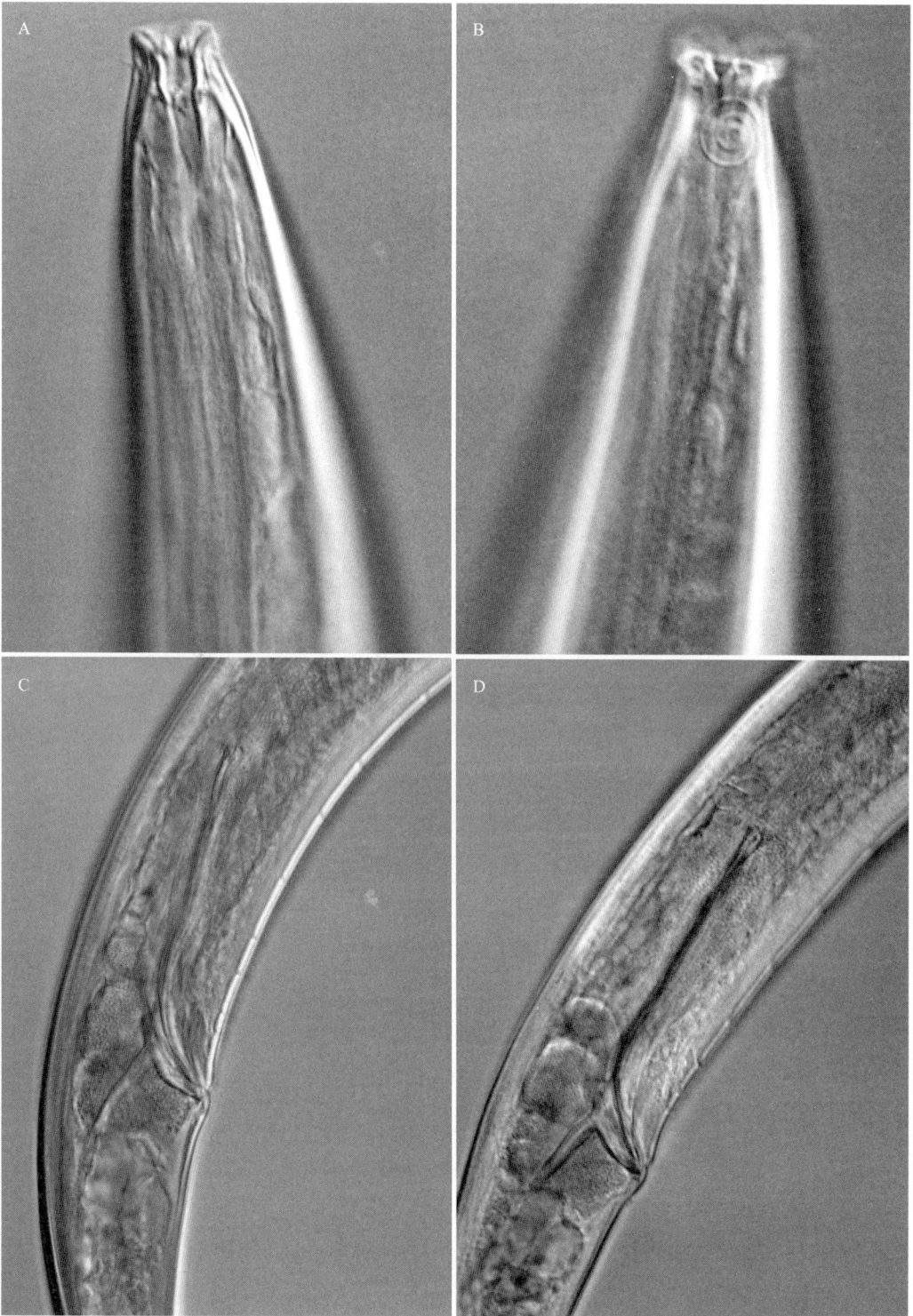

图 6.55.2　长刺管腔线虫（*Vasostoma longispicula* Huang & Wu，2010）显微图

A、B. 雄体前端，示头刚毛、口腔齿和化感器；C、D. 雄体尾端，示交接刺、引带和肛前辅器

56. 关节管腔线虫

***Vasostoma articulatum* Huang & Wu, 2010**（图 6.56.1，图 6.56.2）

Cobb 公式：

模式标本：$\dfrac{—\quad 230\quad M\quad 2152}{12\quad 38\quad 40\quad 34}$ 2327μm；a＝58.2，b＝10.1，c＝13.3，spic＝123

雌性副模式标本：$\dfrac{—\quad 237\quad M\quad 2418}{14\quad 45\quad 49\quad 36}$ 2574μm；a＝52.5，b＝10.9，c＝16.5，V%＝47%

属于色矛目、联体线虫科、管腔线虫属。

雄体柱状，向两端渐细。头部直径 12～13μm，为咽基部体径的 32%，在头刚毛着生处稍微收缩，使头部突出。雄体长 2327～2666μm，最大体宽 40～53μm。角皮具环状排列的圆点，无侧装饰。体刚毛短，沿身体纵向排列成 8 纵列。内唇感觉器乳突状，外唇感觉器刚毛状，较短，4 根头刚毛长 4～5μm，着生于头下凹缩处，距头端 5μm。螺旋形化感器，具 2.5 圈，直径 8～10μm，为相应体径的 57%，前边距离头端 6μm。口腔前部杯状，后部柱状，深 14μm，前端具 3 个角质化的三角形齿。咽柱状，长 214～230μm。基部膨大成梨形的咽球。贲门锥状。神经环位于咽的中部，距头端 108～113μm。排泄系统明显，腹腺细胞位于肠的前端，排泄孔位于咽的中后部，距头端 125～138μm，为咽长的 59%。尾锥柱状，长 172～175μm，即泄殖孔相应体径的 5 倍，锥状部分为尾长的 2/3，具短的亚腹刚毛。尾端稍膨大，具有 3 根长 5μm 的端刚毛。具 3 个尾腺细胞和突出的黏液管开口。

生殖系统具有 2 个伸展的精巢。交接刺细长，122～136μm，即泄殖孔相应体径的 3.6 倍，中部具 1 个关节将其分成上下 2 段，每段向腹面弯曲呈弧形，近端向背面弯曲呈手柄状，末端渐尖。下段前端腹面具 1 个半月形的加厚突起。引带背面具 2 个细长的尾状突，长 32～36μm。具 13 或 14 个小的管状肛前辅器。

雌体尾稍短，150～163μm，无尾刚毛。生殖系统具 2 个反向排列伸展的卵巢，每个卵巢都具有 1 根长的输卵管，输卵管内有圆形的卵。雌孔前后各有 1 个长的受精囊，充满不规则形状的精子细胞。雌孔位于身体中前部，距头端为体长的 47%。

该种分布于黄海陆架泥质沉积物中。

该种所在属目前共发现 8 种，其中首次于中国黄海发现 3 新种，南海发现 1 新种。

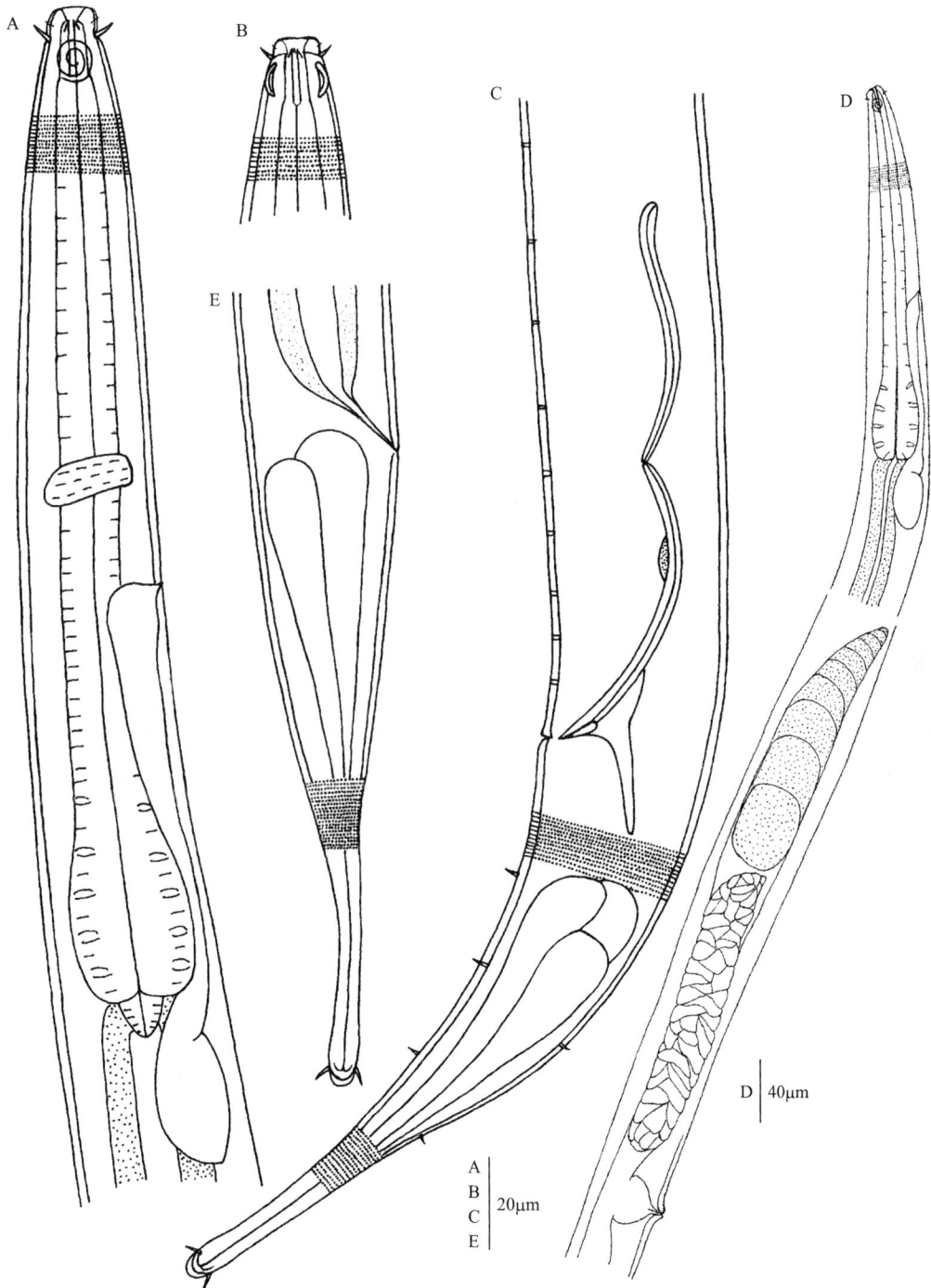

图 6.56.1 关节管腔线虫（*Vasostoma articulatum* Huang & Wu，2010）手绘图

A、B. 雄体前端，示头刚毛、口腔齿、化感器和排泄系统；

C. 雄体尾端，示交接刺、引带和肛前辅器；D. 雌体前半部，示生殖系统；E. 雌体尾端

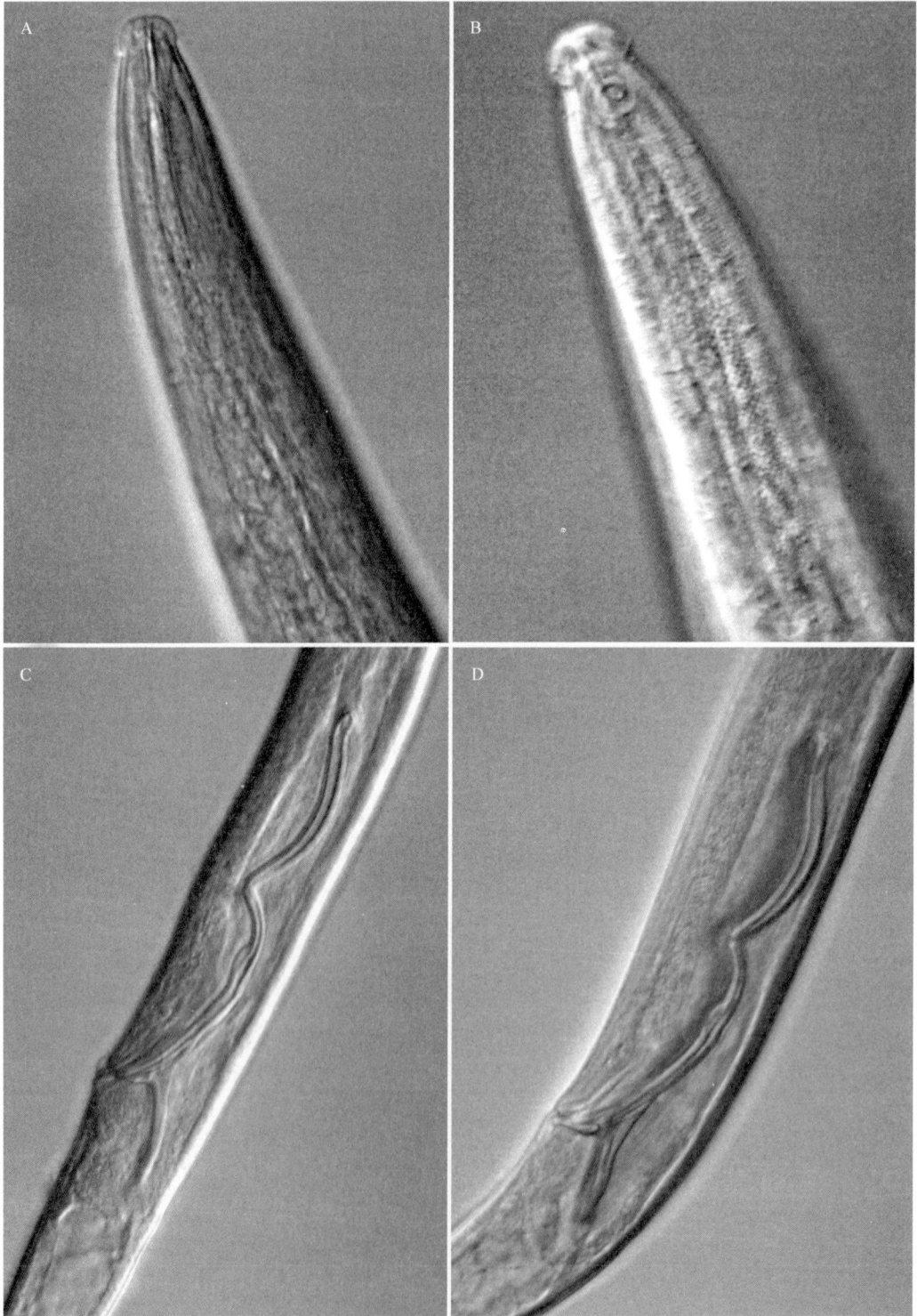

图 6.56.2　关节管腔线虫（*Vasostoma articulatum* Huang & Wu，2010）显微图
A、B. 雄体前端，示头刚毛、口腔齿和化感器；C、D. 雄体泄殖孔区，示交接刺和引带

57. 短刺管腔线虫

***Vasostoma brevispicula* Huang &
Wu, 2011**（图 6.57.1，图 6.57.2）

Cobb 公式：

模式标本： $\dfrac{—\quad 206\quad M\quad 2372}{13\quad 46\quad 48\quad 36}$ 2521μm；a＝52.5，b＝12.2，c＝16.9，spic＝52

雌性副模式标本： $\dfrac{—\quad 222\quad M\quad 2732}{13\quad 53\quad 58\quad 48}$ 2906μm；a＝50.1，b＝13.1，c＝16.7，V%＝43%

　　属于色矛目、联体线虫科、管腔线虫属。

　　雄体细长，向两端渐尖。雄体长 2119～2521μm，最大体宽 37～48μm。角皮具环状排列的圆点，无侧装饰。体刚毛短，主要分布在咽区。头部直径 13μm，为咽基部体径的 28%。在头刚毛着生处稍微收缩，使头部突出。内唇感觉器不明显，外唇感觉器乳突状，4 根头刚毛短，3～3.5μm，着生于头下凹缩处，距头端 5μm 左右。螺旋形化感器 2.5 圈，直径 9.0～9.5μm，为相应体径的 63%，前边位于头刚毛处，距头端 7μm。口腔前部杯状，后部柱状，深 14μm，前端具 3 个角质化的齿状突起。咽柱状，长 200～206μm。基部膨大，形成长梨形的咽球。贲门较大，卵圆形。神经环位于咽的中前部，距头端 92～94μm。排泄系统明显，腹腺细胞位于肠的前端，排泄孔位于咽的中部，距头端 108～128μm，为咽长的 51%。尾锥柱状，长 133～149μm，即泄殖孔相应体径的 4.1 倍，锥状部分为尾长的 2/3，具多数短的尾刚毛。尾端膨大呈棒状，具有 3 根长 4μm 的端刚毛。具 3 个尾腺细胞和突出的黏液管开口。

　　生殖系统具 2 个伸展的精巢。交接刺较短，52～57μm，即泄殖孔相应体径的 1.5 倍，向腹面稍弯曲呈弧形，近端 1/3 中裂，末端渐尖。引带背面具 2 个细长且直的尾状突，长 22～26μm。具 1 根短的肛前刚毛和 8～10 个小的管状肛前辅器。

　　雌体略大于雄体，尾较长，无尾刚毛。生殖系统具 2 个反向排列伸展的卵巢，输卵管内有椭圆形的卵。雌孔位于身体中前部，距头端为体长的 43%～47%。

　　该种分布于黄海陆架泥质沉积物中。

　　该种所在属目前共发现 8 种，其中首次于中国黄海发现 3 新种，南海发现 1 新种。

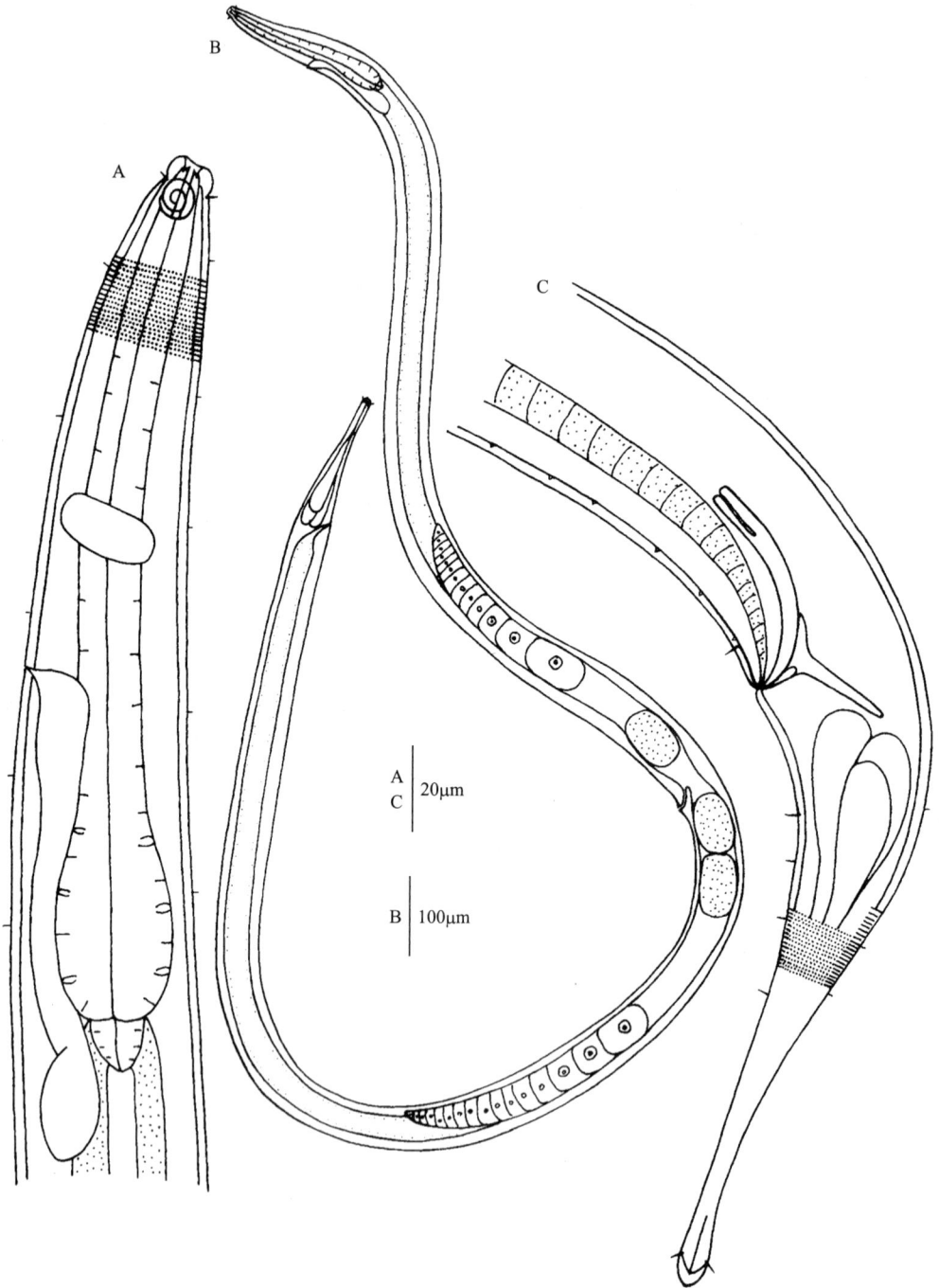

图 6.57.1 短刺管腔线虫（*Vasostoma brevispicula* Huang & Wu，2011）手绘图

A. 雄体前端；示头刚毛、口腔齿和化感器；B. 雌体，示生殖系统；C. 雄体尾端，示交接刺、引带和肛前辅器

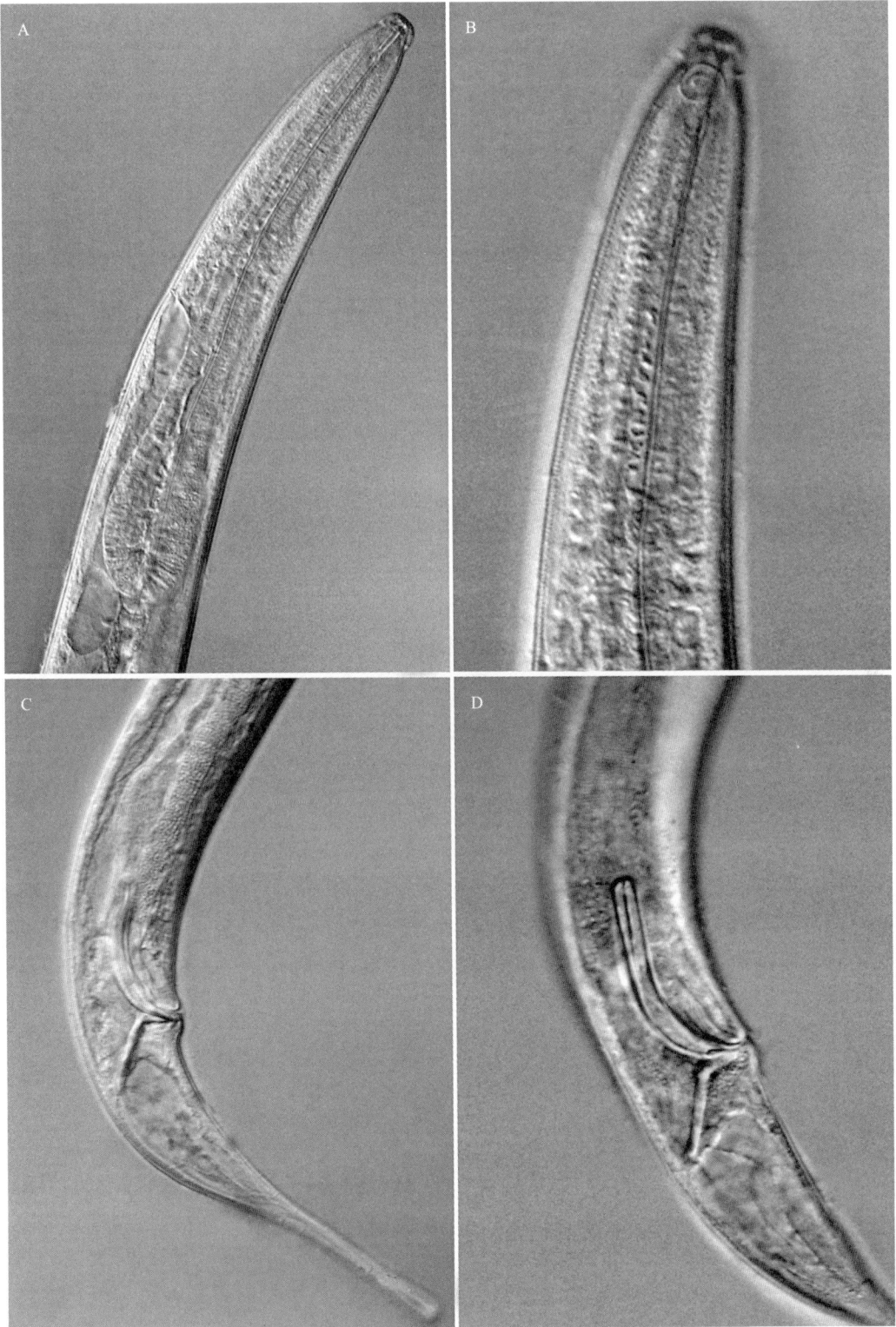

图 6.57.2 短刺管腔线虫（*Vasostoma brevispicula* Huang & Wu，2011）显微图

A、B. 雄体前端，示头刚毛、口腔齿和化感器；C、D. 雄体尾端，示交接刺和引带

58. 长尾管腔线虫

***Vasostoma longicaudata* Huang & Wu, 2011**（图 6.58.1，图 6.58.2）

Cobb 公式：

模式标本：$\dfrac{\text{—} \quad 192 \quad M \quad 1832}{12 \quad 38 \quad 39 \quad 28}$ 2024μm；a＝51.8，b＝10.5，c＝10.5，spic＝42

雌性副模式标本：$\dfrac{\text{—} \quad 206 \quad M \quad 1918}{12 \quad 40 \quad 40 \quad 28}$ 2128μm；a＝54.6，b＝10.3，c＝10.1，V%＝47%

属于色矛目、联体线虫科、管腔线虫属。

雄体柱状，向两端渐细。头部直径 12μm，为咽基部体径的 32%，在头刚毛着生处稍微收缩，使头部突出。雄体长 2020～2265μm，最大体宽 39～42μm。角皮具环状排列的圆点，无侧装饰。体刚毛短，主要分布在咽区。内唇感觉器不明显，外唇感觉器乳突状，4 根头刚毛长 6μm，着生于头下凹缩处，距头端 6μm。螺旋形化感器，具 2.5 圈，直径 9μm，为相应体径的 60%，位于口腔的中间。口腔前部杯状，后部柱状，深 20～22μm，前端具 3 个角质化的三角形齿。咽柱状，长 192～223μm。基部稍膨大，不形成咽球。贲门不明显。神经环位于咽的中部，距头端 90～91μm。排泄系统明显，腹腺细胞位于肠的前端，排泄孔位于咽的中后部，距头端 124μm，为咽长的 65%。尾锥柱状，较长，185～202μm，即泄殖孔相应体径的 6.6 倍，锥状部分为尾长的 1/3，柱状部分为尾长的 2/3，细长呈丝状，具短的尾刚毛。尾端不膨大，无尾端刚毛。黏液管开口不明显。

生殖系统具有 2 个伸展的精巢。交接刺粗短，42～44μm，即泄殖孔相应体径的 1.4 倍，略向腹面弯曲具翼膜。引带背面具 2 个细长的尾状突，长 15～16μm。肛前具 1 根 3μm 长的肛前刚毛和 8 个小的管状肛前辅器。

雌体尾稍长，210～243μm，无尾刚毛。生殖系统具 2 个反向排列伸展的卵巢，成熟卵长圆形。雌孔前后各有 1 个椭圆形的受精囊。雌孔位于身体中前部，距头端为体长的 46%～48%。

该种分布于南海陆架泥沙质沉积物中。

该种所在属目前共发现 8 种，其中首次于中国黄海发现 3 新种，南海发现 1 新种。

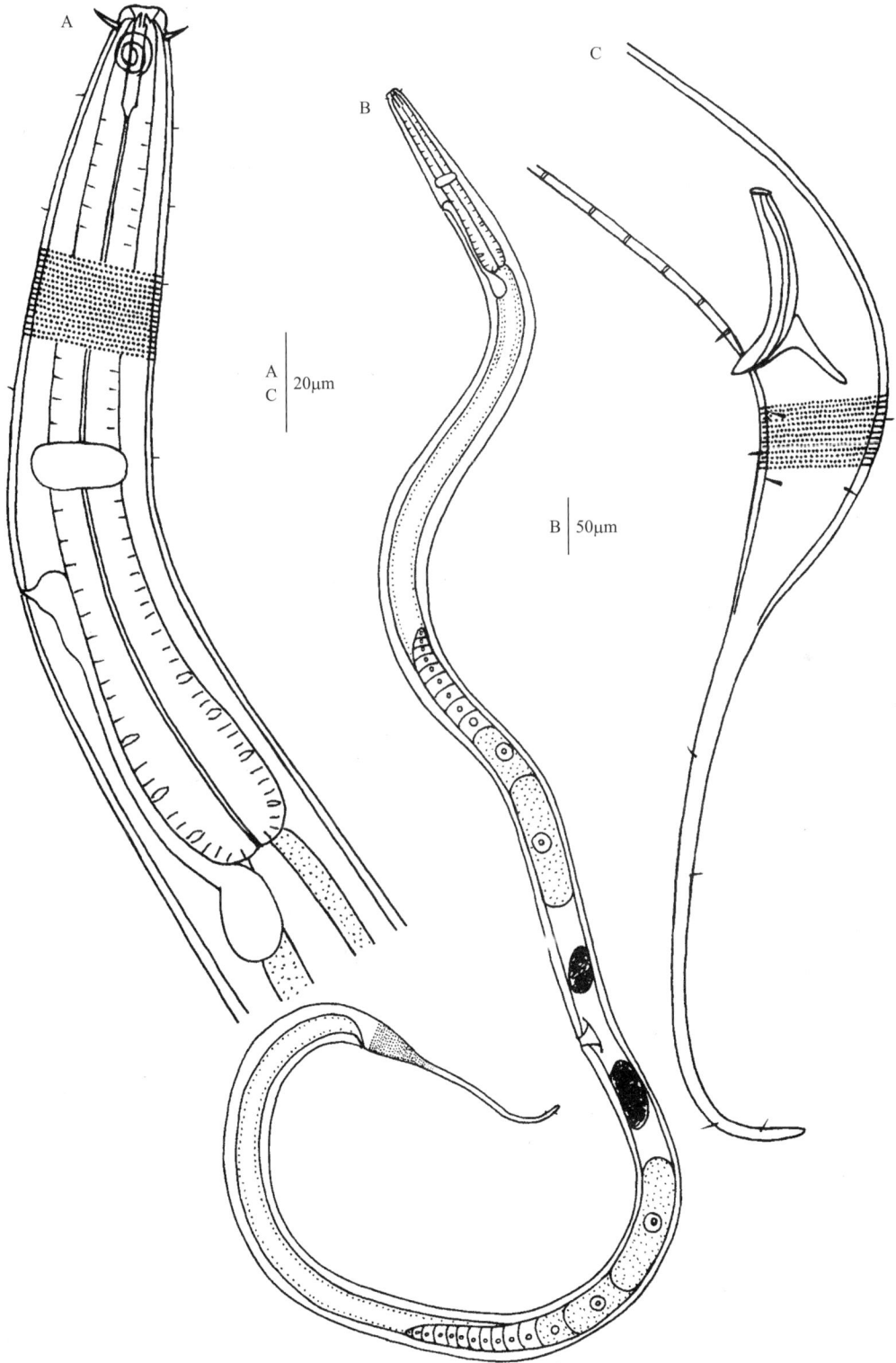

图 6.58.1 长尾管腔线虫（*Vasostoma longicaudata* Huang & Wu，2011）手绘图
A. 雄体前端，示头刚毛、口腔齿、化感器和排泄系统；B. 雌体，示生殖系统；C. 雄体尾端，示交接刺、引带和肛前辅器

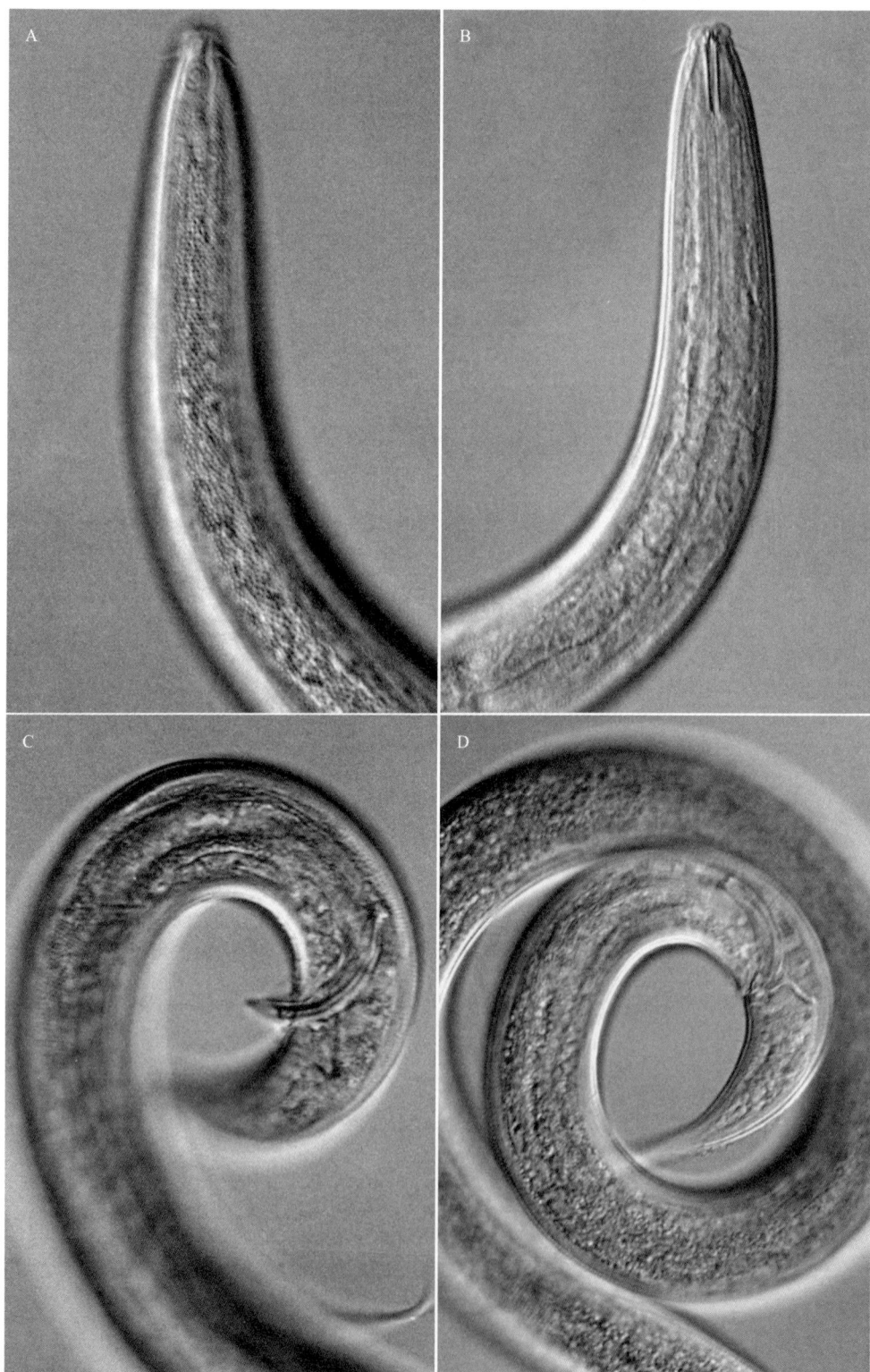

图 6.58.2　长尾管腔线虫（*Vasostoma longicaudata* Huang & Wu，2011）显微图

A、B. 雄体前端，示头刚毛、口腔齿和化感器；C、D. 雄体尾端，示交接刺和引带

59. 纤细玛丽林恩线虫

***Marylynnia gracila* Huang &**
Xu, 2013（图 6.59.1，图 6.59.2）

Cobb 公式：

模式标本：$\dfrac{—\quad 206\quad M\quad 1216}{18\quad 27\quad 31\quad 25}$ 1386μm；a＝44.7，b＝6.7，c＝8.2，spic＝34

雌性副模式标本：$\dfrac{—\quad 244\quad M\quad 1310}{24\quad 30\quad 37\quad 29}$ 1520μm；a＝41.1，b＝6.2，c＝7.2，V%＝52%

属于色矛目、杯咽线虫科、玛丽林恩线虫属。

身体细柱状，前端平截，末端渐细。雄体长1385～1520μm，最大体宽31～34μm。角皮具环状排列的圆点，有侧装饰。在咽的前半部分侧装饰点较大。从化感器至尾锥状部分有8纵列圆形的皮下孔。头端下35μm处颈部亚背和亚腹各有2纵列颈刚毛，每列3或4条，每条长7～9μm。体刚毛短，主要分布在咽区和尾部。头部直径18～19μm，为咽基部体径的67%。头感觉器刚毛状，内唇刚毛短，约3μm；外唇刚毛6～7μm，头刚毛长10～12μm，6根外唇刚毛与4根头刚毛排列成一圈，着生于口腔中部。螺旋形化感器，4圈，直径10～11μm，为相应体径的55%，位于口腔基部。口腔杯状，前端具有12个角质化的锥状皱褶，下面具1个大的角质化的背齿和2个小的亚腹齿。咽柱状，长200～209μm。基部稍膨大，不形成咽球。贲门不明显。神经环位于咽的中部，距头端96～112μm。腹腺细胞不明显，排泄孔位于神经环的前面，距头端90μm，为咽长的44%。尾锥柱状，细长，170～195μm，即泄殖孔相应体径的6.6～7.2倍，锥状部分为尾长的1/3，柱状部分为尾长的2/3，细长呈丝状，末端稍膨大，无尾端刚毛，具突出的黏液管开口。

交接刺粗短，29～34μm，即泄殖孔相应体径的1.2倍，略向腹面弯曲，中间膨大，近端圆头状，末端渐尖。引带长23～25μm，远端膨大具2个弯曲的小齿，向近端逐渐变细，无引带突。肛前具6个小的杯状辅器，从肛前8μm，向近端延伸至85μm，辅器间距越来越大。

雌体类似于雄体。生殖系统具前后2个反折的卵巢，前卵巢位于肠的右侧亚腹面。后卵巢位于肠的左侧亚腹面。输卵管较短，成熟卵长圆形。受精囊不明显。雌孔位于身体中部，距头端为体长的46%～52%。

该种分布于黄海海滨潮间带泥沙质沉积物中。

该种所在属目前共发现22种，其中首次于中国黄海发现1新种。

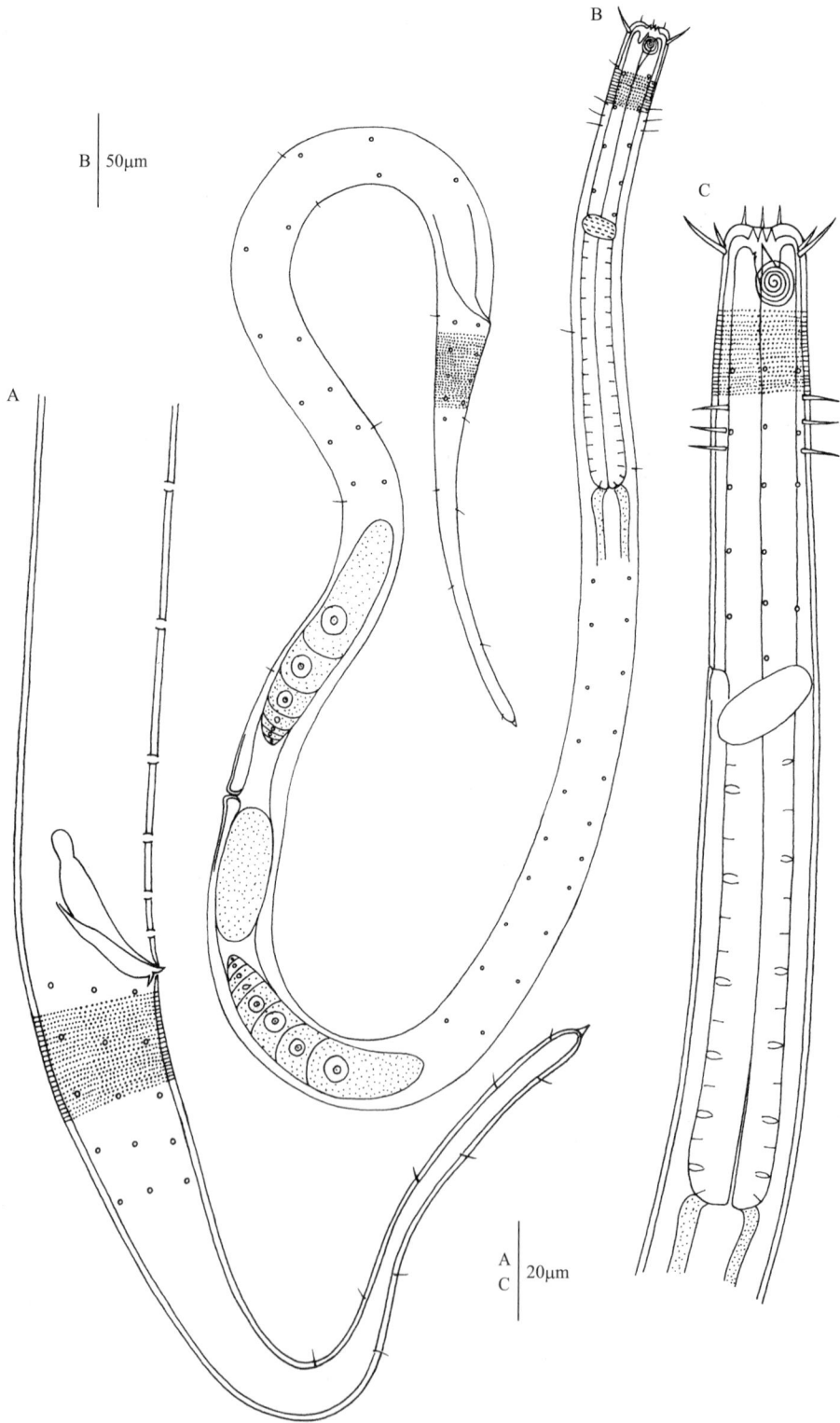

图 6.59.1　纤细玛丽林恩线虫（*Marylynnia gracila* Huang & Xu，2013）手绘图

A. 雄体尾端，示交接刺、引带和肛前辅器；B. 雌体，示生殖系统；C. 雄体前端；示头刚毛、口腔齿、化感器和颈刚毛

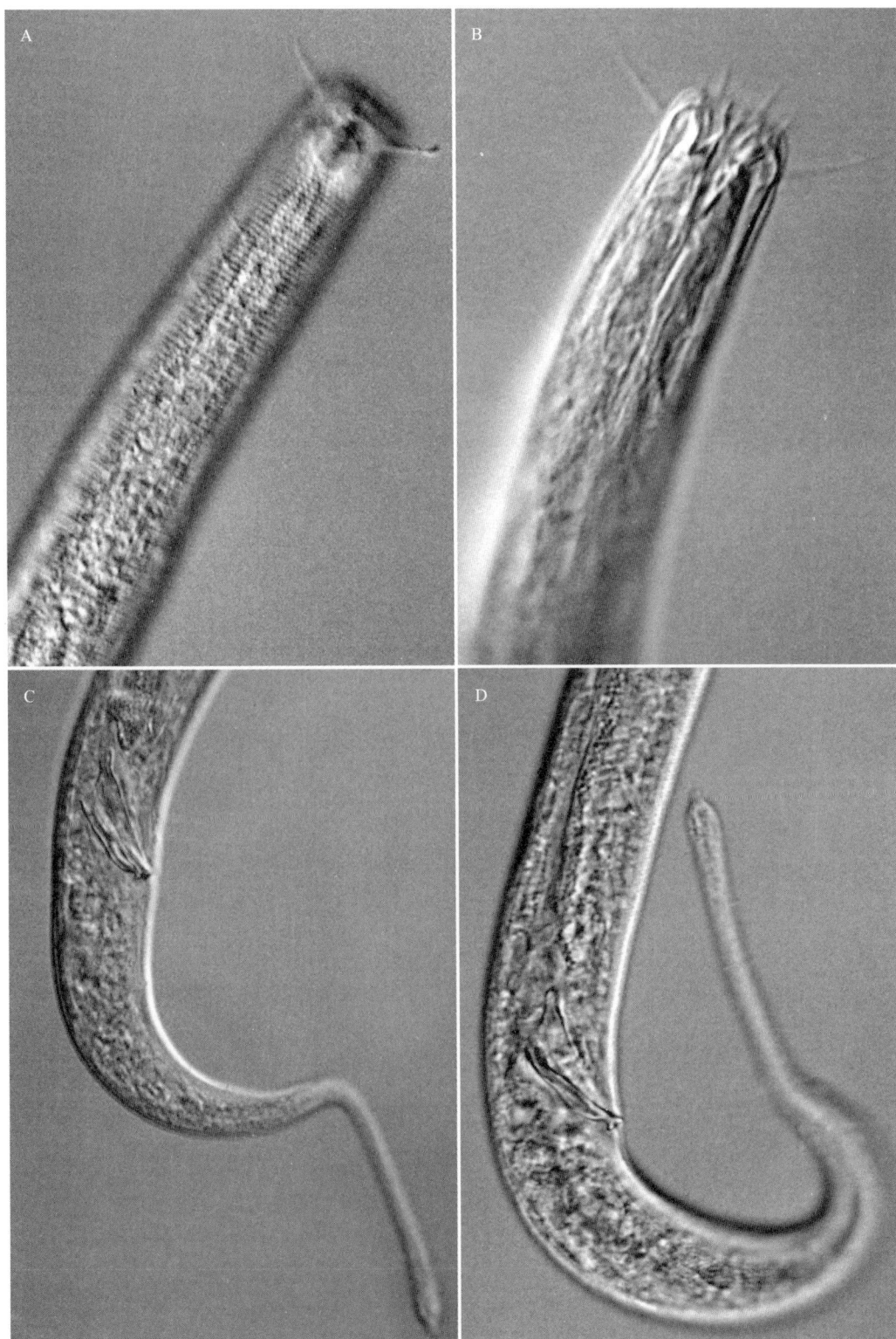

图 6.59.2　纤细玛丽林恩线虫（*Marylynnia gracila* Huang & Xu，2013）显微图
A、B. 雄体头端，示头刚毛、口腔齿和化感器；C、D. 雄体尾端，示交接刺和引带

60. 异尾拟棘齿线虫

Paracanthonchus heterocaudatus Huang & Xu, 2013（图 6.60.1，图 6.60.2）

Cobb 公式：

$$模式标本：\frac{\quad — \quad 198 \quad M \quad 1264 \quad}{18 \quad 27 \quad 29 \quad 24}\ 1370\mu m；a=47.2，b=6.9，c=13，spic=32$$

$$雌性副模式标本：\frac{\quad — \quad 222 \quad M \quad 1410 \quad}{19 \quad 28 \quad 33 \quad 25}\ 1575\mu m；\begin{array}{l}a=47.7，b=7.1，c=9.5，\\ V\%=46\%\end{array}$$

属于色矛目、杯咽线虫科、拟棘齿线虫属。

身体细柱状，向两端渐细。雄体长 1330～1570μm，最大体宽 25～29μm。角皮具环状排列的均匀圆点，无侧装饰。无皮下孔。颈部前端亚背和亚腹各有 2 纵列颈刚毛，每列 2 或 3 根。头部直径 17～19μm，为咽基部体径的 67%。头的基部略收缩。头感觉器排列成 6+10 的模式，内唇感觉器乳突状，外唇感觉器刚毛状，长 7～9μm，头刚毛较短，长 5μm，6 根外唇刚毛与 4 根头刚毛排列成一圈，着生于口腔基部位置。螺旋形化感器，5～6 圈，直径 12～13μm，位于距头端 7μm 处。口腔前端杯状，具有 12 个角质化的锥状皱褶，下面锥状，具 1 个大的角质化的背齿和 2 个小的亚腹齿。咽柱状，长 196～215μm。基部稍膨大，不形成咽球。贲门不明显。神经环位于咽的中部，距头端 96～108μm。腹腺细胞不明显，排泄孔位于咽的中部神经环的前面。尾锥状，末端具 1 个短的棒状部分，101～116μm，即泄殖孔相应体径的 4.0～4.8 倍，锥状部分较长，具侧装饰，亚腹面各具 1 列 3μm 的粗短刚毛，每列 5 根。柱状部分较短，末端膨大，无尾端刚毛，具突出的黏液管开口。在锥状部分和柱状部分的过渡区腹面具前后 2 个突起，每个突起的侧面着生 1 对粗钝的刚毛。

交接刺细而匀称，31～32μm，即泄殖孔相应体径的 1.3 倍，略向腹面弯曲，近端稍膨大，末端渐尖。引带长 25～27μm，向腹面弯曲呈弧形，中间膨大，向两端变细，末端具 3 个弯曲的小齿，无引带突。肛前具 6 个小的管状辅器，离泄殖孔最近的两个辅器小而近，其他四个大，间距渐远。离泄殖孔最近的一个辅器距泄殖孔 5μm，最远的一个辅器距泄殖孔 62μm。

雌体不同于雄体，尾较长，典型锥柱状，柱状部分为尾长的 2/3，无尾刚毛，无突起。生殖系具前后 2 个反折的卵巢，输卵管较短，成熟卵长圆形。雌孔前后各具 1 个圆形的受精囊。雌孔位于身体中前部，距头端为体长的 46%～50%。

该种分布于黄海海滨潮间带泥沙质沉积物中。

该种所在属目前共发现 57 种，其中首次于中国黄海发现 1 新种。

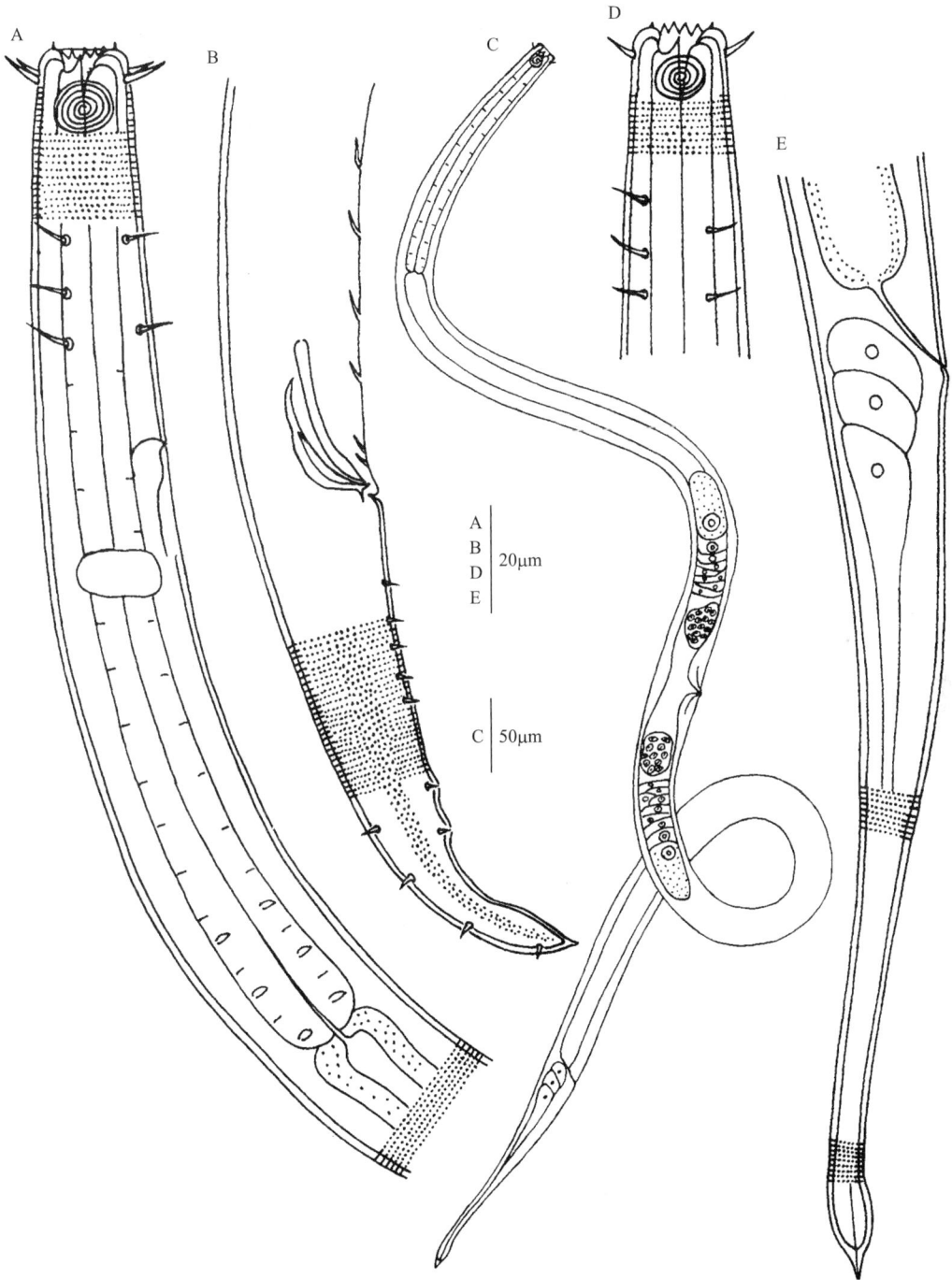

图 6.60.1　异尾拟棘齿线虫（*Paracanthonchus heterocaudatus* Huang & Xu，2013）手绘图

A. 雄体前端，示头刚毛、口腔齿、化感器；B. 雄体尾端，示交接刺、引带和肛前辅器；

C. 雌体，示生殖系统；D. 雌体头端；E. 雌体尾端

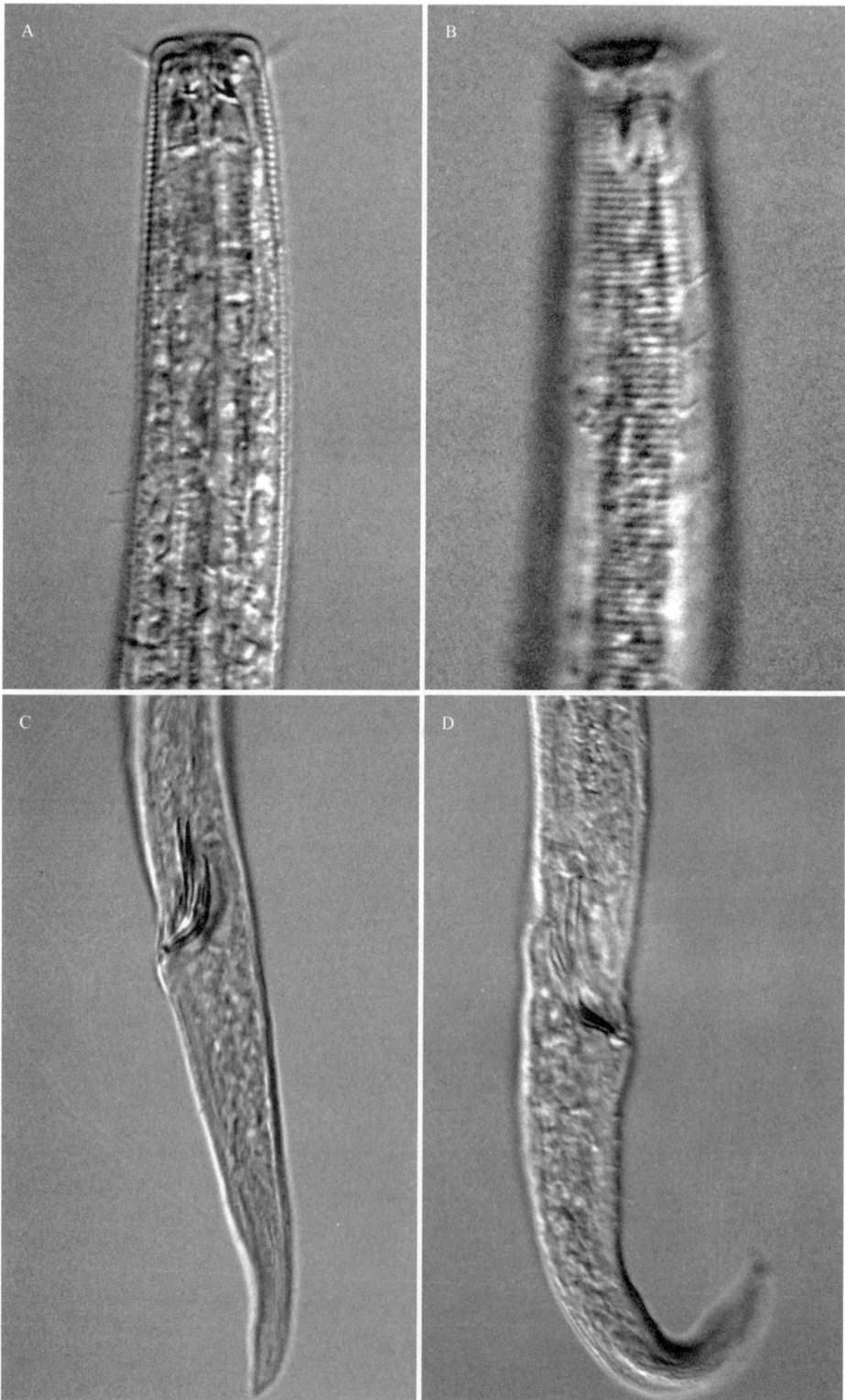

图 6.60.2 异尾拟棘齿线虫（*Paracanthonchus heterocaudatus* Huang & Xu，2013）显微图

A、B. 雄体前端，示头刚毛、口腔齿和化感器；C、D. 雄体尾端，示交接刺、引带和肛前辅器

61. 青岛拟杯咽线虫

Paracyatholaimus qingdaoensis **Huang & Xu, 2013**（图 6.61.1，图 6.61.2）

Cobb 公式：

模式标本：$\dfrac{—\quad 171\quad M\quad 1391}{29\quad 55\quad 63\quad 49}$ 1518μm；a=24.1，b=8.9，c=11.8，spic=59

雌性副模式标本：$\dfrac{—\quad 188\quad M\quad 1392}{30\quad 62\quad 71\quad 51}$ 1502μm；a=21.2，b=8.0，c=13.7，V%=53%

属于色矛目、杯咽线虫科、拟杯咽线虫属。

身体圆柱状，向两端渐细。雄体长 1448～1649μm，最大体宽 63～75μm。角皮具环状排列的均匀圆点，无侧装饰。具皮下孔，沿身体排成 8 纵列。头部直径 28～29μm，为咽基部体径的 53%。顶端平截。头感觉器排列成 6+10 的模式，内唇感觉器乳突状，外唇感觉器刚毛状，长 6～7μm，头刚毛较短，长 5μm，6 根外唇刚毛与 4 根头刚毛排列成一圈，着生于头前端。螺旋形化感器，4 圈，位于距头端 18μm 处。口腔前端杯状，具有 12 个角质化的棒状皱褶，下面锥状，具 1 个大的角质化背齿和 2 个小的亚腹齿。咽柱状，长 171～190μm。基部不膨大，无咽球。贲门不明显。神经环和排泄系统不明显。尾锥状，向末端逐渐变尖，长 127～147μm，即泄殖孔相应体径的 2.4～2.6 倍。具纵向排列的短的尾刚毛，末端具突出的黏液管开口。

生殖系统具前后 2 个精巢，前精巢伸展，位于肠的右侧；后精巢小而弯折，位于肠的左侧。交接刺倒 "S" 形，59～60μm，即泄殖孔相应体径的 1.2 倍，中间部分膨大，两端渐细，末端尖锐。引带宽大，长 51～53μm，呈 "S" 形弯曲，远端膨大，向近端渐尖，末端具 2 个弯曲的小齿，无引带突。肛前具 2 组生殖刚毛，每组 5 根。其中近端 5 根刚毛着生在 1 个腹面突起上。

雌体类似于雄体。生殖系统具前后 2 个反折的卵巢，前后卵巢距离雌孔分别为 90μm 和 170μm。成熟卵圆球形。受精囊未发现。雌孔位于身体中部，距头端为体长的 49%～53%。

该种分布于黄海海滨潮间带泥质沉积物中。

该种所在属目前共发现 26 种，其中首次于中国黄海发现 2 新种。

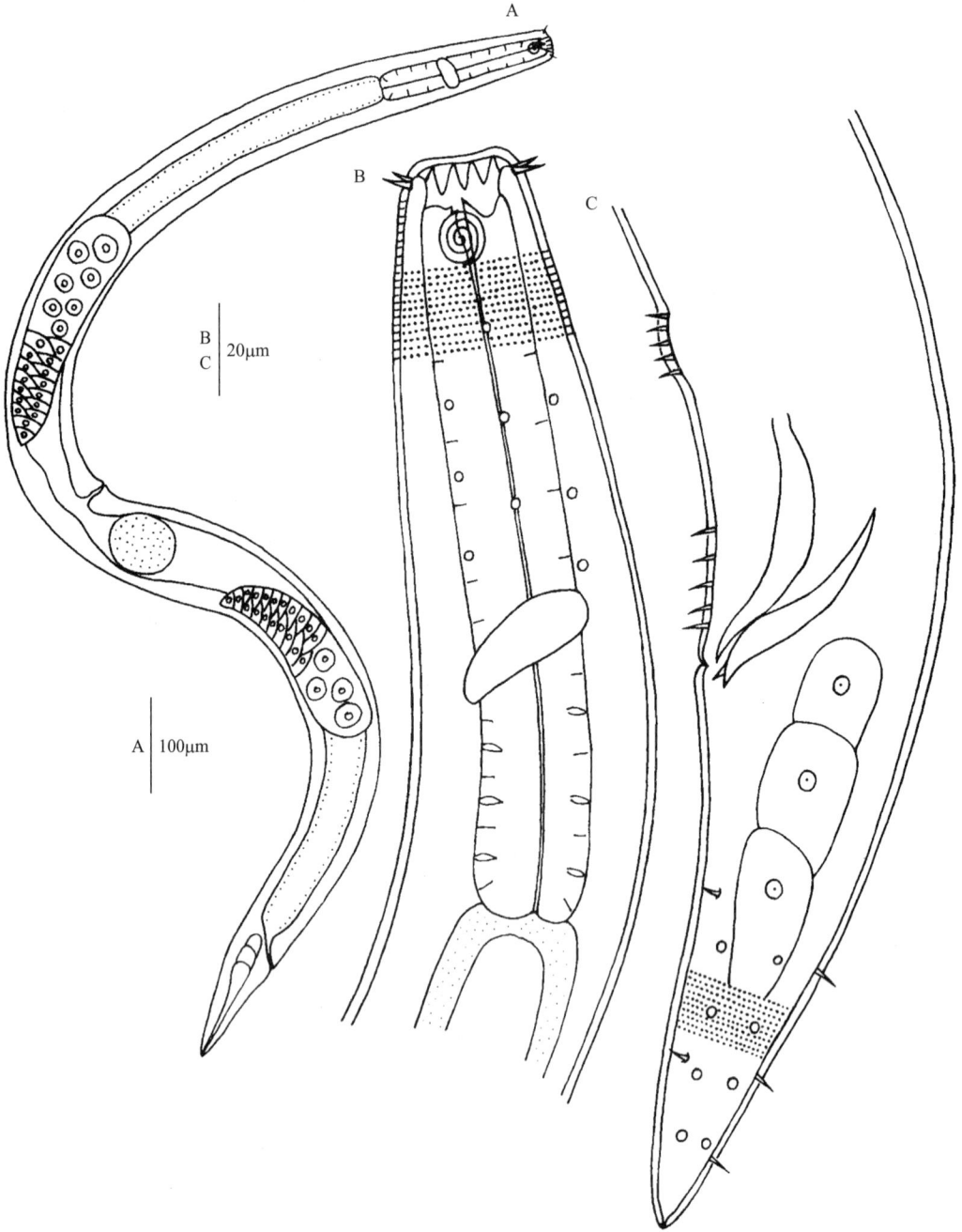

图 6.61.1　青岛拟杯咽线虫（*Paracyatholaimus qingdaoensis* Huang & Xu，2013）手绘图
A. 雌体，示生殖系统；B. 雄体前端，示头刚毛、口腔齿和化感器；C. 雄体尾端，示交接刺、引带和肛前辅器

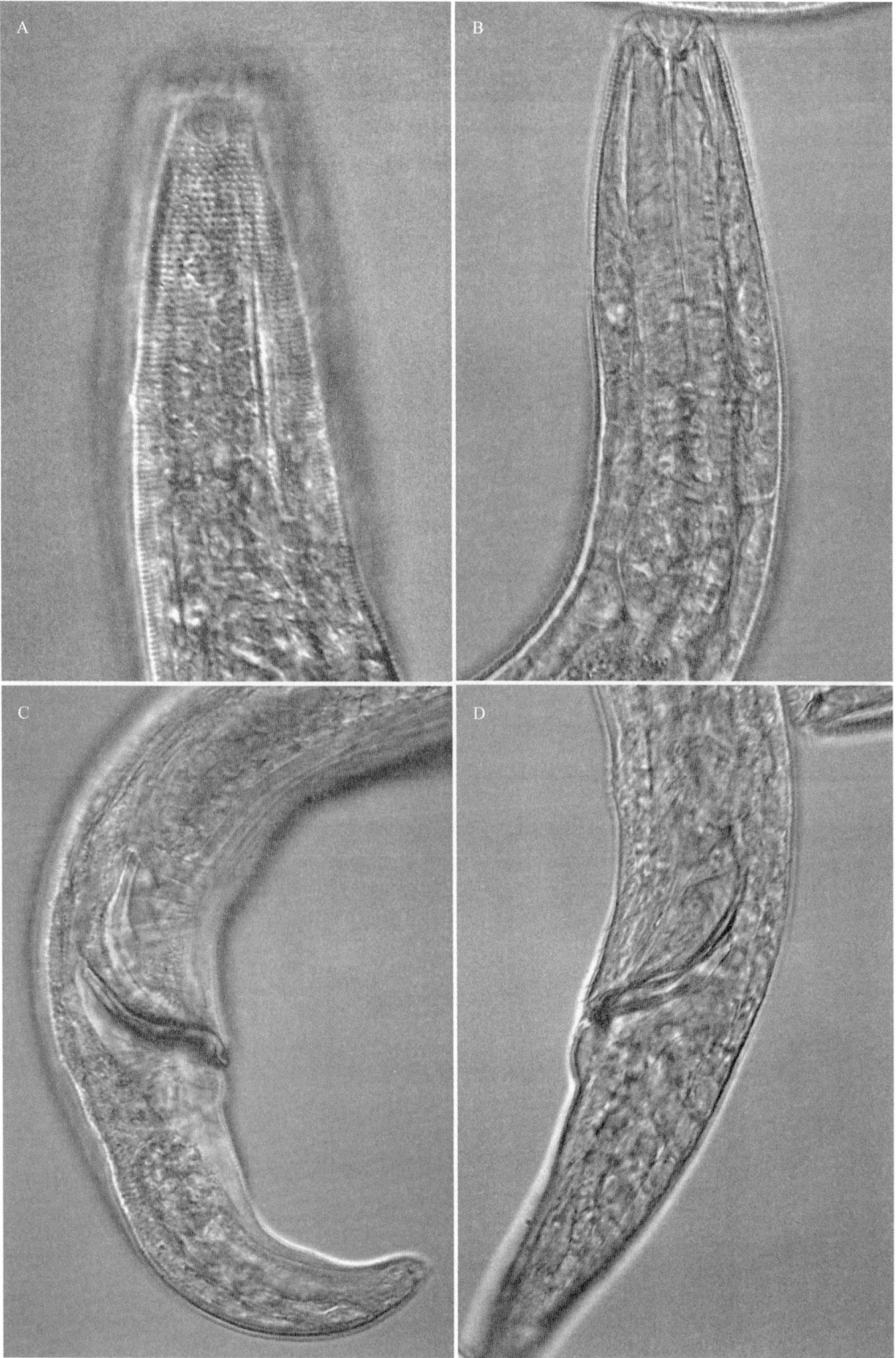

图 6.61.2 青岛拟杯咽线虫（*Paracyatholaimus qingdaoensis* Huang & Xu，2013）显微图

A、B. 雄体前端，示头刚毛、口腔齿和化感器；C、D. 雄体尾端，示交接刺、引带和肛前辅器

62. 黄海拟杯咽线虫

Paracyatholaimus huanghaiensis **Huang & Xu, 2013**（图 6.62.1，图 6.62.2）

Cobb 公式：

模式标本： $\dfrac{—\quad 298\quad M\quad 1923}{29\quad 60\quad 62\quad 43}$ 2049μm；a＝33.0，b＝6.9，c＝16.3，spic＝42

雌性副模式标本： $\dfrac{—\quad 320\quad M\quad 1880}{31\quad 56\quad 65\quad 43}$ 2030μm；a＝31.2，b＝6.3，c＝13.5，V%＝51%

属于色矛目、杯咽线虫科、拟杯咽线虫属。

身体圆柱状，向两端渐细。雄体长 1642～2049μm，最大体宽 51～62μm。角皮具环状排列的均匀圆点，无侧装饰。具皮下孔，沿身体排成 8 纵列。体刚毛短，沿身体亚侧面排成 4 纵列。头部直径 26～30μm，为咽基部体径的 49%。顶端圆钝。头感觉器排列成 6+10 的模式，内唇感觉器乳突状，外唇感觉器刚毛状，长 12～18μm，头刚毛较短，长 9～10μm，6 根外唇刚毛与 4 根头刚毛排列成一圈，着生于头前端。螺旋形化感器，4 圈，位于口腔基部位置、距头端 16μm 处。口腔杯状，前端具有 12 个角质化的棒状皱褶，基部具 1 个大的角质化背齿和 2 个小的亚腹齿。咽柱状，长 270～310μm。基部稍膨大，无咽球。贲门不明显。神经环不明显。腹腺细胞较大，位于肠的前端，排泄孔不明显。尾锥柱状，前 2/3 锥状，后 1/3 柱状，长 102～126μm，即泄殖孔相应体径的 2.3～3.1 倍。具纵向排列的短的尾刚毛。具 3 个尾腺细胞，尾端具突出的黏液管开口。

生殖系统具前后 2 个精巢，前精巢伸展，位于肠的右侧；后精巢小而弯折，位于肠的左侧。交接刺细长，向腹面略弯曲呈弧形，长 37～42μm，宽约 1 个泄殖孔相应体径，末端渐细。引带长 28～31μm，手柄状，末端膨大呈盘状，具多数小齿。无引带突。肛前具 3 个乳突状辅器，每个辅器中央具 1 个刺状突起。最远端的辅器距泄殖孔 20μm，最近端的辅器距泄殖孔 80μm。

雌体类似于雄体。生殖系统具前后 2 个反折的卵巢，前后卵巢距离雌孔分别为 160μm 和 110μm。输卵管较短，成熟卵圆球形。受精囊未发现。雌孔位于身体中部，距头端为体长的 50%～51%。

该种分布于黄海海滨潮间带沙质沉积物中。

该种所在属目前共发现 26 种，其中首次于中国黄海发现 2 新种。

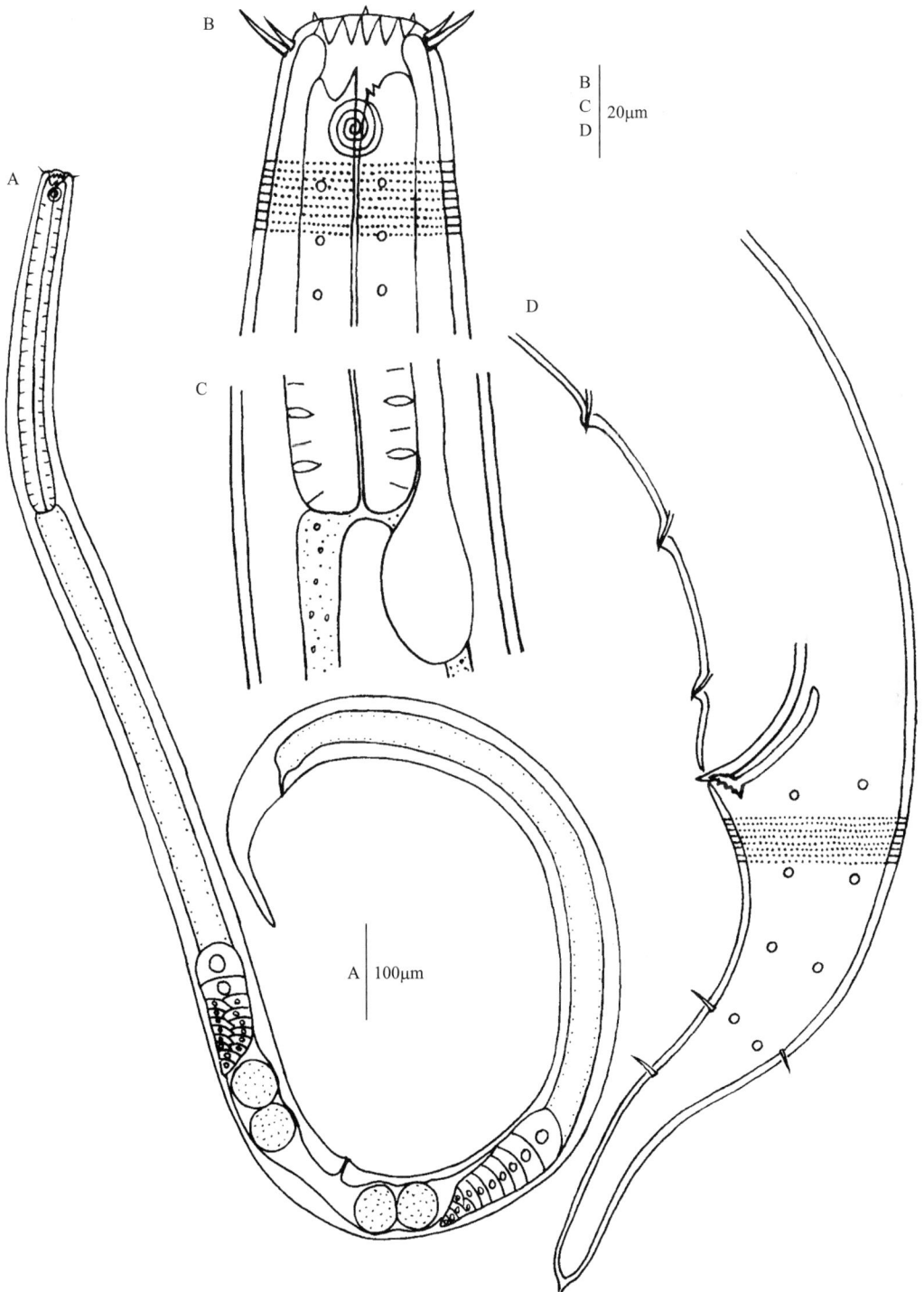

图 6.62.1 黄海拟杯咽线虫（*Paracyatholaimus huanghaiensis* Huang & Xu，2013）手绘图

A. 雌体，示生殖系统；B. 雄体头端，示头刚毛、口腔齿和化感器；C. 雄体咽基部，示腹腺细胞；

D. 雄体尾端，示交接刺、引带和肛前辅器

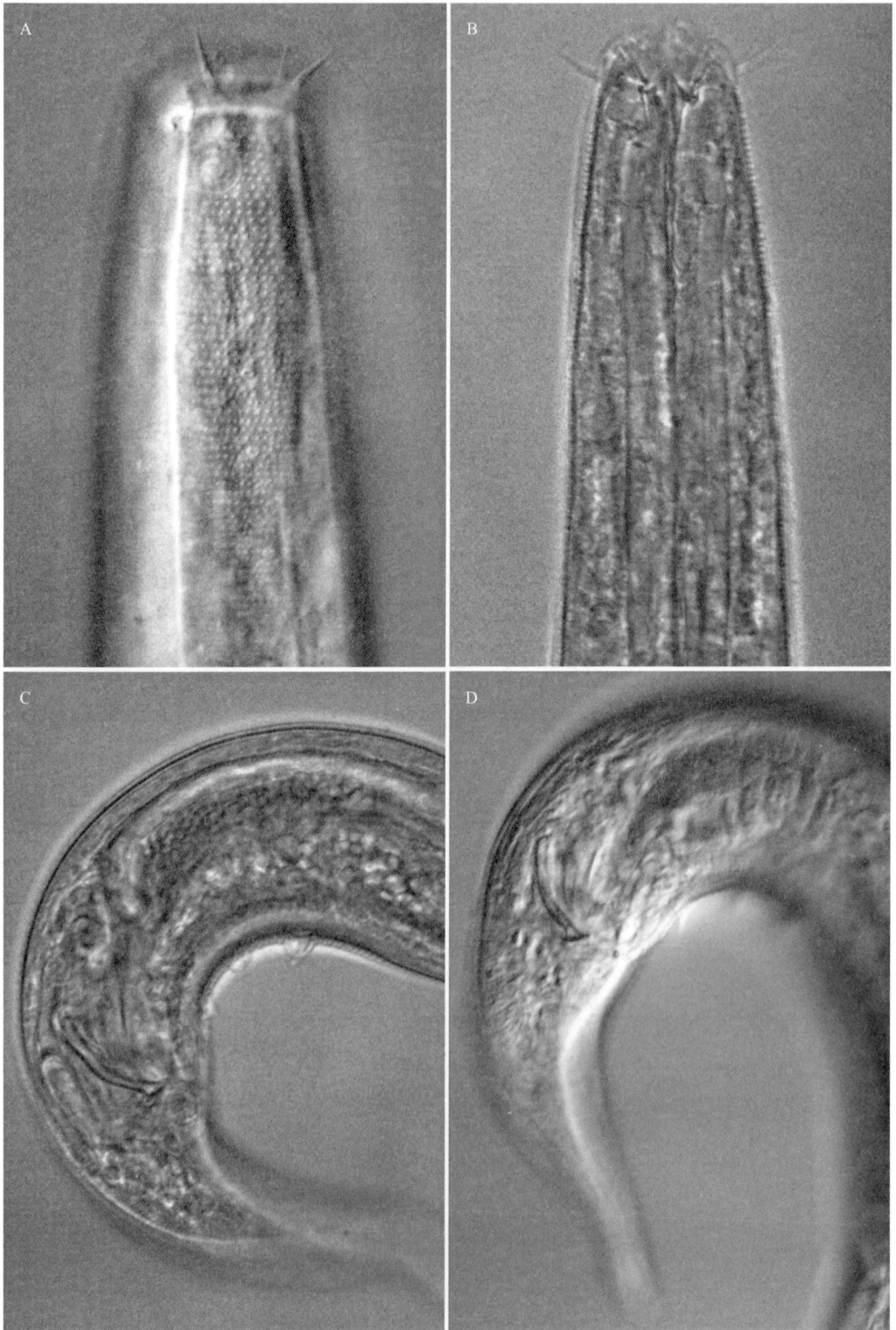

图 6.62.2　黄海拟杯咽线虫（*Paracyatholaimus huanghaiensis* Huang & Xu，2013）显微图
A、B. 雄体前端，示头刚毛、口腔齿和化感器；C、D 雄体尾端，示交接刺、引带和肛前辅器

63. 亚腹毛拟玛丽林恩线虫

Paramarylynnia subventrosetata **Huang & Zhang, 2007**（图 6.63.1，图 6.63.2）

Cobb 公式：

模式标本：$\dfrac{—\quad 310\quad M\quad 1560}{28\quad 55\quad 55\quad 49}$ 1850μm；a＝33.6，b＝6.0，c＝6.4，spic＝58

雌性副模式标本：$\dfrac{—\quad 270\quad M\quad 1550}{29\quad 56\quad 64\quad 45}$ 1896μm；a＝33.9，b＝7.0，c＝5.5，V%＝42%

属于色矛目、杯咽线虫科、拟玛丽林恩线虫属。

身体圆柱状，前端平截，末端渐细。雄体长 1619～1850μm，最大体宽 51～59μm。角皮具环状排列的均匀圆点，无侧装饰。从化感器至尾锥状部分有 6 纵列圆形皮下孔。颈部亚侧面具有 4 纵列颈刚毛，每列 3 或 4 根，每根长 13～15μm。头部直径 25～29μm，为咽基部体径的 53%。头感觉器排列成 6+10 的模式，内唇感觉器乳突状；外唇感觉器刚毛状，长 10～11μm，4 根头刚毛稍短，与 6 根外唇刚毛排列成一圈，着生于头的前端。螺旋形化感器，6 圈，直径 14～16μm，为相应体径的 50%，前边位于口腔背齿基部位置。口腔杯状，前端具有 12 个角质化的锥状皱褶，下面具 1 个大的角质化的背齿和 2 个小的亚腹齿。咽柱状，长 290～310μm。基部不膨大，无咽球。贲门不明显。神经环位于咽的中部。排泄系统不明显。尾锥柱状，细长，240～290μm，即泄殖孔相应体径的 5.1～6.2 倍，前 2/5 锥状，后 3/5 细柱状，锥状部分具 2 组亚腹刚毛，近端 5 根排列成一组，远端 6 或 7 根排列成一组。柱状部分，有尾刚毛，末端膨大，无端刚毛，具突出的黏液管开口。具 3 个尾腺细胞。

交接刺长 56～63μm，即泄殖孔相应体径的 1.2 倍，向腹面弯曲，中间膨大，近端圆头状，末端渐尖。引带宽大，长 46～54μm，远端膨大无齿，向近端逐渐变细，无引带突。无肛前辅器。

雌体类似于雄体，但尾较长，无尾刚毛。生殖系统具前后 2 个反折的卵巢。输卵管较短，具圆形的成熟卵。受精囊不明显。雌孔位于身体中前部，距头端为体长的 42%～45%。

该种分布于黄海陆架泥质沉积物中。

该种所在属创建于中国，目前共发现 3 种。

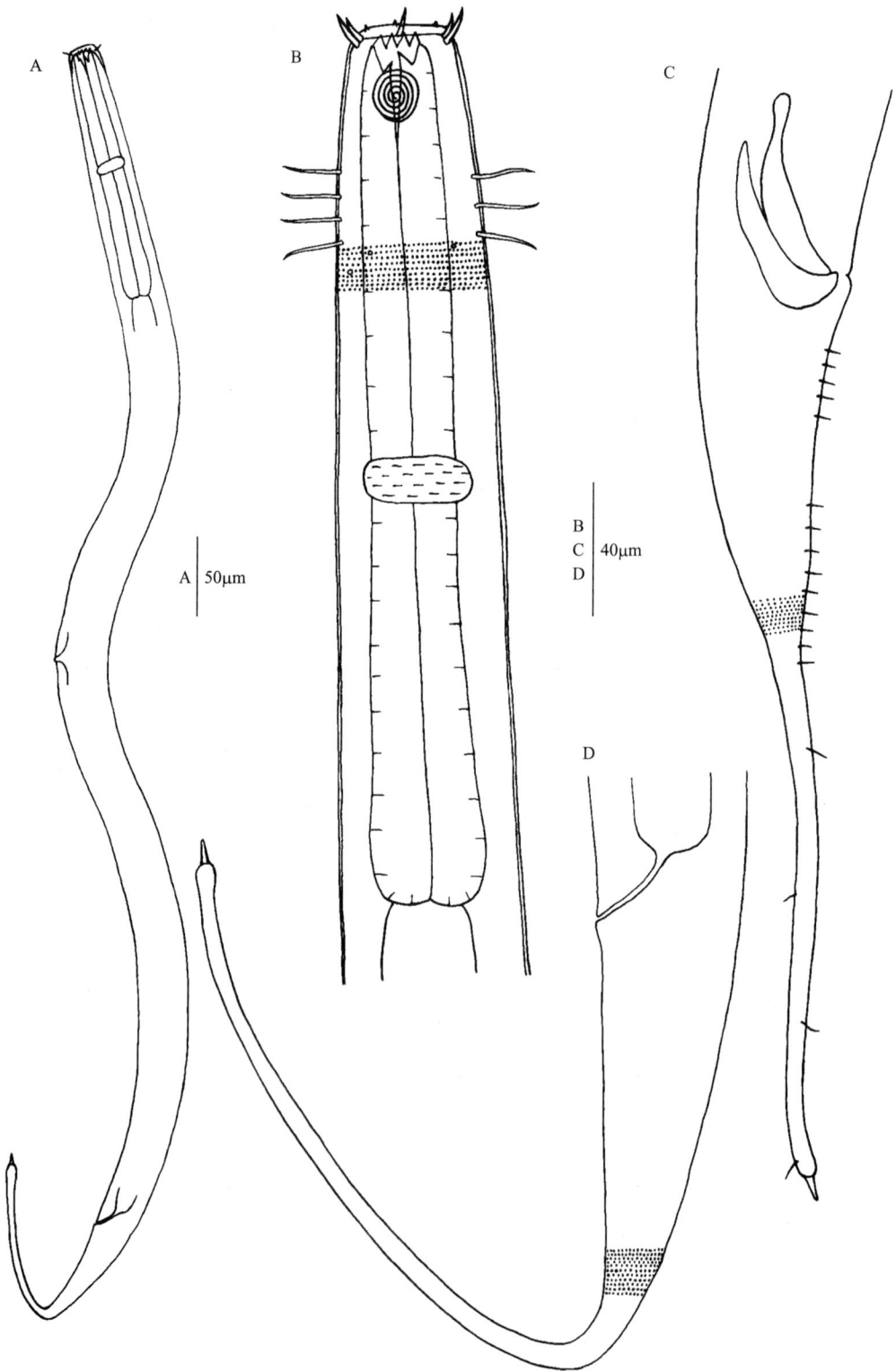

图 6.63.1　亚腹毛拟玛丽林恩线虫（*Paramarylynnia subventrosetata* Huang & Zhang，2007）手绘图
A. 雌体；B. 雄体前端，示头刚毛、口腔齿和化感器；C. 雄体尾端，示交接刺和引带；D. 雌体尾端

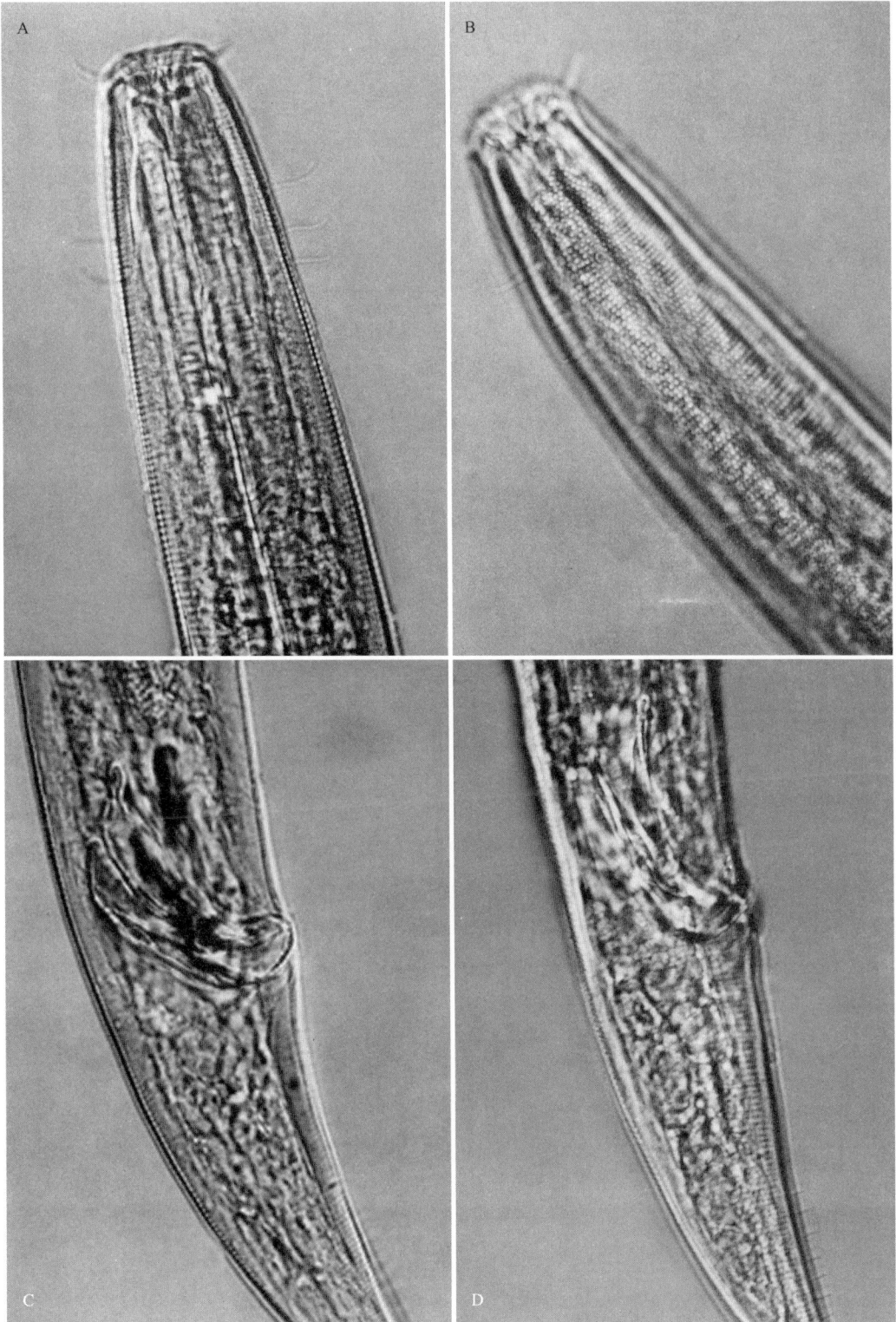

图 6.63.2　亚腹毛拟玛丽林恩线虫（*Paramarylynnia subventrosetata* Huang & Zhang，2007）显微图
A、B. 雄体头端，示头刚毛、口腔齿和颈刚毛；C、D. 雄体尾端，示交接刺和引带

64. 丝尾拟玛丽林恩线虫

Paramarylynnia filicaudata **Huang &
Sun, 2010**（图 6.64.1，图 6.64.2）

Cobb 公式：

模式标本：$\dfrac{—\quad 335\quad M\quad 1845}{29\quad 67\quad 68\quad 52}$ 2280μm；a＝32.6，b＝6.8，c＝5.2，spic＝45

雌性副模式标本：$\dfrac{—\quad 342\quad M\quad 1820}{30\quad 72\quad 87\quad 49}$ 2270μm；a＝28.4，b＝6.6，c＝5.1，
V%＝41%

属于色矛目、杯咽线虫科、拟玛丽林恩线虫属。

身体圆柱状，前端平截，末端渐细。雄体长 2130～2280μm，最大体宽 66～72μm。角皮具环状排列的均匀圆点，咽部的更显著，无侧装饰。从化感器至尾锥状部分有 6 纵列圆形的皮下孔。咽部和尾的锥状部分侧面具有较多聚生的复合皮孔。颈部亚侧面具有 4 纵列颈刚毛，每列 2～3 条。头部直径 28～30μm，为咽基部体径的 43%。头感觉器排列成 6+10 的模式，内唇感觉器乳突状；外唇感觉器刚毛状，与头刚毛近等长，长 10μm，4 根头刚毛与 6 根外唇刚毛排列成一圈，着生于头的顶端。螺旋形化感器，5 圈，直径 13～17μm，为相应体径的 40%，位于口腔中间位置。口腔杯状，前端具有 12 个角质化的锥状皱褶，下面具 1 个大的角质化的背齿和 2 个小的亚腹齿，口腔壁角质化加厚。咽柱状，长 316～335μm。基部稍膨大，无咽球。贲门不明显。神经环位于咽的中前部，距头端为咽长的 43%。腹腺细胞不明显，排泄孔位于神经环的前面。尾锥柱状，细长，420～460μm，为泄殖孔相应体径的 8.4～9.0 倍，前 1/3 锥状，无腹刚毛；后 2/3 细柱状，有尾刚毛，末端稍膨大，无端刚毛，具突出的黏液管开口。具 3 个尾腺细胞。

交接刺船型，39～46μm，约为泄殖孔相应体径的 0.9 倍，向腹面弯曲，中间膨大，两端渐尖。引带与交接刺同形并平行于交接刺，长 25～38μm，远端无齿，无引带突。肛前辅器不明显。

雌体类似于雄体，但尾较长，无尾刚毛。生殖系统具前后 2 个反折的卵巢，前卵巢位于肠的右亚腹面，后卵巢位于肠的左亚腹面。输卵管较短，含有长圆形的成熟卵。受精囊不明显。雌孔位于身体前部，距头端为体长的 39%～41%。阴道壁厚，阴唇突出。

该种分布于黄海陆架泥质沉积物中。

该种所在属创建于中国，目前共发现 3 种，均发现于黄海。

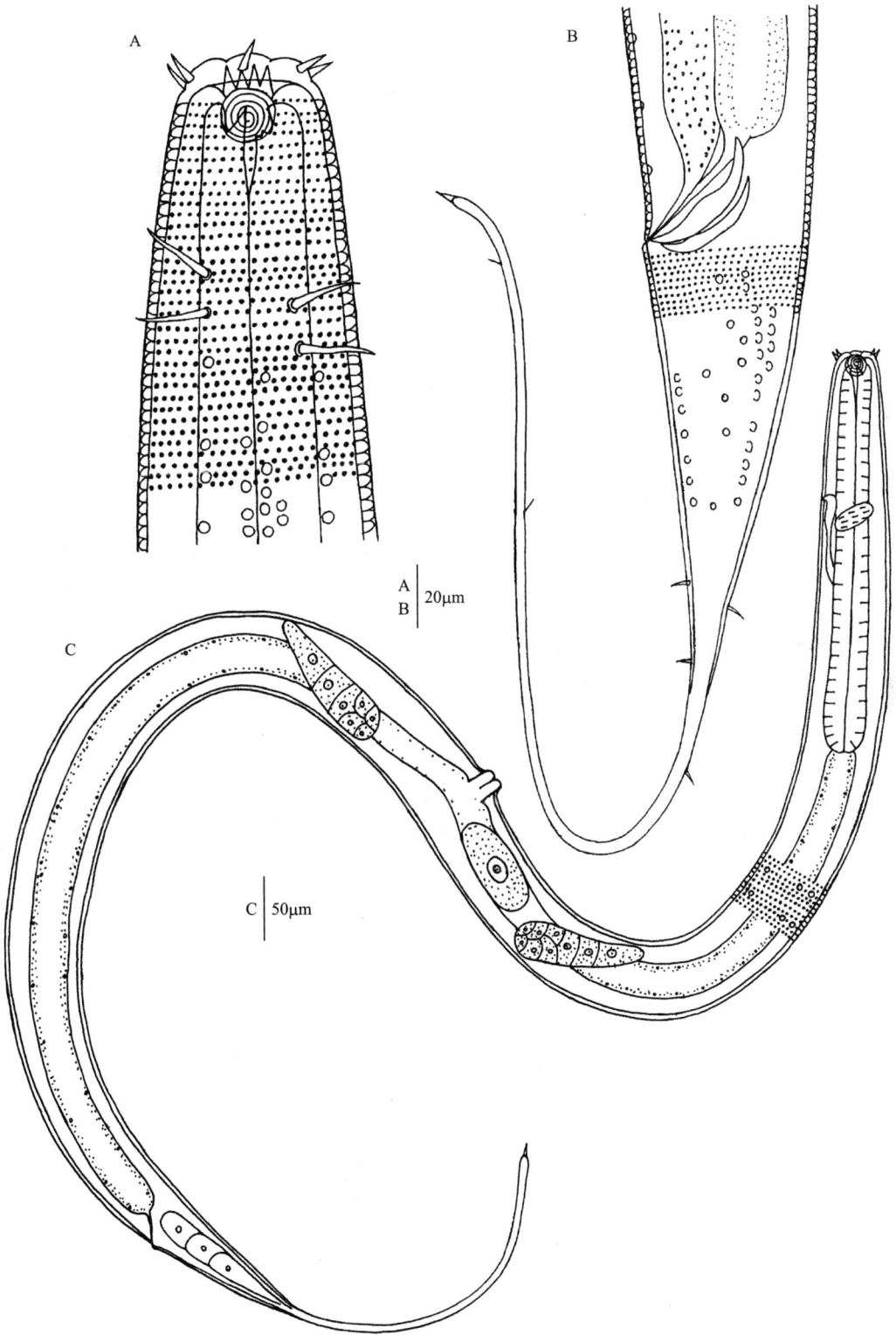

图 6.64.1　丝尾拟玛丽林恩线虫（*Paramarylynnia filicaudata* Huang & Sun，2010）手绘图
A. 雄体头端，示头刚毛、口腔齿、化感器和颈刚毛；B. 雄体尾端，示交接刺、引带和肛前辅器；C. 雌体，示生殖系统

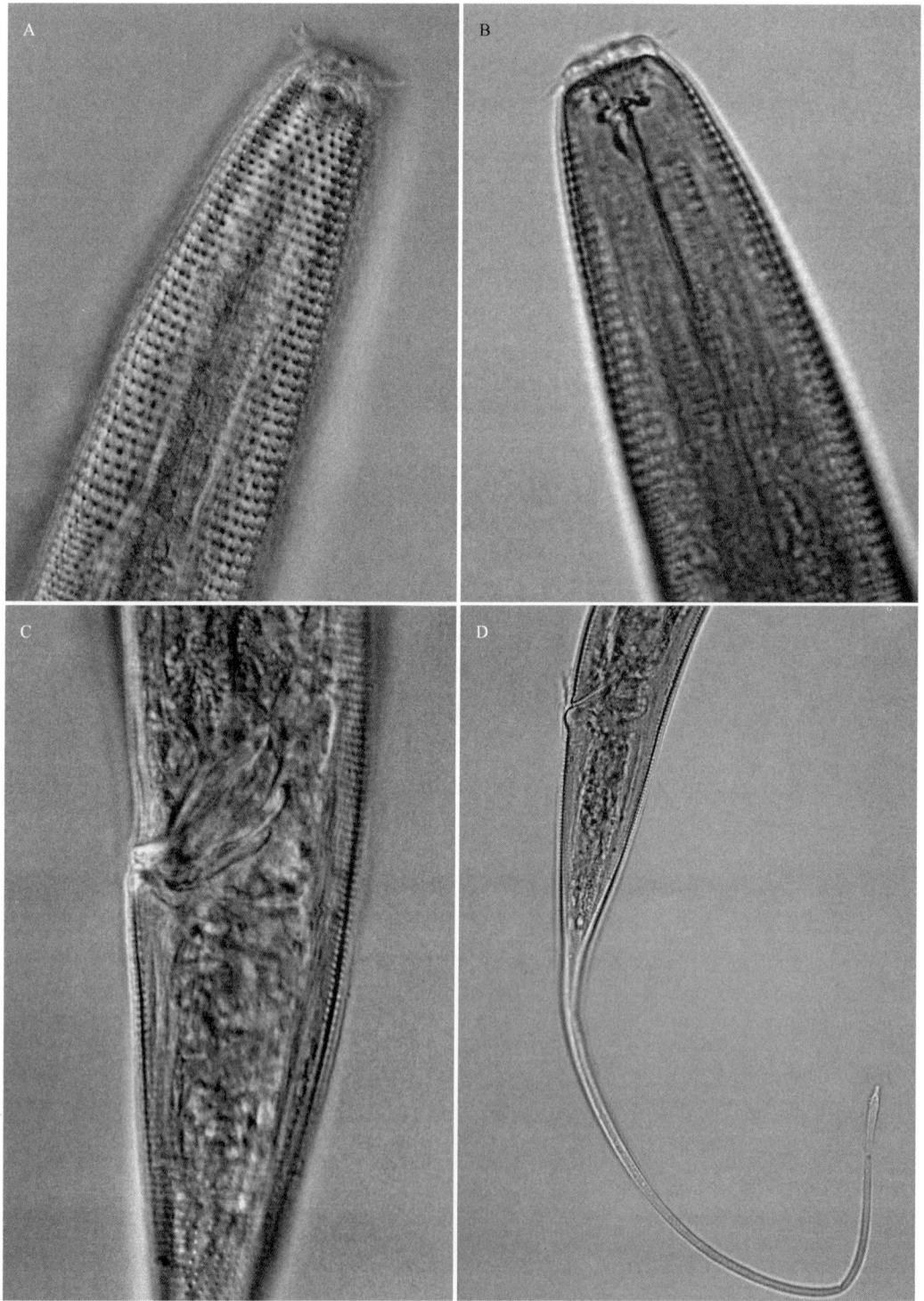

图 6.64.2　丝尾拟玛丽林恩线虫（*Paramarylynnia filicaudata* Huang & Sun，2010）显微图
A、B. 雄体头端，示头刚毛、口腔齿和化感器；C. 雄体尾端，示交接刺和引带；D. 雌体尾端

65. 尖颈拟玛丽林恩线虫

Paramarylynnia stenocervica Huang & Sun, 2010（图 6.65.1，图 6.65.2）

Cobb 公式：

模式标本：$\dfrac{—\quad 196\quad M\quad 1010}{19\quad 44\quad 46\quad 31}$ 1190μm；a＝25.9，b＝6.1，c＝6.6，spic＝40

雌性副模式标本：$\dfrac{—\quad 220\quad M\quad 1140}{19\quad 43\quad 46\quad 30}$ 1290μm；a＝28，b＝5.9，c＝8.6，V%＝51%

属于色矛目、杯咽线虫科、拟玛丽林恩线虫属。

身体长梭状，咽的前 1/3 突然收缩逐渐变细。雄体长 1120～1190μm，最大体宽 44～46μm。角皮具环状排列的不均匀的圆点，咽的前半部分角皮较厚，圆点较大，间距较宽，其余部分圆点小而密。无侧装饰。从化感器至尾锥状部分有 6 纵列圆形的皮下孔。颈部刚毛不明显。头部直径 18～20μm，为咽基部体径的 20%。头感觉器排列成 6＋10 的模式，内唇感觉器乳突状；外唇感觉器刚毛状，较短，4 根头刚毛长 6～7μm，与 6 根外唇刚毛排列成一圈，着生于头的顶端。螺旋形化感器，5 圈，直径 10～11μm，为相应体径的 50%，外廓横椭圆形，位于头的顶端位置。口腔杯状，前端具有 12 个角质化的锥状皱褶，下面具 1 个大的角质化的背齿和 2 个小的亚腹齿，口腔壁角质化加厚。咽柱状，长 196～210μm。基部稍膨大，无咽球。贲门不明显。神经环位于咽的中前部，距头端为咽长的 46%。腹腺细胞较小，位于咽的基部，排泄孔位于神经环的前面。尾锥柱状，细长，168～182μm，即 6 倍泄殖孔相应体径，前 1/3 锥状，后 2/3 细柱状，无尾刚毛，末端稍膨大，无端刚毛，具突出的黏液管开口。尾腺细胞不明显。

交接刺弧形，39～43μm，约为泄殖孔相应体径的 1.3 倍，近端稍膨大呈头状，末端渐尖。引带独木舟形，与交接刺平行，长 29～31μm，两端渐尖无齿，无引带突。肛前具 5 个小的管状辅器。

雌体类似于雄体，但身体稍大。生殖系统具前后 2 个反折的卵巢，输卵管较短，含有圆形的成熟卵。受精囊不明显。雌孔位于身体中部，距头端为体长的 49%～51%。阴道壁厚，阴唇突出。

该种分布于黄海陆架泥质沉积物中。

该种所在属创建于中国，目前共发现 3 种。

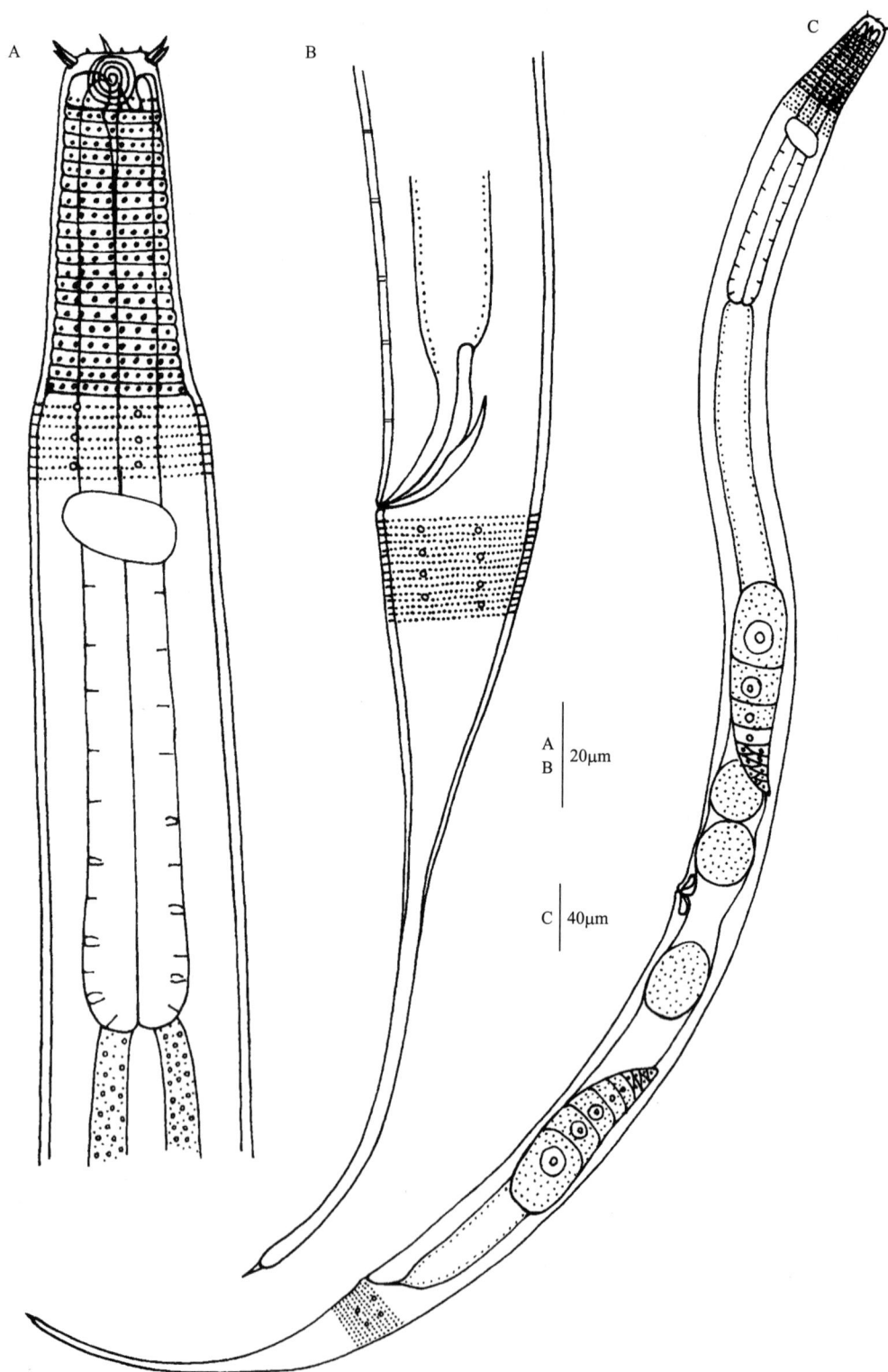

图 6.65.1　尖颈拟玛丽林恩线虫（*Paramarylynnia stenocervica* Huang & Sun，2010）手绘图
A. 雄体前端，示头刚毛、口腔齿和化感器；B. 雄体尾端，示交接刺、引带和肛前辅器；C. 雌体，示生殖系统

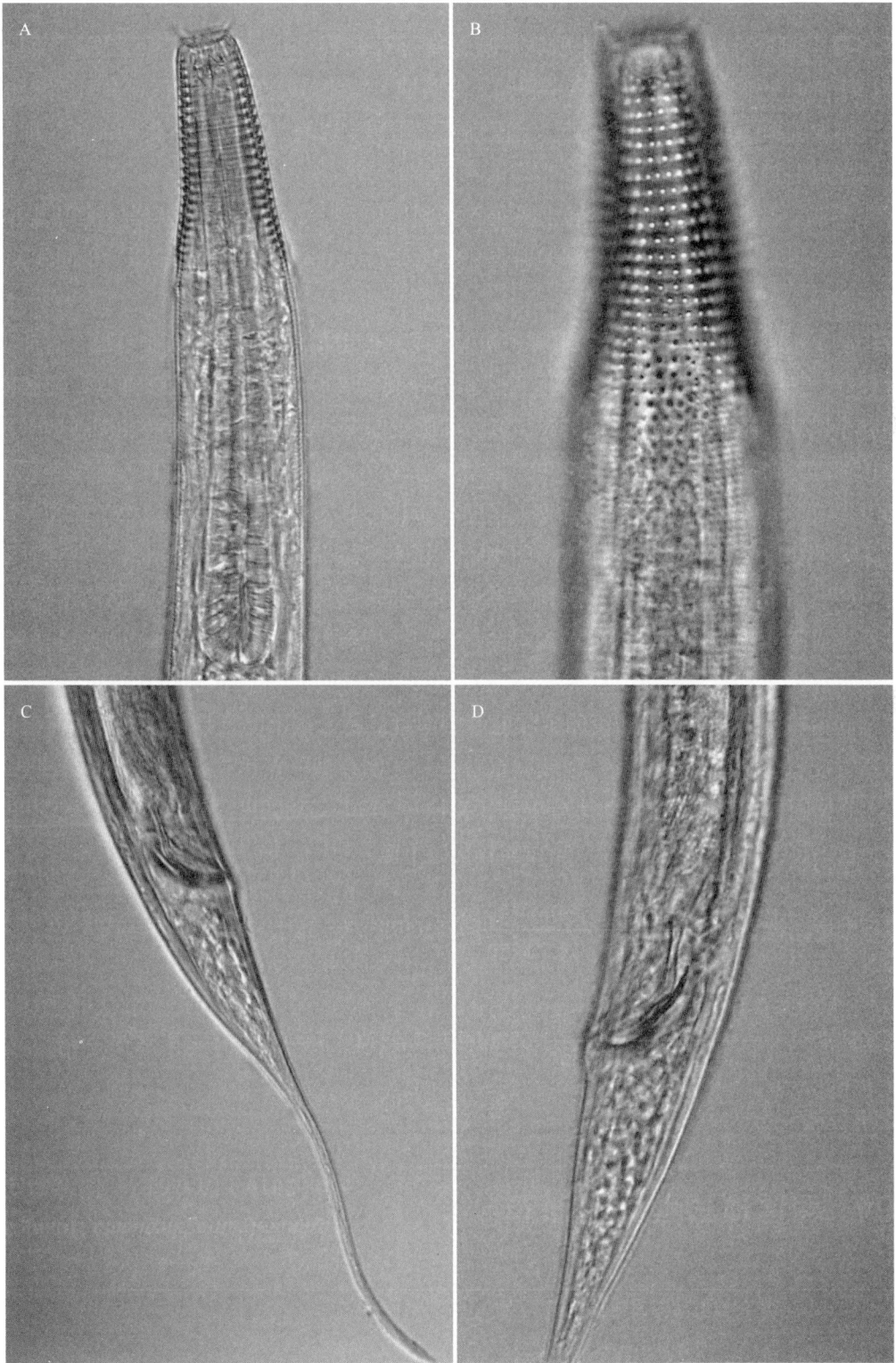

图 6.65.2　尖颈拟玛丽林恩线虫（*Paramarylynnia stenocervica* Huang & Sun，2010）显微图
A、B. 雄体前端，示头刚毛和化感器；C、D. 雄体尾端，示交接刺和引带

66. 多辅器绒毛线虫

Pomponema multisupplementa **Huang & Zhang, 2014**（图 6.66.1，图 6.66.2）

Cobb 公式：

模式标本：$\dfrac{-\quad 230\quad M\quad 1290}{28\quad 72\quad 82\quad 47}$ 1410μm；a＝17.2，b＝6.1，c＝11.6，spic＝62

雌性副模式标本：$\dfrac{-\quad 250\quad M\quad 1315}{27\quad 72\quad 76\quad 44}$ 1445μm；a＝18.3，b＝5.8，c＝11.0，V%＝58%

属于色矛目、杯咽线虫科、绒毛线虫属。

身体长纺锤形。雄体长 1410～1460μm，最大体宽 72～82μm。角皮具环状排列的均匀圆点，具明显的侧装饰。侧装饰点从化感器至咽的中间位置排列不规则，从咽的中部至尾的锥状部分为规则的 3 纵列，宽 6μm。沿身体纵轴具 4 列皮下孔。头部直径 27～28μm，为咽基部体径的 39%。内唇感觉器乳突状，外唇感觉器刚毛状，长 8～9μm，着生于头的顶端，头刚毛不明显。螺旋形化感器，直径 11μm，为相应体径的 38%，位于口腔中间，外廓横椭圆形。口腔杯状，前端具 12 个角质化的锥状皱褶，下面具 1 个大的角质化的背齿和 2 个小的亚腹齿。咽柱状，长 230～238μm。基部膨大稍呈双咽球。贲门不明显。神经环位于咽的中前部，距头端为咽长的 49%。排泄系统明显，腹腺细胞较大，位于肠的前端，排泄孔位于咽的中部，紧邻神经环的前面。尾短，锥柱状，长 119～132μm，即泄殖孔相应体径的 2.6 倍，前 2/3 锥状，具 4 或 5 对亚腹刚毛；后 1/3 棒状，末端稍膨大，无端刚毛，具突出的黏液管开口。具 3 个尾腺细胞。

交接刺粗壮，长 60～62μm，为泄殖孔相应体径的 1.3 倍，向腹面弯曲，近端头状，末端渐尖。引带手柄状，中间膨大包绕交接刺，近端钩状，长 44～49μm，无引带突。肛前具 72～76 个排列紧密的长 10～12μm 的管状辅器，肛前第一个辅器距泄殖孔 12μm，向近端辅器间距逐渐增大，最近端一个辅器距泄殖孔 690μm。

雌体类似于雄体，具 4 根头刚毛，头感觉器排列成 6＋10 的模式。生殖系统具前后 2 个反折的卵巢，前卵巢距离雌孔 110μm，后卵巢距离雌孔 90μm。受精囊不明显。子宫膨大，雌孔位于身体后部，距头端为体长的 58%。

该种分布于黄海海滨潮间带泥质沉积物中。

该种所在属目前共发现 31 种，其中首次于中国黄海发现 1 新种。

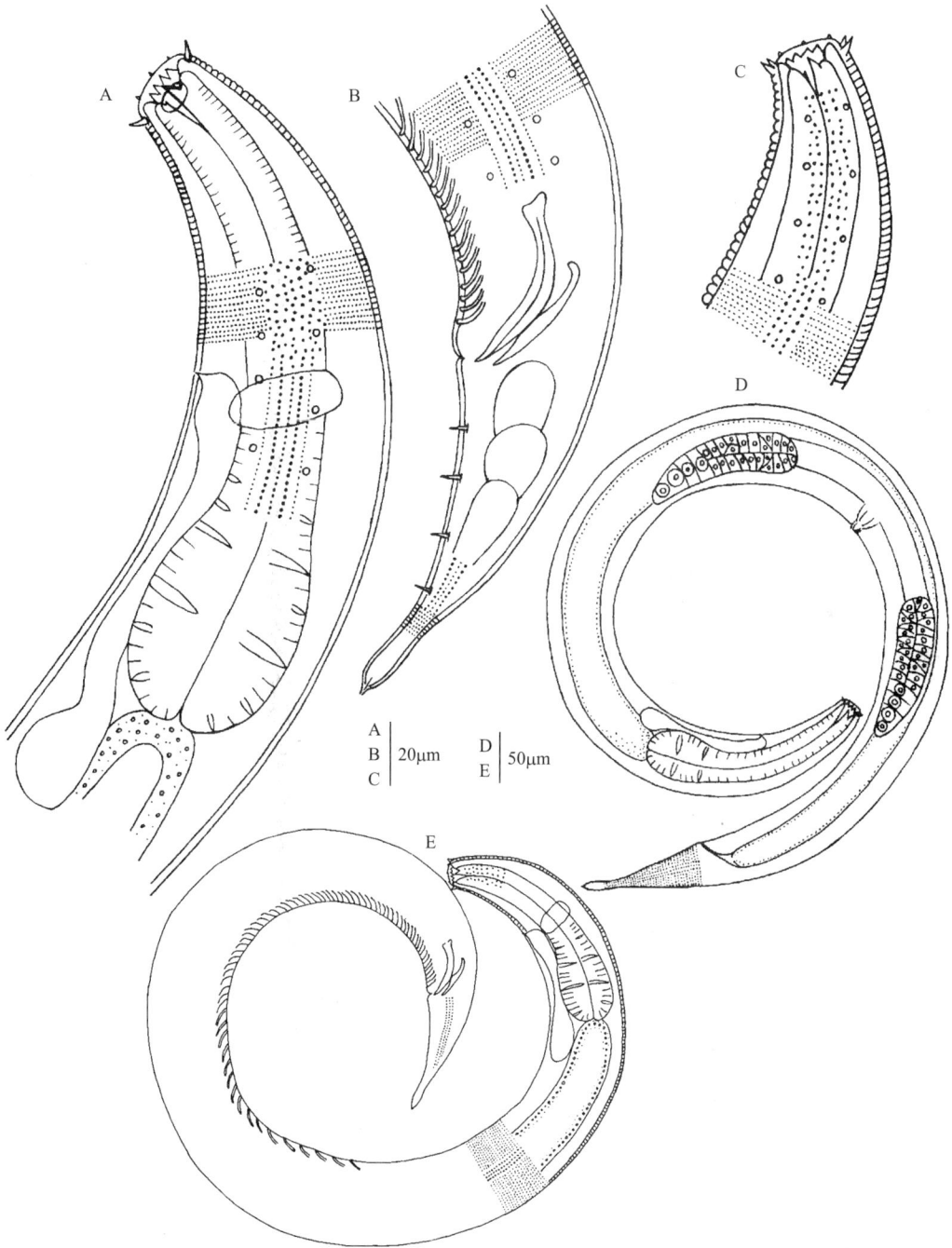

图 6.66.1　多辅器绒毛线虫（*Pomponema multisupplementa* Huang & Zhang，2014）手绘图
A. 雄体前端，示头刚毛、口腔齿、化感器和排泄系统；B. 雄体尾端，示交接刺、引带和肛前辅器；
C. 雌体头端；D. 雌体，示生殖系统；E. 雄体

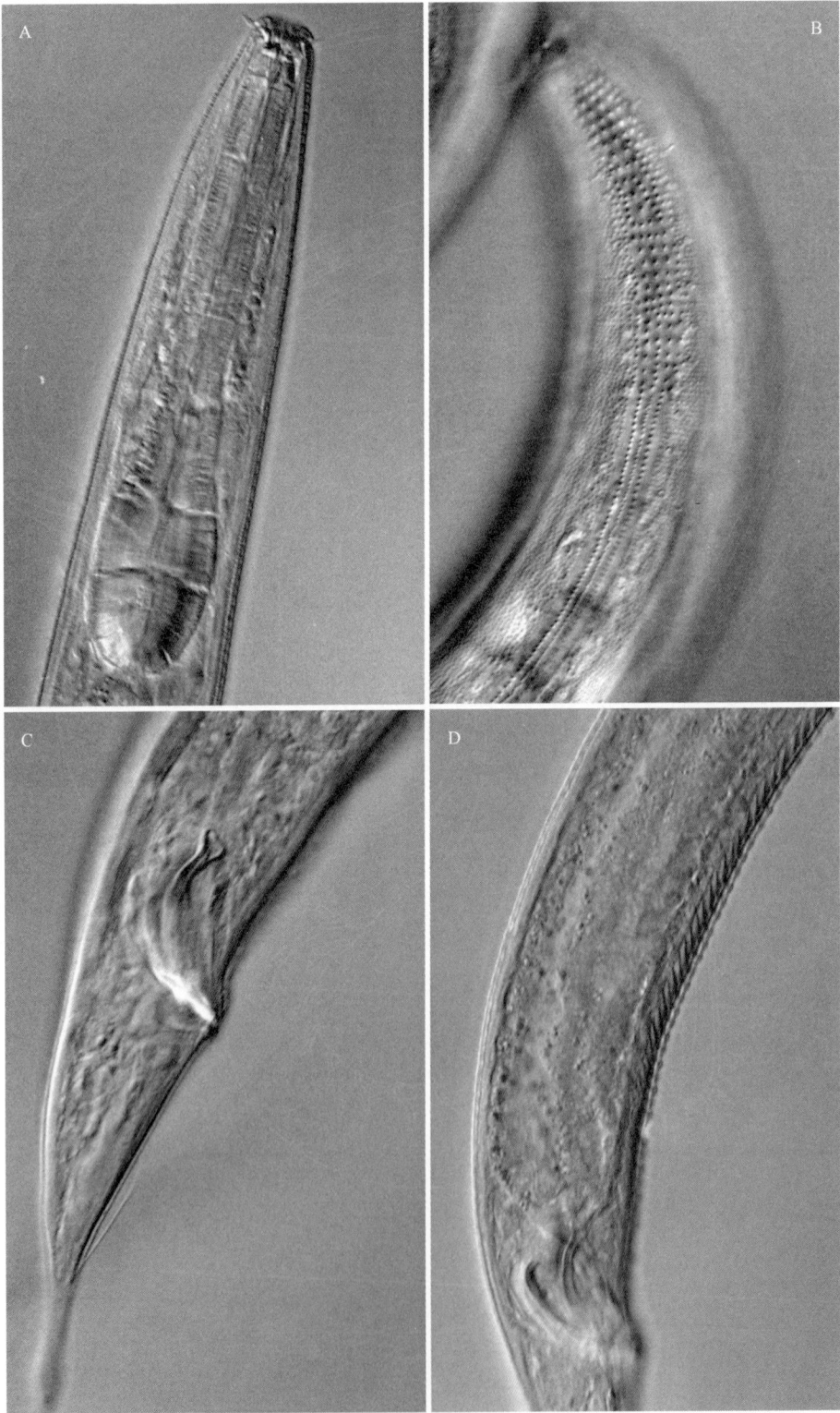

图 6.66.2 多辅器绒毛线虫（*Pomponema multisupplementa* Huang & Zhang，2014）显微图
A、B. 雄体前端，示头刚毛、口腔齿、化感器和侧装饰；C、D. 雄体尾端，示交接刺、引带和肛前辅器

67. 日照玛瑙线虫

Onyx rizhaoensis Huang & Wang, 2015（图 6.67.1，图 6.67.2）

Cobb 公式：

模式标本： $\dfrac{—\quad 185\quad M\quad 1264}{22\quad 28\quad 28\quad 25}$ 1330μm；a＝44.3，b＝7.2，c＝20.2，spic＝30

雌性副模式标本： $\dfrac{—\quad 190\quad M\quad 1210}{22\quad 32\quad 33\quad 24}$ 1280μm；a＝38.8，b＝6.7，c＝18.3，V%＝51%

属于色矛目、链环线虫科、玛瑙线虫属。

身体柱状，尾端渐尖。雄体长 1213～1330μm，最大体宽 27～28μm。角皮具环状排列的细横纹，无侧装饰。头部平截，直径 20～22μm，为咽基部体径的 79%。头感觉器着生在头的顶端，内唇感觉器不明显，外唇感觉器刚毛状，长 16～20μm，4 根头刚毛较短，长 10μm，排列成一圈。化感器双环状，直径 10μm，着生于头的顶端。化感器之下有 1 圈长的颈刚毛，8 根，长 18μm，另有短的颈刚毛分散在颈部四周。口腔前部杯状，后部锥状，着生 1 个角质化的剑形大背齿，长 20～22μm。咽圆柱形，长 175～185μm，前端膨大成 1 个长的前咽球，后部膨大形成长的后双咽球，后咽球长 55μm，为咽长的 46%。神经环和排泄系统均不明显。尾短，锥状，向后逐渐变细，长 66～68μm，为泄殖孔相应体宽的 2.6～2.8 倍，末端具 1 个刺状黏液管突，尾刚毛长达 15μm。具 3 个尾腺细胞，其中 2 个前伸至泄殖孔前面。

生殖系统具 1 个向前伸展的精巢。交接刺长 30μm，约为泄殖孔处体宽的 1.2 倍。略向腹面弯曲，近端头状，末端渐尖，引带新月形，与交接刺后端平行，无引带突，长 17～20μm。肛前具 12 个 "S" 形管状辅器，每个长 11～14μm，排列成 2 组，远端 10 个排列成一组，近端 2 个一组，中间具间隔。

雌体类似于雄体，但化感器较小，更靠近头端，生殖系统具前后 2 个反折的卵巢，前面一个卵巢位于肠的右侧，长 160μm，后面一个位于肠的左侧，长 170μm。成熟卵长椭圆形。雌孔位于身体的中后部，至头端距离为体长的 51%～53%。

该种分布于黄海海滨潮间带沙质沉积物中。

该种所在属目前共发现 20 种，其中首次于中国黄海发现 2 新种。

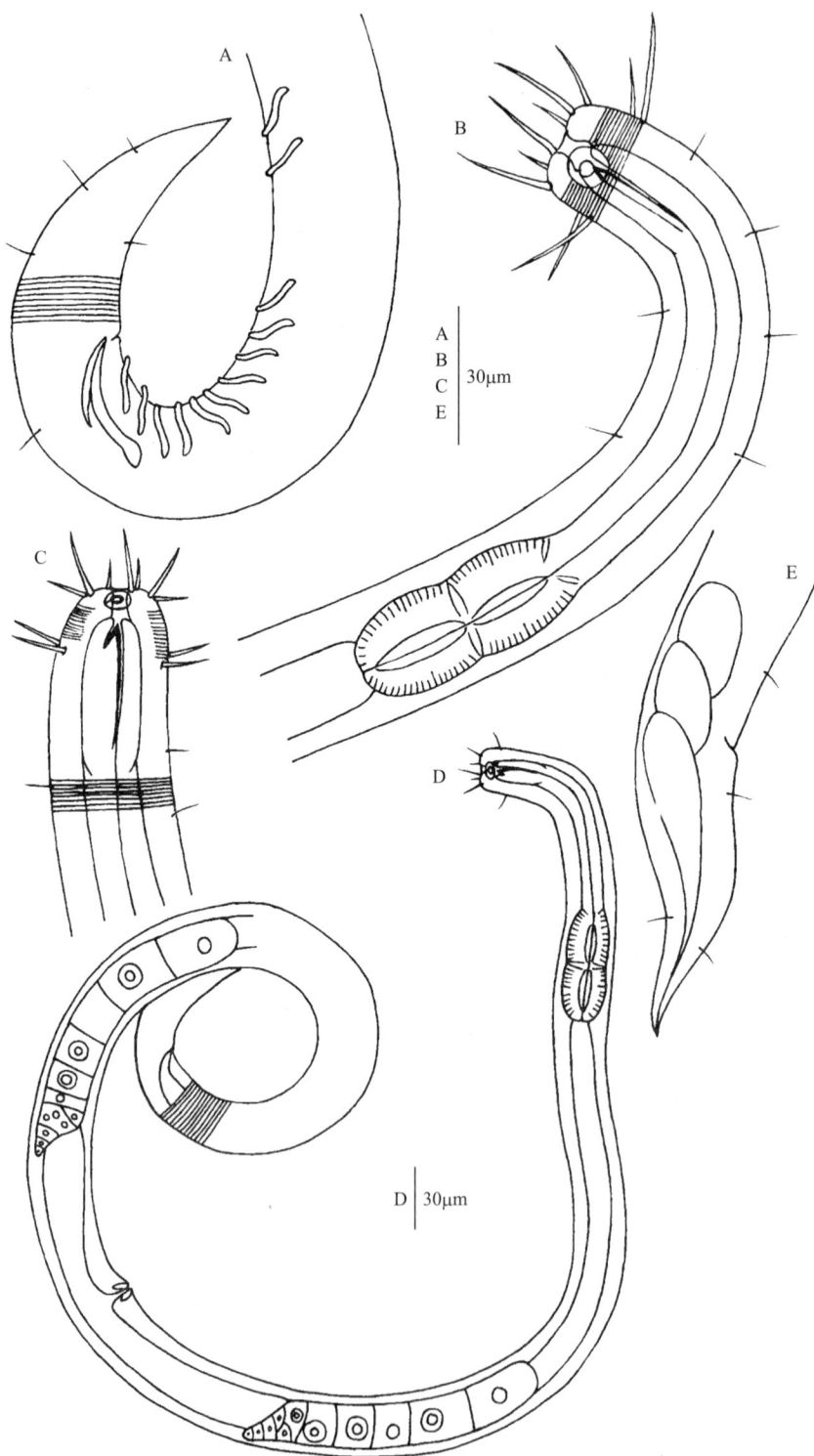

图 6.67.1 日照玛瑙线虫（*Onyx rizhaoensis* Huang & Wang，2015）手绘图
A. 雄体尾端，示交接刺、引带和肛前辅器；B. 雄体前端，示头刚毛、口腔齿、化感器和咽球；C. 雌体头端；
D. 雌体，示生殖系统；E. 雌体尾端，示尾腺细胞

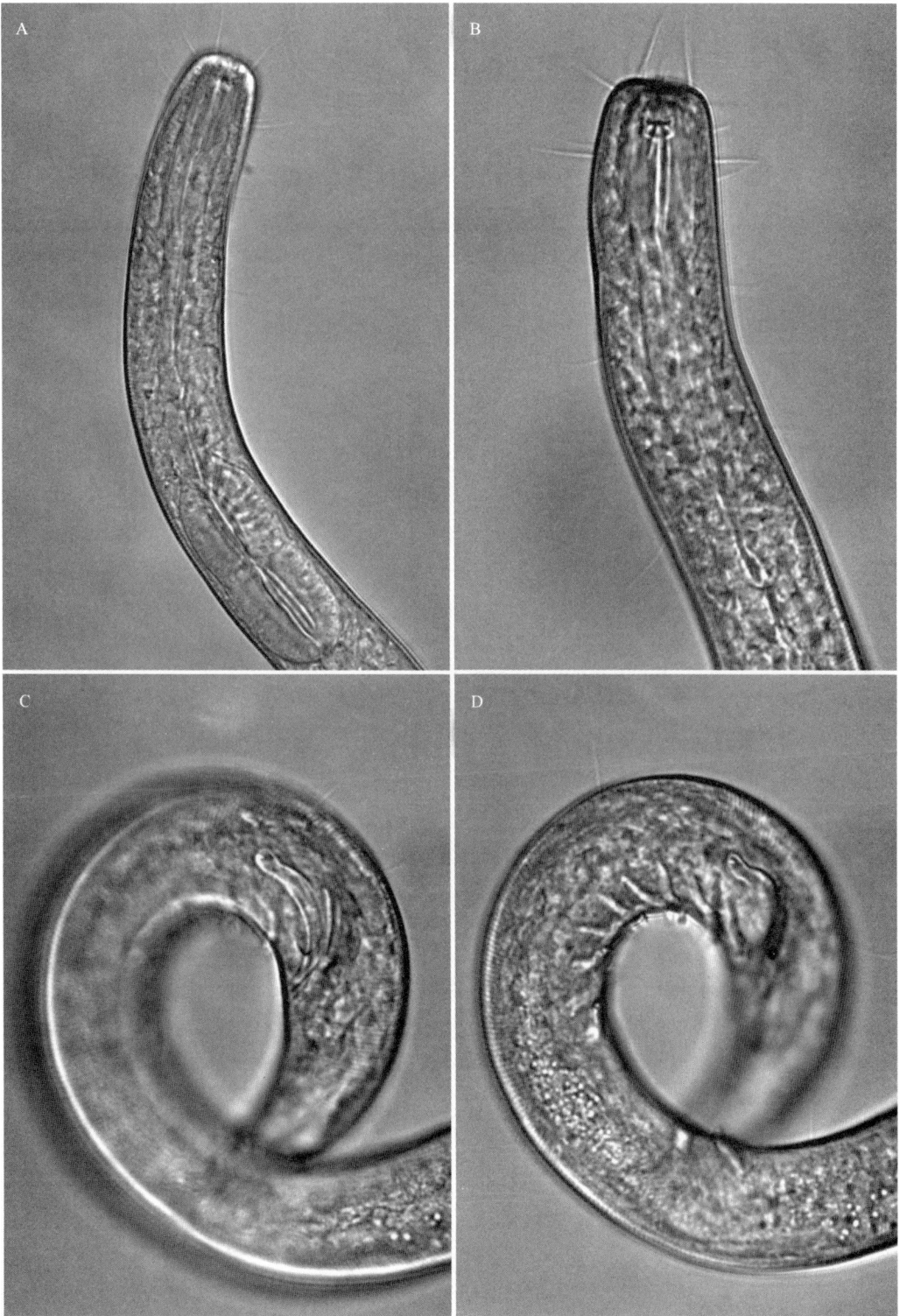

图 6.67.2 日照玛瑙线虫（*Onyx rizhaoensis* Huang & Wang，2015）显微图
A、B. 雄体前端，示头刚毛、口腔齿和双咽球；C、D. 雄体尾端，示交接刺、引带和肛前辅器

68. 小玛瑙线虫

Onyx minor Huang & Wang, 2015（图 6.68.1，图 6.68.2）

Cobb 公式：

$$模式标本：\frac{—\quad 120\quad M\quad 619}{16\quad 19\quad 19\quad 16}\quad 675\mu m；a＝35.5，b＝5.6，c＝12.1，spic＝22$$

$$雌性副模式标本：\frac{—\quad 116\quad M\quad 694}{19\quad 25\quad 26\quad 16}\quad 660\mu m；a＝25.4，b＝5.7，c＝12.7，V\%＝51$$

属于色矛目、链环线虫科、玛瑙线虫属。

身体较小，柱状，尾端渐尖。雄体长 675～806μm，最大体宽 19～20μm。角皮具环状排列的细横纹，无侧装饰。头部平截，直径 15～18μm，为咽基部体径的 84%。头感觉器着生在头的顶端，内唇感觉器不明显，外唇感觉器刚毛状，长 7～9μm，4 根头刚毛较短，长 7μm，排列成一圈。化感器双环状，直径 5μm，着生于头的顶端。化感器之下有 1 圈 8 根 7μm 长的亚头刚毛，另有短的颈刚毛分散在颈部四周。口腔前部杯状，后部锥状，着生 1 个角质化的剑形大背齿，长 21～22μm。咽圆柱形，长 110～120μm，前端膨大成 1 个长的前咽球，后部膨大形成长的后双咽球，后咽球长 33～40μm，为咽长的 33%。神经环和排泄系统均不明显。尾短，锥状，向后逐渐变细，长 56～60μm，为泄殖孔相应体宽的 3.2～3.5 倍，末端具 1 个刺状黏液管突，具短的尾刚毛。3 个尾腺细胞，其中 2 个前伸至泄殖孔前面。

生殖系统具 1 个向前伸展的精巢。交接刺长 22～25μm，约为泄殖孔处体宽的 1.4 倍。略向腹面弯曲，近端头状，末端渐尖，引带棒状，近端具 1 个钩状弯曲的引带突，长 13～15μm。肛前具 12 个 "S" 形管状辅器，每个长约 10μm，均匀排列。

雌体类似于雄体，但化感器较小，更靠近头端，生殖系统具前后 2 个反折的卵巢，前面一个卵巢位于肠的右侧，长 96μm，后面一个位于肠的左侧，长 135μm。成熟卵长椭圆形。雌孔位于身体的中后部，至头端距离为体长的 51%～52%。

该种分布于黄海海滨潮间带沙质沉积物中。

该种所在属目前共发现 20 种，其中首次于中国黄海发现 2 新种。

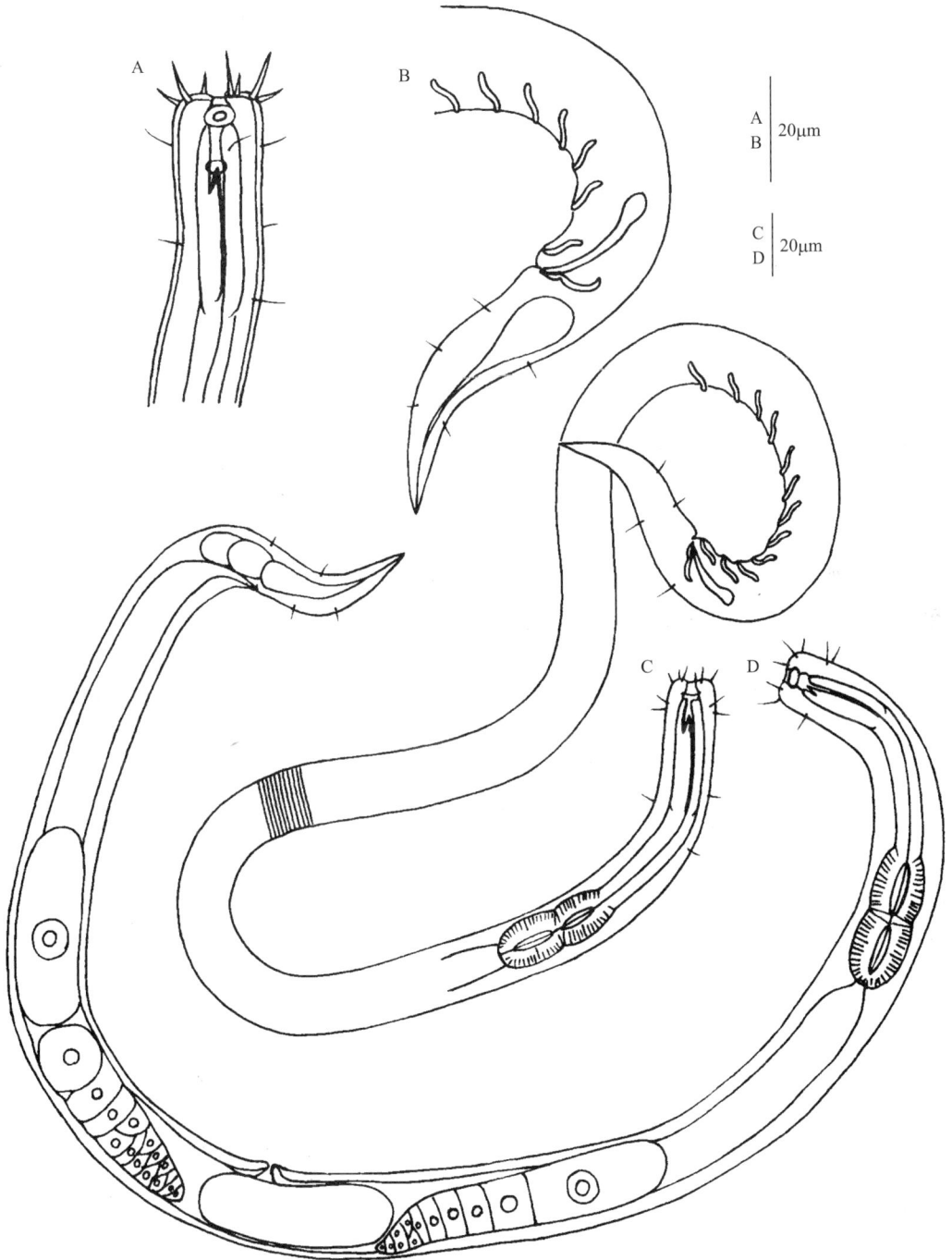

图 6.68.1　小玛瑙线虫（*Onyx minor* Huang & Wang，2015）手绘图
A. 雄体头端，示头刚毛和口腔齿和化感器；B. 雄体尾端，示交接刺、引带和肛前辅器；C. 雄体；D. 雌体，示生殖系统

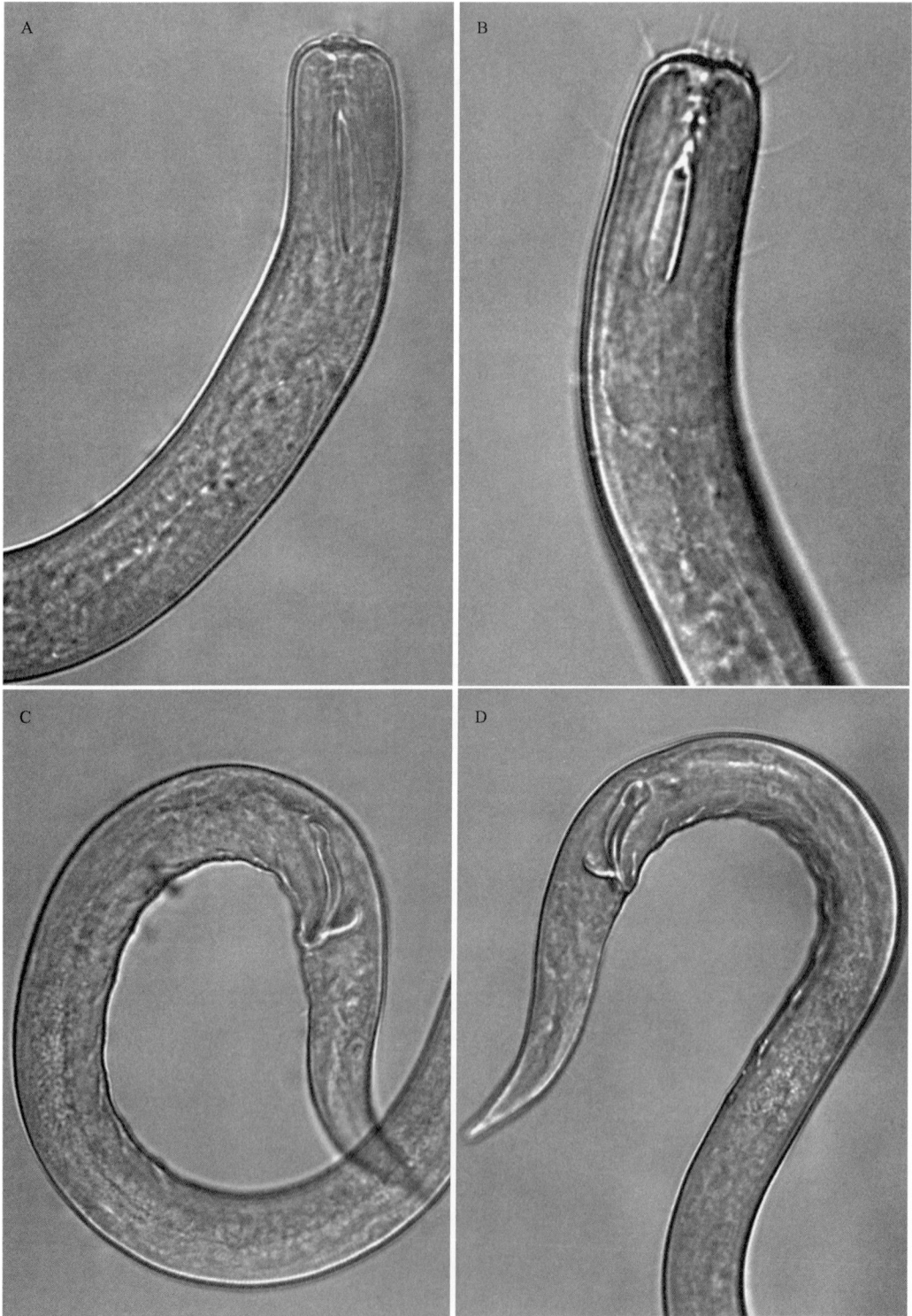

图 6.68.2　小玛瑙线虫（*Onyx minor* Huang & Wang，2015）显微图
A、B. 雄体前端，示头刚毛和口腔齿；C、D. 雄体尾端，示交接刺、引带和肛前辅器

69．装饰似纤咽线虫

Leptolaimoides punctatus **Huang &
Zhang, 2006**（图 6.69.1，图 6.69.2）

Cobb 公式：

$$\text{模式标本}；\frac{-\quad 115\quad M\quad 570}{6\quad 16\quad 17\quad 14}\ 692\mu m；a=40.7，b=6，c=5.7，spic=18$$

$$\text{雌性副模式标本}：\frac{-\quad 130\quad M\quad 490}{6\quad 17\quad 18\quad 12.5}\ 616\mu m；a=34.2，b=4.7，c=4.9，\\ V\%=48\%$$

属于色矛目、纤咽线虫科、似纤咽线虫属。

身体较小，线状。雄体长 615～692μm，最大体宽 17～18μm。角皮具明显的较宽的环纹和侧装饰。侧装饰由 2 纵列伸长的斑点组成，2 排装饰点之间宽 2μm，从化感器处一直延伸到尾的锥状部分。头圆锥状，直径 5.5～6.0μm，为咽基部体径的 38%。内唇感觉器和外唇感觉器均为乳突状，4 根头刚毛较短，着生于头的顶端。化感器长环形，长 19～23μm，宽 3.5μm，为相应体径的 0.3 倍，前端距离头端 12μm。口腔狭长，柱状，无齿。咽柱状，长 115～120μm。基部膨大为咽球。贲门不明显。神经环、排泄系统均不明显。尾较长，锥柱状，长 115～122μm，即泄殖孔相应体径的 8.7 倍，前 1/3 锥状；后 2/3 丝状，末端渐尖，无端刚毛，黏液管开口不明显。具 3 个尾腺细胞。

交接刺长 18μm，为泄殖孔相应体径的 1.3 倍，向腹面稍弯曲，近端头状，末端渐尖。引带背部具细长的尾状突，长 8.0～8.5μm。肛前具 4 个均匀排列的管状辅器，每个辅器长 11～12μm。

雌体类似于雄体。生殖系统具 2 个反向排列直伸的卵巢。受精囊不明显。子宫膨大，雌孔位于身体中部，至头端距离为体长的 48%。

该种分布于黄海陆架泥质沉积物中。

该种所在属目前共发现 12 种，其中首次于中国黄海发现 1 新种。

6.4 单宫目 Monhysterida

70．弯刺海单宫线虫

Thalassomonhystera contortspicula
sp. nov.（图 6.70.1，图 6.70.2）

Cobb 公式：

$$\text{模式标本}：\frac{-\quad 140\quad M\quad 570}{11\quad 42\quad 45\quad 30}\ 676\mu m；a=15.0，b=4.8，c=6.4，spic=31$$

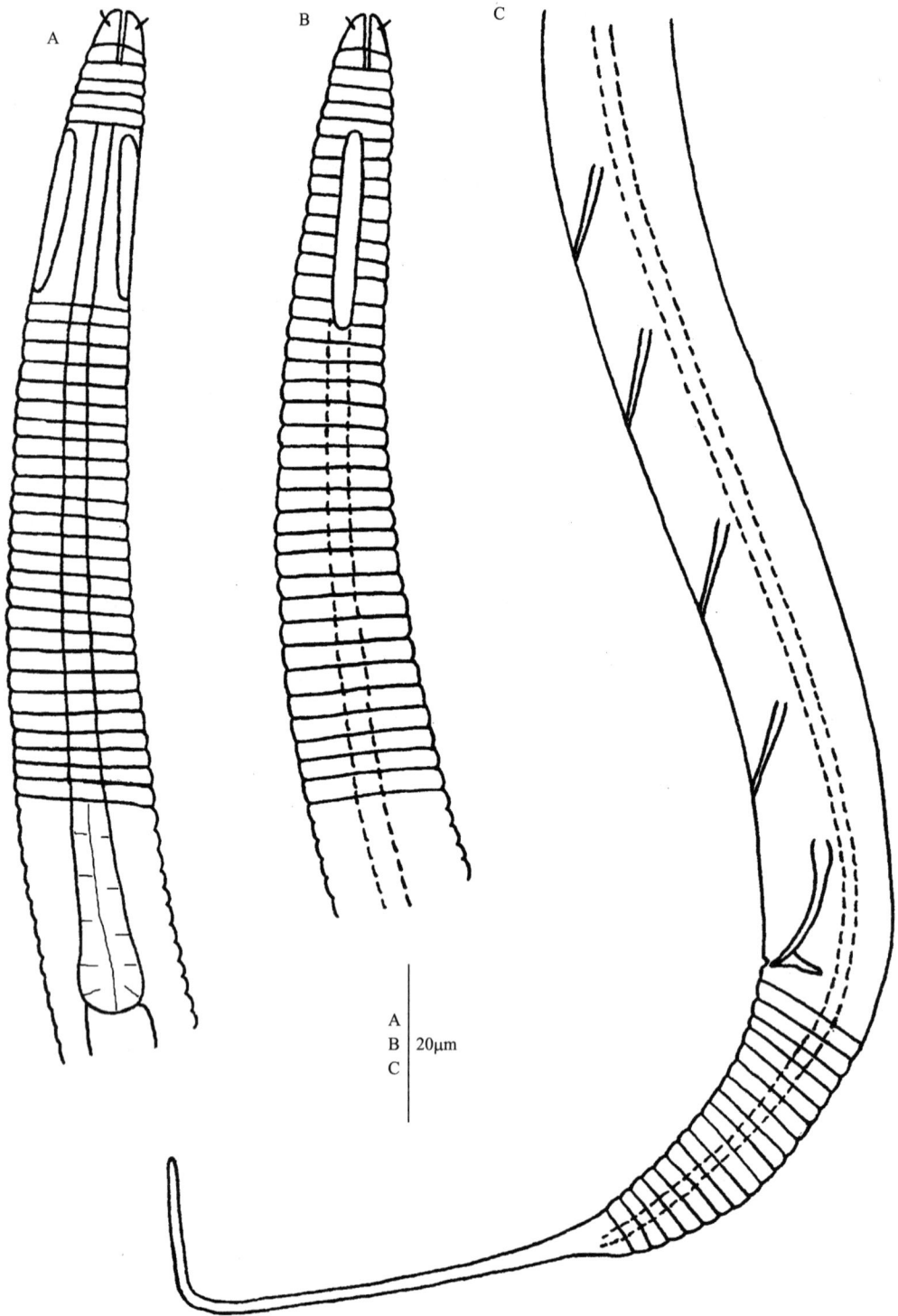

图 6.69.1　装饰似纤咽线虫（*Leptolaimoides punctatus* Huang & Zhang，2006）手绘图

A、B. 雄体前端，示头刚毛、口腔和化感器；C. 雄体尾端，示交接刺、引带和肛前辅器

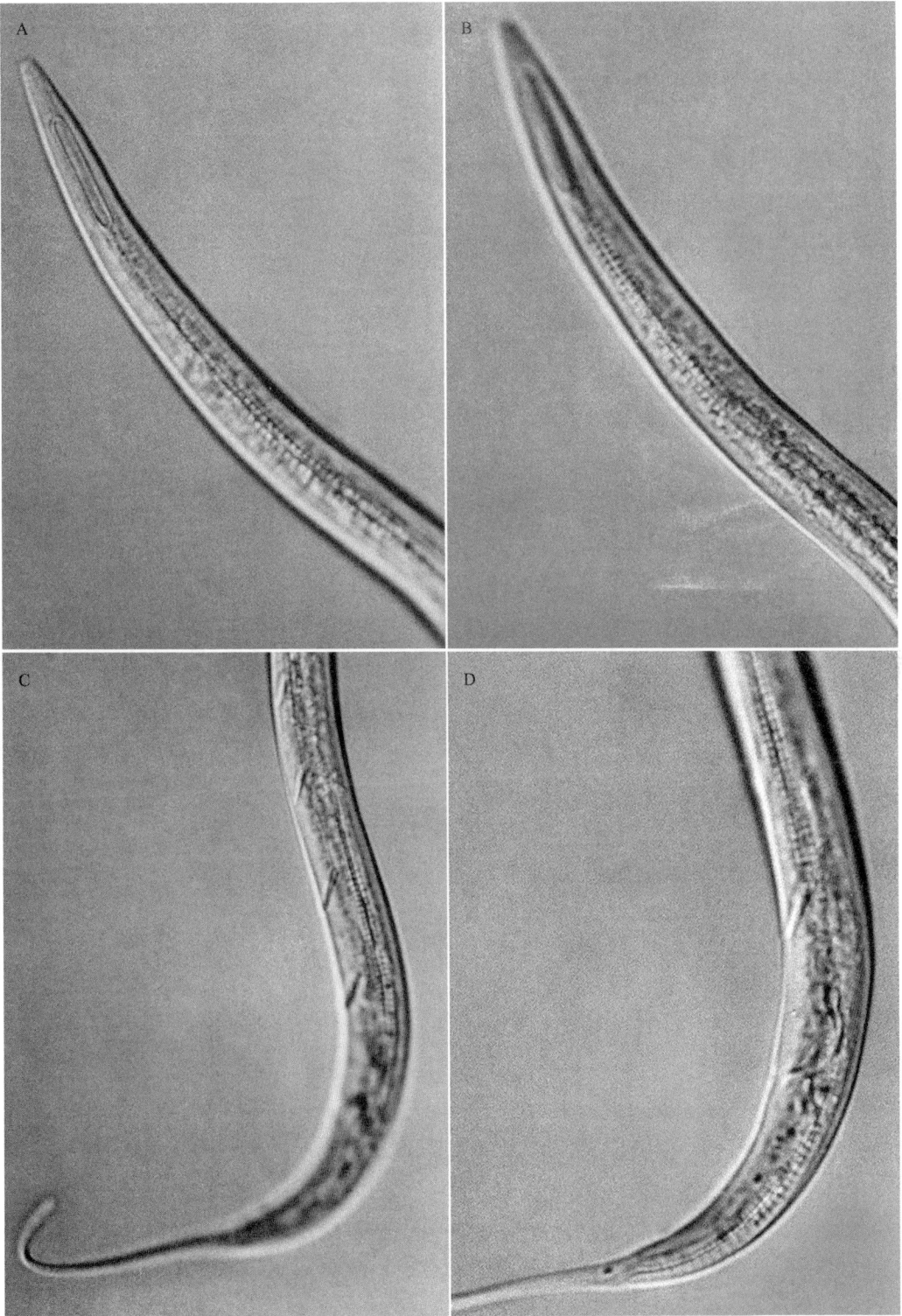

图 6.69.2 　装饰似纤咽线虫（*Leptolaimoides punctatus* Huang & Zhang，2006）显微图
A、B. 雄体前端，示化感器和侧装饰；C、D. 雄体尾端，示交接刺、引带和肛前辅器

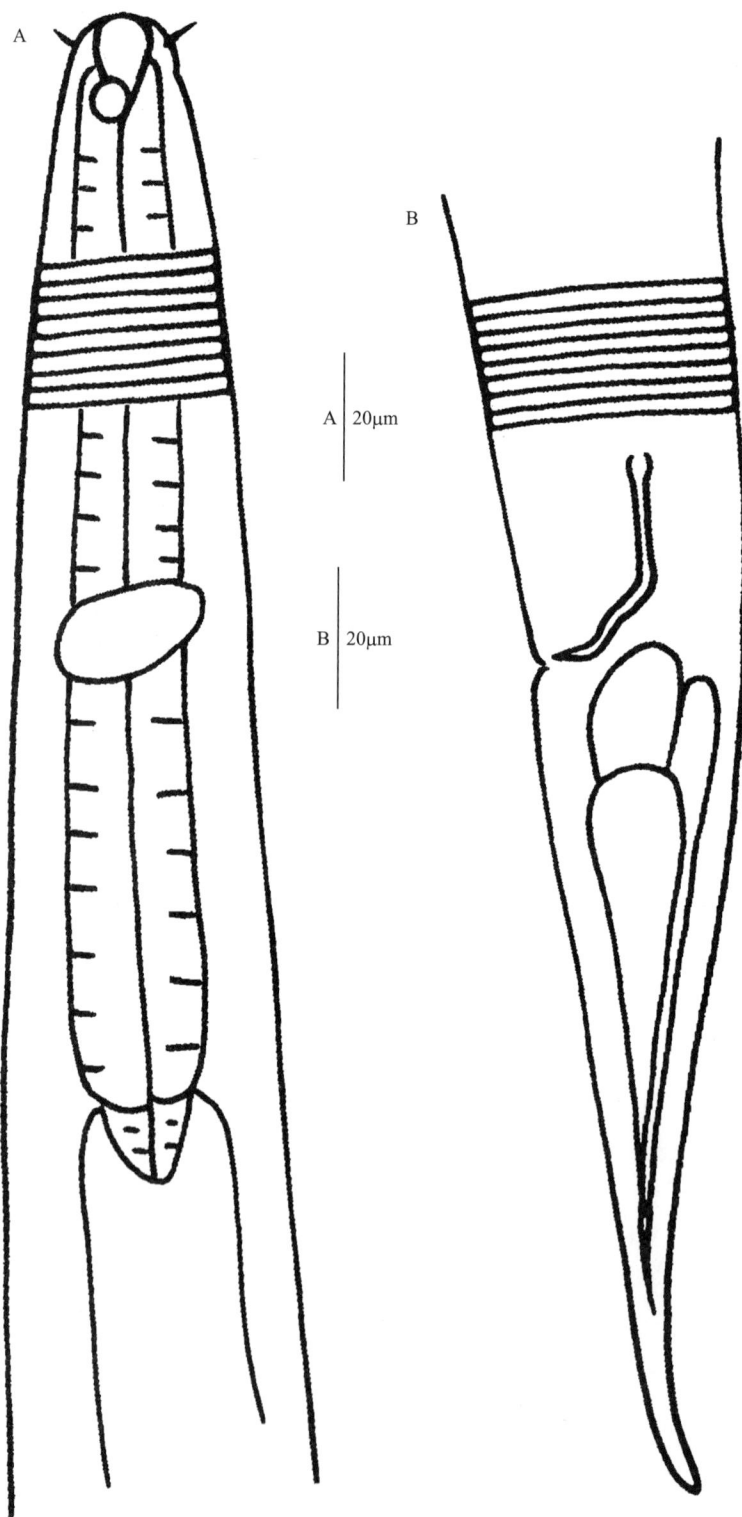

A | 20μm

B | 20μm

图 6.70.1　弯刺海单宫线虫（*Thalassomonhystera contortspicula* sp. nov.）手绘图
A. 雄体前端，示口腔、化感器、角皮环纹、神经环、咽和贲门；B. 雄体尾端，示交接刺和尾腺细胞

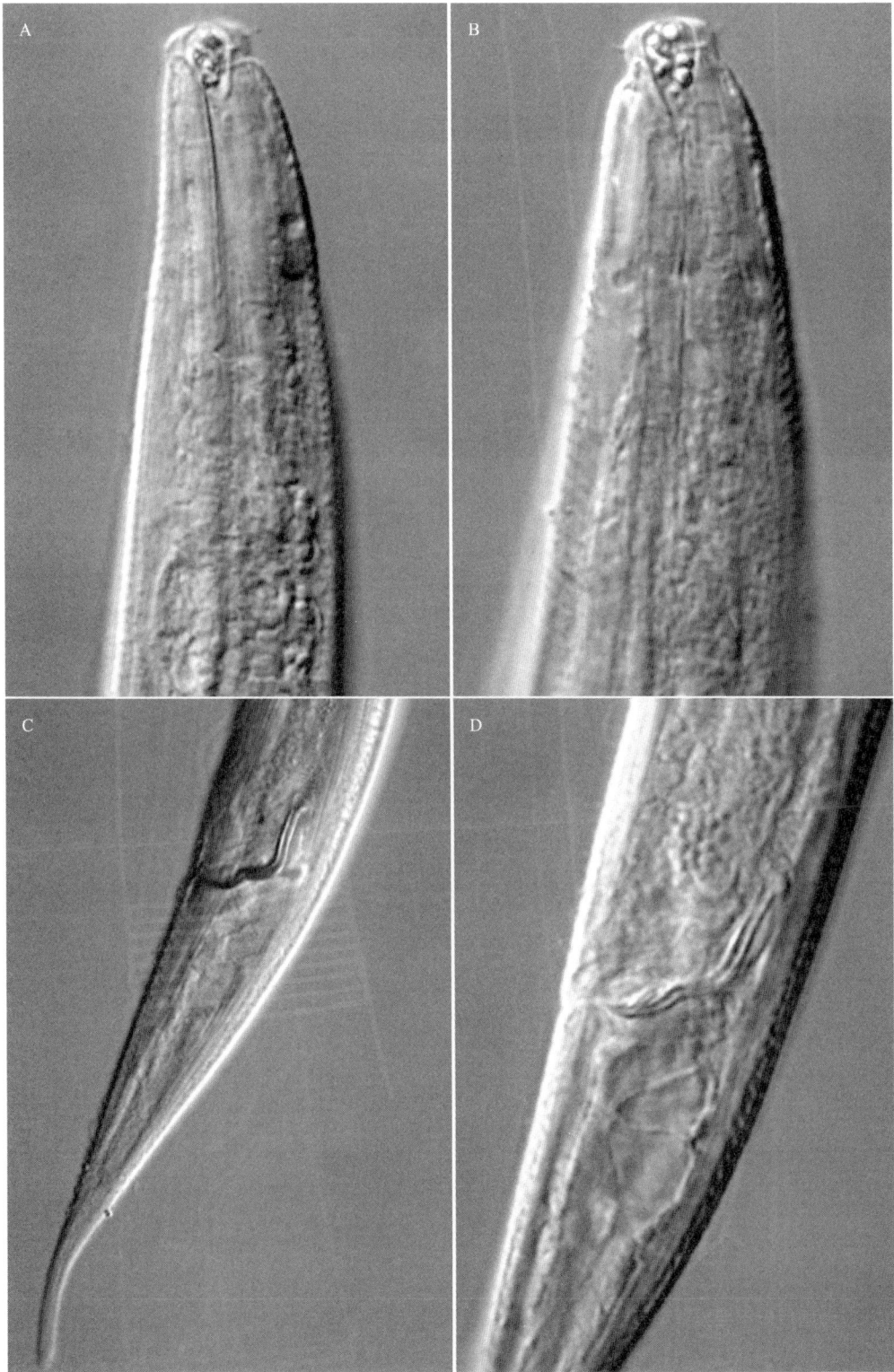

图 6.70.2 弯刺海单宫线虫（*Thalassomonhystera contortspicula* sp. nov.）显微图
A、B. 雄体前端，示头刚毛、口腔和神经环；C、D. 雄体尾端，示交接刺和尾腺细胞

属于单宫目、单宫线虫科、海单宫线虫属。

雄体细长，前端狭窄，体长640～676μm，最大体宽38～45μm。表皮具环状排列的横向条纹，无体刚毛。头部圆形，直径11～12μm。有6个唇瓣，向外突出，内唇感觉器不明显，6根外唇感觉器刚毛状，较短，与4根头刚毛几乎排成一圈，均2μm，或为头径的18%，位于头的前端。化感器圆形，直径4μm，占相应体径的29%，位于口腔基部两侧。口腔较小，漏斗状，无齿。咽圆柱形，135～141μm，基部略微膨大，不形成咽球。贲门发育良好，锥状，周围有肠组织包围。排泄细胞和排泄孔不明显。神经环位于咽的中部。尾锥柱状，末端约1/3为柱状，末端不膨大，无尾刚毛及尾端刚毛。

生殖系统具1个向前伸展的较长的精巢。交接刺细长，28～34μm，于中后部向腹面弯曲2次，呈波浪状，长30～34μm，约为泄殖孔相应体径的1.2倍，近端膨大呈头状，末端渐尖，无引带。

雌性个体未发现。

该种分布于南海陆架泥质沉积物中。

该种所在属目前共发现31个有效种，其中首次于中国南海发现1新种。

71. 圆双单宫线虫

Amphimonhystera circula Guo & Warwick, 2000（图6.71.1，图6.71.2）

Cobb公式：

$$模式标本：\frac{—\quad 160\quad M\quad 858}{10\quad 20\quad 22\quad 19}\quad 970μm；a=44，b=6，c=9，spic=32$$

属于单宫目、希阿利线虫科、双单宫线虫属。

虫体较小，长纺锤形，黄色。雄体长910～970μm，最大体宽22～24μm。表皮具细的横纹，横纹间距1.5μm。头锥形，直径10μm。6个隆起的唇瓣围成口。头感觉器刚毛状，内唇刚毛3.5～5.0μm，6根外唇刚毛长13μm，为头径的1.3倍，头刚毛8根，长18μm，为头径的1.7～1.8倍。外唇刚毛和头刚毛排成一圈，着生于口腔基部。体刚毛短，分散，主要分布在尾部。化感器圆形，较大，边缘加厚，内部具1个角质化的开口，直径10μm，1个头径宽，距离头端约1个头径远。神经环位于咽的中后部，距头端85～95μm，占咽长的52%～67%。排泄系统不明显。口腔较小，漏斗状。咽圆柱状，长142～162μm，基部不膨大，不形成咽球。贲门三角形，被肠组织包围。尾锥柱状，长112～123μm，为泄殖孔相应体宽的5.9～6.1倍，锥状部分占尾长的2/3，具亚腹刚毛，柱状部分占1/3，末端稍膨大，具3根端刚毛，长8～9μm。3个尾腺细胞共同开口于尾的末端。

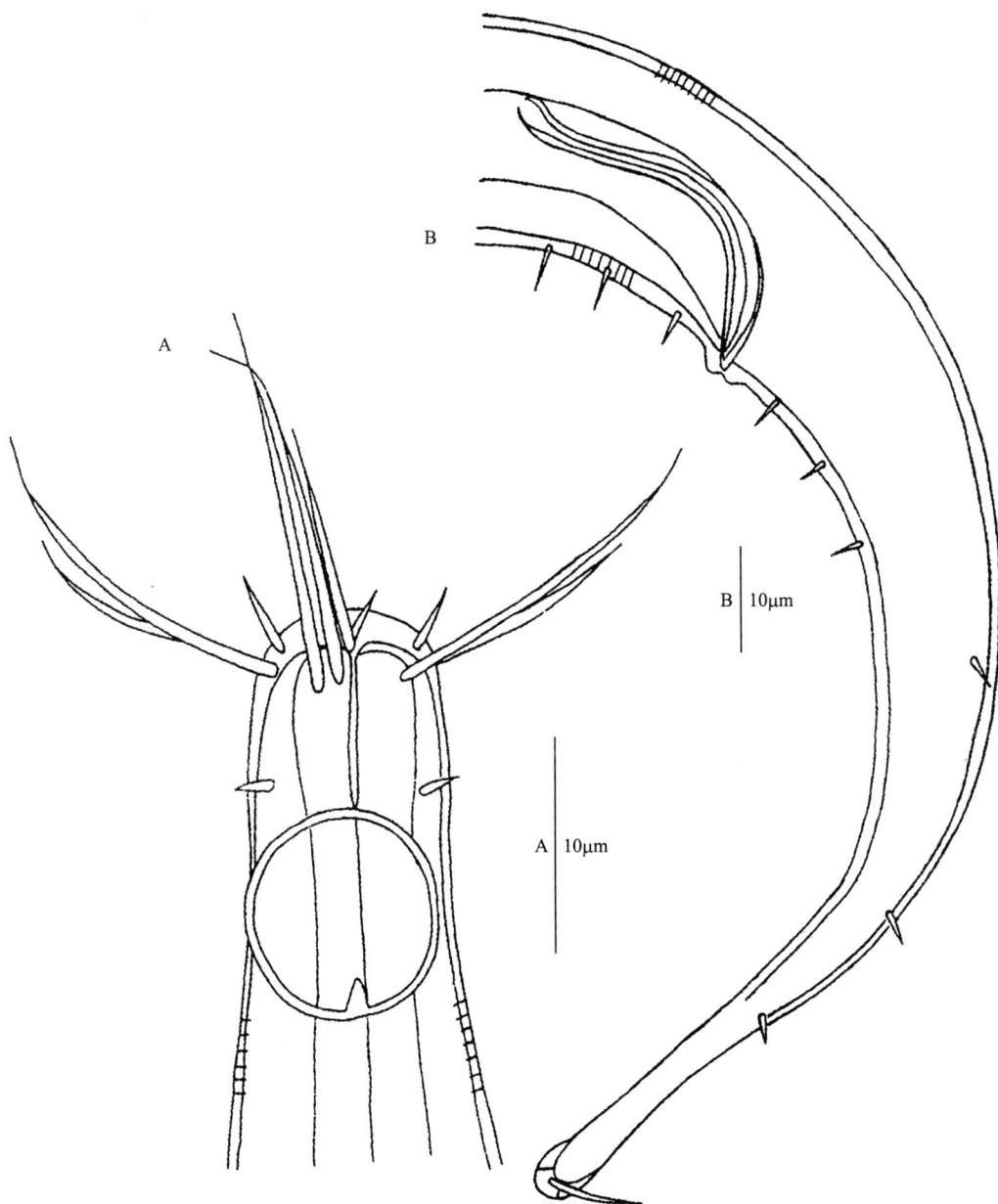

图 6.71.1 圆双单宫线虫（*Amphimonhystera circula* Guo & Warwick，2000）手绘图
A. 雄体头端，示头刚毛、亚头刚毛和化感器；B. 雄体尾端，示交接刺

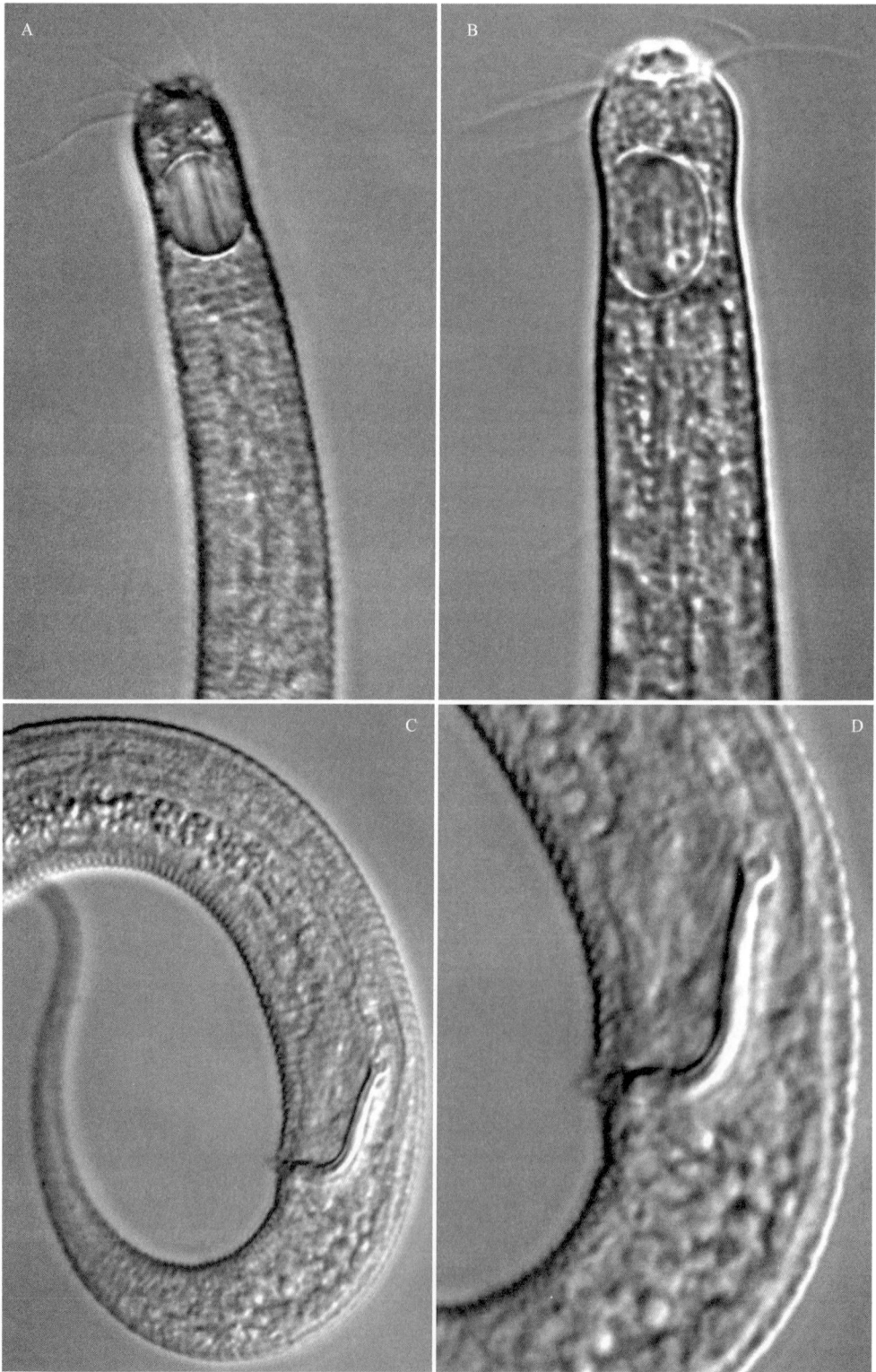

图 6.71.2 圆双单宫线虫（*Amphimonhystera circula* Guo & Warwick，2000）显微图
A、B. 雄体头端，示头刚毛、口腔和化感器；C、D. 雄体尾端，示交接刺

生殖系统具 1 个向前伸展的精巢。交接刺略呈"S"形弯曲，长 30～32μm，即泄殖孔相应体径的 1.7 倍，近端头状，远端渐尖。引带为简单的管状，无引带突。无肛前辅器。

没有发现雌体。

该种分布于渤海水下泥沙质沉积物中。

该种所在属目前共发现 7 个有效种，其中首次于中国渤海发现 1 新种。

72. 中华库氏线虫

Cobbia sinica Huang & Zhang, 2009

（图 6.72.1，图 6.72.2）

Cobb 公式：

模式标本：$\dfrac{—\quad 212\quad M\quad 987}{15\quad 20\quad 20\quad 20}$ 1135μm；a＝54.0，b＝5.4，c＝7.7，spic＝28

雌性副模式标本：$\dfrac{—\quad 224\quad M\quad 1030}{16\quad 21\quad 22\quad 29}$ 1175μm；a＝53.4，b＝5.3，c＝8.1，V%＝68%

属于单宫目、希阿利线虫科、库氏线虫属。

虫体细长，具长的锥柱状尾。体表具细密的环纹。雄体长 1030～1196μm，最大体宽 21～22μm。头部半圆形，直径 14～15μm。头感觉器刚毛状，内唇刚毛长 4.5～5.5μm，外唇刚毛长 16～19μm，头刚毛长约 14μm。6 根外唇刚毛和 4 根头刚毛排成一圈，着生于口腔中部头环处。体刚毛稀疏分散在整个虫体上。化感器圆形，直径 6.0～7.5μm，为相应体径的 30%～50%，位置偏下，距头端 16～22μm。口腔圆锥形，具有 3 个角质化的齿，其中背齿大而显著，2 个亚腹齿小。咽圆柱状，长 196～212μm，基部不膨大，无咽球。贲门锥形。神经环和排泄系统均不明显。尾锥柱状，较长，133～148μm，约为泄殖孔处体宽的 7 倍，锥状部分占尾长的 1/3，柱状部分占 2/3，具尾刚毛，末端具 2 根端刚毛。3 个尾腺细胞，末端开口突出。

生殖系统具 2 个精巢。交接刺等长，呈"L"形弯曲，长 25～28μm，近端头状，远端渐尖；引带具 1 个小的引带突。

雌体类似于雄体，生殖系统只有 1 个前置伸展的卵巢。雌孔开口于身体中后部的腹面，至头端距离为体长的 68%～74%。

该种分布于日照海滨潮间带泥质沉积物中。

该种所在属目前共发现 9 个有效种，其中首次于中国黄海，东海各发现 1 新种。

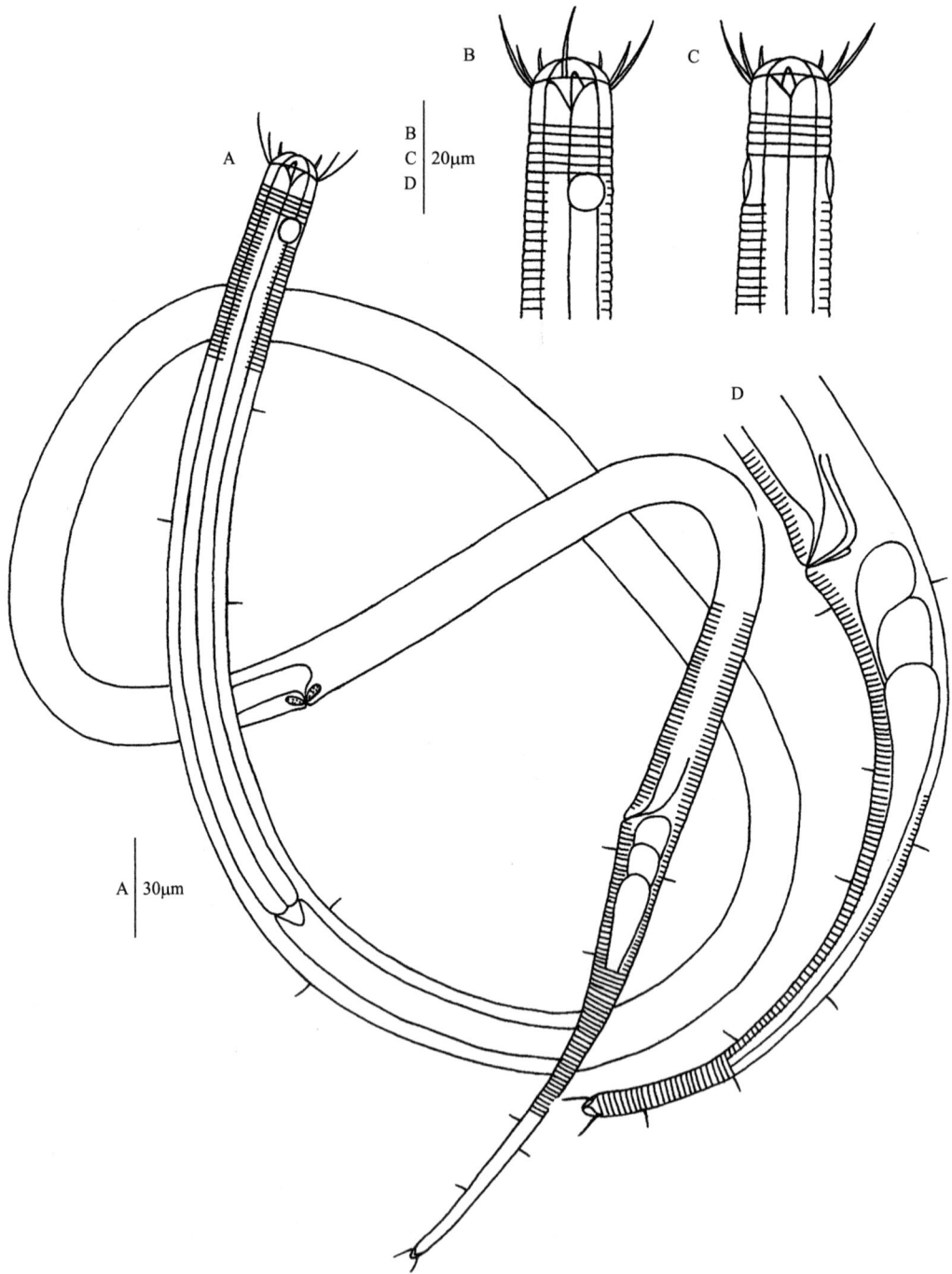

图 6.72.1　中华库氏线虫（*Cobbia sinica* Huang & Zhang，2009）手绘图
A. 雌体；B、C. 雄体头端，示头刚毛、口腔齿和化感器；D. 雄体尾端，示交接刺、引带和尾腺细胞

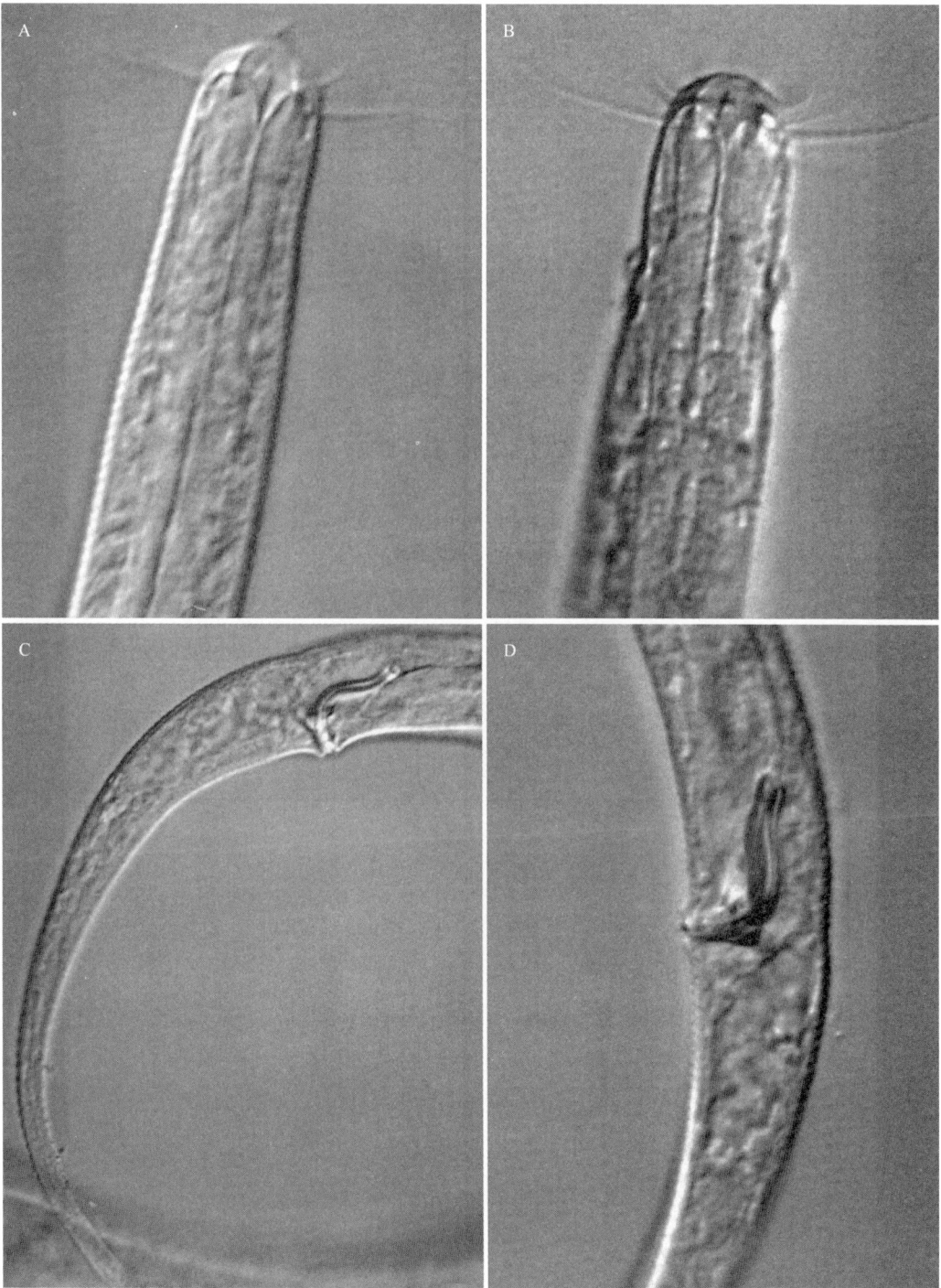

图 6.72.2 中华库氏线虫（*Cobbia sinica* Huang & Zhang，2009）显微图

A、B. 雄体头端，示头刚毛、口腔齿和化感器；C、D. 雄体尾端，示交接刺、引带和尾腺细胞

73. 异刺库氏线虫

***Cobbia heterospicula* Wang, An & Huang, 2018**（图 6.73.1，图 6.73.2）

Cobb 公式：

模式标本： $\dfrac{—\quad 143\quad M\quad 808}{5\quad\ 15\quad\ 16\quad\ 15}$ 1067μm；a＝66.7，b＝7.5，c＝4.1，spicr＝33，spicl＝20

雌性副模式标本： $\dfrac{—\quad 112\quad M\quad 790}{7\quad\ 20\quad\ 21\quad\ 14}$ 1195μm；a＝56.9，b＝10.7，c＝3，V%＝50.4%

属于单宫目、希阿利线虫科、库氏线虫属。

虫体短而细，前端圆钝，后端丝状。体表具细密的环纹，光滑无体刚毛。雄体长 987～1049μm，最大体宽 16～19μm。头部圆钝，直径 4～6μm。内唇感觉器乳突状，外唇感觉器刚毛状，长 7.0～9.4μm，头刚毛稍短，4.5～6.5μm。6 根外唇刚毛和 4 根头刚毛排成一圈，着生于口腔中部头环处。化感器圆形，直径 5.0～6.5μm，为相应体径的 41%～60%，位置偏下，距头端 21～29μm，即头径的 4.5～6.5 倍。口腔漏斗状，具有 3 个角质化的齿，其中背齿大而显著，2 个亚腹齿小而不明显。咽圆柱状，长 142～152μm，基部膨大，但未形成咽球。贲门锥形，长 5μm。神经环距离头端58～83μm，为咽长的 40%～54%。排泄系统不明显。尾锥柱状，较长，227～307μm，为泄殖孔处体宽的 13～18 倍，锥状部分短，柱状部分长，呈丝状。3 个尾腺细胞，末端开口不明显。

生殖系统具 2 个反向排列的精巢，前精巢位于肠的左侧，后精巢位于肠的右侧。交接刺弯曲，不等长，右边一个长，27～33μm；左边一个短，15～20μm。引带平行于交接刺的末端，背面具 1 个渐细的尾状突。无肛前辅器。

雌体类似于雄体，但尾更长。生殖系统只有 1 个前置伸展的卵巢，位于肠的右侧。阴道短，向前弯曲。受精囊不明显。雌孔为 1 条横向的细缝，位于身体中部的腹面，至头端距离为体长的 50.4%。

该种分布于东海陆架泥质沉积物中。

该种所在属目前共发现 9 个有效种，其中首次于中国黄海，东海各发现 1 新种。

74. 长突吞咽线虫

***Daptonema longiapophysis* Huang & Zhang, 2010**（图 6.74.1，图 6.74.2）

Cobb 公式：

模式标本： $\dfrac{—\quad 360\quad M\quad 1220}{21\quad\ 33\quad\ 43\quad\ 30}$ 1405μm；a＝32.7，b＝3.9，c＝7.6，spic＝23

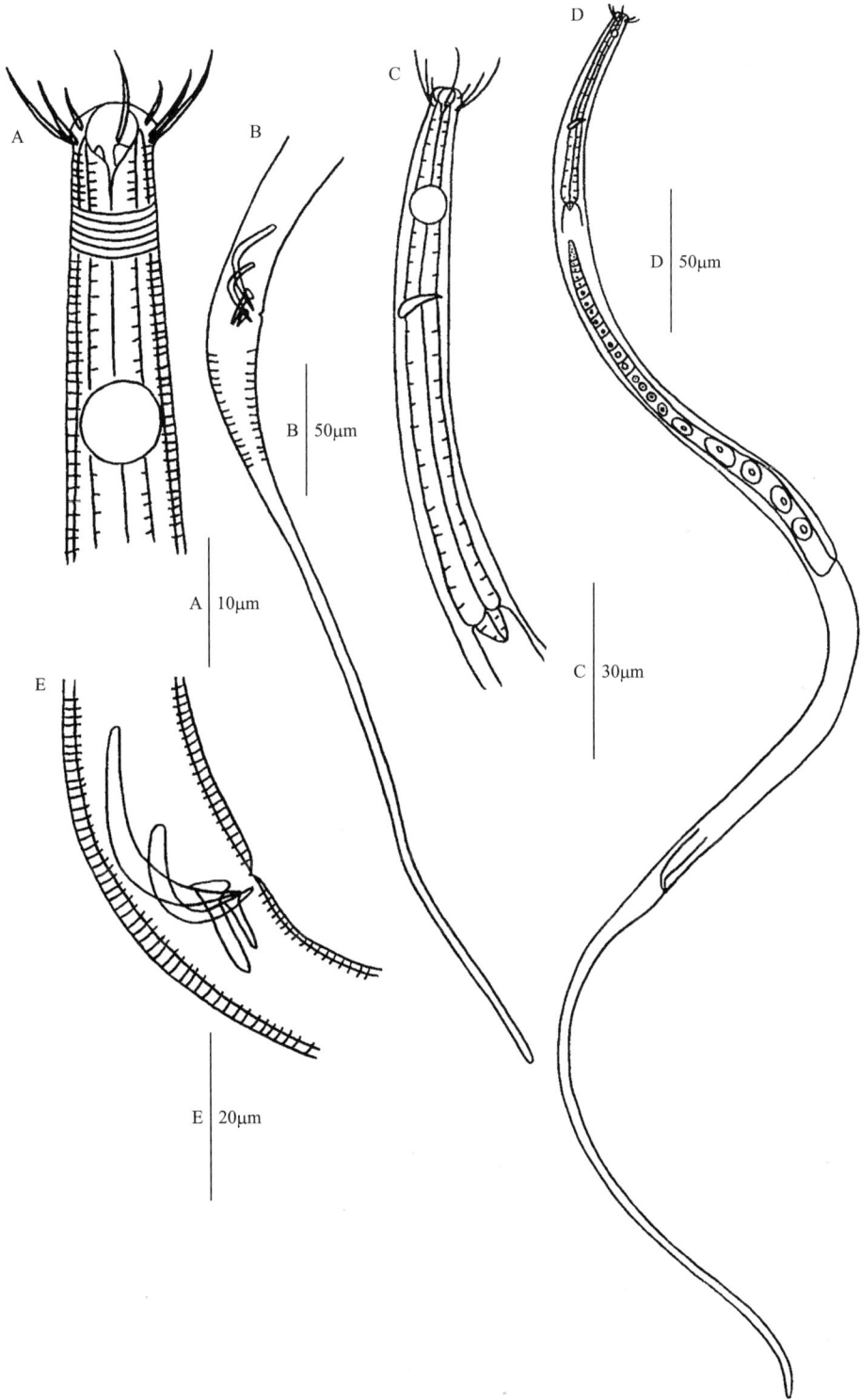

图 6.73.1 异刺库氏线虫（*Cobbia heterospicula* Wang，An & Huang，2018）手绘图

A. 雄体头端，示头刚毛、口腔齿和化感器；B. 雄体尾端，示交接刺和引带；

C. 雄体前端；D. 雌体，示生殖系统；E. 交接刺和引带

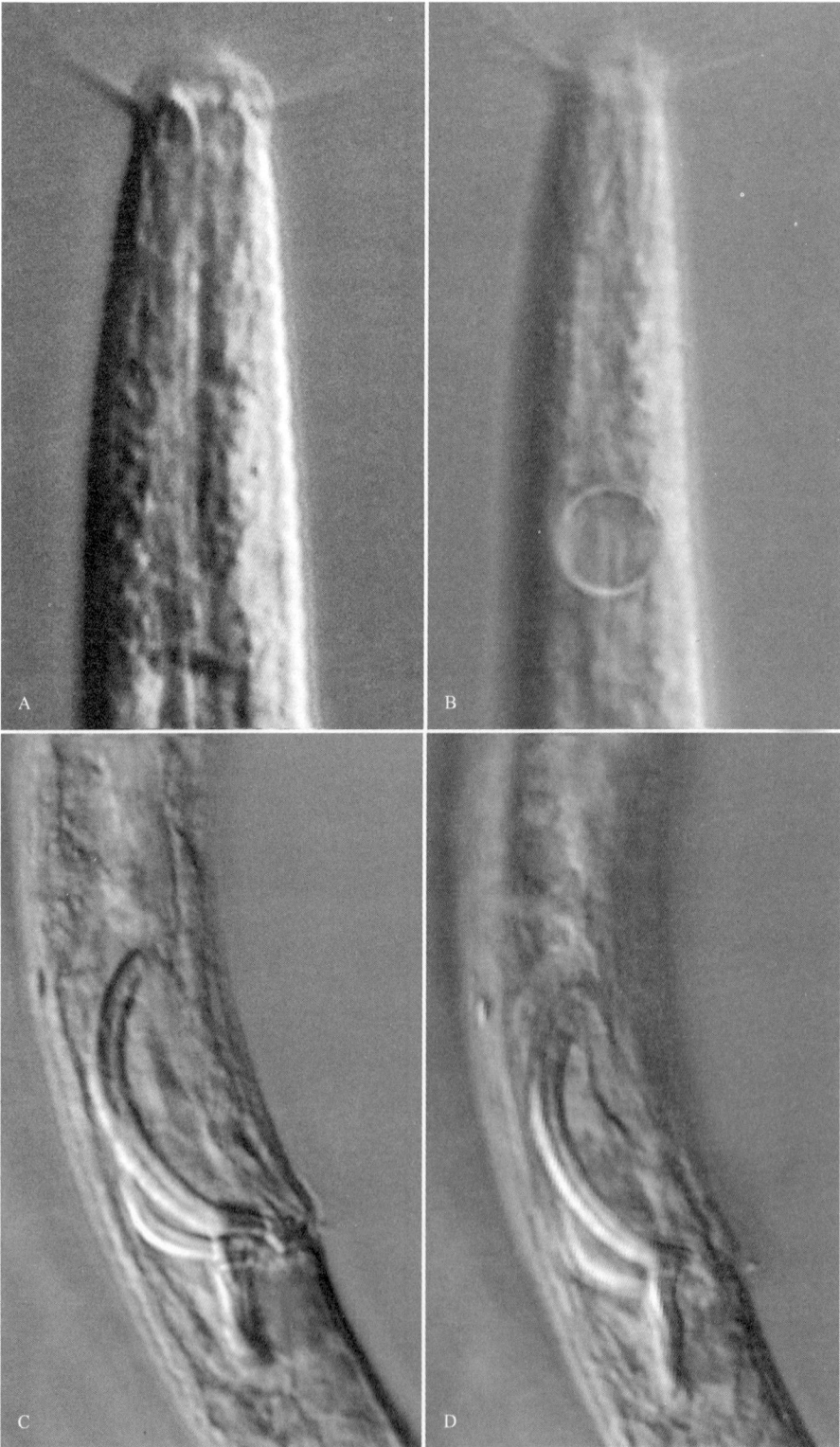

图 6.73.2 异刺库氏线虫（*Cobbia heterospicula* Wang，An & Huang，2018）显微图

A、B. 雄体头端，示头刚毛、口腔和化感器；C、D. 雄体尾端，示交接刺和引带

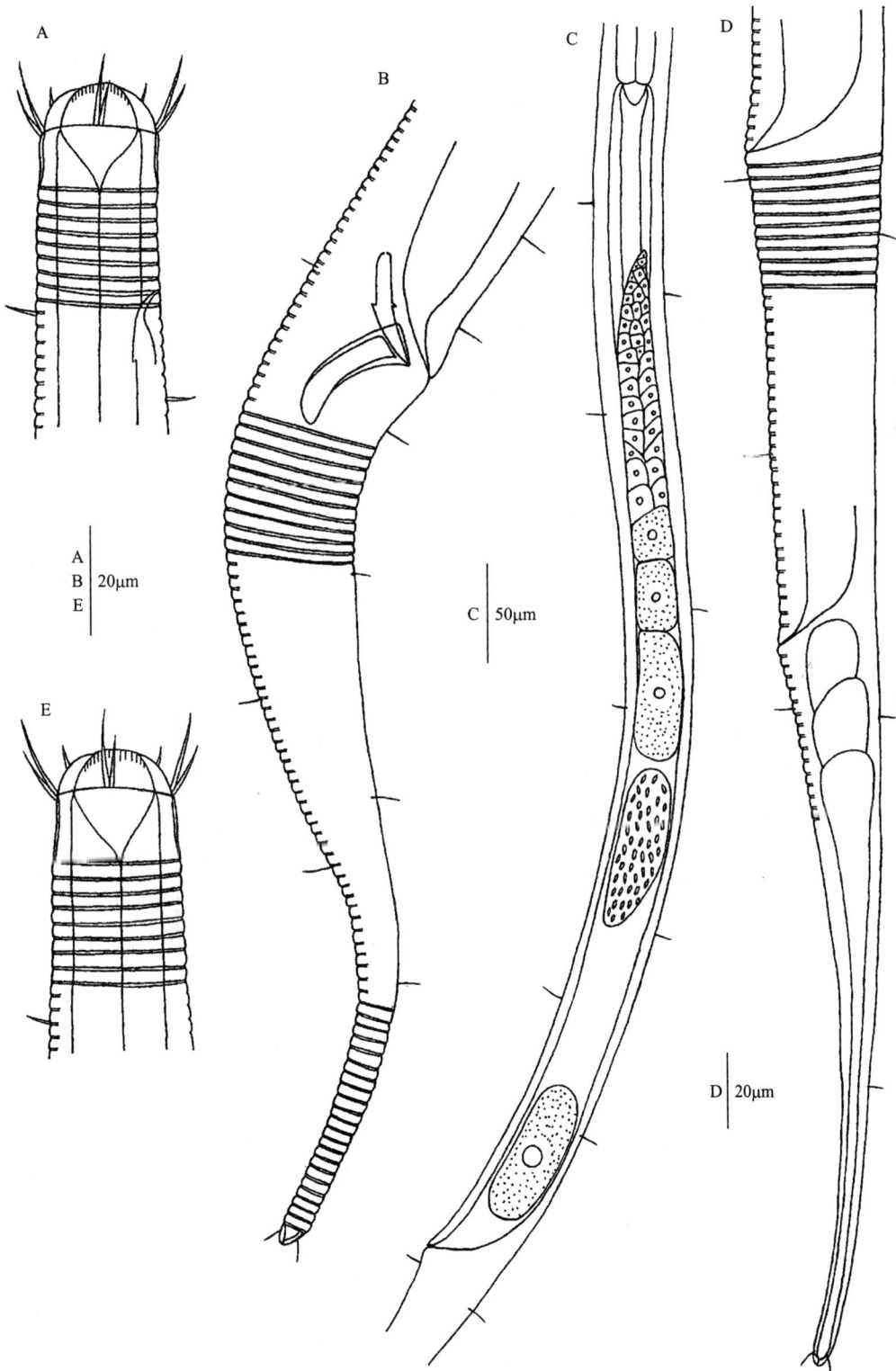

图 6.74.1 长突吞咽线虫（*Daptonema longiapophysis* Huang & Zhang，2010）手绘图
A. 雄体头端；B. 雄体尾端，示交接刺和引带；C. 雌体生殖系统；D. 雌体尾端；E. 雌体头端

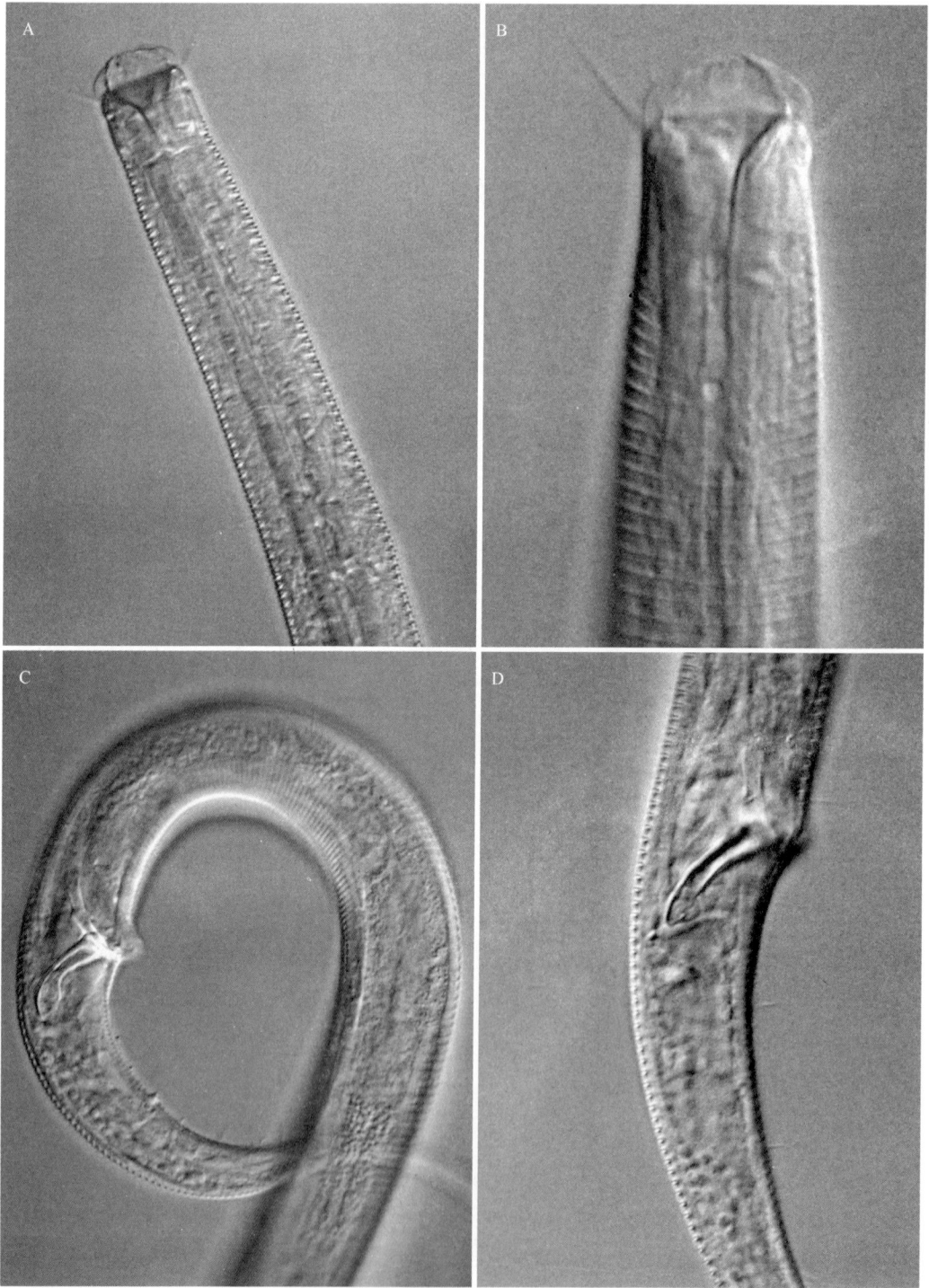

图 6.74.2　长突吞咽线虫（*Daptonema longiapophysis* Huang & Zhang，2010）显微图

A、B. 雄体头端，示头刚毛和口腔齿；C、D. 雄体尾端，示交接刺和引带

雌性副模式标本： $\dfrac{—\quad 405\quad M\quad 1202}{23\quad 36\quad 39\quad 26}$ 1398μm；a＝35.0，b＝3.5，c＝7.1，V%＝76.5%

属于单宫目、希阿利线虫科、吞咽线虫属。

虫体细长，匀称。体表具宽的环纹，环纹间有窄的间隔，环纹从口腔基部一直延伸至尾端。雌雄体大小相近，体长 1242～1537μm，最大体宽 32～42μm。头半圆形，直径 19～22μm。6 个隆起的唇瓣围成口腔，口腔酒杯状，宽阔，宽 14～16μm，无齿。头感觉器刚毛状，6 个内唇刚毛长 3.5～4.0μm，6 根外唇刚毛长 14～19μm，6 根头刚毛长 13μm，外唇刚毛和头刚毛排成一圈，着生于口腔中部头环处。体刚毛稀疏分散在整个身体上，尾部较密集。化感器不明显。神经环位于咽的中前部，距离头端105～136μm，约占咽长的 34%。排泄孔位于距头端 2 个头径处的腹面。咽圆柱状，长 310～392μm，基部不膨大，无咽球。尾锥柱状，长 162～188μm，约为泄殖孔处体宽的 6 倍，锥状部分占尾长的 2/3，柱状部分占 1/3，环纹显著，具尾刚毛，末端具 2根端刚毛。3 个尾腺细胞共同开口于尾的末端。

交接刺短，稍向腹面弯曲，长 22～25μm，远端逐渐变尖，中部两侧各有 1 个突起。引带具 1 个长且宽的略向腹面弯曲的引带突，长 23～25μm。泄殖孔前后各有 1 根明显的刚毛，无肛前辅器。

雌体只有 1 个前置伸展的卵巢，子宫内具 1 或 2 个长卵圆形的精子囊。成熟卵长椭圆形。雌孔开口于身体中后部的腹面，至头端距离为体长的 77%。

该种分布于黄海潮间带泥沙质沉积物中。

该种所在属目前共发现 97 种，其中首次于中国黄海发现 2 新种，东海发现 1 新种。

75. 拟短毛吞咽线虫 *Daptonema parabreviseta* Huang & Sun, 2018（图 6.75.1，图 6.75.2）

Cobb 公式：

模式标本： $\dfrac{—\quad 118\quad M\quad 735}{9\quad 38\quad 43\quad 35}$ 864μm；a＝20.1，b＝7.3，c＝6.7，spic＝41.0

雌性副模式标本： $\dfrac{—\quad 128\quad M\quad 776}{8\quad 48\quad 53\quad 38}$ 920μm；a＝17.4，b＝7.2，c＝6.4，V%＝59%

属于单宫目、希阿利线虫科、吞咽线虫属。

虫体较小，长纺锤形。雄体长 816～871μm，最大体宽 42～46μm。角皮具细的横纹，体刚毛较多，3～4μm，主要分布在颈部、咽部和尾部。头半圆形，直径 8～9μm。6 个隆起的唇瓣围成口。头刚毛较短，内唇感觉器不明显，外唇感觉器刚毛状，长

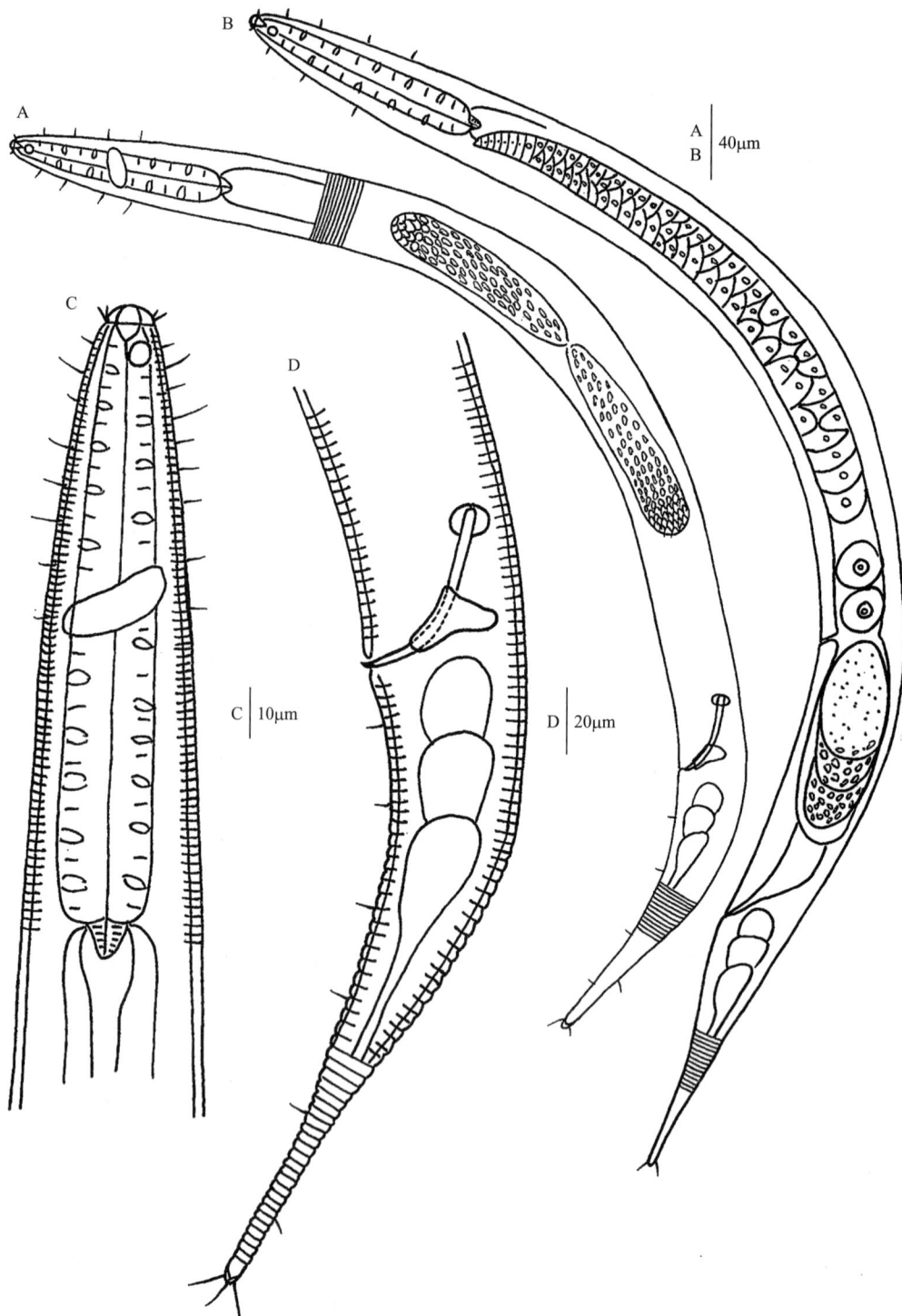

图 6.75.1 拟短毛吞咽线虫（*Daptonema parabreviseta* Huang & Sun，2018）手绘图

A. 雄体，示生殖系统；B. 雌体，示生殖系统；C. 雄体头端，示口腔、化感器、神经环和咽；

D. 雄体尾端，示交接刺、引带和尾腺细胞

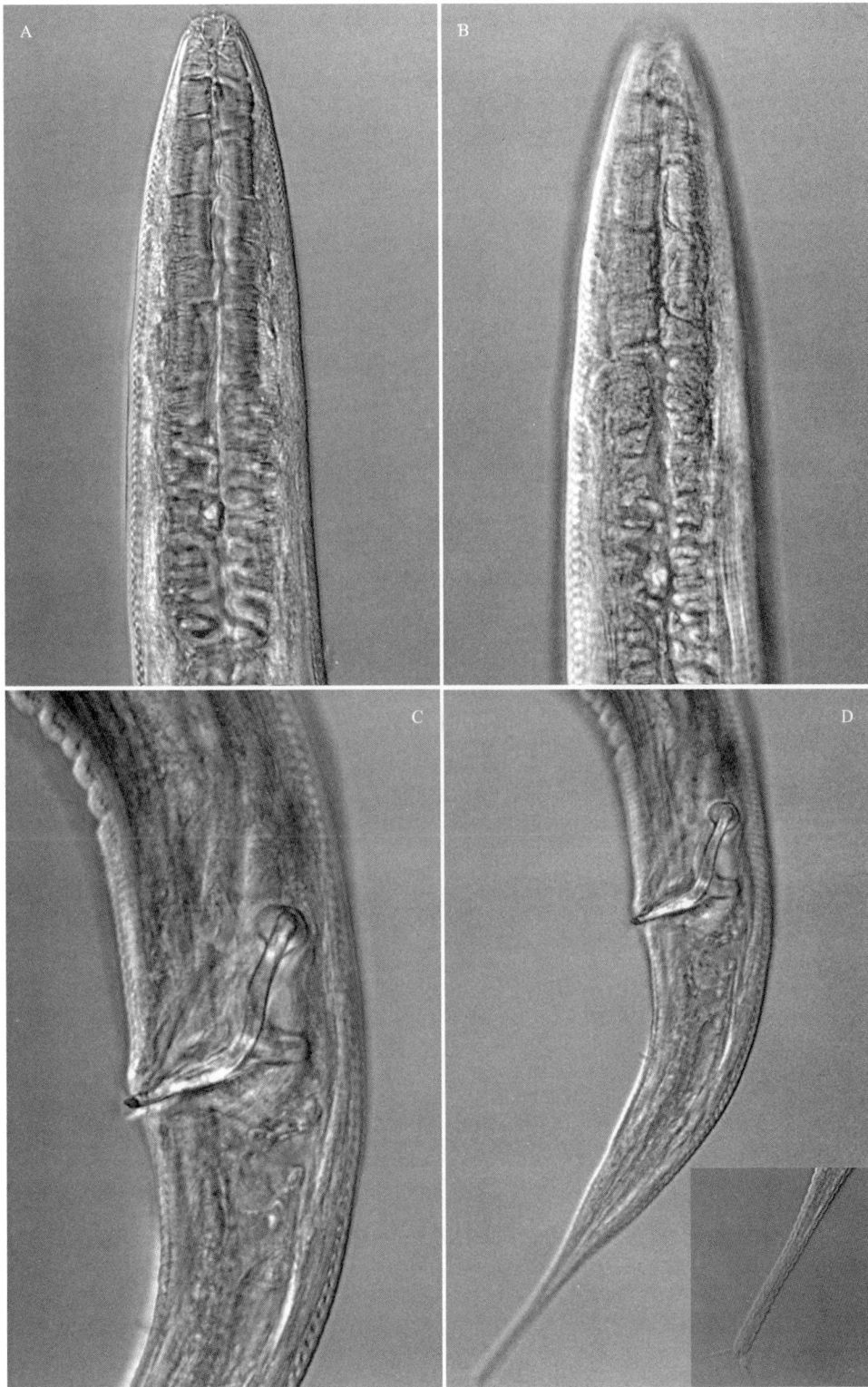

图 6.75.2　拟短毛吞咽线虫（*Daptonema parabreviseta* Huang & Sun，2018）显微图

A、B. 雄体头端，示口腔、化感器和咽；C、D. 雄体尾端，示交接刺、引带和尾端刚毛

2μm，头刚毛长 2.5μm，约为头径的 28%。6 根外唇刚毛和 4 根头刚毛排成一圈，着生于口腔中部头环处。化感器圆形，直径 3.3～4.1μm，为相应体径的 20%，距离头端约 1 个头径远。神经环位于咽的中间，约占咽长的 50%。排泄系统不明显。口腔较小，漏斗状。咽圆柱状，长 109～118μm，基部稍膨大，不形成咽球。贲门圆锥状，被肠组织包围。尾锥柱状，长 129～135μm，为泄殖孔相应体宽的 3.7～3.8 倍，锥状部分占尾长的 2/3，具亚腹刚毛，柱状部分占 1/3，末端稍膨大，具 3 根端刚毛，长 9～11μm。3 个尾腺细胞共同开口于尾的末端。

生殖系统具 2 个反向排列的精巢，前精巢位于肠的左侧，后精巢位于肠的右侧。交接刺略向腹面弯曲，长 40.0～42.5μm，即泄殖孔相应体径的 1.2 倍，近端球泡状，远端渐尖。引带长为泄殖孔相应体径的 1/2，套袖状，包围着交接刺，具 1 个三角形的引带突。无肛前辅器。

雌体比雄体粗，化感器小，尾无亚腹刚毛。生殖系统只有 1 个前置伸展的卵巢，向前延伸到咽的基部。具雌孔后囊，含有卵和受精囊，子宫内具卵圆形的成熟卵。雌孔开口于身体中后部的腹面，至头端距离为体长的 59%～63%。

该种分布于黄海胶州湾水下泥沙质沉积物中。

该种所在属目前共发现 97 个有效种，其中首次于中国黄海发现 2 新种，东海发现 1 新种。

76. 东海吞咽线虫   *Daptonema donghaiensis* **Wang, An & Huang, 2018**（图 6.76.1，图 6.76.2）

Cobb 公式：

模式标本：$\dfrac{—\quad 168\quad M\quad 723}{9.5\quad 29\quad 31\quad 21}$ 836μm；a=27.4，b=5.0，c=7.4，spic=30.4

雌性副模式标本：$\dfrac{—\quad 177\quad M\quad 731}{8\quad 30\quad 31\quad 24}$ 855μm；a=27.6，b=4.8，c=6.9，V%=64%

属于单宫目、希阿利线虫科、吞咽线虫属。

虫体较小。雄体长 836～972μm，最大体宽 27～34μm。角皮光滑具细的横纹，无体刚毛。身体中前部特别是咽部皮下具有透明的横桥细胞。头半圆形，直径 7～9μm。6 个隆起的唇瓣围成口腔，口腔漏斗状，宽 5.2～5.7μm，深 4.1～4.5μm，无齿。内唇感觉器乳突状，外唇感觉器刚毛状，长 9μm，头刚毛稍短，6.5～7.0μm。6 根外唇刚毛和 4 根头刚毛排成一圈，着生于口腔中部头环处。化感器圆形，直径 6.5～7.0μm，为相应体径的 44%～47%，距离头端 13～16μm。神经环位于咽的中后部，距离头端 66～94μm，约占咽长的 56%。排泄系统不明显。咽圆柱状，长 144～172μm，

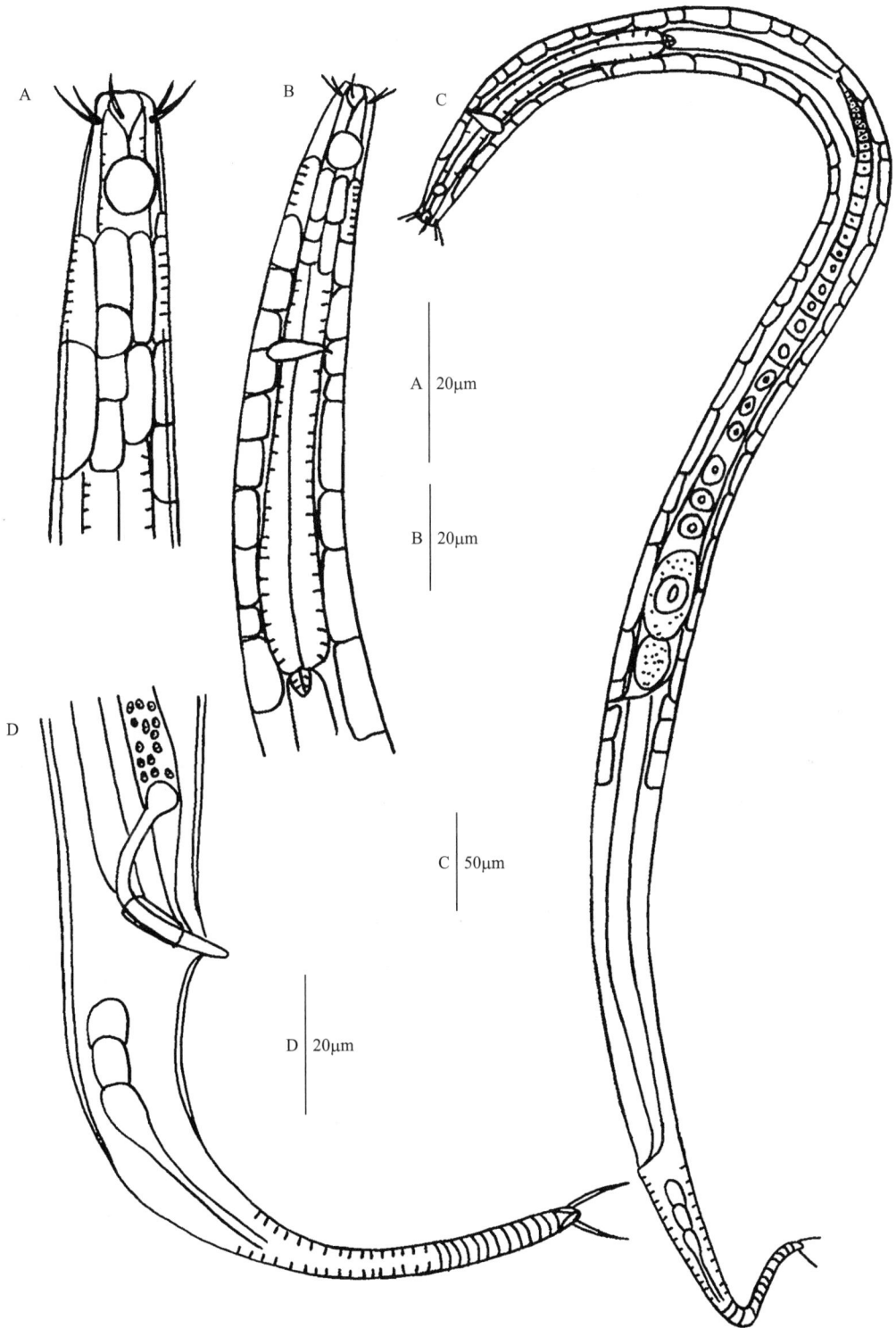

图 6.76.1 东海吞咽线虫（*Daptonema donghaiensis* Wang，An & Huang，2018）手绘图
A、B. 雄体头端，示头刚毛、口腔、化感器和皮下透明细胞；
C. 雌体，示生殖系统；D. 雄体尾端，示交接刺、引带和尾腺细胞

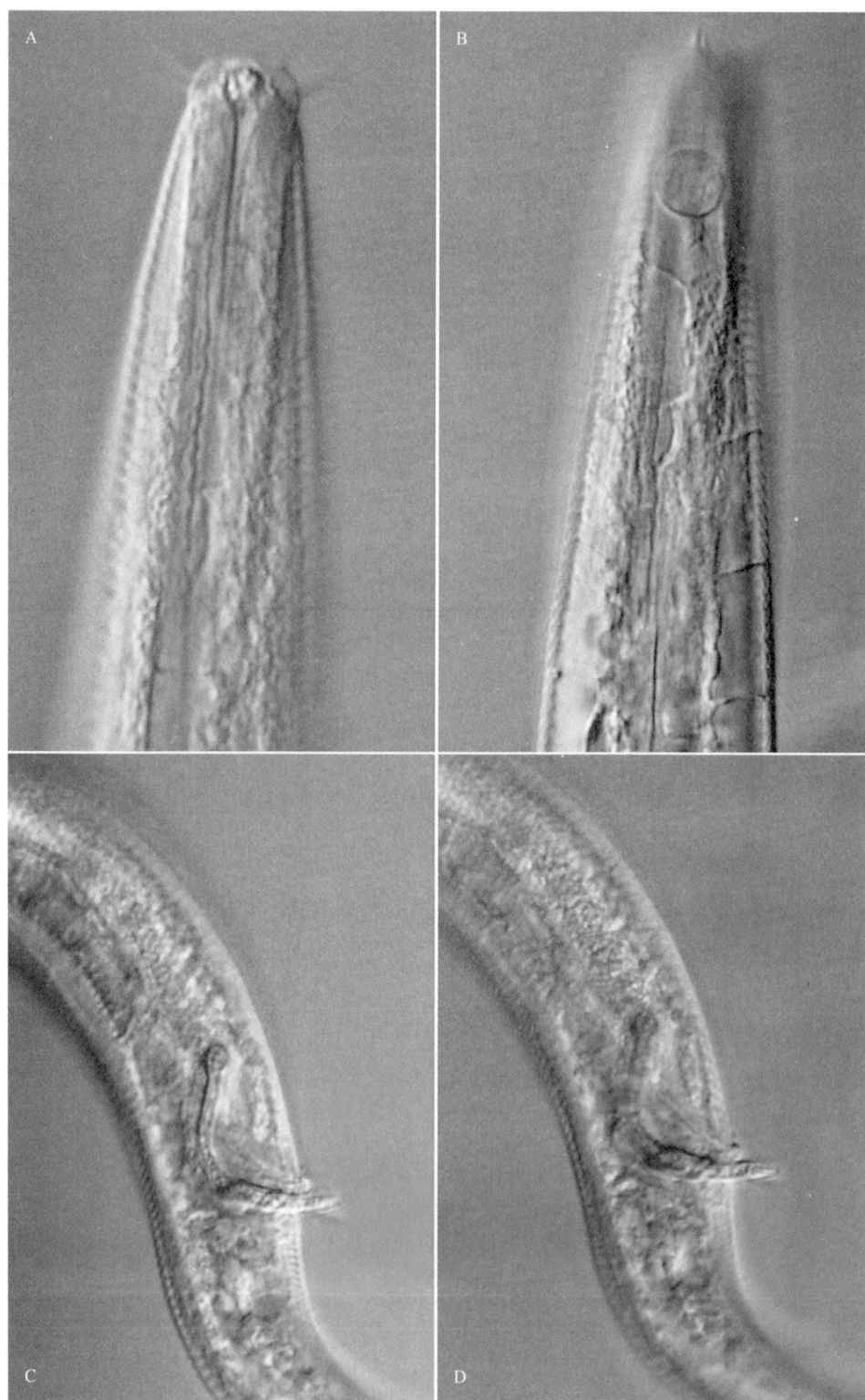

图 6.76.2 东海吞咽线虫（*Daptonema donghaiensis* Wang，An & Huang，2018）显微图

A、B. 雄体头端，示口腔、化感器和透明细胞；C、D. 雄体尾端，示交接刺和引带

基部不膨大，无咽球。贲门圆锥状。尾锥柱状，长 113～136μm，为泄殖孔相应体宽的 5.0～6.5 倍，锥状部分和柱状部分各占尾长的 1/2。末端具 2 根端刚毛，长 6.5～7.5μm。3 个尾腺细胞共同开口于尾的末端。

生殖系统具 2 个反向排列的精巢，前精巢位于肠的左侧，后精巢位于肠的右侧。交接刺弯曲呈"L"形，长 26～31μm，即泄殖孔相应体径的 1.3～1.5 倍，近端头状，远端渐尖。引带管状，长 9.5μm，包围着交接刺的末端，无引带突。无肛前辅器。

雌体相似于雄体，生殖系统只有 1 个前置伸展的卵巢，位于肠的右侧。子宫内具长卵圆形的精子囊。成熟卵长椭圆形。雌孔开口于身体中后部的腹面，至头端距离为体长的 63.6%。

该种分布于东海陆架泥沙质沉积物中。

该种所在属目前共发现 97 个有效种，其中首次于中国黄海发现 2 新种，东海发现 1 新种。

77. 格氏埃氏线虫

Elzalia gerlachi Zhang & Zhang, 2006

（图 6.77.1，图 6.77.2）

Cobb 公式：

模式标本：$\dfrac{—\quad 240\quad M\quad 1348}{14\quad 54\quad 63\quad 40}$ 1540μm；a＝24.4，b＝6.4，c＝8，spic＝150

雌性副模式标本：$\dfrac{—\quad 280\quad M\quad 1570}{15\quad 61\quad 73\quad 42}$ 1780μm；a＝24.4，b＝6.4，c＝8.5，V%＝50%

属于单宫目、希阿利线虫科、埃氏线虫属。

身体细柱形。雄体长 1460～1740μm，最大体宽 60～70μm。角皮具明显的横纹，体刚毛短而分散。头径 12～14μm。内唇感觉器乳突状，外唇感觉器刚毛状，与头刚毛等长，长 6μm。6 根外唇刚毛和 4 根头刚毛排成一圈，着生于口腔前部头环处。化感器圆形，较大，直径 12μm，为相应体径的 80%，着生于头刚毛之下，前边距离头端 5.5～6.0μm。神经环位于咽的中间，距头端 119～130μm，约占咽长的 50%。排泄孔位于神经环之下，距离头端 140～150μm。口腔较大，圆柱状，深 14～15μm，宽 6～7μm，口腔壁强烈角质化。咽圆柱状，长 230～260μm，基部膨大，不形成咽球。贲门发达，圆锥状，被肠组织包围。尾锥柱状，长 180～200μm，为泄殖孔相应体宽的 4.3～4.8 倍，锥状部分较长，占尾长的 3/4，具多对长 6～13μm 的亚腹刚毛，柱状部分占 1/4，末端稍膨大，具 3 根长的端刚毛，长 20μm。3 个尾腺细胞共同开口于尾的末端。

生殖系统具单个伸展的精巢，位于肠的左侧。交接刺细长，略向腹面弯曲，长 135～160μm，即泄殖孔相应体径的 3.3～3.9 倍。引带结构非常复杂，可分成 4 部分。

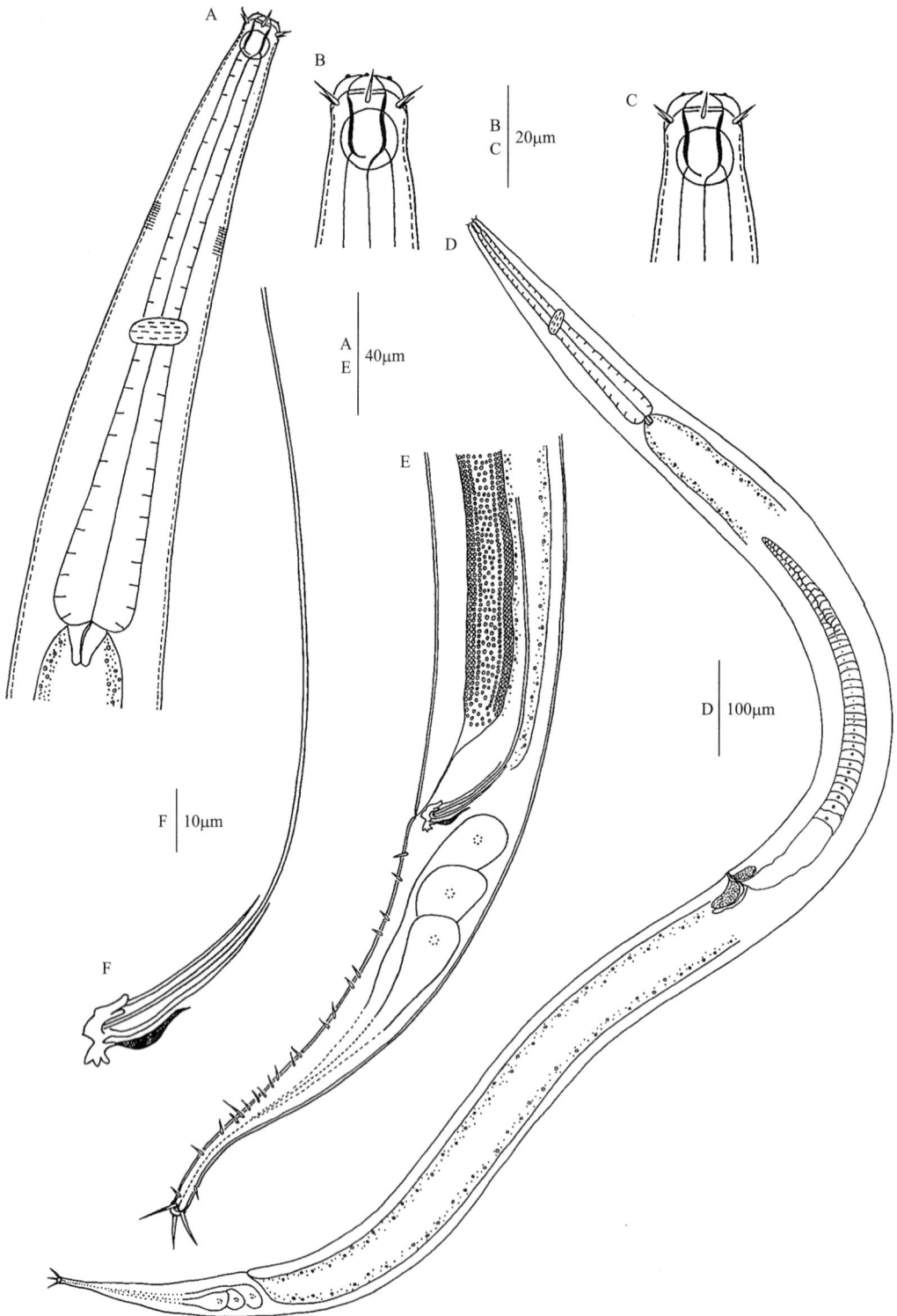

图 6.77.1　格氏埃氏线虫（*Elzalia gerlachi* Zhang & Zhang，2006）手绘图

A、B. 雄体头端，示口腔、化感器、神经环和咽；C. 雌体头端；D. 雌体；E. 雄体尾端；F. 引带和交接刺

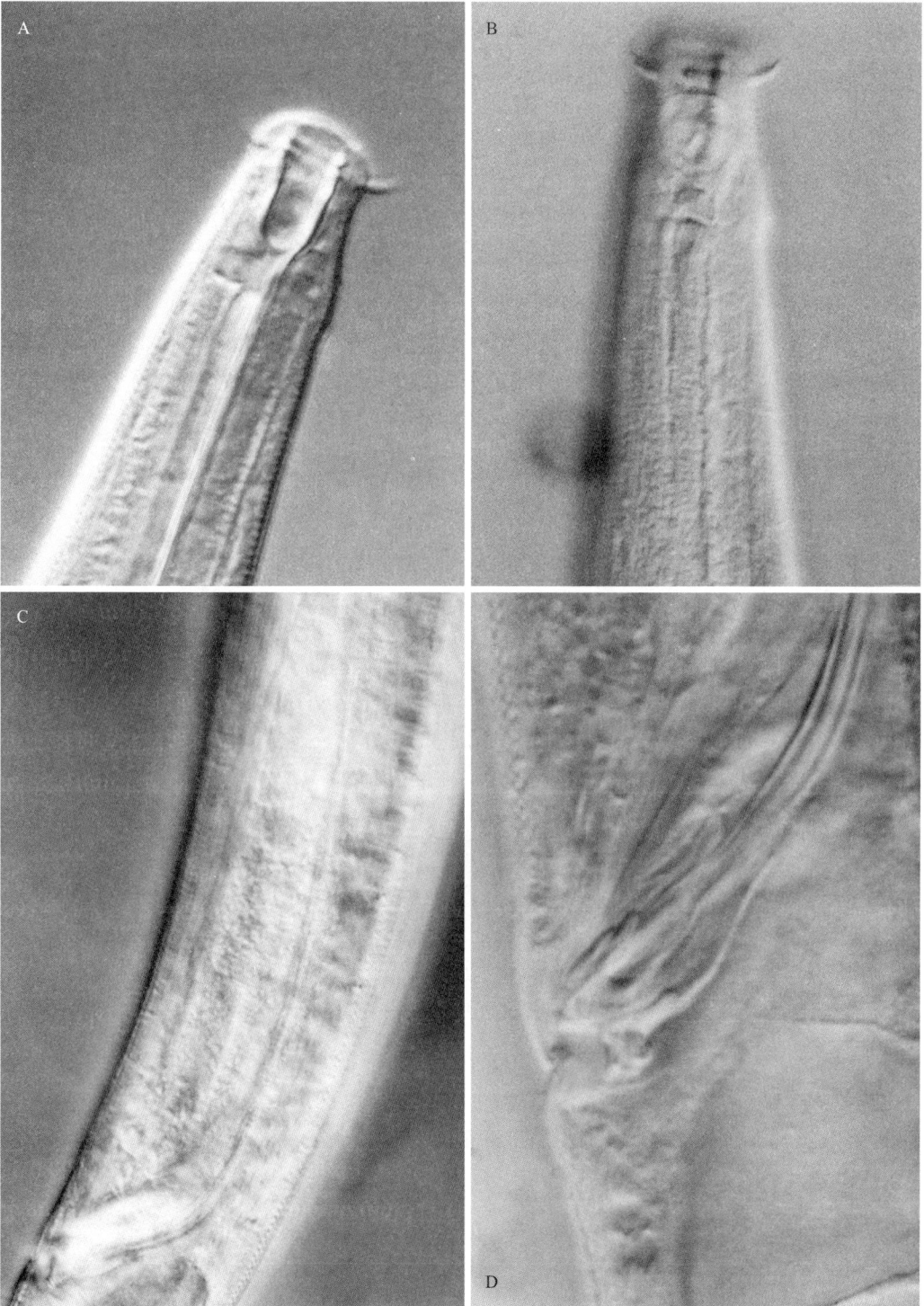

图 6.77.2 格氏埃氏线虫（*Elzalia gerlachi* Zhang & Zhang，2006）显微图
A、B. 雄体头端，示头刚毛、口腔和化感器；C. 交接刺；D. 引带

第一部分位于腹面，包围着交接刺末端，具有1个腹面突出物和2个背面突出物，前端倒钩状；第二部分板片状，沿着交接刺向前伸展，长达35～40μm，具有导轨的作用；第三部分是2个细的背侧引带突，长8～10μm；第四部分是后端一对叶状附属物，具3个三角形的末端。无肛前辅器。

雌体比雄体大，长1510～1780μm，最大体宽58～72μm，头径14～15μm。口腔深15～16μm，宽7～8μm。头刚毛较短，5.0～5.5μm，尾无亚腹刚毛。生殖系统只有1个前置伸展的卵巢，位于肠的左侧。雌孔开口于身体中部的腹面，至头端距离为体长的50%～53%。

该种分布于黄海陆架泥质沉积物中。

该种所在属目前共发现10个有效种，其中首次于中国黄海发现2新种，东海发现1新种。

78. 细纹埃氏线虫

Elzalia striatitenuis **Zhang & Zhang, 2006**（图6.78.1，图6.78.2）

Cobb 公式：

模式标本：$\dfrac{-\quad 130\quad M\quad 560}{8.5\quad 21\quad 22\quad 18}$ 660μm；a=30，b=5.1，c=5.6，spic=75

雌性副模式标本：$\dfrac{-\quad 121\quad M\quad 510}{8.5\quad 21\quad 22\quad 17}$ 600μm；a=27.3，b=5，c=6.7，V%=58%

属于单宫目、希阿利线虫科、埃氏线虫属。

身体细柱形，较小。雄体长560～660μm，最大体宽19～22μm。角皮具细的横纹，体刚毛短而分散。头径8.0～8.5μm。内唇感觉器不明显，外唇感觉器刚毛状，较短，与头刚毛等长，长2.5μm。6根外唇刚毛和4根头刚毛排成一圈，着生于口腔前部头环处。化感器没有观察到。神经环位于咽的中间，距头端60～68μm，占咽长的41%～52%。排泄孔位于咽的中后部，距离头端为咽长的52%～57%。口腔圆柱状，壁角质化，深9～10μm，宽4.5～5.0μm。咽圆柱状，长120～140μm，基部膨大，不形成咽球。贲门圆锥状，被肠组织包围。尾锥柱状，长80～100μm，为泄殖孔相应体宽的4.7～5.6倍，锥状部分占尾长的2/3，具多对短的亚腹刚毛，柱状部分占1/3，末端稍膨大，具3条6μm长的端刚毛。3个尾腺细胞共同开口于尾的末端。

生殖系统具单个伸展的精巢，位于肠的左侧。交接刺细长，略向腹面弯曲，近端膨大呈头状，末端渐尖。长65～85μm，即泄殖孔相应体径的4.1～4.7倍。引带结构相对简单，由2部分组成。第一部分板片状，沿着交接刺向前伸展，长达16～20μm；第二部分管状，包围着交接刺的末端。无肛前辅器。

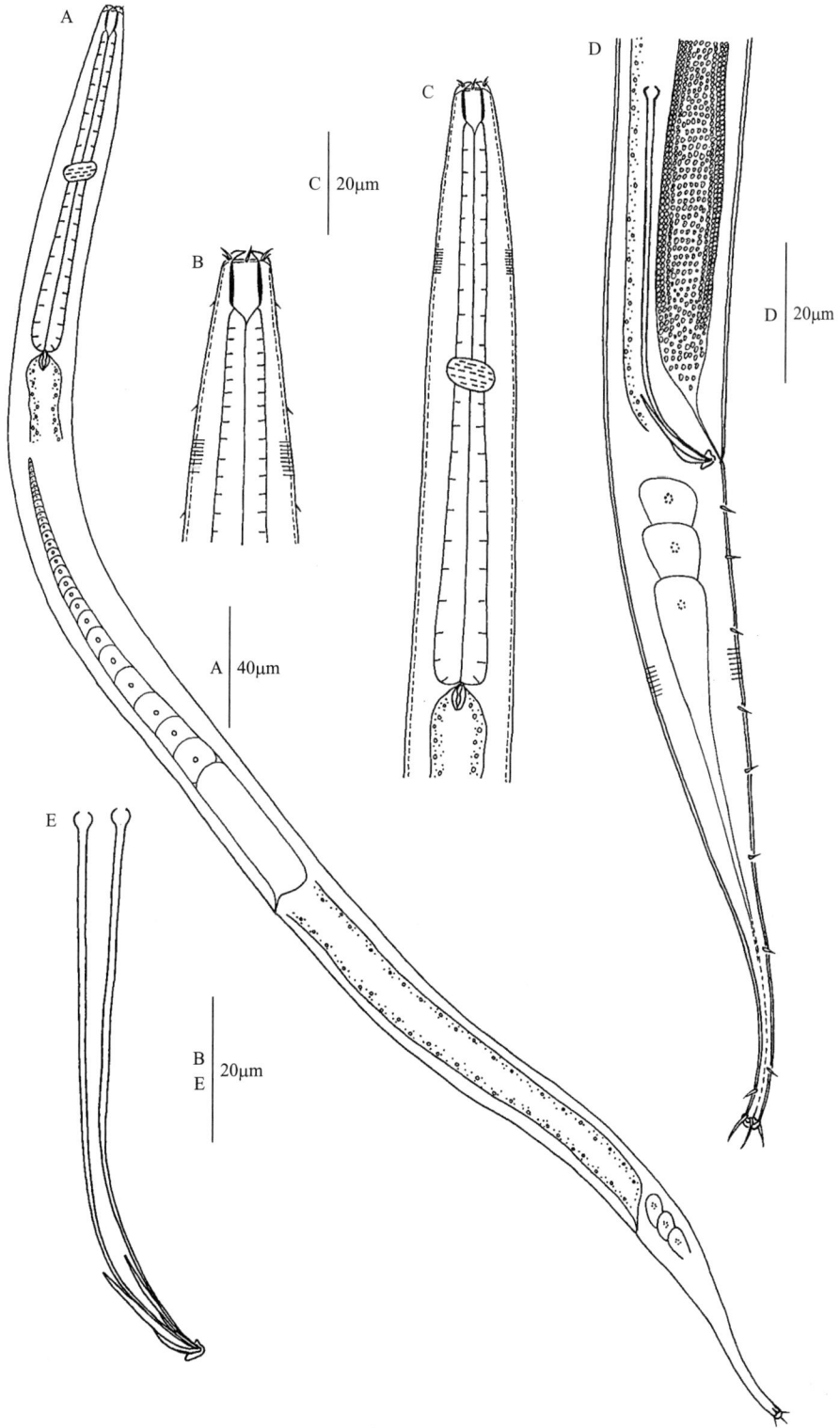

图 6.78.1 细纹埃氏线虫（*Elzalia striatitenuis* Zhang & Zhang，2006）手绘图
A. 雌体；B. 雌体头端；C. 雄体头端；D. 雄体尾端，示交接刺、引带和尾腺细胞；E. 交接刺和引带

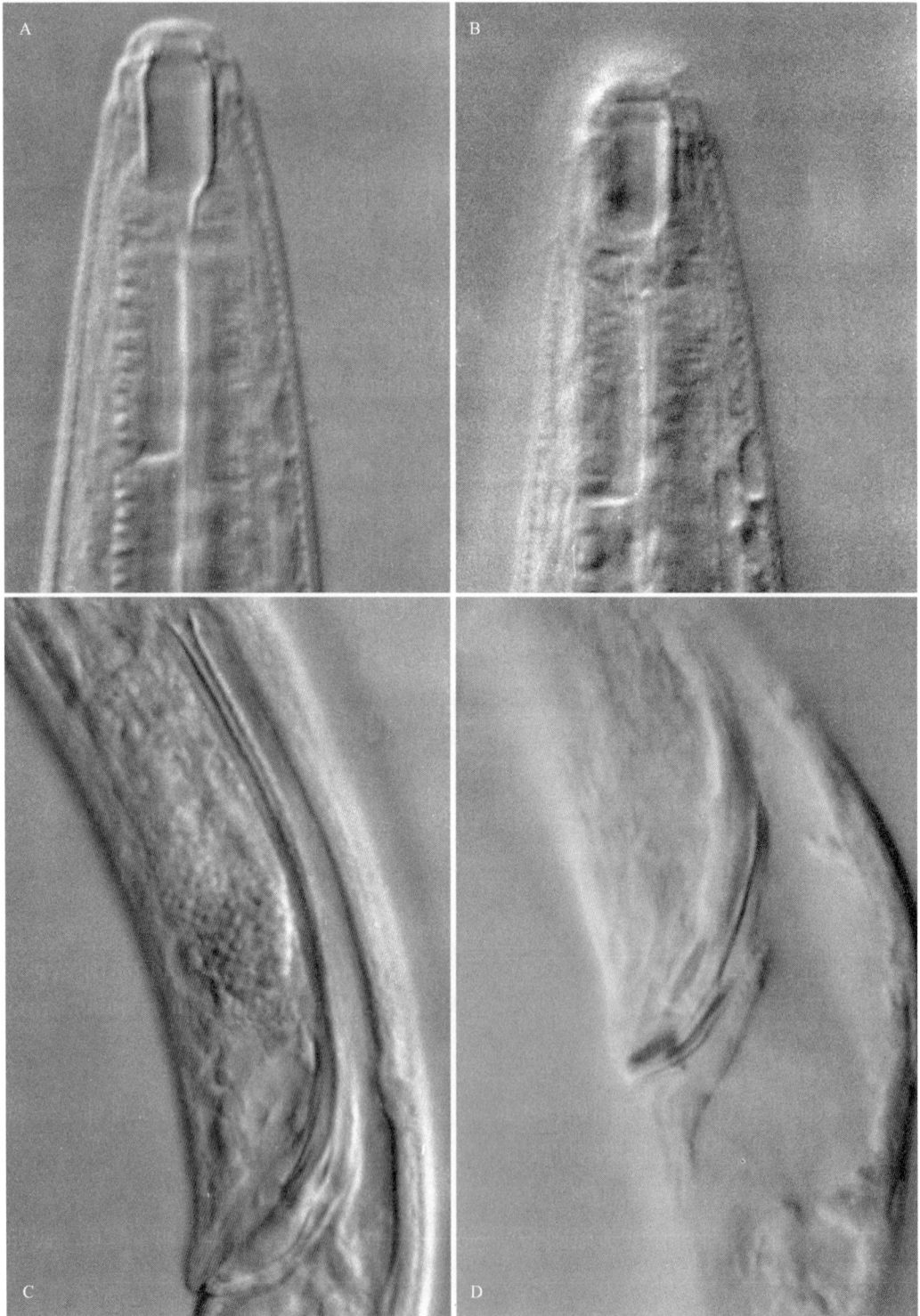

图 6.78.2　细纹埃氏线虫（*Elzalia striatitenuis* Zhang & Zhang，2006）显微图
A、B. 雄体头端，示口腔；C、D. 雄体尾端，示交接刺和引带

雌体类似于雄体，尾无亚腹刚毛。生殖系统只有 1 个前置伸展的卵巢，位于肠的左侧。雌孔开口于身体后部的腹面，至头端距离为体长的 57%～60%。

该种分布于黄海陆架泥质沉积物中。

该种所在属目前共发现 10 个有效种，其中首次于中国黄海发现 2 新种，东海发现 1 新种。

79. 二叉埃氏线虫

Elzalia bifurcata Sun & Huang, 2017

（图 6.79.1，图 6.79.2）

Cobb 公式：

模式标本：$\dfrac{—\quad 139\quad M\quad 557}{8\quad 24\quad 25\quad 21}$ 659μm；a＝26.4，b＝4.7，c＝6.5，spic＝101

雌性副模式标本：$\dfrac{—\quad 140\quad M\quad 529}{9\quad 24\quad 26\quad 20}$ 621μm；a＝23.9，b＝4.4，c＝6.8，V%＝48%

属于单宫目、希阿利线虫科、埃氏线虫属。

身体柱状，较小。雄体长 651～679μm，最大体宽 23～26μm。角皮具非常细的横纹，无体刚毛。头径 8～9μm。内唇感觉器不明显；外唇感觉器刚毛状，长 7μm；头刚毛长 6μm。6 根外唇刚毛和 4 根头刚毛排成一圈，着生于口腔前端。化感器圆形，直径 8μm，为相应体径的 80%，着生于口腔基部。神经环和排泄孔均不明显。口腔较大，圆柱状，深 12～13μm，宽 5μm，口腔壁稍微角质化。咽圆柱状，向基部逐渐变粗，不形成咽球，长 138～145μm，贲门圆锥状，被肠组织包围。尾锥柱状，长 92～106μm，为泄殖孔相应体宽的 4.6～4.9 倍，锥状部分占尾长的 2/3，无亚腹刚毛，柱状部分占 1/3，末端稍膨大，具 3 条 6μm 的端刚毛。3 个尾腺细胞共同开口于尾的末端。

一对交接刺等长，细长，向腹面弯曲呈弓形，近端膨大呈头状，末端分叉呈"y"形，长 94～105μm，即泄殖孔相应体径的 4.8～5.3 倍。引带结构非常简单，呈管状，包绕着交接刺，无引带突。无肛前辅器。

雌体类似于雄体。生殖系统只有 1 个前置伸展的卵巢，长 140μm，位于肠的左侧。雌孔开口于身体中部的腹面，至头端距离为体长的 48%～51%。

该种分布于东海陆架泥质沉积物中。

该种所在属目前共发现 10 个有效种，其中首次于中国黄海发现 2 新种，东海发现 1 新种。

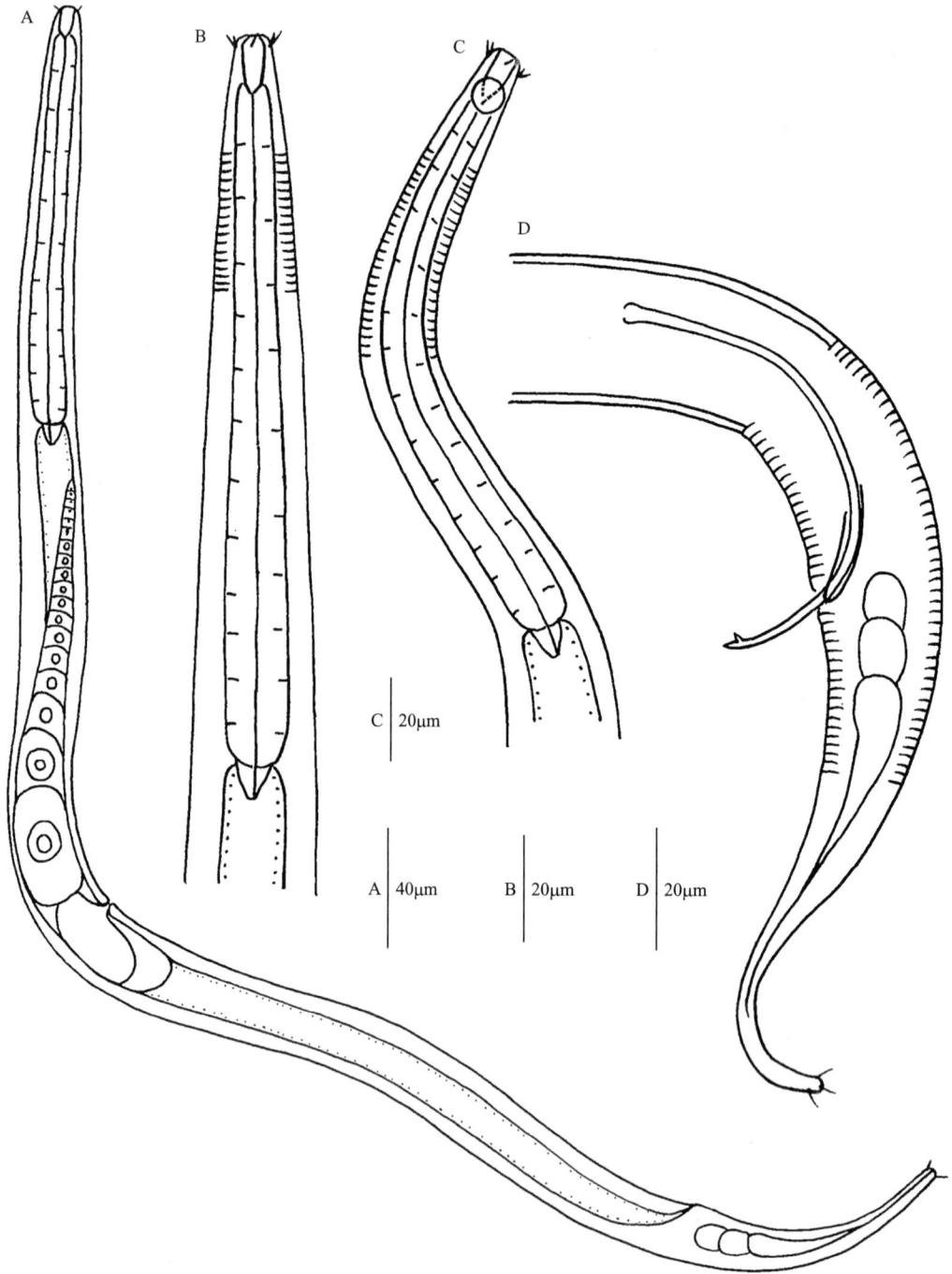

图 6.79.1　二叉埃氏线虫（*Elzalia bifurcata* Sun & Huang，2017）手绘图
A. 雌体，示生殖系统；B. 雄体头端；C. 雌体前端，示口腔和化感器；D. 雄体尾端，示交接刺和引带

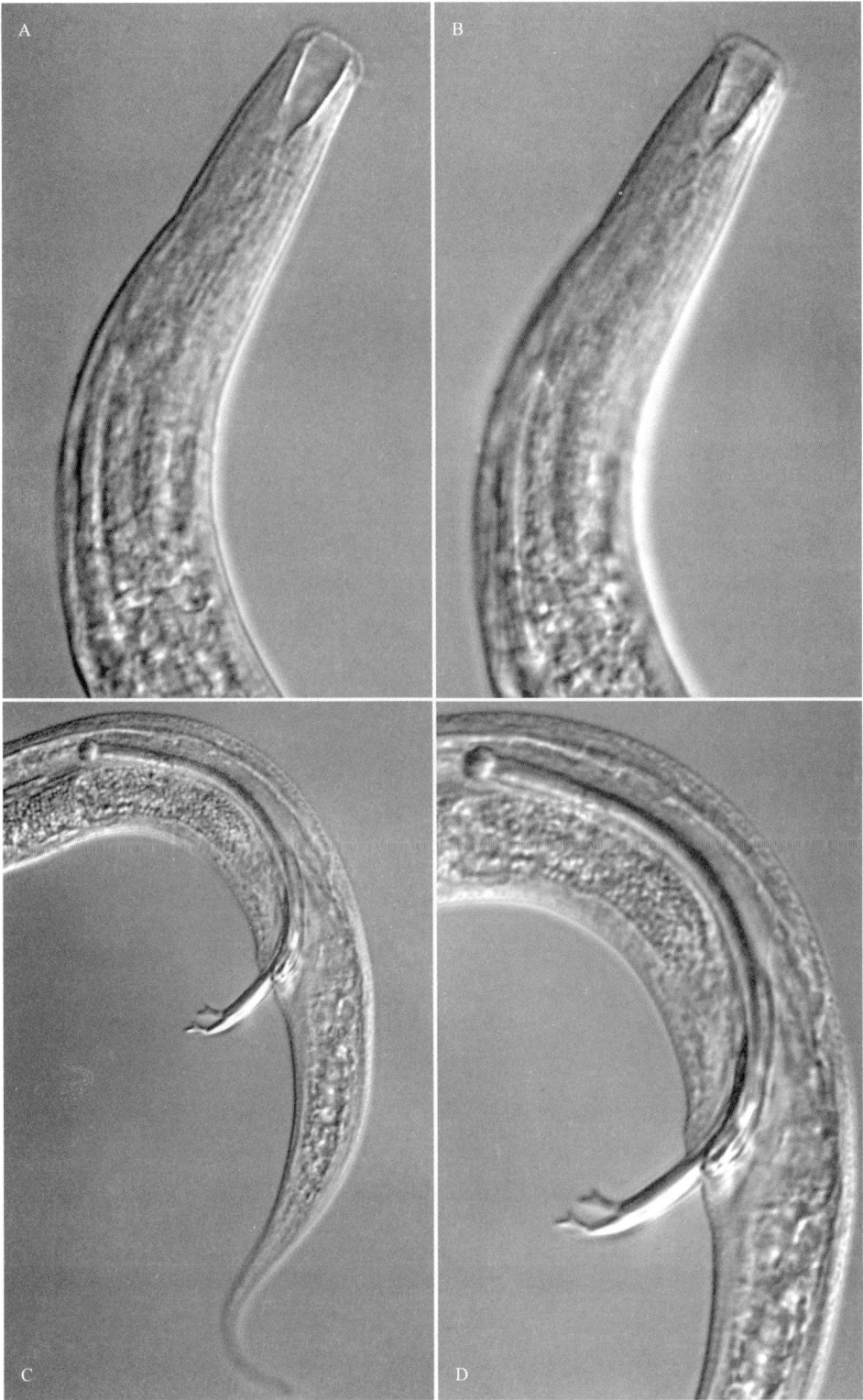

图 6.79.2　二叉埃氏线虫（*Elzalia bifurcata* Sun & Huang，2017）显微图
A、B. 雄体头端，示口腔和化感器；C、D. 雄体尾端，示交接刺和引带

80. 短引带突线宫线虫

Linhystera breviapophysis Yu, Huang & Xu, 2014（图 6.80.1，图 6.80.2）

Cobb 公式：

模式标本：$\dfrac{—\quad 73\quad M\quad 567}{5\quad 11\quad 13\quad 10}$ 723μm；a＝56.5，b＝9.9，c＝4.6，spic＝17

雌性副模式标本：$\dfrac{—\quad 77\quad M\quad 575}{5\quad 11\quad 16\quad 10}$ 707μm；a＝43.4，b＝9.1，c＝5.3，V%＝56%

属于单宫目、希阿利线虫科、线宫线虫属。

雄体圆柱状，头端尖细，尾端细长。体长 723～787μm，最大体宽 13μm，头径 5μm。角皮具浅的横纹，身体中部的横纹宽约 1μm。体刚毛长 4μm，主要分布在颈部区域。在颈的前 1/4 处分布一圈 7 或 8 根颈刚毛，4～6 根分散在其他部位。内唇感觉器不明显，外唇感觉器刚毛状，与头刚毛近等长，排列在同一圈上，长 3～4μm。化感器圆形，直径 3～4μm，为相应体径的 53%～59%，前边距离头端 5～6μm，为头径的 1.1 倍。神经环位于咽的中部，距离头端 38～43μm。排泄系统没有观察到。口腔很小，缝隙状。咽圆柱形，基部膨大，但不形成咽球，长 73～81μm。贲门三角形。尾细长，锥柱状，后端丝状，150～156μm，或泄殖孔相应体径的 14.0～15.6 倍。丝状部分占尾长的 71.4%，具短的尾刚毛，末端稍膨大，具 3 根长 9μm 的尾端刚毛。具 3 个尾腺细胞。

生殖系统具 1 个伸展的精巢，位于肠的左侧，长约 224μm。1 对等长的交接刺，17～18μm，或为泄殖孔相应体径的 1.7 倍，近端头状，末端渐尖。引带管状，背侧具 1 个短的尾状突，长约 3μm。无肛前辅器。

雌体类似于雄体，但略小一些。体长 633～707μm。生殖系统具单一的前置卵巢，伸展，位于肠的左侧，长约 146μm。雌孔位于身体中后部，距头端 330～397μm，占体长的 51.4%～56.0%。

该种分布于东海陆架泥质沉积物中。

该种所在属目前共发现 4 个有效种，其中首次于中国东海发现 2 新种。

81. 长引带突线宫线虫

Linhystera longiapophysis Yu, Huang & Xu, 2014（图 6.81.1，图 6.81.2）

Cobb 公式：

模式标本：$\dfrac{—\quad 123\quad M\quad 956}{7\quad 19\quad 23\quad 15}$ 1232μm；a＝54，b＝10，c＝4.5，spic＝24

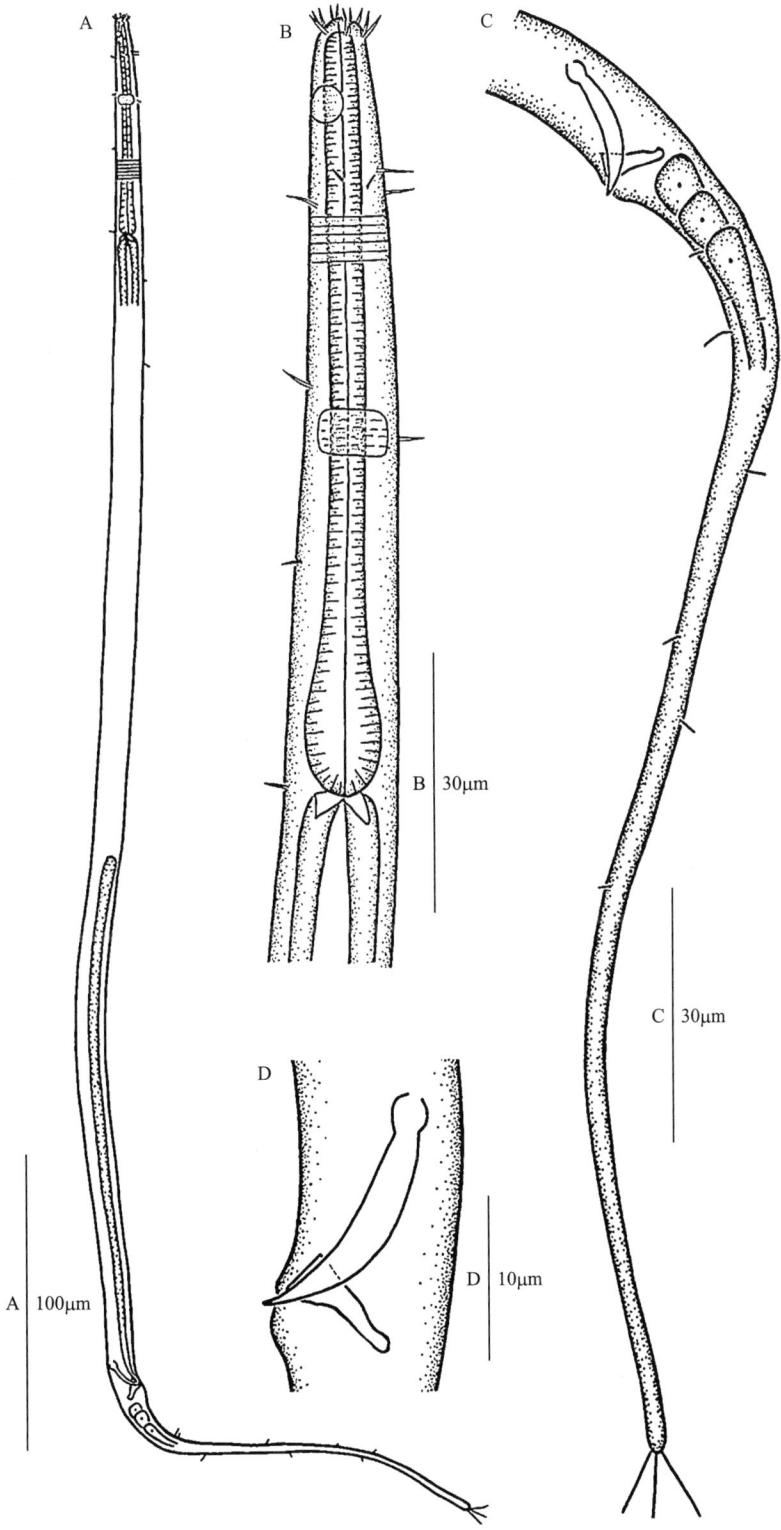

图 6.80.1 短引带突线宫线虫（*Linhystera breviapophysis* Yu，Huang & Xu，2014）手绘图
A. 雄体；B. 雄体头端，示化感器和咽球；C. 雄体尾端；D. 交接刺和引带

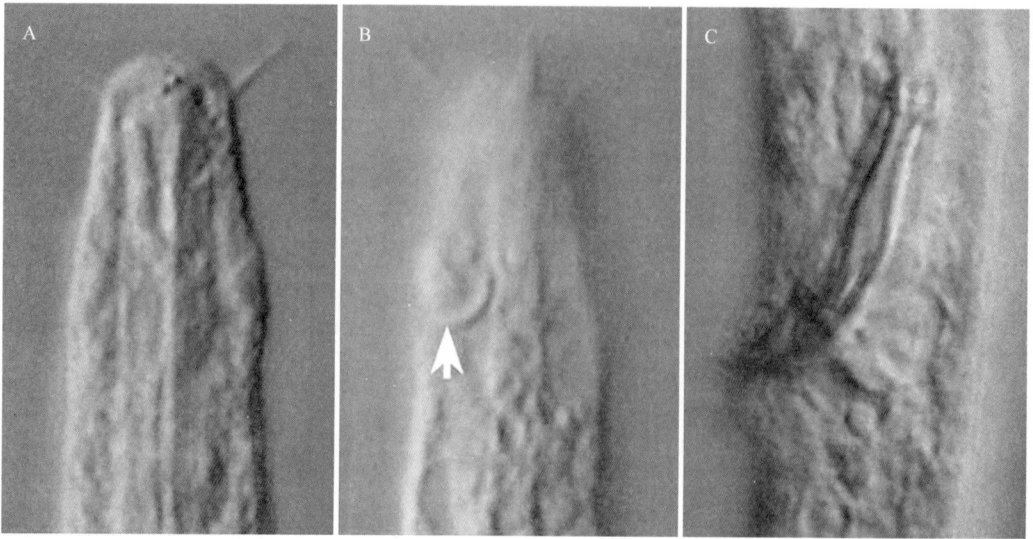

图 6.80.2　短引带突线宫线虫（*Linhystera breviapophysis* Yu，Huang & Xu，2014）显微图
A．雄体头端，示头刚毛；B．化感器；C．交接刺和引带

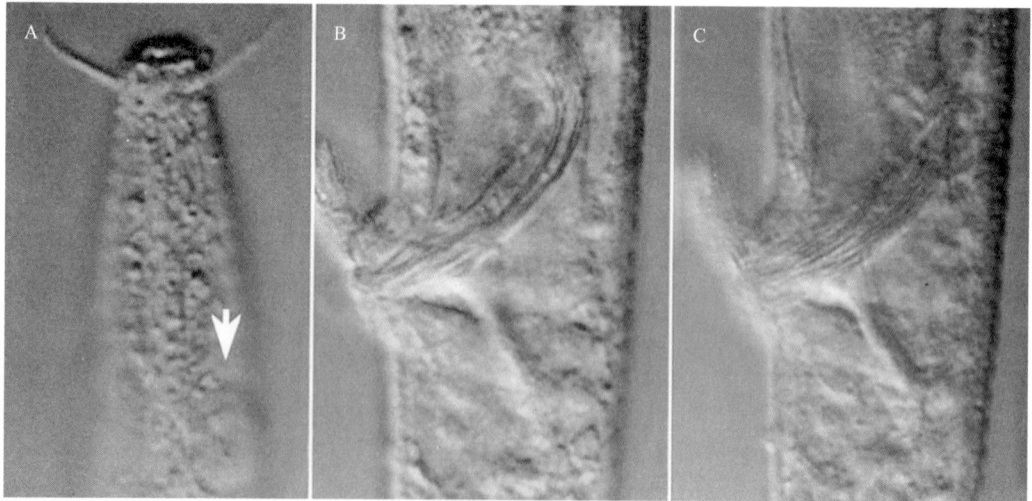

图 6.81.2　长引带突线宫线虫（*Linhystera longiapophysis* Yu，Huang & Xu，2014）显微图
A．雄体头端，示头刚毛和化感器；B．交接刺；C．引带突

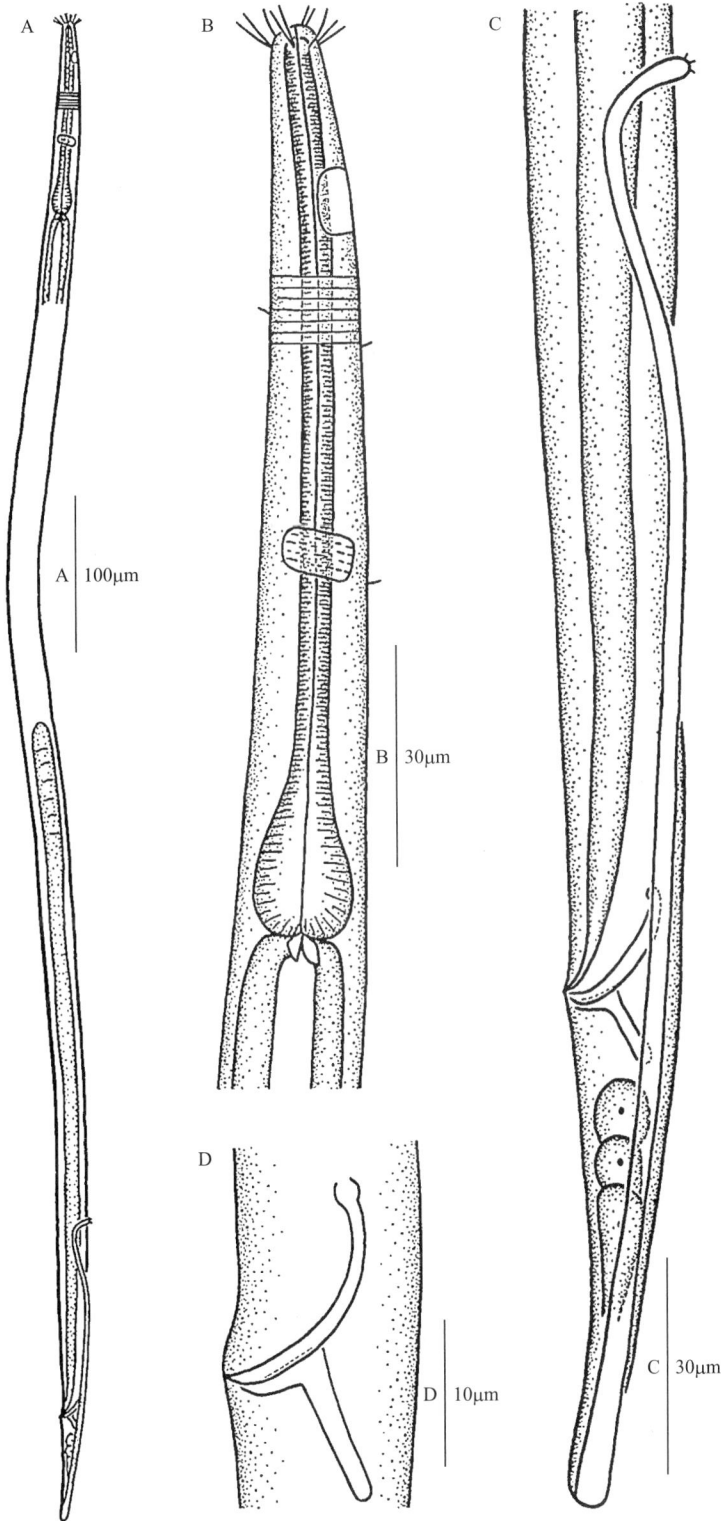

图 6.81.1　长引带突线宫线虫（*Linhystera longiapophysis* Yu，Huang & Xu，2014）手绘图
A. 雄性整体；B. 雄体前端，示头部感觉刚毛、化感器、神经环和后咽球；C. 雄体尾端；D. 交接刺和引带

属于单宫目、希阿利线虫科、线宫线虫属。

雄体圆柱状，头端尖细，尾端细长。体长 1232μm，最大体宽 23μm，头径 7μm。角皮具宽的横纹，身体中部的横纹宽约 2μm。内唇感觉器不明显，外唇感觉器刚毛状，与头刚毛近等长，排列在同一圈上，长 6μm。化感器椭圆形，位置偏下，长 9μm，宽 5μm，为相应体径的 44%，前边距离头端 20μm，或 3 倍头径。神经环位于咽的中部，距离头端 67μm。排泄系统没有观察到。口腔很小，缝隙状。咽圆柱形，基部膨大形成咽球，长 123μm。贲门三角形。尾细长，锥柱状，后端丝状，长 276μm，或为泄殖孔相应体径的 18.4 倍。后部丝状部分占尾长的 3/4，无尾刚毛，末端稍膨大，具 3 根极短的尾端刚毛。3 个尾腺细胞。

生殖系统具 1 个伸展的精巢，位于肠的左侧，长约 447μm。1 对等长的交接刺，长 24μm，或为泄殖孔相应体径的 1.6 倍，向腹面弯曲呈弧形，近端小头状，末端渐尖。引带背侧具 1 个长的尾状突，长约 10μm，并垂直于交接刺。无肛前辅器。

雌体尚未发现。

该种分布于东海陆架泥沙质沉积物中。

该种所在属目前共发现 4 个有效种，其中首次于中国东海发现 2 新种。

82. 美丽拟双单宫线虫 *Paramphimonhystrella elegans* Huang & Zhang, 2006（图 6.82.1，图 6.82.2）

Cobb 公式：

模式标本： $\dfrac{—\quad 220\quad M\quad 1480}{6\quad 33\quad 33\quad 27}$ 1778μm；a＝53.9，b＝8.1，c＝6.0，spic＝26

雌性副模式标本： $\dfrac{—\quad 176\quad M\quad 1522}{7\quad 32\quad 36\quad 32}$ 1830μm；a＝50.8，b＝10.4，c＝5.9，V%＝55%

属于单宫目、希阿利线虫科、拟双单宫线虫属。

身体细长，柱状，头端骤尖，尾端渐尖。雄体长 1778～1916μm，最大体宽 33～34μm，头径 6.5～7.0μm。角皮光滑无装饰。颈部具 2 圈长的颈刚毛，第 1 圈位于化感器基部，长 7μm，除颈部外无体刚毛。第 2 圈位于化感器基部下 14μm 处，长 10μm。头尖，突出。内唇感觉器不明显；外唇感觉器刚毛状，与头刚毛等长，长 4～5μm。6 根外唇刚毛和 4 根头刚毛排成一圈，着生于口腔前部头环处。化感器倒卵圆形，上下长 11～12μm，宽为相应体径的 50%，着生于口腔基部，前边距离头端 14μm。神经环位于咽的中后部，距离头端 108～120μm，占咽长的 55%。排泄孔不明显。口腔较大，圆锥状，纵向伸长并角质化，深 13～16μm，前端头环处宽 3.5～5.0μm。咽圆柱状，向基部逐渐变粗，不形成咽球，长 154～220μm。贲门不明

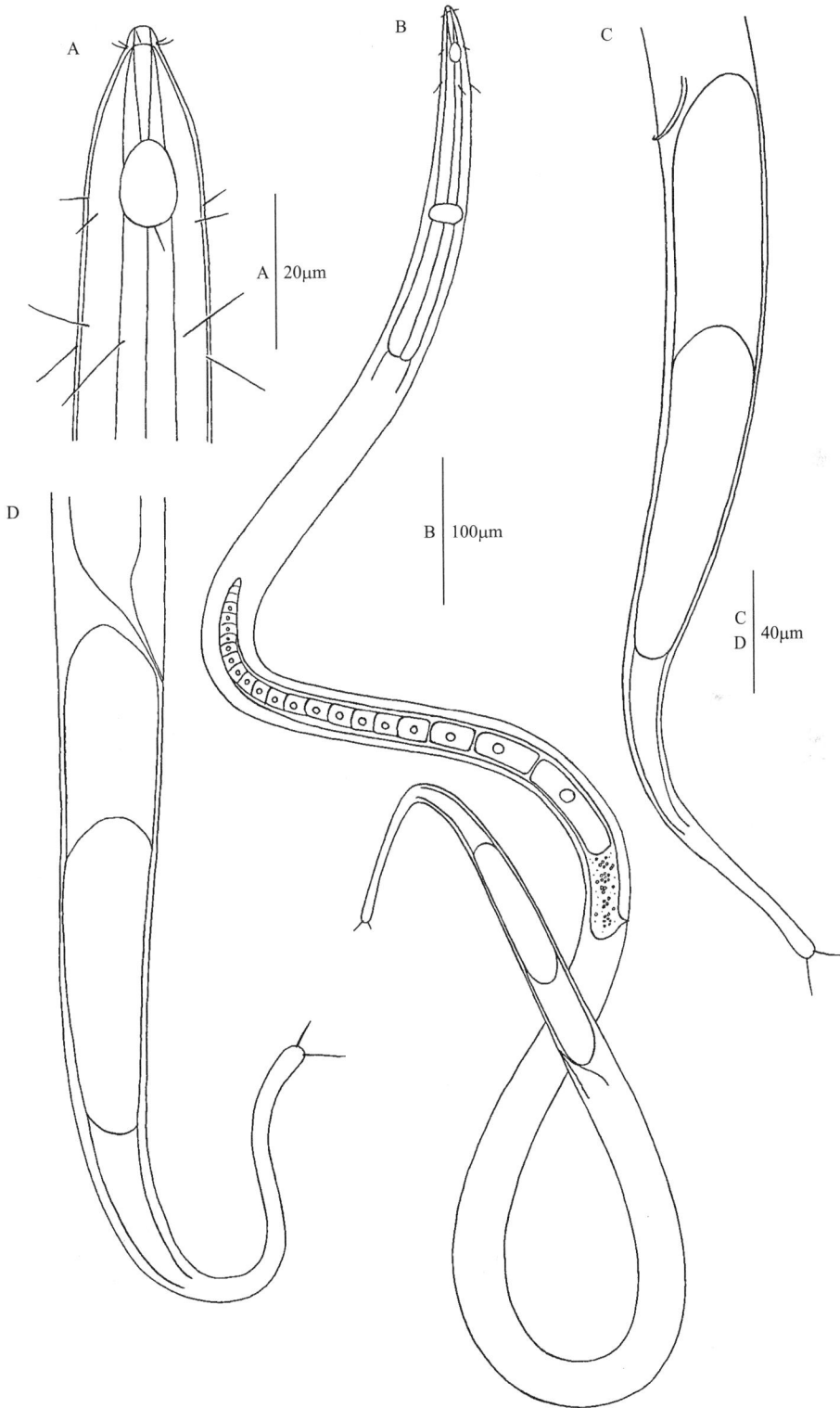

图 6.82.1 美丽拟双单宫线虫（*Paramphimonhystrella elegans* Huang & Zhang，2006）手绘图
A. 雄体头端，示口腔和化感器；B. 雌体；C. 雄体尾端，示交接刺和尾腺细胞；D. 雌体尾端

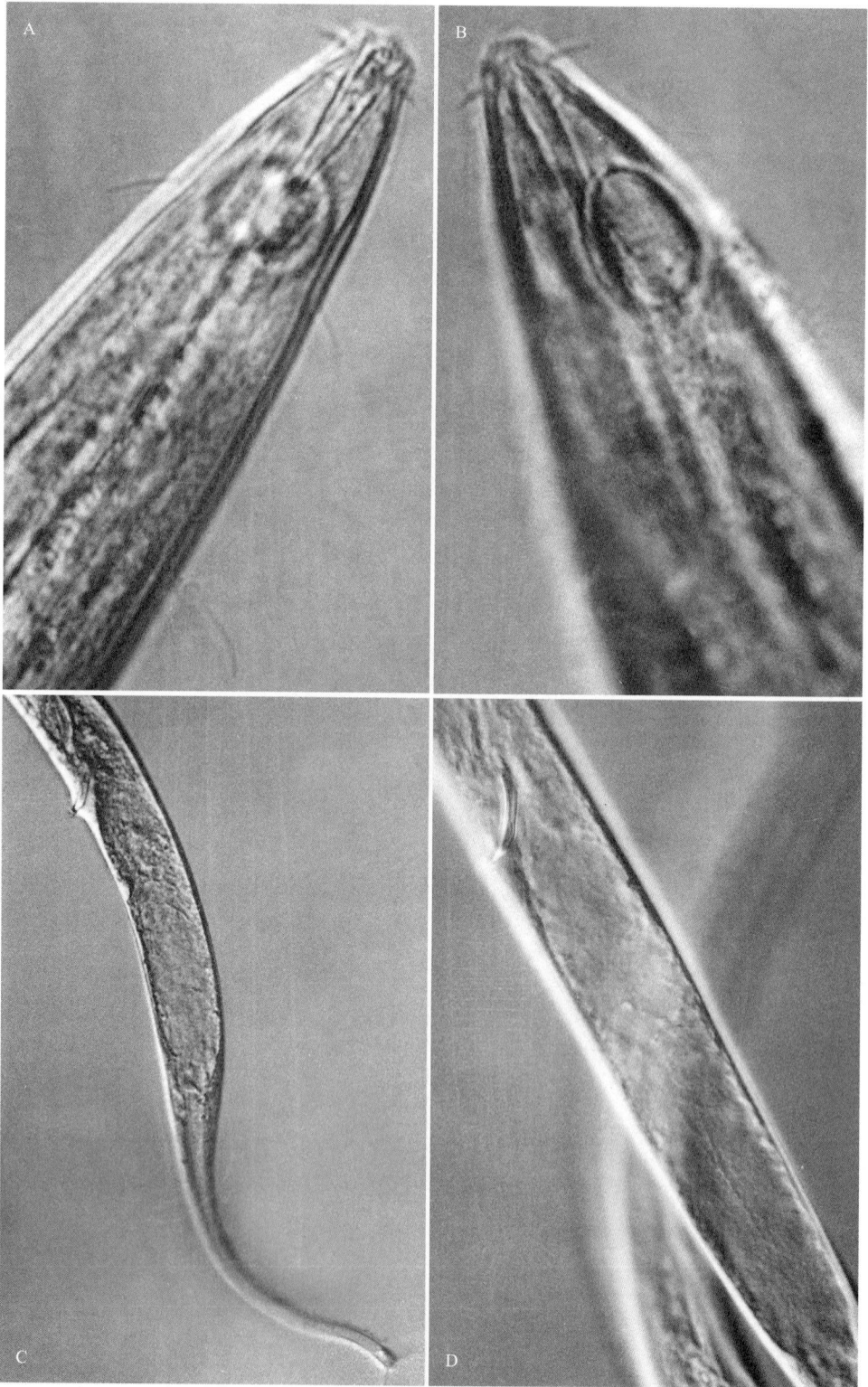

图 6.82.2 美丽拟双单宫线虫（*Paramphimonhystrella elegans* Huang & Zhang，2006）显微图

A、B. 雄体头端，示口腔和化感器；C、D. 雄体尾端，示交接刺和尾腺细胞

显。尾锥柱状，长 280～298μm，为泄殖孔相应体宽的 9～11 倍，锥状部分占尾长的 2/3，无亚腹刚毛，柱状部分占 1/3，末端稍膨大，具 3 根长达 20μm 的端刚毛。3 个尾腺细胞，其中近端 2 个大而透明。

一对交接刺等长，细小，向腹面稍弯曲，末端钩状，长 24～26μm，即泄殖孔相应体径的 0.96 倍。无引带。无肛前辅器。

雌体类似于雄体。生殖系统只有 1 个前置伸展的卵巢，长 430μm，位于肠的左侧。雌孔开口于身体中部的腹面，至头端距离为体长的 49%～55%。具有受精囊。

该种分布于黄海陆架泥质沉积物中。

该种所在属创建于中国，目前共发现 9 个有效种，其中首次于中国黄海发现 3 新种。

83. 小拟双单宫线虫　*Paramphimonhystrella minor* Huang & Zhang, 2006（图 6.83.1，图 6.83.2）

Cobb 公式

模式标本：$\dfrac{—\quad 114\quad M\quad 610}{3\quad 13\quad 13\quad 12}$ 740μm；a＝56.9，b＝6.5，c＝5.7，spic＝12

雌性副模式标本：$\dfrac{—\quad 130\quad M\quad 650}{4\quad 16\quad 16\quad 13}$ 770μm；a＝48.1，b＝5.9，c＝6.4，V%＝61%

属于单宫目、希阿利线虫科、拟双单宫线虫属。

身体细小，头端骤尖，尾端渐尖。雄体长 740～792μm，最大体宽 13～16μm，头径 3.0～3.5μm。角皮光滑无装饰。除颈部外无体刚毛。颈部具 2 圈颈刚毛，第 1 圈由 8 根刚毛组成，位于化感器的基部，长 3～4μm；第 2 圈位于化感器之下 1 个化感器直径距离处，长 7～8μm。头尖，突出。内唇感觉器不明显；外唇感觉器刚毛状，较短，与头刚毛等长，长 2μm。6 根外唇刚毛和 4 根头刚毛排成一圈，着生于口腔前部头环处。化感器圆形，直径 5μm，为相应体径的 50%～58%，着生于口腔基部，前边距离头端 12μm。神经环位于咽的中后部，距头端 55～72μm，占咽长的 57%。排泄孔不明显。口腔较大，圆锥状，纵向伸长并角质化，深 11～13μm，前部宽 2.0～2.5μm。咽圆柱状，向基部逐渐变粗，不形成咽球，长 100～131μm。贲门不明显。尾锥柱状，长 130～160μm，为泄殖孔相应体宽的 11～16 倍，锥状部分和柱状部分各占 1/2，末端稍膨大，具 3 根端刚毛。3 个尾腺细胞，其中近端 2 个大而明显。

交接刺等长，细小，向腹面稍弯曲，末端渐尖，长 12～13μm，约为泄殖孔相应体径的 1 倍。无引带。无肛前辅器。

雌体类似于雄体。生殖系统只有 1 个前置伸展的卵巢，位于肠的左侧。雌孔开口

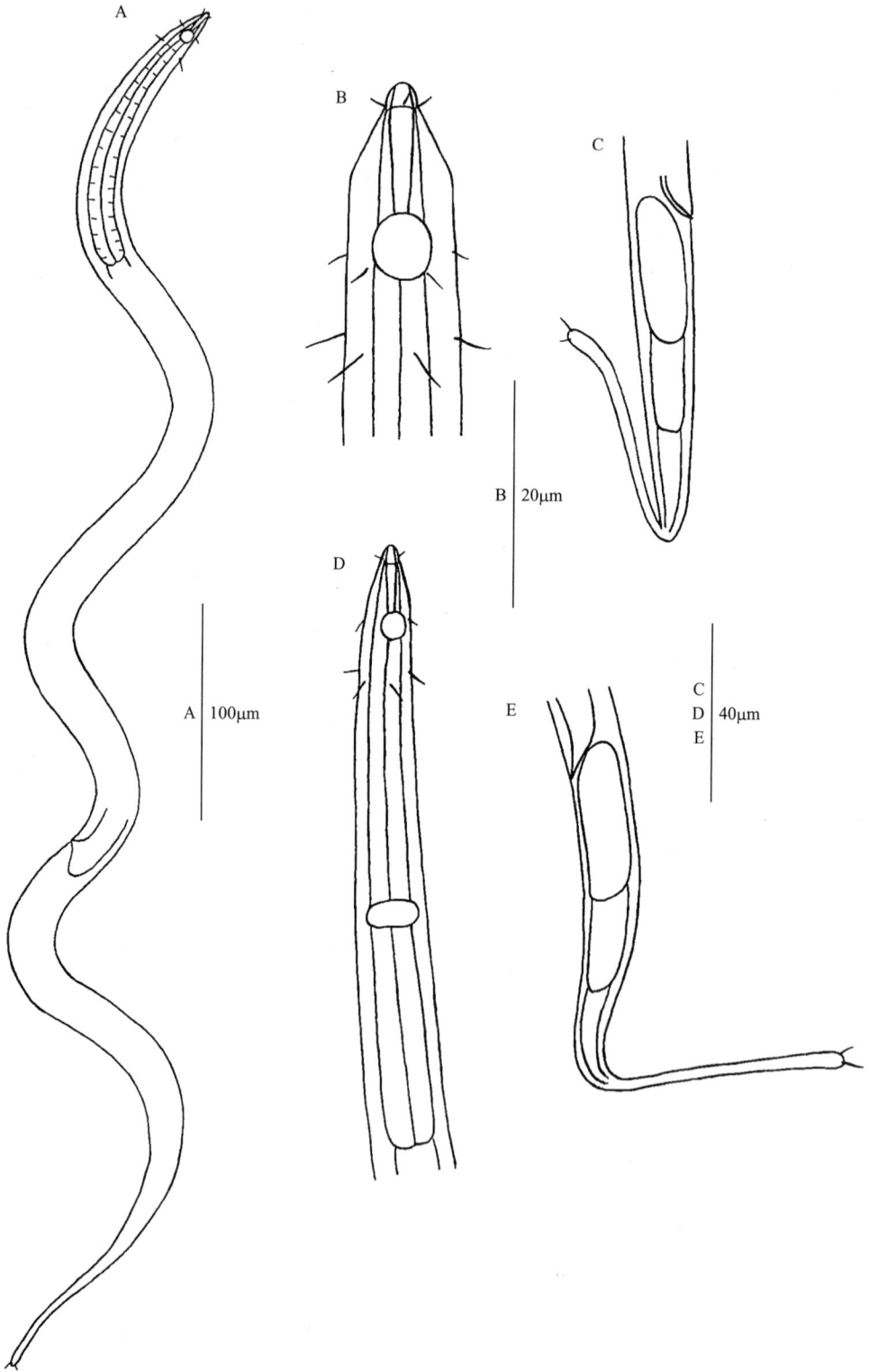

图 6.83.1 小拟双单宫线虫（*Paramphimonhystrella minor* Huang & Zhang，2006）手绘图
A. 雌体；B. 雄体头端，示口腔、化感器和颈刚毛；C. 雄体尾端，示交接刺和尾腺细胞；D. 雌体前端；E. 雌体尾端

于身体后面的腹侧面，至头端距离为体长的 61%～63%。

该种分布于黄海陆架泥质沉积物中。

该种所在属目前共发现 9 个有效种，其中首次于中国黄海发现 3 新种。

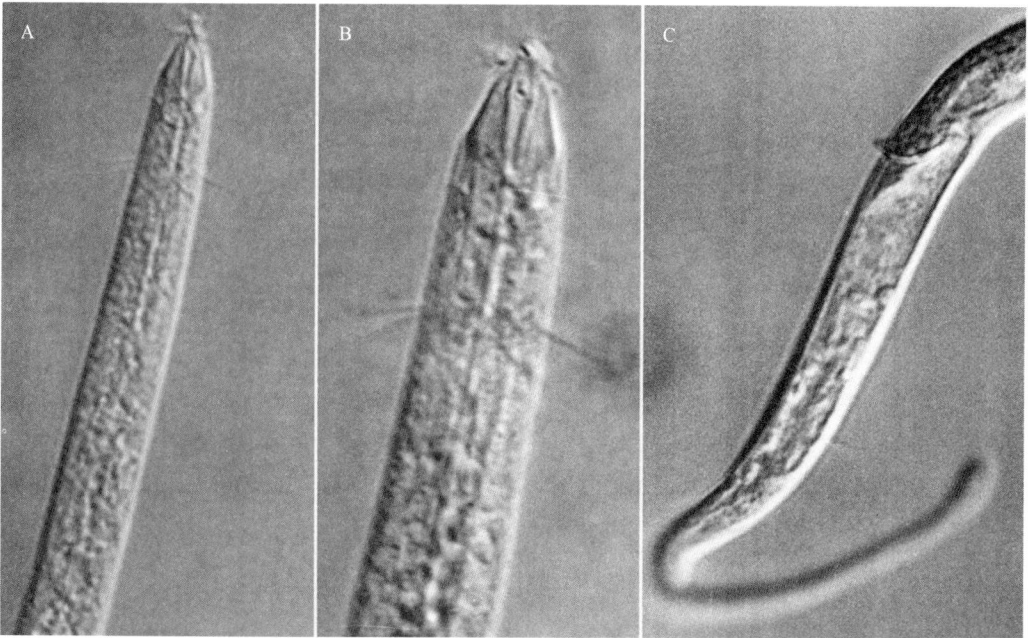

图 6.83.2　小拟双单宫线虫（*Paramphimonhystrella minor* Huang & Zhang，2006）显微图
A、B. 雄体头端，示口腔、化感器和颈刚毛；C. 雄体尾端，示交接刺和尾腺细胞

84. 中华拟双单宫线虫

Paramphimonhystrella sinica **Huang & Zhang, 2006**（图 6.84.1，图 6.84.2）

Cobb 公式：

模式标本：$\dfrac{\quad 182 \quad M \quad 792}{10 \quad\ 31 \quad\ 32 \quad 27}$ 1012μm；a＝31.6，b＝5.6，c＝4.6，spic＝26

雌性副模式标本：$\dfrac{\quad 192 \quad M \quad 832}{11 \quad\ 30 \quad\ 31 \quad 22}$ 1114μm；a＝35.9，b＝5.8，c＝4.0，V%＝48%

属于单宫目、希阿利线虫科、拟双单宫线虫属。

身体细长柱状，头端骤尖，尾端渐尖。雄体长 1012μm，最大体宽 30～32μm，头径 9～10μm。角皮光滑无装饰。除颈部外无体刚毛。颈部具 2 圈长的颈刚毛，每圈由 10 根刚毛组成。第 1 圈位于化感器的中部，长 8μm；第 2 圈位于化感器基部下 19μm

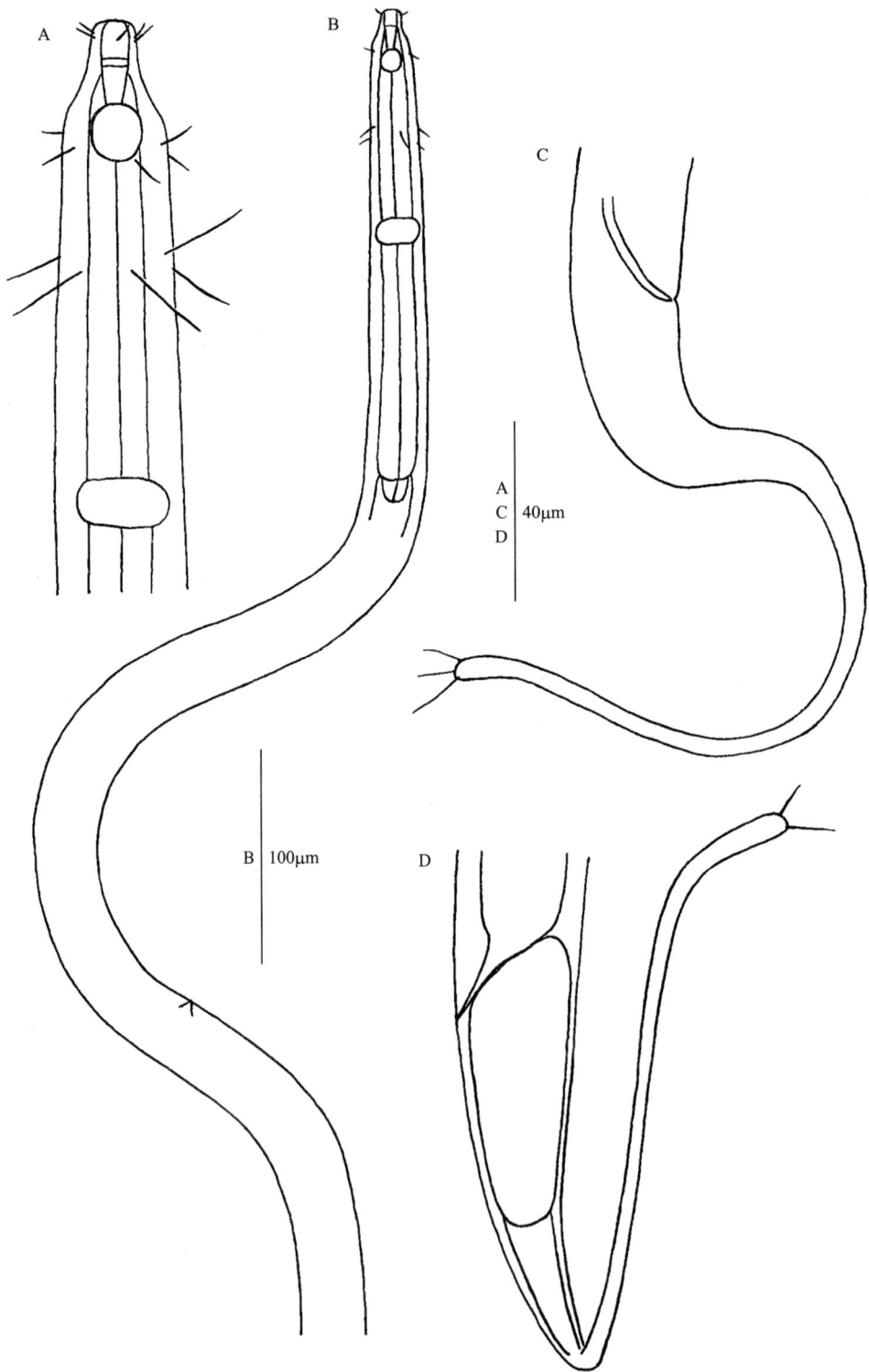

图 6.84.1 中华拟双单宫线虫（*Paramphimonhystrella sinica* Huang & Zhang，2006）手绘图
A. 雄体头端，示口腔、化感器和颈刚毛；B. 雌体前端；C. 雄体尾端，示交接刺；D. 雌体尾端

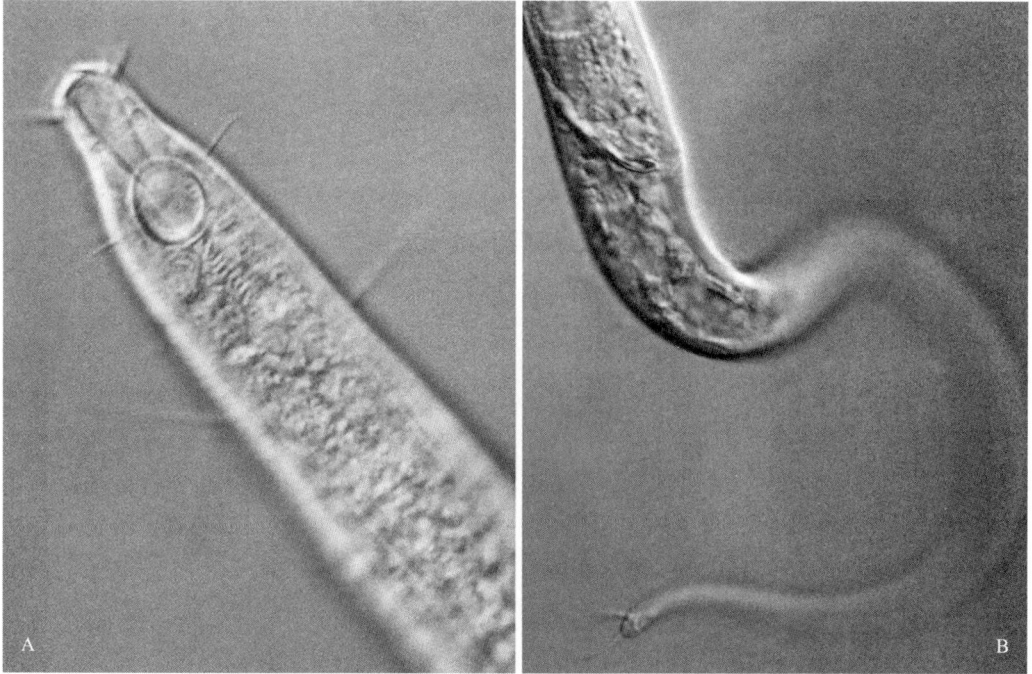

图 6.84.2 中华拟双单宫线虫（*Paramphimonhystrella sinica* Huang & Zhang，2006）显微图
A. 雄体头端，示口腔、化感器和颈刚毛；B. 雄体尾端，示交接刺

处，长 19μm。头部伸出，顶端平截。内唇感觉器不明显；外唇感觉器刚毛状，与头刚毛等长，长 5～8μm。6 根外唇刚毛和 4 根头刚毛排成一圈，着生于口腔前端。化感器圆形，边缘角质化加厚，直径 8～12μm，为相应体径的 56%～63%，着生于口腔基部，前边距离头端 16μm。神经环位于咽的中前部，距离头端 86～95μm，占咽长的 47%。排泄孔不明显。口腔较宽大，圆锥状，纵向伸长并角质化，深 16～22μm，中部头环处宽 8～9μm。咽圆柱状，基部不加粗，不形成咽球。长 180～182μm。贲门不明显。尾锥柱状，长 220～222μm，为泄殖孔相应体宽的 8～10 倍，锥状部分占尾长的 1/3，无亚腹刚毛，柱状部分占 2/3，末端稍膨大，具 3 根长约 16μm 的端刚毛。3 个尾腺细胞，其中最近端一个大而明显。

交接刺等长，略向腹面弯曲，末端圆钝，长 26～34μm，即泄殖孔相应体径的 0.96～1.20 倍。无引带。无肛前辅器。

雌体类似于雄体。生殖系统只有 1 个前置伸展的卵巢，位于肠的左侧。雌孔开口于身体中部的腹面，至头端距离为体长的 48%～53%。

该种分布于黄海陆架泥质沉积物中。

该种所在属目前共发现 9 个有效种，其中首次于中国黄海发现 3 新种。

85. 短毛拟格莱线虫

Paragnomoxyala breviseta Jiang & Huang, 2015（图 6.85.1，图 6.85.2）

Cobb 公式：

模式标本：$\dfrac{—\quad 242\quad M\quad 917}{13\quad 46\quad 46\quad 26}$ 1059μm；a＝23，b＝4.4，c＝7.5，spic＝30

雌性副模式标本：$\dfrac{—\quad 250\quad M\quad 885}{14\quad 50\quad 55\quad 29}$ 1037μm；a＝18.9，b＝4.1，c＝6.8，V%＝68%

属于单宫目、希阿利线虫科、拟格莱线虫属。

身体细长，向两端渐细。雄体长 902～1100μm，最大体宽 38～53μm，头径 11～14μm。角皮具清晰环纹，尾部环纹更明显。口唇突出，内唇感觉器和外唇感觉器不明显，头部只有 4 根头刚毛，着生于头的前端，长 3～4μm。化感器圆形，直径 7～9μm，为相应体径的 50%，着生于口腔基部。神经环位于咽的中前部，距离头端 106～116μm，占咽长的 45%～46%。排泄孔不明显。口腔宽大，圆柱状，深 18～24μm，中部宽 9～11μm，壁角质化加厚，前端向外突出，无齿。咽圆柱状，基部稍微加粗，不形成咽球，长 215～258μm。贲门发育良好，圆锥状，长 7～12μm。尾锥柱状，长 128～152μm，为泄殖孔相应体宽的 5.5～6.3 倍，锥状部分占尾长的 2/3，柱状部分占 1/3，末端稍膨大，具 3 根端刚毛。3 个尾腺细胞在尾端具 1 个突出开口。

交接刺细长，棒状，直伸，两端圆钝，稍向腹面弯曲，长 25～30μm，即泄殖孔相应体径的 1.1～1.2 倍。无引带。无肛前辅器。

雌体类似于雄体。生殖系统只有 1 个前置伸展的卵巢，位于肠的左侧。具退化的后子宫囊，长 40μm，内含圆形精子。雌孔开口于身体中后部的腹面，至头端距离为体长的 66%～69%，阴唇突起。

该种分布于东海陆架泥沙质沉积物中。

该种所在属创建于中国，目前于黄海，东海共发现 3 新种。

86. 大口拟格莱线虫

Paragnomoxyala macrostoma (Huang & Xu, 2013) Sun & Huang, 2017（图 6.86.1，图 6.86.2）

Cobb 公式：

模式标本：$\dfrac{—\quad 276\quad M\quad 986}{17\quad 46\quad 49\quad 31}$ 1150μm；a＝23.5，b＝4.2，c＝7.0，spic＝28

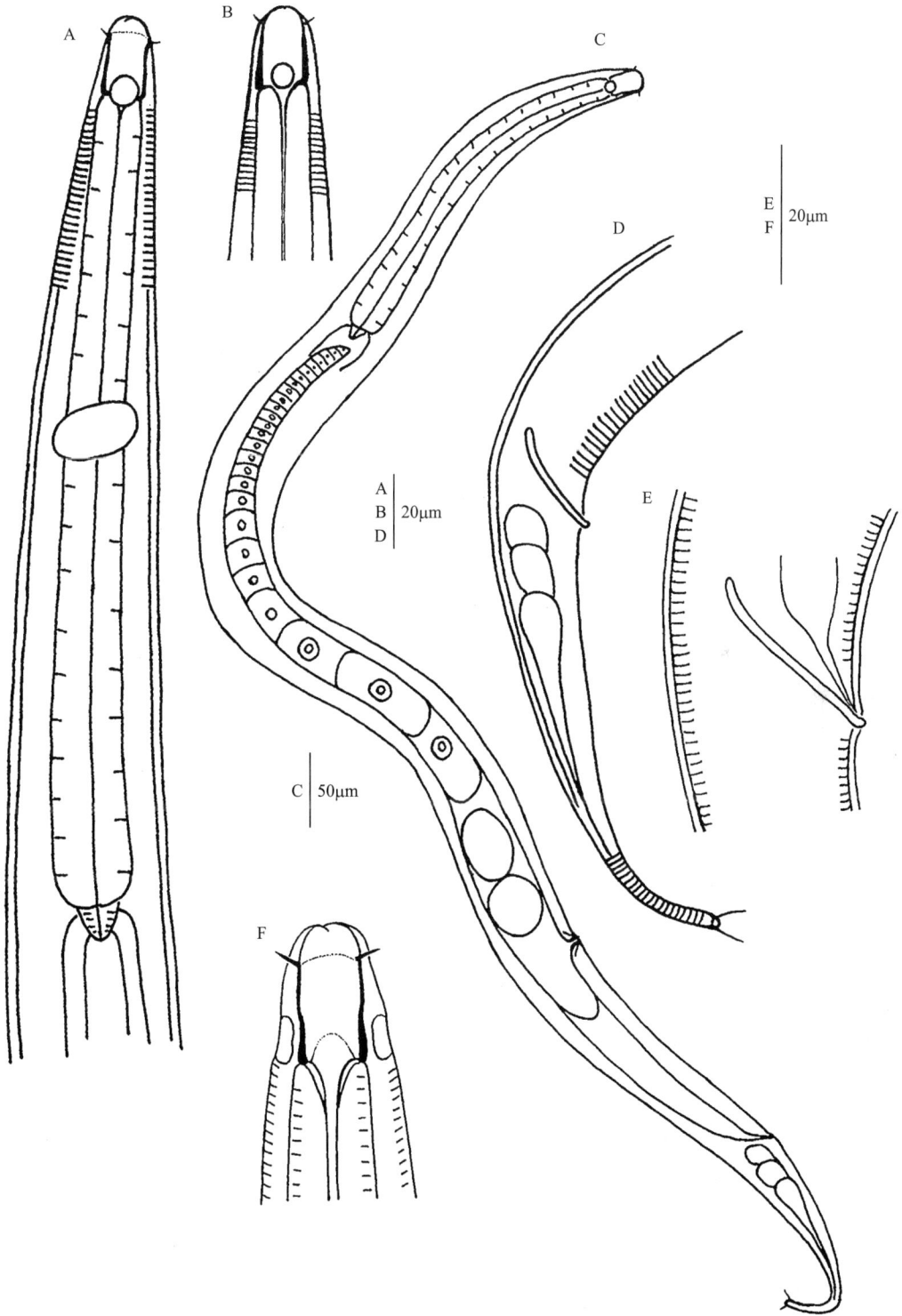

图 6.85.1 短毛拟格莱线虫（*Paragnomoxyala breviseta* Jiang & Huang，2015）手绘图

A、B. 雄体头端，示口腔、化感器、神经环和咽；C. 雌体，示生殖系统；

D. 雄体尾端，示交接刺和尾腺细胞；E. 交接刺；F. 雌体头端，示口腔和化感器

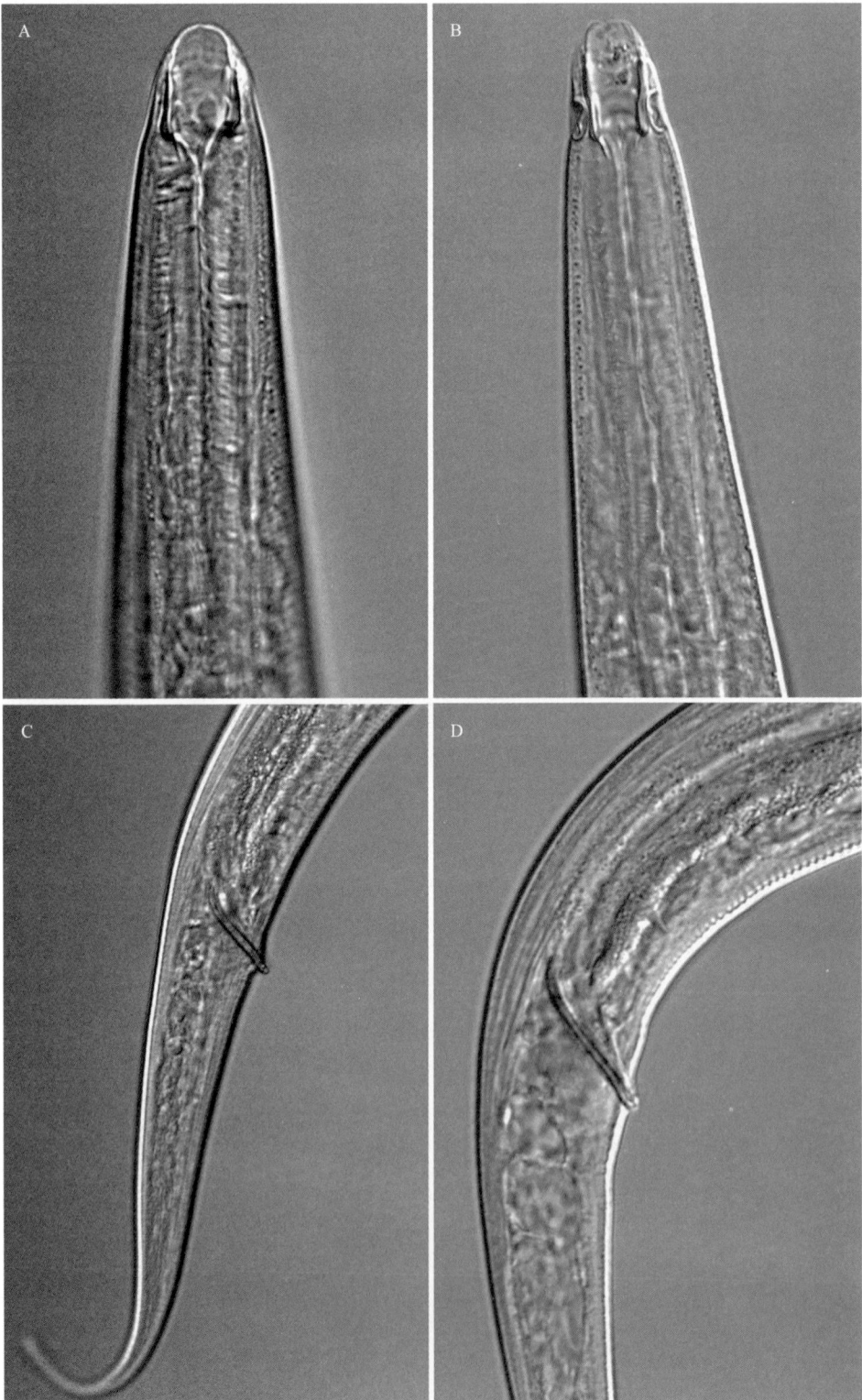

图 6.85.2 短毛拟格莱线虫（*Paragnomoxyala breviseta* Jiang & Huang，2015）显微图
A、B. 雄体头端，示口腔和化感器；C、D. 雄体尾端，示交接刺和尾腺细胞

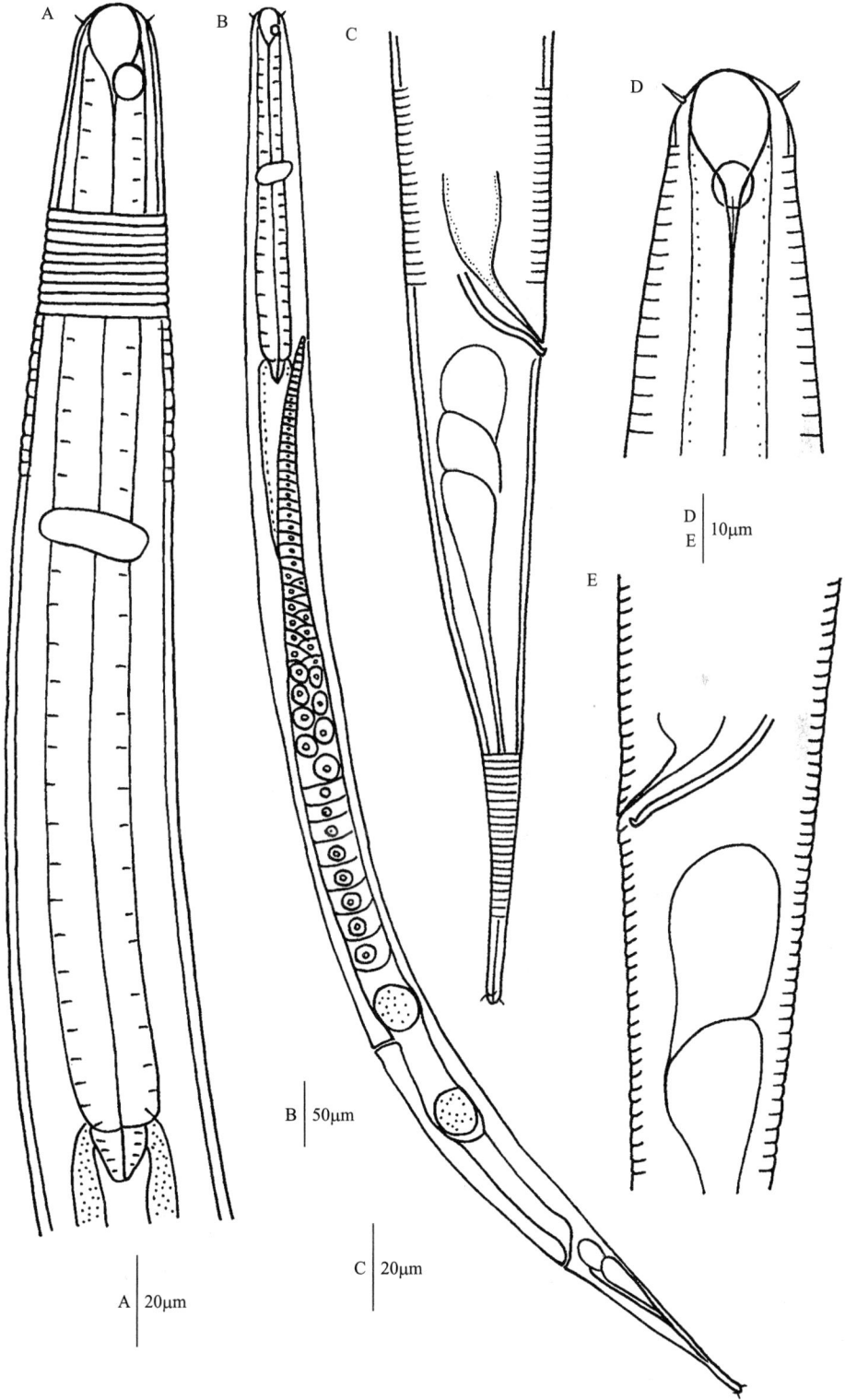

图 6.86.1　大口拟格莱线虫 [*Paragnomoxyala macrostoma* (Huang & Xu，2013) Sun & Huang，2017] 手绘图

A. 雄体头端；B. 雌体，示生殖系统；C. 雄体尾端，示交接刺；D. 雌体头端；E. 交接刺和尾腺细胞

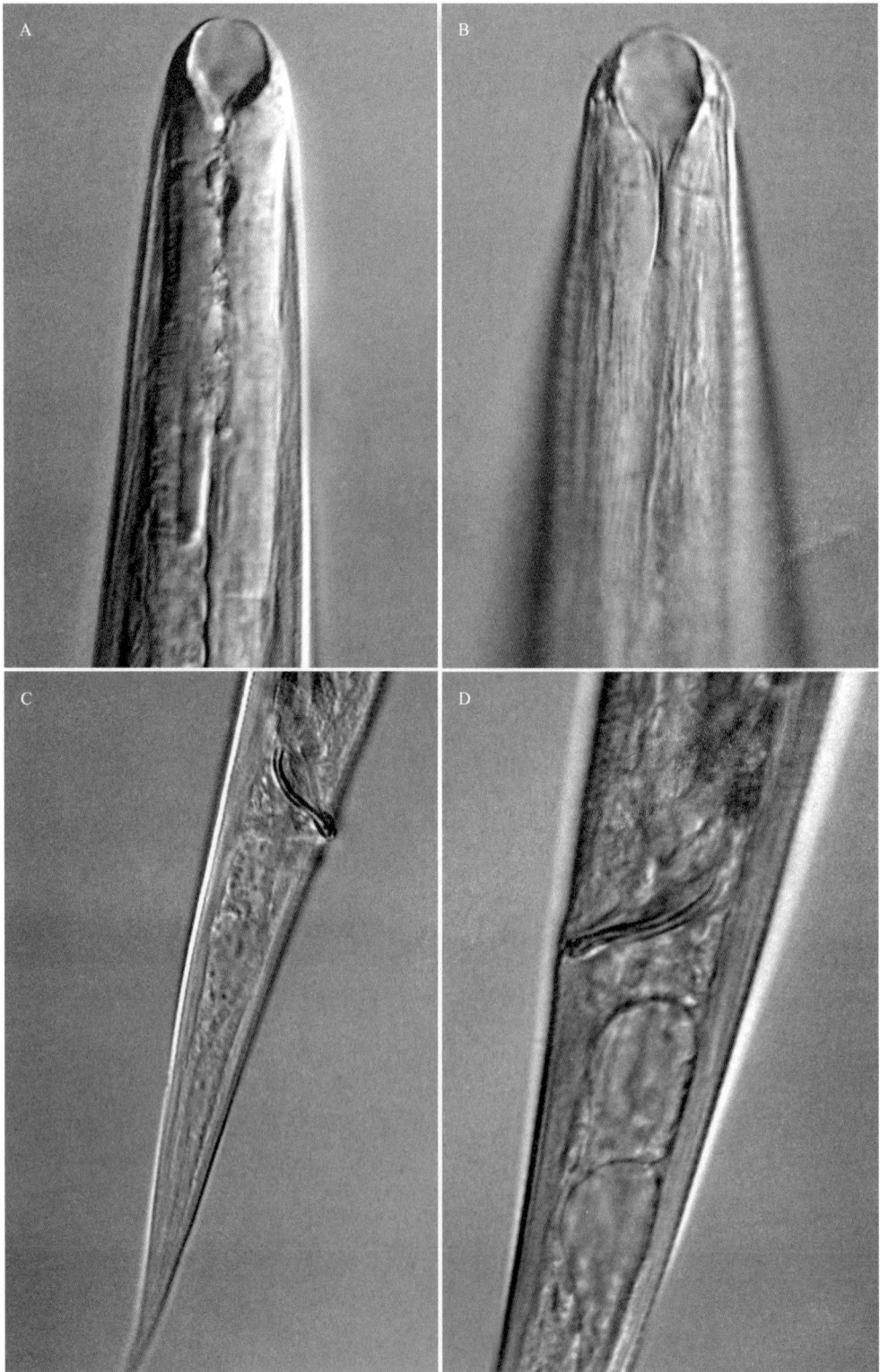

图 6.86.2　大口拟格莱线虫 [*Paragnomoxyala macrostoma*（Huang & Xu，2013）Sun & Huang，2017] 显微图
A、B. 雄体头端，示头刚毛、口腔；C、D. 雄体尾端，示交接刺和尾腺细胞

雌性副模式标本： $\dfrac{— \quad 305 \quad M \quad 1105}{21 \quad 54 \quad 59 \quad 37}$ 1281μm；a＝21.7，b＝4.2，c＝7.3，V%＝69%

属于单宫目、希阿利线虫科、拟格莱线虫属。

身体细柱状。雄体长1045～1183μm，最大体宽43～53μm，头径17～19μm。角皮具宽的环纹，环纹之间宽约2μm，通体散布短的体刚毛。口唇突出，内唇感觉器不明显，外唇感觉器乳突状。4根头刚毛短，长3～4μm，着生于头的前端。化感器圆形，直径8μm，为相应体径的36%，着生于口腔基部，其前边距离头端15μm。神经环位于咽的中前部，距离头端110～125μm，占咽长的45%～46%。排泄孔不明显。口腔宽大，漏斗状，深16μm，中部宽12～15μm，前端向外突出，无齿。咽圆柱状，基部不膨大，不形成咽球，长240～273μm。贲门发达，圆锥状，长11μm，被肠组织包围。尾锥柱状，长149～176μm，为泄殖孔相应体宽的5.0~5.5倍，锥状部分逐渐过渡为柱状部分，柱状部分短，约占尾长的1/4，末端稍膨大，具3根短的端刚毛。3个尾腺细胞在尾端具1个突出开口。

交接刺细长，棒状，直伸，稍向腹面弯曲，末端钩状，长26～30μm，即泄殖孔相应体径的0.9～1.0倍。无引带。无肛前辅器。

雌体类似于雄体，略大。生殖系统只有1个前置伸展的卵巢，向前延伸至咽部，位于肠的左侧。具退化的后子宫囊，内含圆形的卵。雌孔开口于身体中后部的腹面，至头端距离为体长的67%～69%。

该种广泛分布于黄海、东海潮间带和陆架沙质沉积物中。

该种所在属创建于中国，目前于中国黄海，东海共发现3新种。

87. 小拟格莱线虫

Paragnomoxyala minuta Jiang & Huang, 2016

（图6.87.1，图6.87.2）

Cobb公式：

模式标本： $\dfrac{— \quad 52 \quad M \quad 596}{7 \quad 20 \quad 20 \quad 16}$ 690μm；a＝34.5，b＝4.5，c＝7.3，spic＝16

雌性副模式标本： $\dfrac{— \quad 75 \quad M \quad 650}{7 \quad 27 \quad 32 \quad 20}$ 760μm；a＝23.8，b＝4.3，c＝6.9，V%＝66%

属于单宫目、希阿利线虫科、拟格莱线虫属。

身体细小，向两端渐细。雄体长665～720μm，最大体宽20～21μm，头径7μm。角皮具环纹，尾部环纹更明显。口唇突出，内唇感觉器和外唇感觉器不明显，头部只有4根头刚毛，着生于口腔前部头环处，长3～4μm。化感器圆形，直径4μm，为相应体径的50%，着生于口腔基部，前边距离头端10μm。神经环位于咽的中前部，距离头

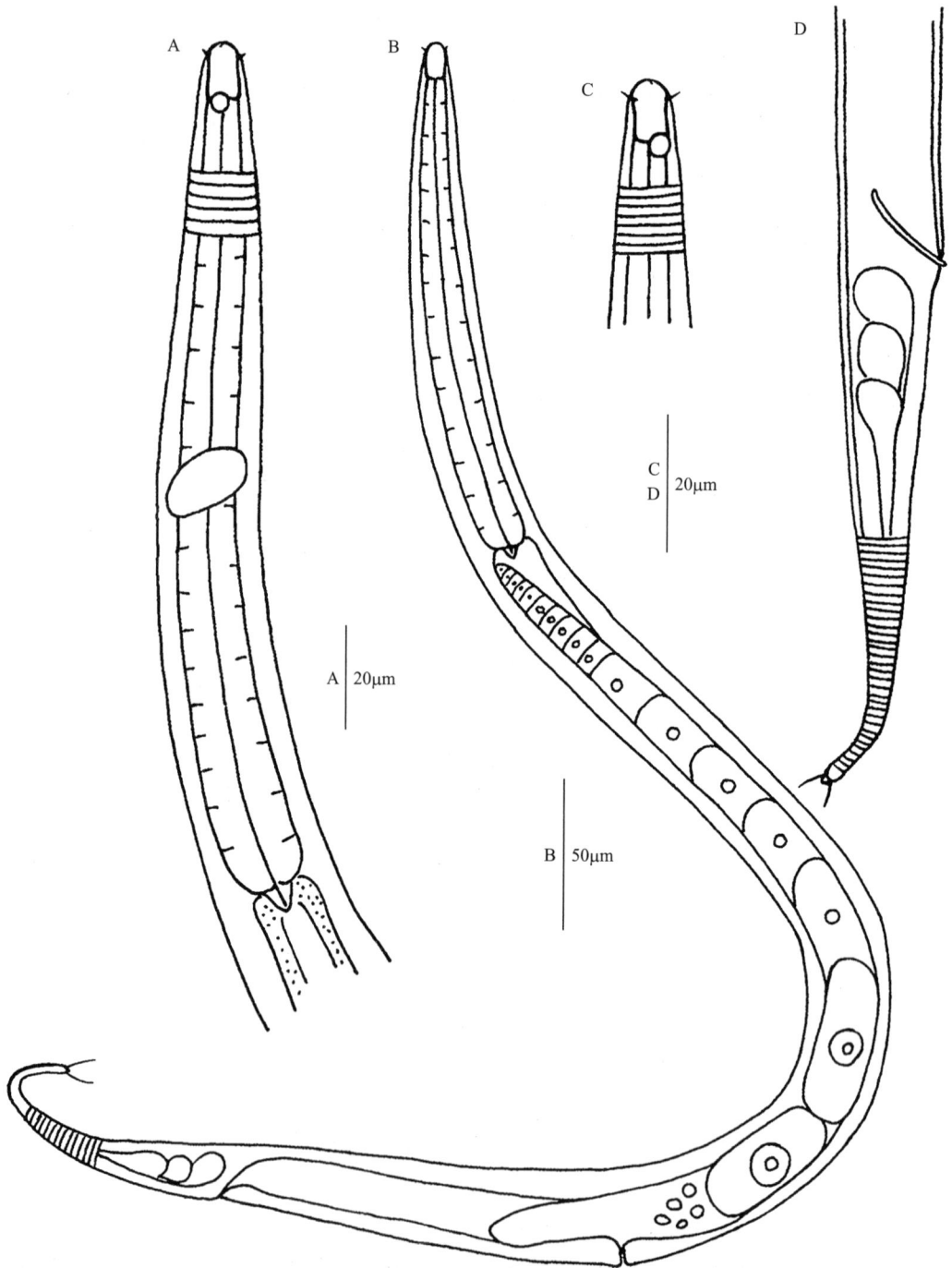

图 6.87.1　小拟格莱线虫（*Paragnomoxyala minuta* Jiang & Huang，2016）手绘图
A. 雄体前端，示口腔、化感器、神经环和咽；B. 雌体，示生殖系统；C. 雌体头端；D. 雄体尾端，示交接刺

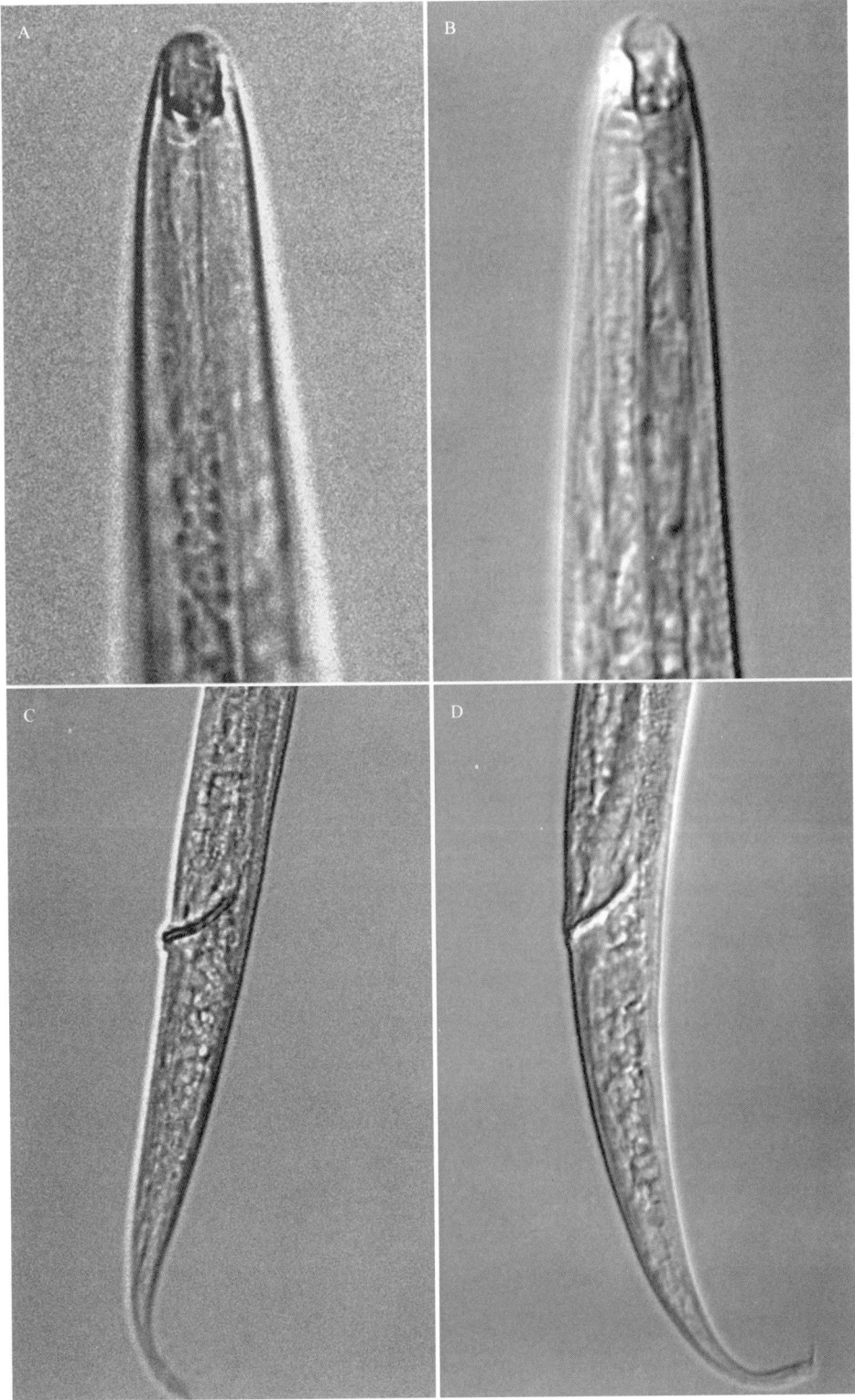

图 6.87.2　小拟格莱线虫（*Paragnomoxyala minuta* Jiang & Huang，2016）显微图
A、B. 雄体头端，示口腔和化感器；C、D. 雄体尾端，示交接刺

端70~72μm，占咽长的46%。排泄孔不明显。口腔较大，桶状，深11μm，前部宽阔，前端向外突出，无齿。咽圆柱状，基部稍微加粗，不形成咽球，长152~162μm。贲门发育良好，圆锥状。尾锥柱状，长89~94μm，为泄殖孔相应体宽的5.6~5.9倍，锥状部分占尾长的2/3，柱状部分占尾长的1/3，末端稍膨大，具3根端刚毛。3个尾腺细胞在尾端具1个突出开口。

交接刺细长，棒状，直伸，略向腹面弯曲，长15~17μm，约为泄殖孔相应体径的1倍。无引带。无肛前辅器。

雌体类似于雄体。生殖系统只有1个前置伸展的卵巢，位于肠的左侧。具退化的后子宫囊，内含圆形精子。雌孔开口于身体中后部的腹面，至头端距离为体长的66%。

该种分布于东海陆架泥沙质沉积物中。

该种所在属创建于中国，目前于中国黄海，东海共发现3新种。

88. 宽头拟单宫线虫

Paramonohystera eurycephalus **Huang & Wu, 2011**（图6.88.1，图6.88.2）

Cobb公式：

模式标本： $\dfrac{-\quad 382\quad M\quad 1447}{33\quad 67\quad 72\quad 49}$ 1710μm；a=23.8，b=4.5，c=6.5，spic=168

雌性副模式标本： $\dfrac{-\quad 372\quad M\quad 1480}{32\quad 62\quad 66\quad 41}$ 1725μm；a=27.1，b=4.7，c=7.2，V%=65%

属于单宫目、希阿利线虫科、拟单宫线虫属。

身体圆柱状。雄体长1695~1780μm，最大体宽60~70μm，头径31~33μm。角皮具细环纹，通体散布短的体刚毛，特别在颈部较密集且长，有的长达28μm。口唇突出，头感觉器排列成6+10的模式，内唇感觉器乳突状，外唇感觉器刚毛状，长13μm，4根头刚毛长约11μm，与6根外唇刚毛排列成一圈，着生于口腔中部头环处。化感器圆形，直径18~20μm，为相应体径的50%，着生于口腔基部，其前边距离头端约20μm。神经环位于咽的中前部，距离头端128~135μm，占咽长的31%~34%。排泄系统不明显。口腔宽大，中部宽18μm，前端向外突出，呈半球形的唇腔，后端圆锥形，被咽组织包围，无齿。咽圆柱状，基部不膨大，不形成咽球，长382~440μm。贲门发达，圆锥状，被肠组织包围。尾锥柱状，较长，260~263μm，为泄殖孔相应体宽的4.9~5.7倍，锥状部分逐渐过渡为柱状部分，各占1/2，末端稍膨大，具3根长的端刚毛，长30~36μm。3个尾腺细胞在尾端具1个突起的开口。

生殖系统具2个反向排列伸展的精巢。交接刺伸长，基部向腹面弯曲，近端头状，末端圆钝，长157~168μm，即泄殖孔相应体径的3.1~3.2倍。引带管状，末端具1个

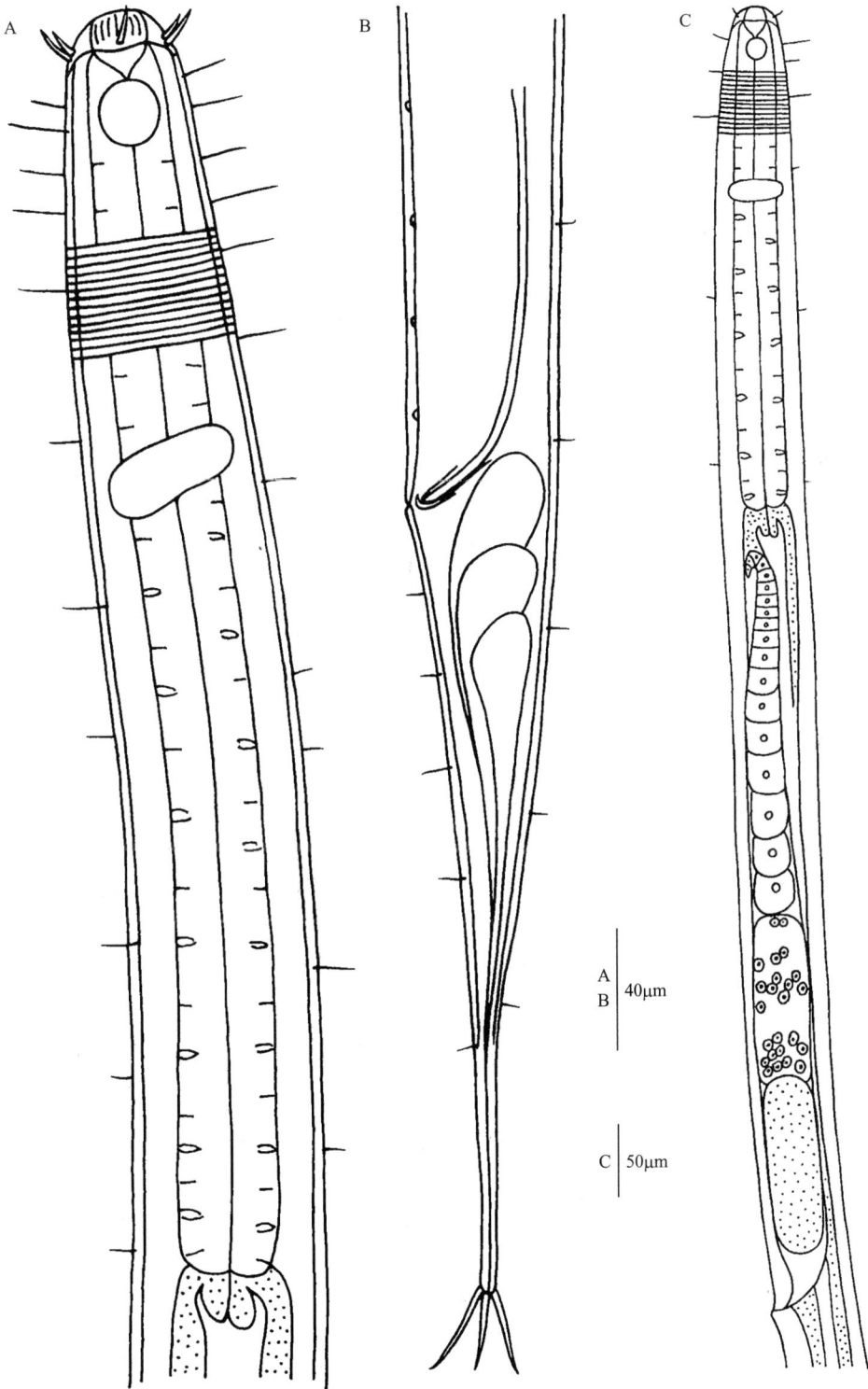

图 6.88.1　宽头拟单宫线虫（*Paramonohystera eurycephalus* Huang & Wu，2011）手绘图
A. 雄体头端，示口腔、化感器、神经环和颈刚毛；B. 雄体尾端，示交接刺、引带和尾腺细胞；
C. 雌体前部，示生殖系统

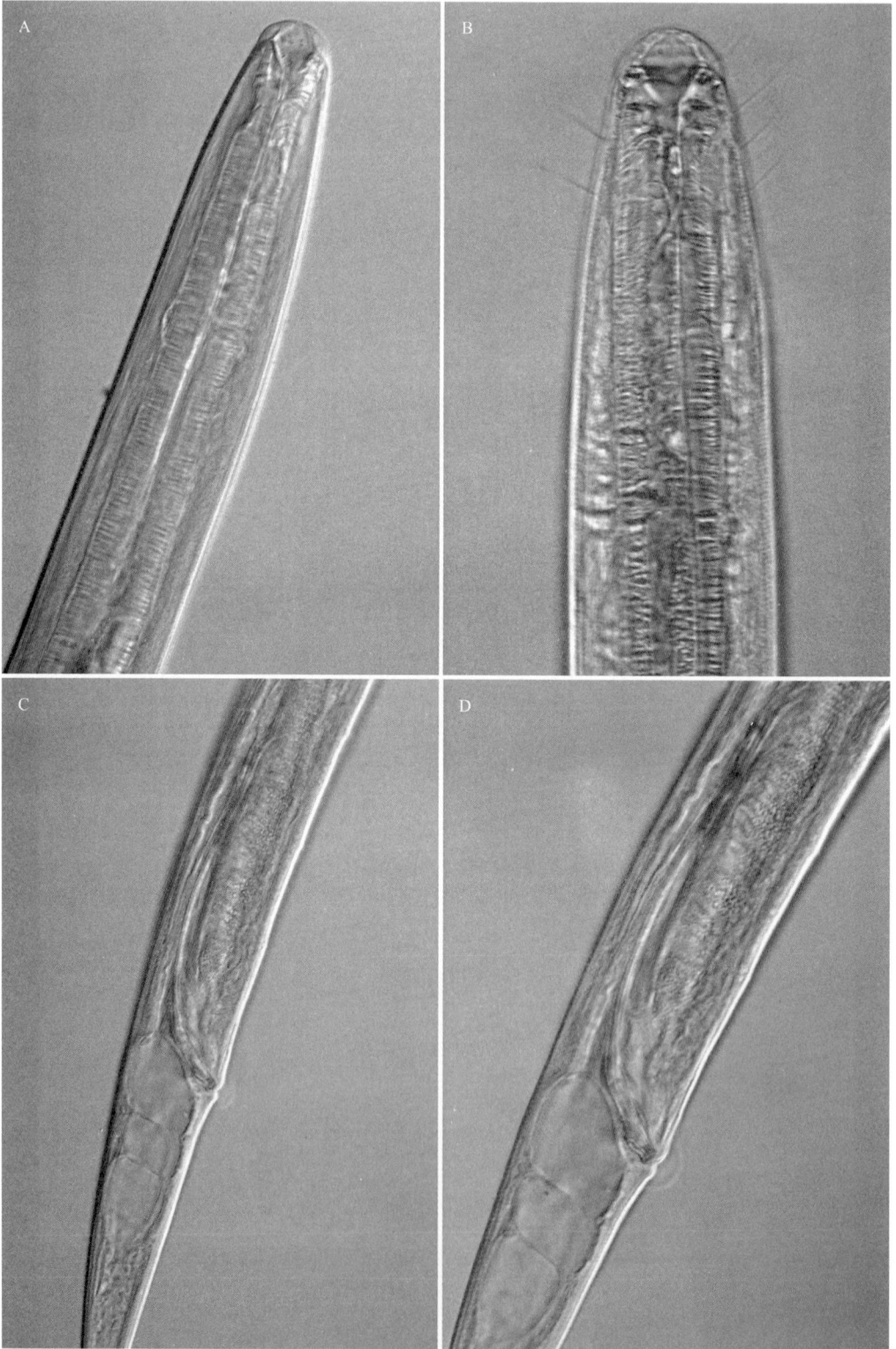

图 6.88.2　宽头拟单宫线虫（*Paramonohystera eurycephalus* Huang & Wu，2011）显微图
A、B. 雄体头端，示口腔和颈刚毛；C、D. 雄体尾端，示交接刺、引带和尾腺细胞

钩状结构。具5或6个微小的肛前辅器。

雌体类似于雄体，化感器偏小，直径13～15μm，为相应体径的34%。生殖系统只有1个前置伸展的卵巢，向前延伸至肠的前部，顶端弯折，位于肠的左侧。子宫内含椭圆形的卵和受精囊，不具退化的后子宫囊。雌孔开口于身体中部的腹面，至头端距离为体长的51%～54%。

该种分布于黄海陆架泥沙质沉积物中。

该种所在属目前共发现14个有效种，其中首次于中国黄海发现1新种，东海发现1新种。

89. 中华假颈毛线虫

Pseudosteineria sinica Huang & Li, 2010

（图6.89.1，图6.89.2）

模式标本：$\dfrac{-\quad 282\quad M\quad 1162}{19\quad 50\quad 53\quad 42}$ 1360μm；a=25.7，b=4.8，c=6.9，spicl=60，spicr=48

雌性副模式标本：$\dfrac{-\quad 278\quad M\quad 1176}{20\quad 61\quad 68\quad 46}$ 1365μm；a=20.1，b=4.9，c=7.3，V%=63%

属于单宫目、希阿利线虫科、假颈毛线虫属。

身体长梭状，向两端渐细。雄体长1250～1360μm，最大体宽53～68μm，头径18～20μm。角皮具细环纹，通体散布短的体刚毛，特别在颈部和尾部较多。口唇突出，头感觉器排列成6+10的模式，内唇感觉器乳突状，外唇感觉器刚毛状，长约9μm，4根头刚毛长约5μm，与6根外唇刚毛排列成一圈，着生于头的前端。紧邻头刚毛之下，着生8纵列亚头刚毛，每排3～4根，长度由前向后逐渐增长，达16～53μm。化感器不显著。神经环位于咽的中前部，距离头端96～112μm，占咽长的40%。排泄系统不显著。口腔锥状，前端向外突出，无齿。咽圆柱状，基部不膨大，不形成咽球，长268～282μm。贲门较小。尾锥柱状，长162～198μm，为泄殖孔相应体宽的3.7～4.7倍，锥状部分逐渐过渡为短的柱状部分，具大量的长的尾刚毛。柱状部分占尾长的1/4，末端稍膨大，具3根长的端刚毛，长达29μm。3个尾腺细胞在尾端具1个突起的开口。

生殖系统具2个精巢，前精巢伸展，位于肠的左侧，后精巢弯折，位于肠的右侧。2根交接刺不等长，稍向腹面弯曲。左侧一条稍长，55～60μm，即泄殖孔相应体径的1.4倍。中间一关节分成上下2段，近端头状，末端渐尖；右侧一条稍短，长42～48μm，即泄殖孔相应体径的1.0～1.2倍，中间无缢缩，近端头状，末端渐尖。引带向腹面弯曲，背部具短的尾状突。无肛前辅器。

雌体类似于雄体。生殖系统只有1个前置伸展的卵巢，相对较短，位于肠的左侧。

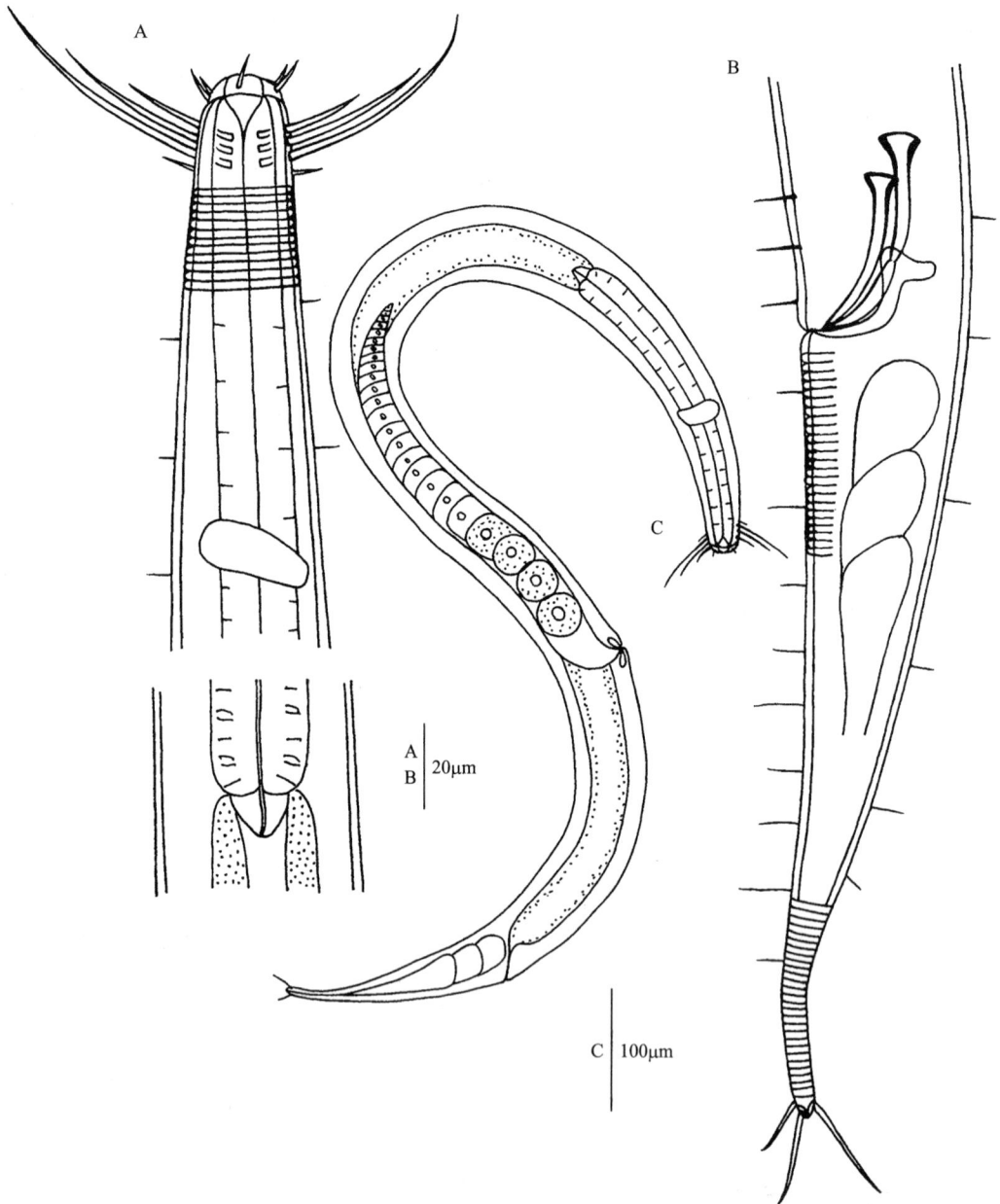

图 6.89.1　中华假颈毛线虫（*Pseudosteineria sinica* Huang & Li，2010）手绘图
A. 雄体头端，示口腔和亚头刚毛；B. 雄体尾端，示交接刺、引带和尾腺细胞；C. 雌体，示生殖系统

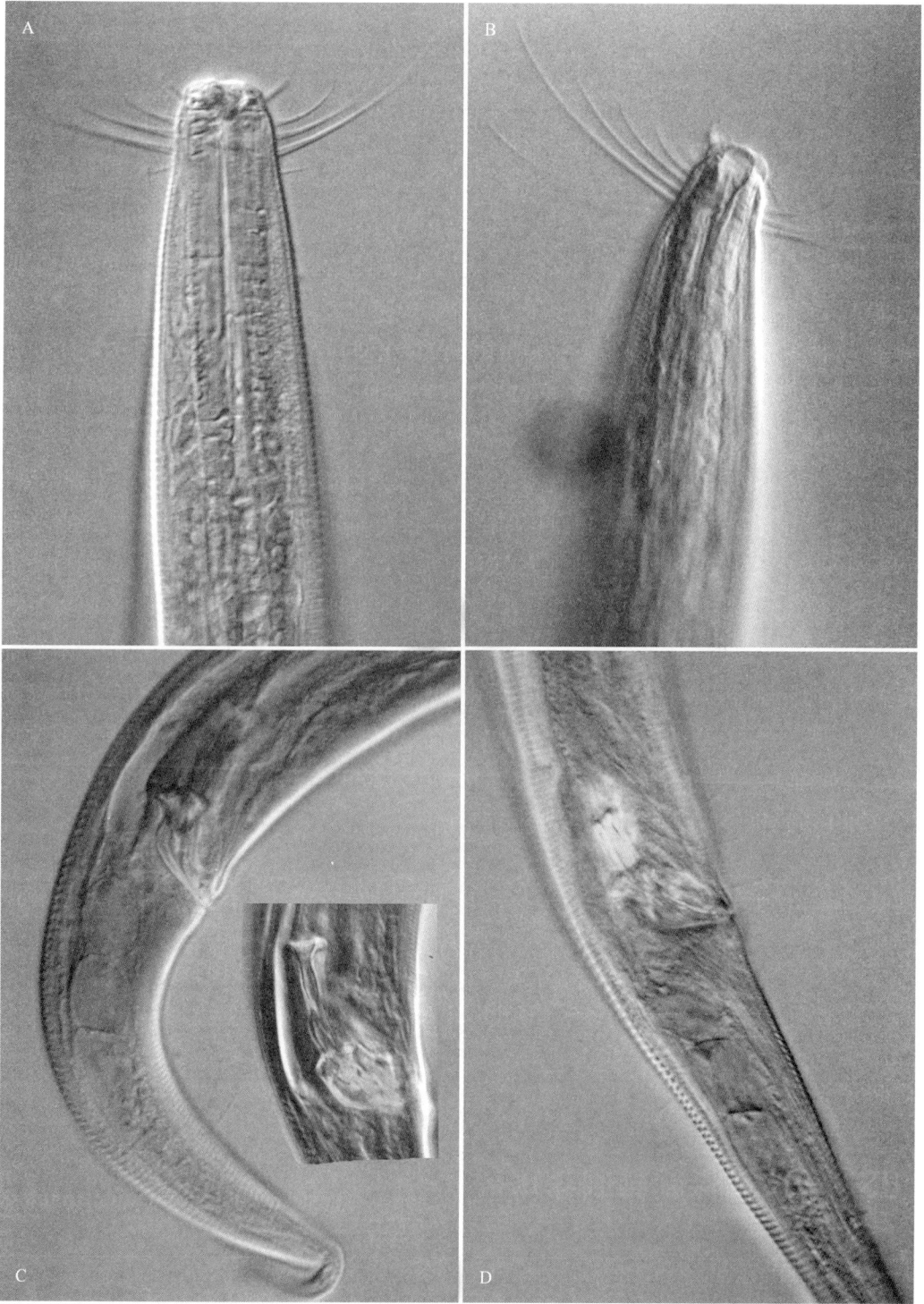

图 6.89.2 中华假颈毛线虫（*Pseudosteineria sinica* Huang & Li，2010）显微图
A. 雄体头端，示头刚毛和颈刚毛；B. 雌体头端，示口腔和颈刚毛；C、D. 雄体尾端，示交接刺和引带

子宫内含有圆形的卵，不具退化的后子宫囊。雌孔开口于身体的后部，至头端距离为体长的 63%～65%。

分布于黄海陆架泥沙质沉积物中。

该属目前共发现 12 种，其中首次于中国黄海发现 2 新种。

90. 张氏假颈毛线虫　　　*Pseudosteineria zhangi* Huang & Li, 2010

（图 6.90.1，图 6.90.2）

模式标本：$\dfrac{-\quad 348\quad M\quad 1147}{25\quad 59\quad 64\quad 44}$ 1360μm；a＝21.3，b＝3.9，c＝6.3，spic＝55

雌性副模式标本：$\dfrac{-\quad 320\quad M\quad 1250}{23\quad 65\quad 69\quad 48}$ 1460μm；a＝20.3，b＝4.6，c＝7.0，V%＝60%

属于单宫目、希阿利线虫科、假颈毛线虫属。

身体细柱状，向两端渐细。雄体长 1360～1745μm，最大体宽 64～77μm，头径 23～25μm。角皮具粗的环纹，通体散布短的体刚毛，特别在颈部和尾部较多。口唇突出，头感觉器排列成 6＋10 的模式，内唇感觉器乳突状，外唇感觉器刚毛状，长约 8μm，4 根头刚毛长约 5μm，与 6 根外唇刚毛排列成一圈，着生于头的前端。紧邻头刚毛下面，着生 8 纵列亚头刚毛，每排 3 条，长度由前向后逐渐增长，达 15～36μm。化感器圆形，直径 7.5～8.0μm，位于亚头刚毛着生处，距离头端 18μm。神经环位于咽的中前部，距离头端 128～138μm，占咽长的 37%。排泄系统不显著。口腔长锥状，前端向外突出，无齿。咽圆柱状，基部不膨大，不形成咽球，长 348～380μm。贲门较小。尾锥柱状，长 215～242μm，为泄殖孔相应体宽的 4.2～4.9 倍，锥状部分逐渐过渡为柱状部分，具亚腹刚毛。柱状部分占尾长的 1/3，末端稍膨大，具 3 根长的端刚毛，长达 22μm。3 个尾腺细胞在尾端具 1 个突起的开口。

生殖系统具 2 个伸展的精巢，前精巢位于肠的左侧，后精巢位于肠的右侧。2 条交接刺等长但异形。右侧一条细长，稍向腹面弯曲；左侧一条较粗，近端膨大呈头状，末端渐尖。长 55～58μm，即泄殖孔相应体径的 1.2 倍。引带桶状，背部具短的尾状突。无肛前辅器。

雌体类似于雄体。生殖系统只有 1 个前置伸展的卵巢，向前伸展至咽部，位于肠的左侧。子宫内含有圆形的卵，具退化的后子宫囊。雌孔开口于身体的后部，至头端距离为体长的 60%～62%。

该种分布于黄海陆架泥沙质沉积物中。

该种所在属目前共发现 12 种，其中首次于中国黄海发现 2 新种。

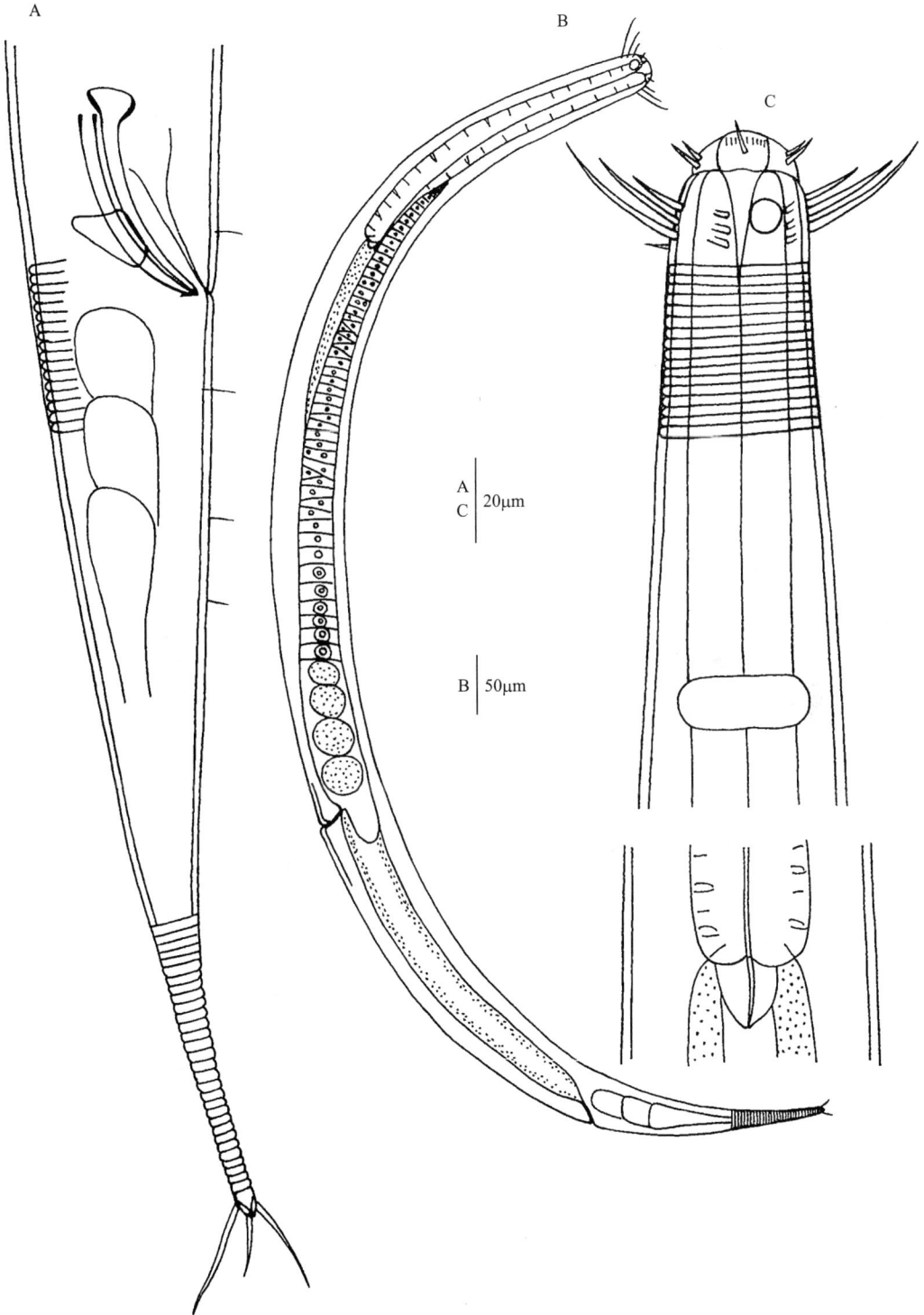

图 6.90.1 张氏假颈毛线虫（*Pseudosteineria zhangi* Huang & Li，2010）手绘图

A. 雄体尾端，示交接刺、引带和尾腺细胞；B. 雌体，示生殖系统；

C. 雄体头端，示口腔、化感器、亚头刚毛、神经环和咽基部

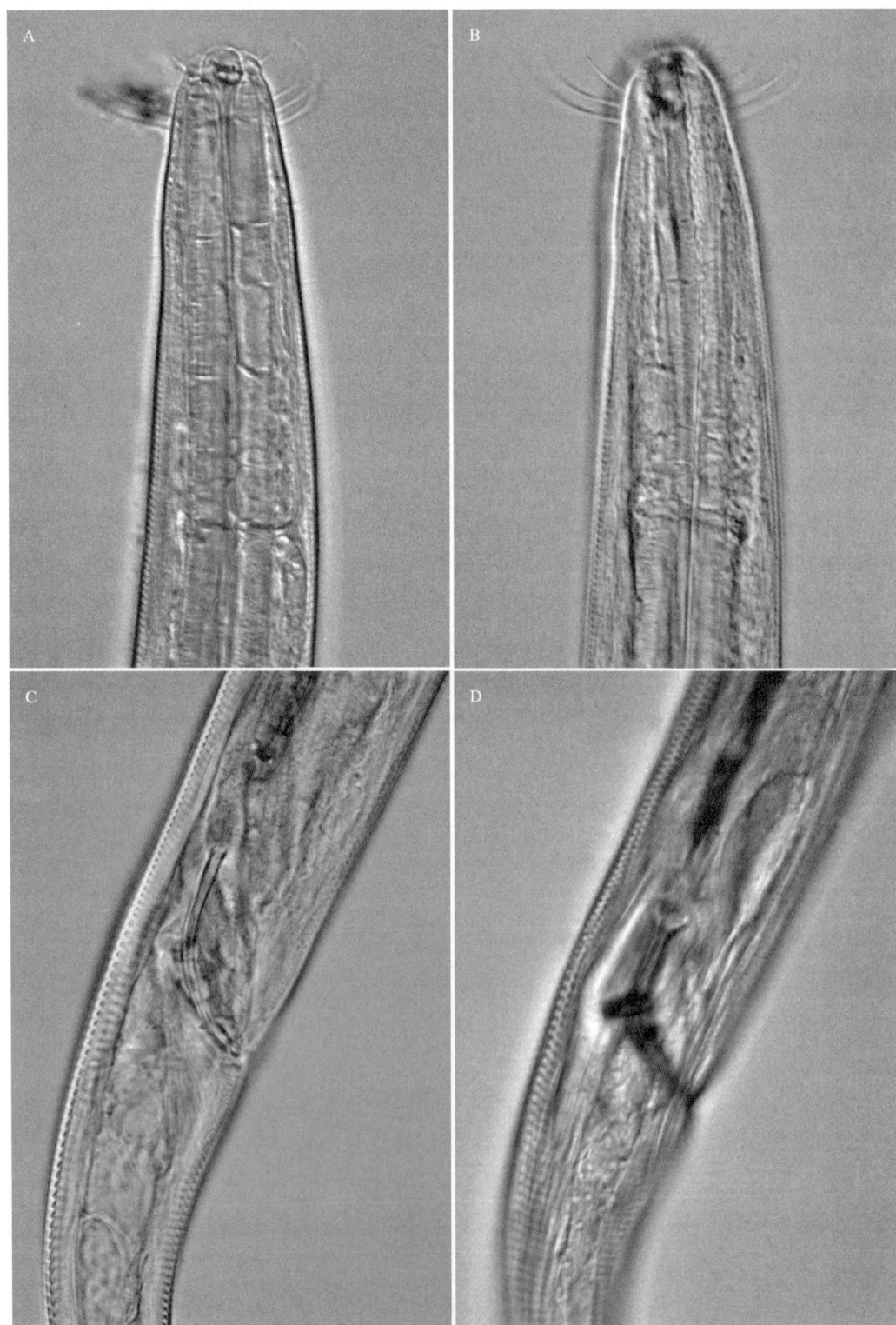

图 6.90.2　张氏假颈毛线虫（*Pseudosteineria zhangi* Huang & Li，2010）显微图
A、B. 雄体头端，示口腔、头刚毛和亚头刚毛；C、D. 雄体尾端，示交接刺、引带和尾腺细胞

91. 中华颈毛线虫

Steineria sinica Huang & Wu, 2011

（图 6.91.1，图 6.91.2）

Cobb 公式：

模式标本：$\dfrac{\text{—}\quad 218 \quad M \quad 1006}{18 \quad 36 \quad 38 \quad 30}$ 1175μm；a＝30.9，b＝5.2，c＝7.0，spic＝39

雌性副模式标本：$\dfrac{\text{—}\quad 42 \quad M \quad 1080}{18 \quad 40 \quad 42 \quad 29}$ 1265μm；a＝30.1，b＝5.2，c＝6.8，V%＝61%

属于单宫目、希阿利线虫科、颈毛线虫属。

身体圆柱状，向两端渐细。雄体长 1174～1225μm，最大体宽 38～46μm，头径 17～18μm。角皮具细环纹，通体散布短的体刚毛，特别在颈部和尾部较多。口唇突出，头感觉器排列成 6＋10 的模式，内唇感觉器乳突状，外唇感觉器刚毛状，长 7～9μm，4 根头刚毛长约 6μm，与 6 根外唇刚毛排列成一圈，着生于口腔中部头环处。紧邻头刚毛下面，着生 8 组长的亚头刚毛，每组 3 根，长达 48～55μm。亚头刚毛和化感器之间分布着 8 组长的颈刚毛，每组 2 根，长达 46μm。化感器圆形，直径 9μm，为相应体径的 35%，距离头端约 1 个头径远。神经环位于咽的中前部，距离头端 82～95μm，占咽长的 39%。排泄系统显著，排泄细胞位于肠的前端，排泄孔位于咽的中间，神经环之下。口腔锥状，前端向外突出，无齿。咽圆柱状，基部不膨大，不形成咽球，长 210～239μm。贲门较大，圆锥形。尾锥柱状，长 169～178μm，为泄殖孔相应体宽的 4.9～5.6 倍，锥状部分逐渐过渡为柱状部分，各占 1/2，末端稍膨大，具 3 根长的端刚毛，长达 62μm。3 个尾腺细胞在尾端具 1 个突起的开口。

生殖系统具 2 个反向排列伸展的精巢。交接刺细，稍向腹面弯曲，近端头状，末端渐尖，长 39～43μm，即泄殖孔相应体径的 1.2 倍。引带管状，背部具 1 个长 16μm 的尾状突。无肛前辅器。

雌体类似于雄体。生殖系统只有 1 个前置伸展的卵巢，向前延伸至肠的前部，位于肠的左侧。子宫内含椭圆形的卵和受精囊，不具退化的后子宫囊。雌孔开口于身体的中后部，至头端距离为体长的 60%～61%。

该种分布于黄海陆架泥沙质沉积物中。

该种所在属目前共发现 27 个有效种，其中首次于中国黄海发现 1 新种。

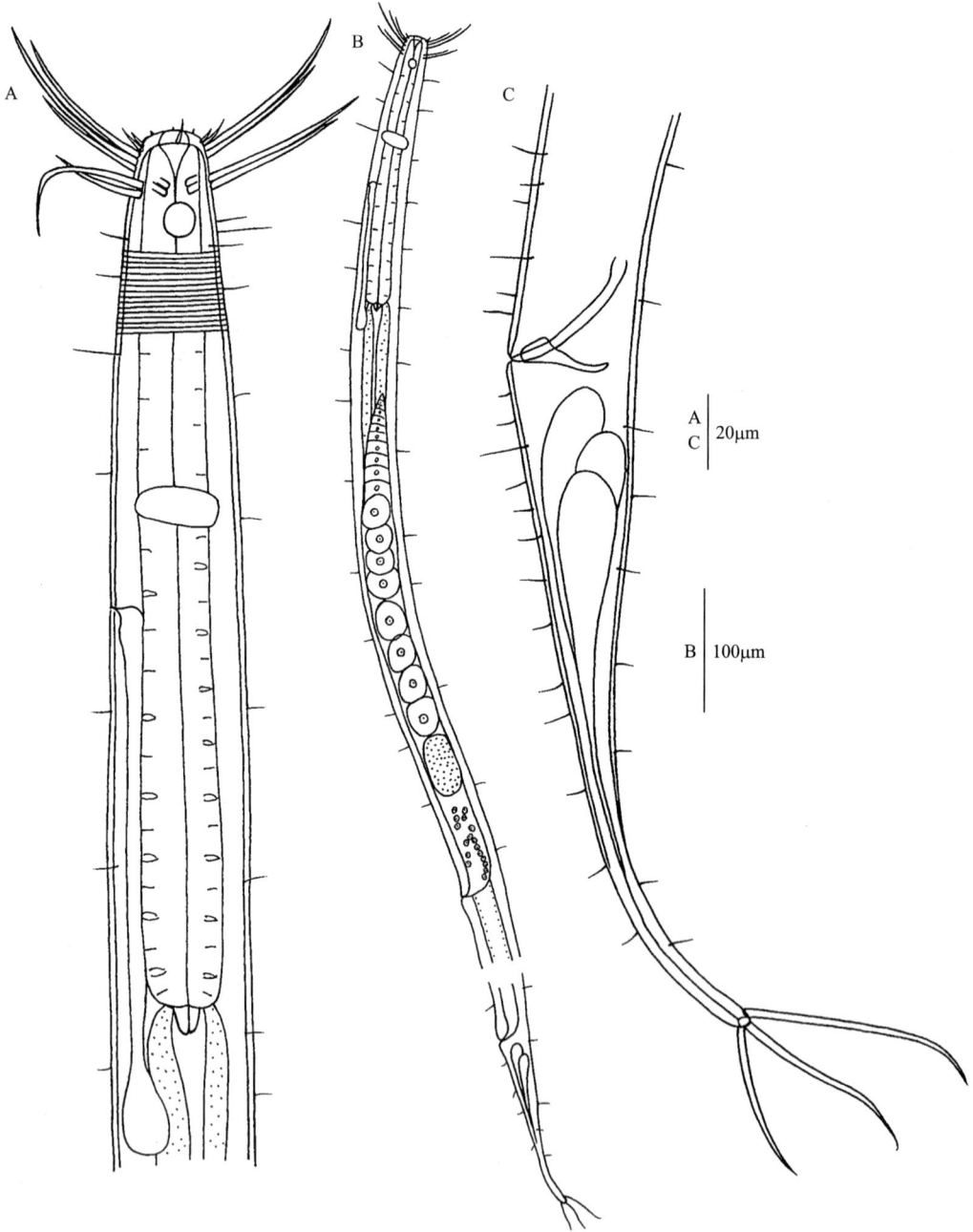

图 6.91.1　中华颈毛线虫（*Steineria sinica* Huang & Wu，2011）手绘图
A. 雄体头端，示口腔、化感器、头刚毛、亚头刚毛和颈刚毛；B. 雌体，示生殖系统；
C. 雄体尾端，示交接刺、引带和尾腺细胞

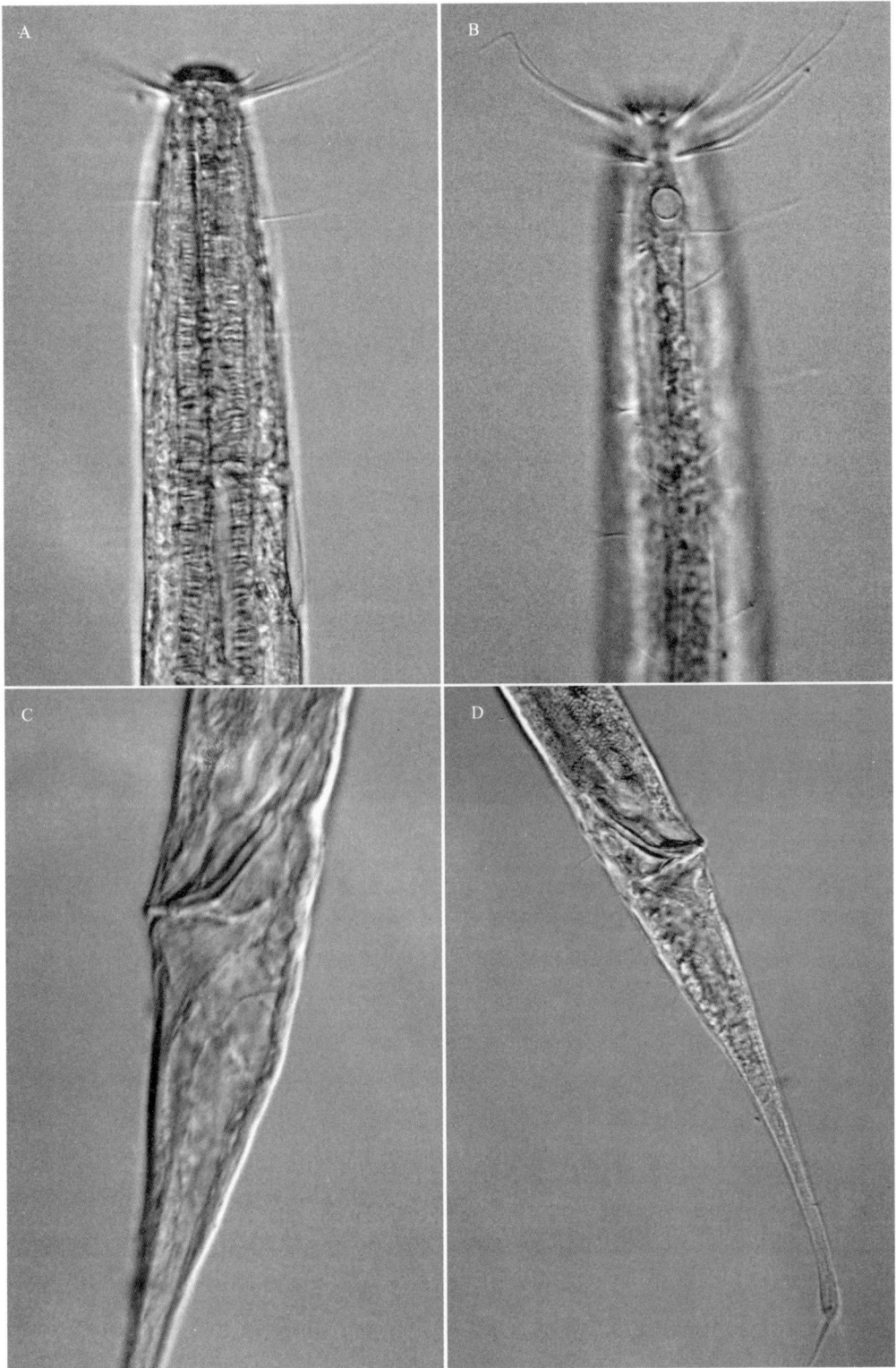

图 6.91.2 中华颈毛线虫（*Steineria sinica* Huang & Wu，2011）显微图
A、B. 雄体头端，示头刚毛、亚头刚毛和化感器；C、D. 雄体尾端，示交接刺、引带和尾腺细胞

92. 异形交接刺棘刺线虫

Theristus heterospiculus **Huang & Zhang, 2012**（图 6.92.1，图 6.92.2）

Cobb 公式：

模式标本：$\dfrac{—\quad 292\quad M\quad 989}{18\quad 33\quad 40\quad 34}$ 1150μm；a＝28.8，b＝3.9，c＝7.1，spicl＝165，spicr＝105

雌性副模式标本：$\dfrac{—\quad 286\quad M\quad 902}{18\quad 37\quad 44\quad 30}$ 1040μm；a＝23.6，b＝3.6，c＝7.5，V％＝69%

属于单宫目、希阿利线虫科、棘刺线虫属。

身体细长，向两端渐细。雄体长 1040～1150μm，最大体宽 37～40μm，头径 17～20μm。角皮具粗的环纹，身体中部环纹宽 3μm，其余部分环纹宽 2.5μm。通体具 6 纵列长的体刚毛，长达 20μm。口唇突出，头感觉器排列成 6＋10 的模式，内唇感觉器乳突状，外唇感觉器刚毛状，长 11μm，4 根头刚毛长约 7μm，与 6 根外唇刚毛排列成一圈，着生于口腔中部头环处。化感器不明显。神经环位于咽的中部，距离头端 146～166μm，占咽长的 54%。排泄系统不明显。口腔较大，由 2 部分组成，前口腔半圆形，后口腔漏斗状，口腔壁角质化加厚，无齿。咽圆柱状，基部稍膨大，不形成咽球，273～296μm。贲门圆锥形。尾锥状，向末端逐渐变尖，146～161μm，末端尖细，无尾端刚毛。3 个尾腺细胞较大。

生殖系统具 2 个反向排列伸展的精巢。交接刺细长，向腹面弯曲，近端头状，末端渐尖。2 根交接刺不等长，左侧的一条较长，160～178μm；右侧的一条短，105～118μm。引带板状，远端膨大，角质化加厚，具 2 对刺状结构，无尾状突。无肛前辅器。

雌体类似于雄体。生殖系统只有 1 个前置伸展的卵巢，向前延伸至肠的前端，位于肠的左侧。子宫内含椭圆形的卵，不具退化的后子宫囊。雌孔开口于身体的后部，至头端距离为体长的 68%～70%。

该种分布于黄海潮间带沙质沉积物中。

该种所在属目前共发现 95 个有效种，其中首次于中国黄海发现 2 新种。

93. 中华棘刺线虫

Theristus sinensis **Huang & Zhang, 2012**（图 6.93.1，图 6.93.2）

Cobb 公式：

模式标本：$\dfrac{—\quad 300\quad M\quad 1657}{20\quad 29\quad 29\quad 28}$ 1867μm；a＝64.4，b＝6.2，c＝8.9，spic＝51

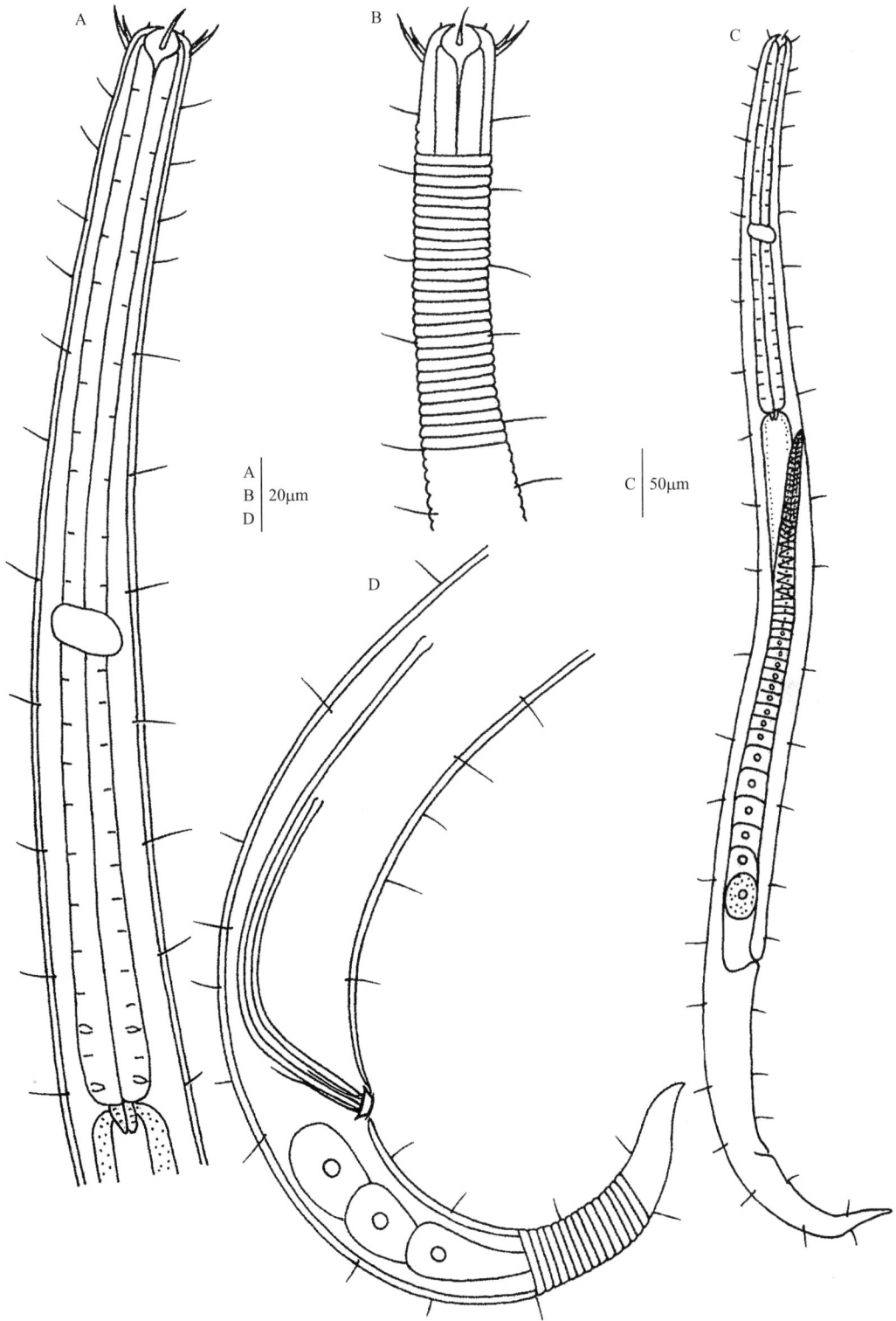

图 6.92.1　异形交接刺棘刺线虫（*Theristus heterospiculus* Huang & Zhang，2012）手绘图
A、B. 雄体前端，示头刚毛、口腔、神经环和咽；C. 雌体，示生殖系统；D. 雄体尾端，示交接刺、引带和尾腺细胞

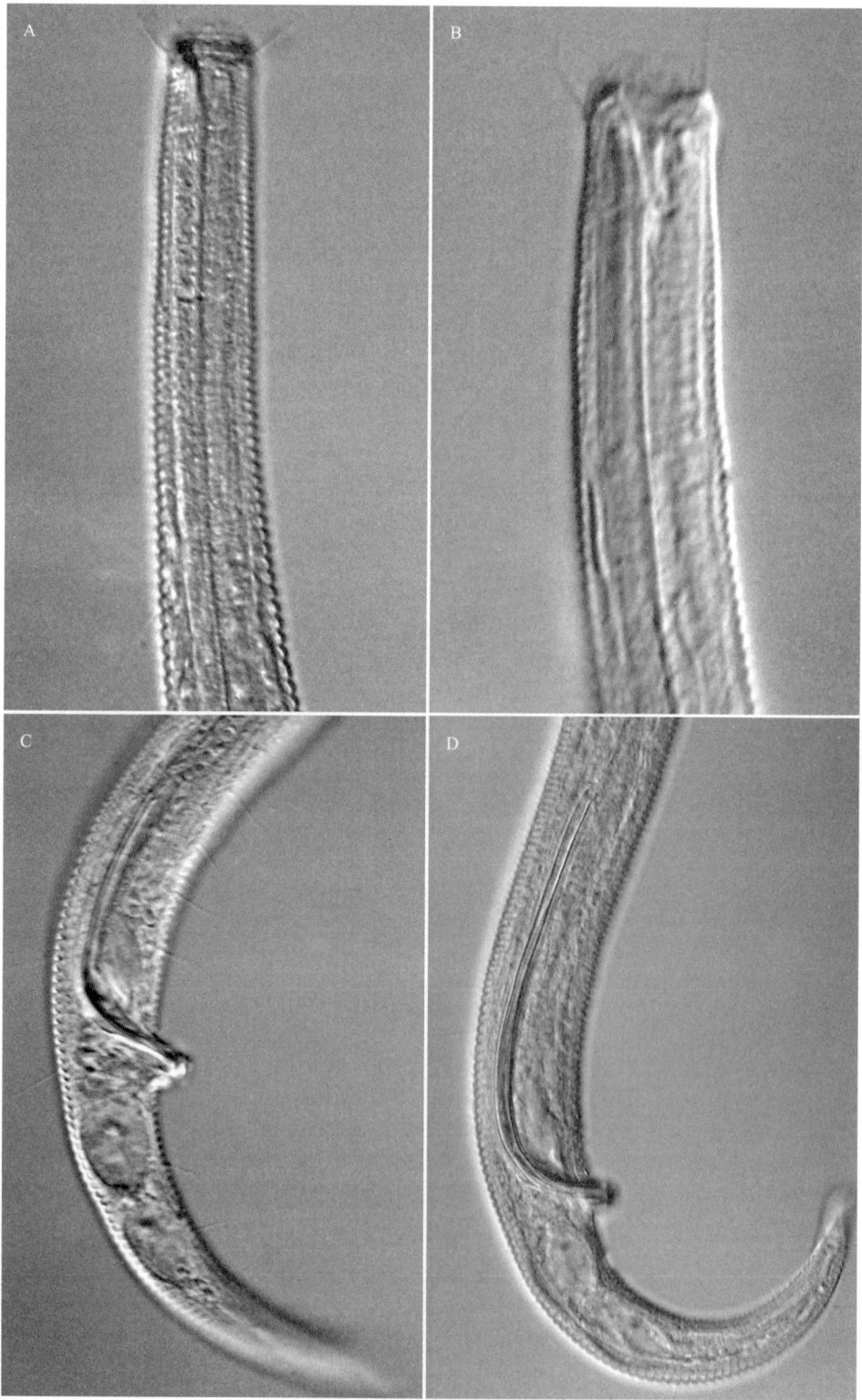

图 6.92.2　异形交接刺棘刺线虫（*Theristus heterospiculus* Huang & Zhang，2012）显微图
A、B. 雄体头端，示头刚毛和口腔；C、D. 雄体尾端，示交接刺、引带和尾腺细胞

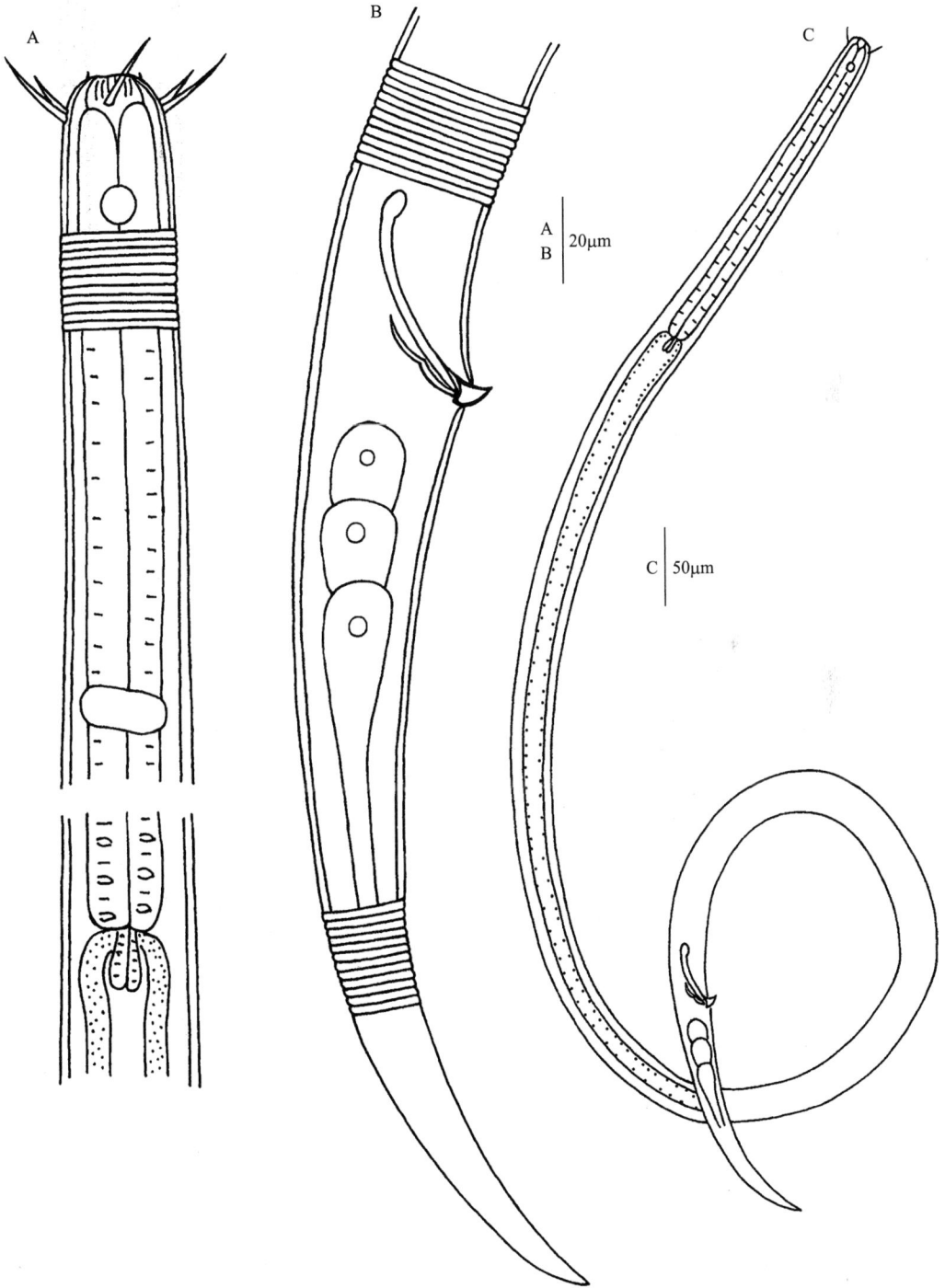

图 6.93.1　中华棘刺线虫（*Theristus sinensis* Huang & Zhang，2012）手绘图
A. 雄体头端，示口腔、化感器、神经环和咽；B. 雄体尾端，示交接刺、引带和尾腺细胞；C. 雄体

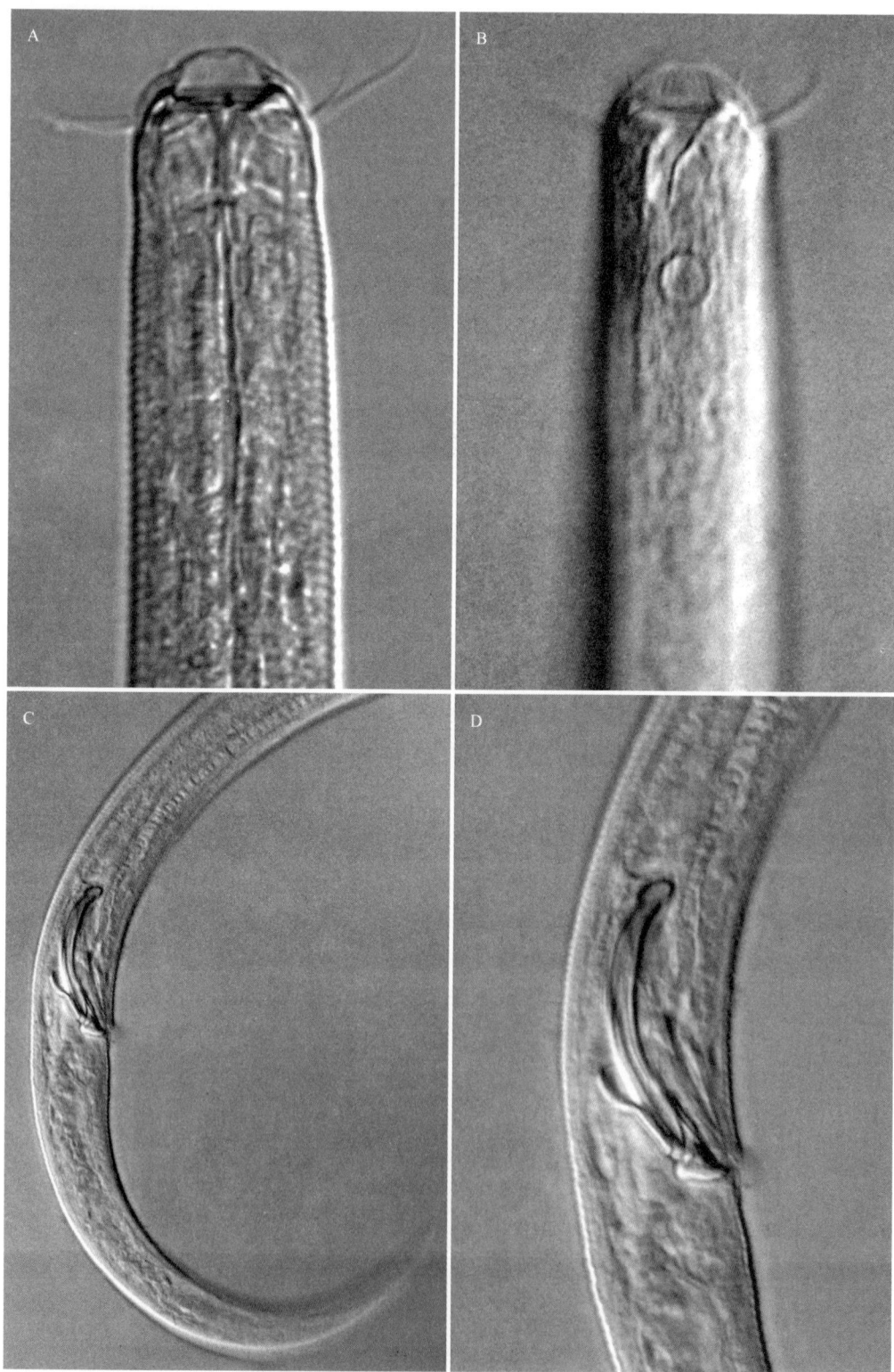

图 6.93.2　中华棘刺线虫（*Theristus sinensis* Huang & Zhang，2012）显微图

A、B. 雄体头端，示头刚毛、口腔和化感器；C、D. 雄体尾端，示交接刺和引带

属于单宫目、希阿利线虫科、棘刺线虫属。

身体细柱状。雄体长 1705～1890μm，最大体宽 27～29μm，头径 20～22μm。角皮具粗的环纹，环纹宽约 2μm。无体刚毛。口唇突出，头感觉器排列成 6+10 的模式，内唇感觉器刚毛状，长 3μm；外唇感觉器刚毛状，粗壮，长 20μm，4 根头刚毛长约 11μm，与 6 根外唇刚毛排列成一圈，着生于口腔中部头环处。化感器圆形，直径 7.5μm，为相应体径的 30%，位置偏下，前边距离头端 25μm。神经环位于咽的中部，距离头端 118～142μm，占咽长的 46%。排泄系统不明显。口腔由 2 部分组成，前口腔半圆形，外突，具角质化的纵肋，后口腔漏斗状，壁角质化加厚，无齿。咽圆柱状，基部稍膨大，不形成咽球，长 257～300μm。贲门长锥形。尾锥状，向末端逐渐变尖，长 192～210μm，末端尖，无尾端刚毛。3 个尾腺细胞明显。

生殖系统具 2 个反向排列伸展的精巢。交接刺等长，稍向腹面弯曲，近端头状，末端圆钝。交接刺长 51～52μm。引带板状，远端三角形角质化加厚，近端呈双弯曲的尾状。无肛前辅器。

没有发现雌体。

该种分布于黄海潮间带沙质沉积物中。

该种所在属目前共发现 95 个有效种，其中首次于中国黄海发现 2 新种。

94. 关节毛棘刺线虫

Trichotheristus articularus Huang & Zhang, 2006（图 6.94.1，图 6.94.2）

Cobb 公式：

模式标本：$\dfrac{-\quad 319\quad M\quad 1259}{22\quad 40\quad 40\quad 37}$ 1464μm；a=36.6，b=4.6，c=7.1，spic=56

雌性副模式标本：$\dfrac{-\quad 350\quad M\quad 1335}{25\quad 49\quad 50\quad 32}$ 1537μm；a=30.7，b=4.4，c=7.6，V%=78.7%

属于单宫目、希阿利线虫科、毛棘刺线虫属。

身体圆柱状，向两端渐细。雄体长 1377～1464μm，最大体宽 40～44μm，头径 20～22μm。角皮具细环纹，通体分布长的体刚毛，特别在颈部和尾部较多。口唇突出，头感觉器排列成 6+10 的模式，内唇感觉器乳突状，外唇感觉器刚毛状，长 10～11μm，4 根头刚毛长约 6～7μm，与 6 根外唇刚毛排列成一圈，着生于口腔中部头环处。紧邻头刚毛下面，着生 2 圈亚头刚毛，第 1 圈具 6 根短的亚头刚毛，长 10～11μm，第 2 圈具 6 根长的亚头刚毛，长 18～20μm。化感器不明显。神经环位于咽的中前部，距离头端 112～130μm，占咽长的 48%。排泄孔位于神经环处。口腔较大，长 20～25μm，宽 12～15μm，由 2 部分组成，前口腔半圆形，后口腔圆锥形，无齿。咽圆柱状，基部不膨

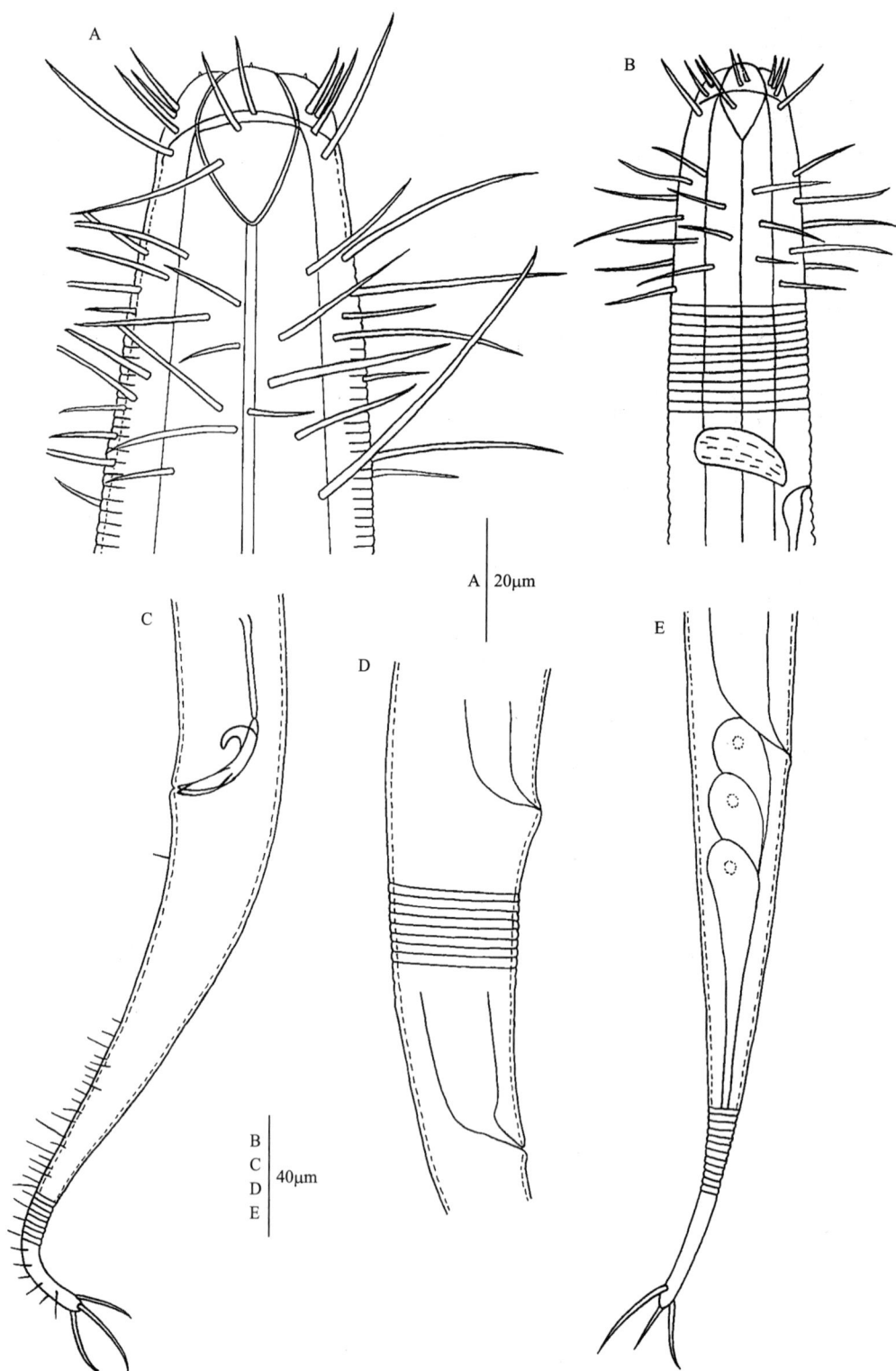

图 6.94.1　关节毛棘刺线虫（*Trichotheristus articularus* Huang & Zhang，2006）手绘图

A、B. 雄体头端，示口腔、头刚毛和颈刚毛；C. 雄体尾端，示交接刺和引带；D、E. 雌体尾端

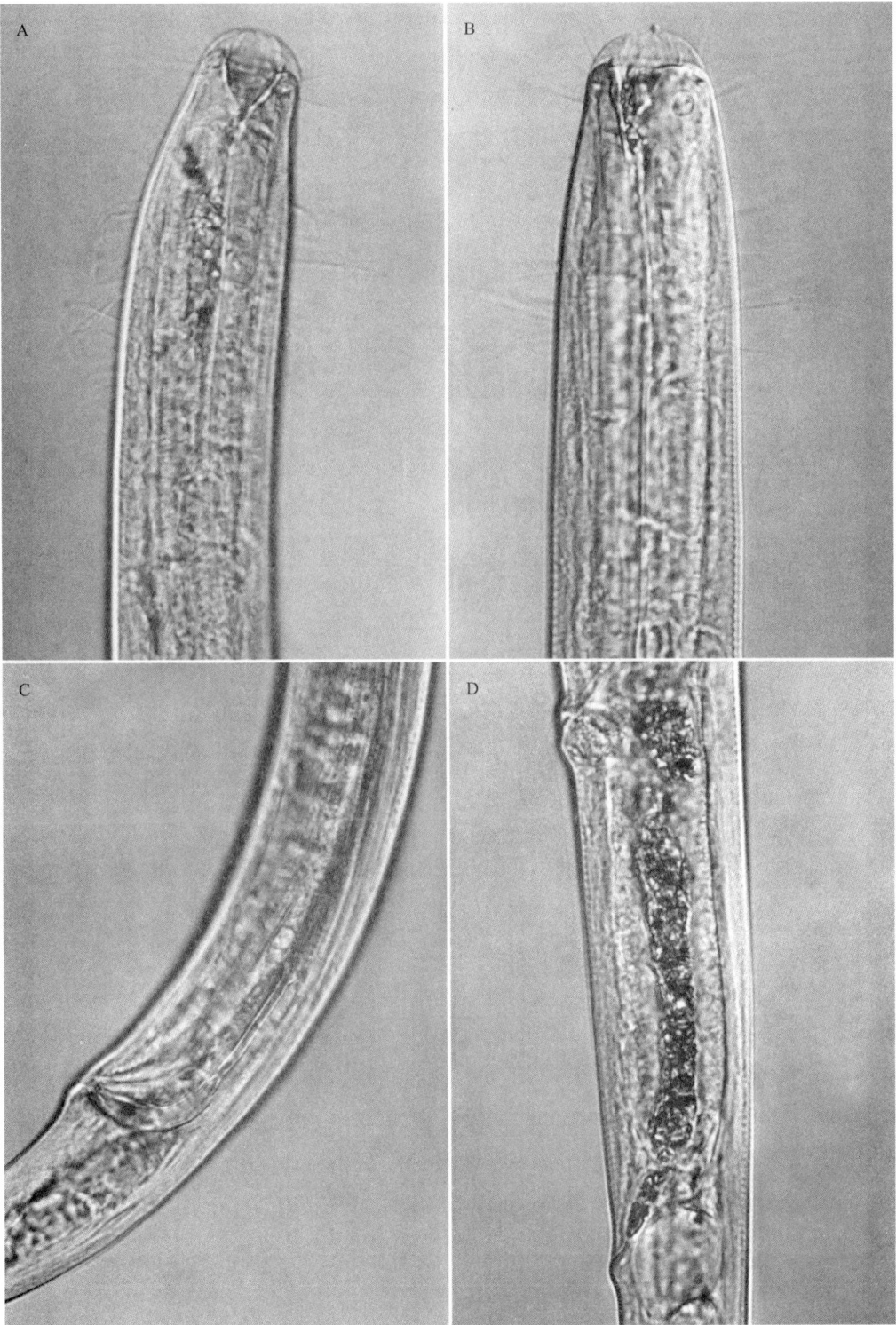

图 6.94.2　关节毛棘刺线虫（*Trichotheristus articularus* Huang & Zhang，2006）显微图
A. 雄体头端，示口腔、头刚毛和颈刚毛；B. 雌体头端，示化感器；C. 雄体尾端，示交接刺；
D. 雌体后半部分，示雌孔和肛门

大，不形成咽球，长296～320μm。尾锥柱状，长192～210μm，为泄殖孔相应体宽的5.5倍，锥状部分逐渐过渡为柱状部分，柱状部分占尾长的1/3，末端稍膨大，具3根长的端刚毛，长18μm。3个尾腺细胞在尾端具1个突起的开口。

交接刺细长，中间被一关节分成上下2段，上段直，下段向腹面弯曲，近端头状，末端渐尖，总长56～57μm，约为泄殖孔相应体径的1.5倍。引带管状，近端向腹面弯曲呈钩状，无引带突。无肛前辅器。

雌体类似于雄体，但体型稍大，体刚毛短而少。生殖系统只有1个前置伸展的卵巢，位于肠的左侧。雌孔开口于身体的后部，距离头端为体长的79%～80%。

该种分布于黄海陆架泥沙质沉积物中。

该种所在属目前共发现13个有效种，其中首次于中国黄海发现1新种。

95. 布氏管咽线虫　　*Siphonolaimus boucheri* Zhang & Zhang, 2010（图6.95.1，图6.95.2）

Cobb 公式：

模式标本：　$\dfrac{—\quad 270\quad M\quad 6325}{11\quad 48\quad 70\quad 49}$ 6500μm；a＝92.9，b＝24.1，c＝37.1，spic＝65

雌性副模式标本：　$\dfrac{—\quad 252\quad M\quad 5285}{10\quad 47\quad 65\quad 33}$ 5450μm；a＝83.3，b＝21.6，c＝33.3，V%＝69%

属于单宫目、管咽线虫科、管咽线虫属。

个体较大，长梭状。雄体长6500～6850μm，最大体宽68～70μm，头径11μm，为咽基部体径的22.4%～22.9%。角皮具细的条纹，体刚毛稀疏。头端尖细，内唇感觉器不明显，外唇感觉器刚毛状，长3μm；4根头刚毛较长，8μm，着生于头的顶端。化感器前方着生1圈6根亚头刚毛，长3μm。体刚毛分散在身体中部，尾部较多。化感器卵圆形，底边角质化加厚，直径13μm，为相应体径的59%，其前边距离头端16μm。神经环位于咽的中前部，距离头端108～112μm，占咽长的41%。排泄系统明显，排泄孔紧邻神经环下面，距离头端120～132μm，占咽长的45%～49%。口腔狭长，内含1根长的剑形吻刺，顶端尖细，向下逐渐加粗，长21～23μm，占咽长的8.5%。咽圆柱状，265～270μm，基部膨大，形成长圆形的咽球，咽球长90～95μm，宽31μm。贲门小，圆锥状。肠内充满黑色的颗粒状物。尾锥状，长170～175μm，为泄殖孔相应体宽的3.6～3.7倍，末端尖细，无尾端刚毛。

生殖系统具1个伸展的精巢，位于肠的左侧。交接刺长61～65μm，即泄殖孔相应体径的1.33倍，基部向腹面弯曲。引带背面具1对长19～23μm的尾状突。无肛前辅器。

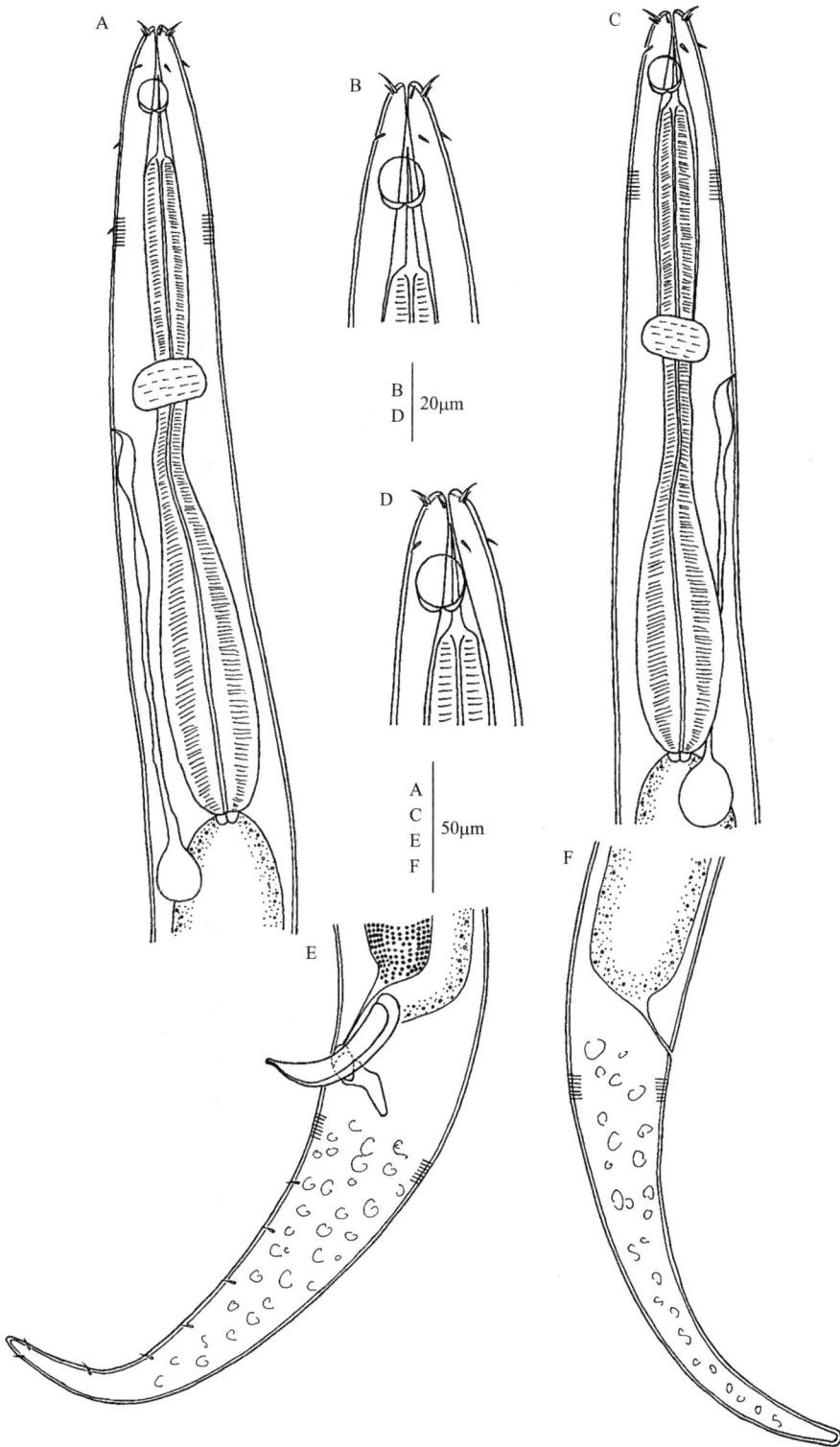

图 6.95.1 布氏管咽线虫（*Siphonolaimus boucheri* Zhang & Zhang，2010）手绘图
A、B. 雄体前端，示头刚毛、化感器和咽；C、D. 雌体前端；E. 雄体尾端，示交接刺和引带；F. 雌体尾端

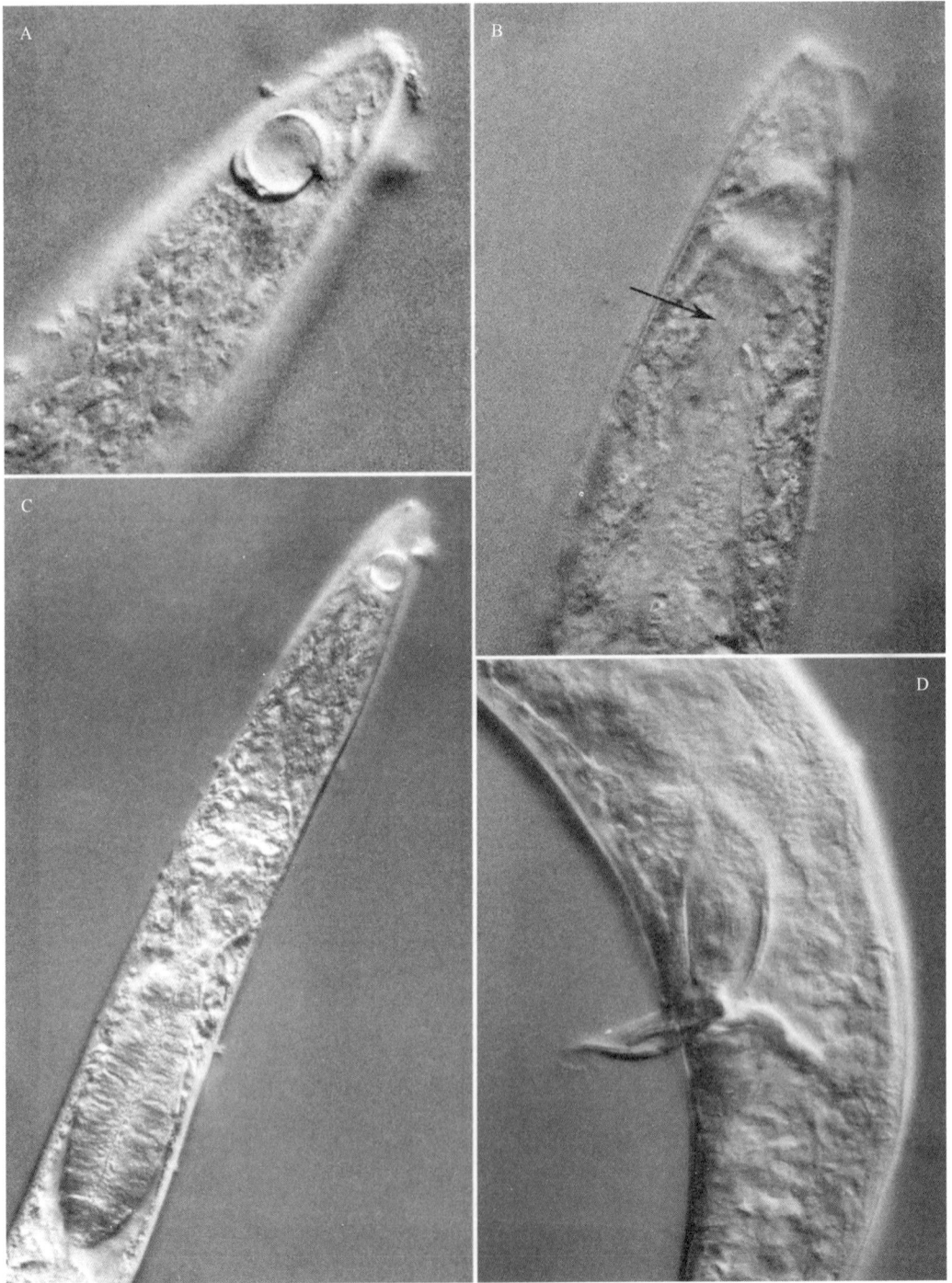

图 6.95.2　布氏管咽线虫（*Siphonolaimus boucheri* Zhang & Zhang，2010）显微图

A、B. 雄体头端，示化感器；C. 雄体前端，示化感器和咽球；D. 雄体尾端，示交接刺和引带

雌体类似于雄体。生殖系统具 1 个伸展的前卵巢，位于肠的左侧。子宫内具有长圆形的卵。雌孔位于身体后部，至头端距离为体长的 69%。

该种分布于黄海陆架泥沙质沉积物中。

该种所在属目前共发现 21 种，其中于中国黄海发现 1 新种。

96. 奥氏微口线虫

Tershellingia austenae Guo & Zhang, 2001

（图 6.96.1）

Cobb 公式：

模式标本： $\dfrac{-\quad 100\quad M\quad 620}{8\quad 20\quad 20\quad 16}$ 870μm；a＝43.5，b＝8.7，c＝3.5，spic＝16

雌性副模式标本： $\dfrac{-\quad 95\quad M\quad 580}{14\quad 20\quad 22\quad 15}$ 810μm；a＝36.8，b＝8.5，c＝3.5，V%＝48%

属于单宫目、条线虫科、微口线虫属。

个体较小，细柱形。雄体长 780~950μm，最大体宽 20~25μm，头径 7.5~9.0μm。角皮具细的条纹，体刚毛稀疏。头端圆钝，内唇感觉器不明显，外唇感觉器乳突状，4 根头刚毛较短，长 1.5μm，着生于头的顶端。4 根亚头刚毛，长 2.5~3.0μm，位于化感器中部。颈部前端具 1 圈颈刚毛，由 6 根长 2.5~3.0μm 的刚毛组成。化感器圆形，直径 4.5~5.0μm，为相应体径的 42%~53%，位置较靠前，其前边距离头端 2μm。神经环位于咽的中部，距离头端 42~57μm，占咽长的 42%~53%。排泄系统显著，排泄细胞位于肠的前端，排泄孔位于神经环和咽基部之间，距离头端 67~72μm。无口腔。咽圆柱状，较短，基部稍膨大，不形成咽球，长 95~120μm。贲门发达，圆锥状。尾较长，锥柱状，长 180~310μm，为泄殖孔相应体宽的 12~16 倍，锥状部分短，逐渐变细为长的丝状部分，丝状部分占尾长的 68%~78%，末端无尾端刚毛。泄殖孔前后各有短的亚腹刚毛。

交接刺长 21~27μm，即泄殖孔相应体径的 1.3~1.7 倍，向腹面弯曲呈弓形，前半部分粗大，具有中央隔膜；后半部分渐尖，无中央隔膜。引带背面具 1 对长 9~10μm 的尾状突，尾状突的腹面中部有 1 个新月形的角质化加厚结构。无肛前辅器。

雌体类似于雄体。生殖系统具前后 2 个伸展的卵巢。雌孔开口于身体中前部的腹面，至头端距离为体长的 43%~45%。

该种分布于渤海三角洲泥沙质沉积物中。

该种所在属目前共发现 23 种，其中于中国渤海发现 1 新种，黄海发现 1 新种，东海发现 2 新种。

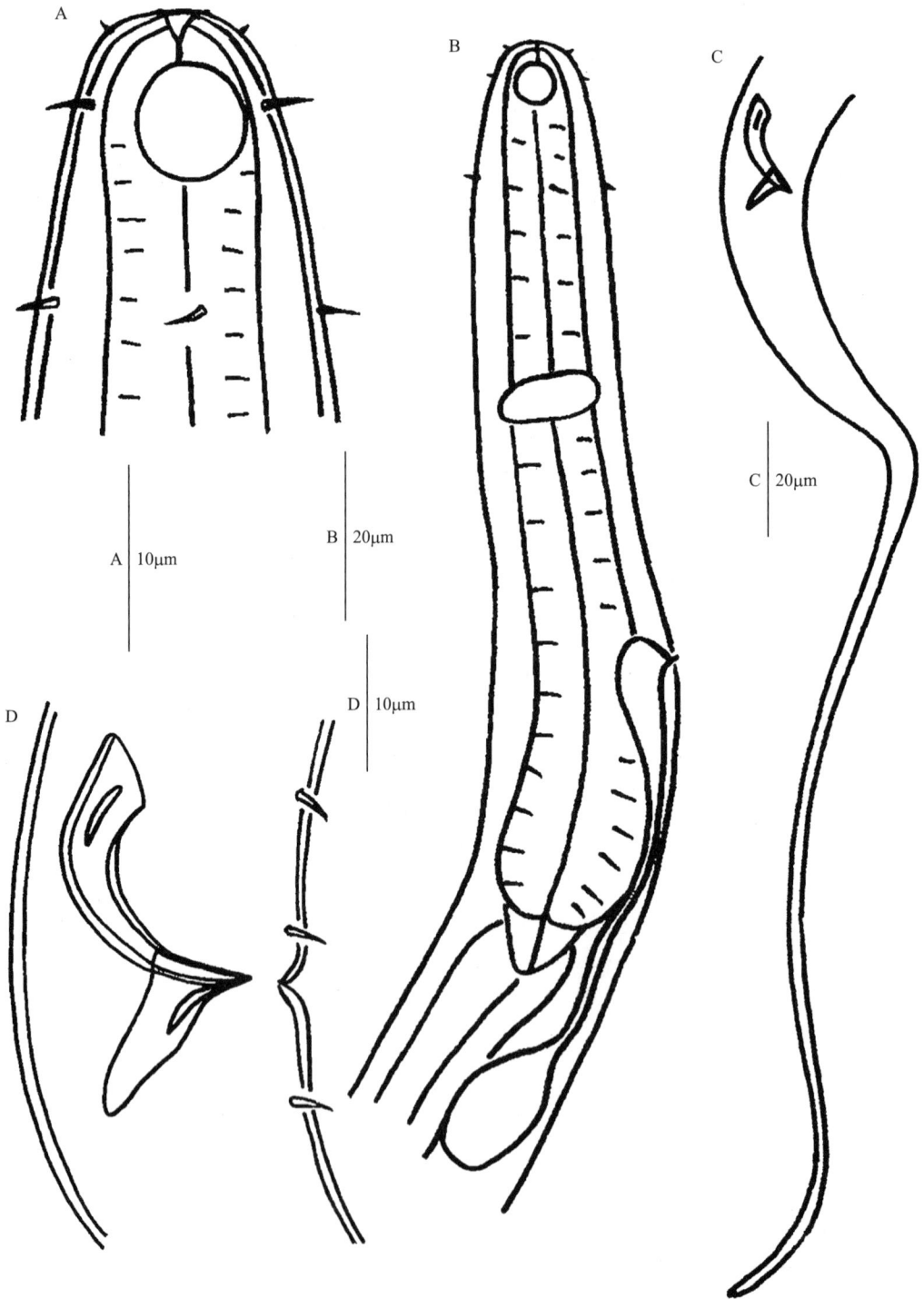

图 6.96.1　奥氏微口线虫（*Tershellingia austenae* Guo & Zhang，2001）手绘图

A、B. 雄体头端，示化感器、咽和排泄系统；C. 雄体尾端，示交接刺、引带和尾腺细胞；D. 交接刺和引带

97. 丝尾微口线虫

Terschellingia filicaudata Wang & Huang, 2017

（图 6.97.1，图 6.97.2）

Cobb 公式：

模式标本：$\dfrac{—\quad 196\quad M\quad 1587}{23\quad 49\quad 49\quad 40}$ 2090μm；a＝42.7，b＝10.7，c＝4.2，spic＝72

雌性副模式标本：$\dfrac{—\quad 206\quad M\quad 1838}{26\quad 53\quad 54\quad 39}$ 2426μm；a＝44.9，b＝11.8，c＝4.1，V%＝41.5%1

属于单宫目、条线虫科、微口线虫属。

个体较大，圆柱形。雄体长 1973～2174μm，最大体宽 49～52μm，头径 21～23μm。角皮具细的条纹，无体刚毛。头端较平截，内唇感觉器不明显，外唇感觉器乳突状，4 根头刚毛较短，长 2μm，着生于头的顶端。4 根亚头刚毛，长 3μm，位于化感器中部。化感器圆形，直径 8～10μm，为相应体径的 31%，位置较靠前，前边距离头端 3～4μm。神经环位于咽的中部，距离头端 84～98μm，占咽长的 43%～54%。排泄系统显著，排泄细胞位于咽的基部，排泄孔紧邻神经环下面，距离头端 102μm。口腔较小，杯状，无齿。咽圆柱状，较短，基部稍微膨大，不形成咽球，长 182～196μm。贲门圆锥状，被肠组织包围。尾较长，锥柱状，长 386～503μm，为泄殖孔相应体宽的 12～13 倍，锥状部分短，占尾长的 30%，然后逐渐变细为长的丝状部分，末端无尾端刚毛。尾的锥状部分腹面具有 1 列 16～20 根、长 5～7μm 的腹刚毛。

交接刺细长，稍向腹面弯曲，近端钩状，末端渐尖。长 71～72μm，即泄殖孔相应体径的 1.8 倍。引带背面具 1 对长 15～17μm 的尾状突。无肛前辅器。

雌体类似于雄体，尾相对较长，无尾腹刚毛。生殖系统具前后 2 个伸展的卵巢，子宫内含有椭圆形的卵。雌孔开口于身体中前部的腹面，至头端距离为体长的 40%～42%。雌孔前后各有 1 个受精囊，内含椭圆形的精子。阴唇突起。

该种分布于东海陆架泥沙质沉积物中。

该种所在属目前共发现 23 种，其中于中国渤海发现 1 新种，黄海发现 1 新种，东海发现 2 新种。

98. 大微口线虫

Terschellingia major Huang & Zhang, 2005

（图 6.98.1，图 6.98.2）

Cobb 公式：

模式标本：$\dfrac{—\quad 293\quad M\quad 3493}{29\quad 65\quad 65\quad 52}$ 3943μm；a＝60.7，b＝13.5，c＝8.8，spic＝49

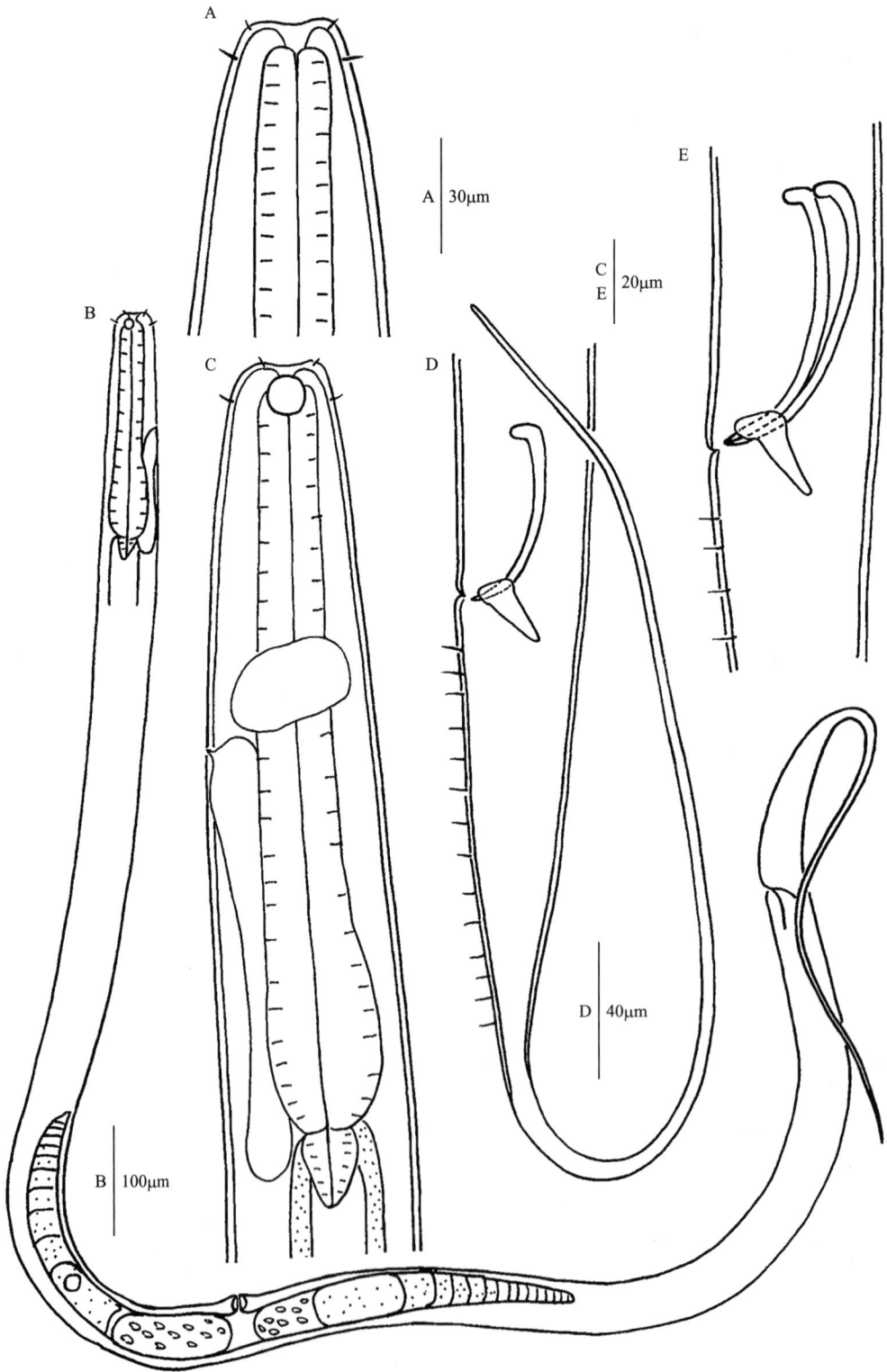

图 6.97.1 丝尾微口线虫（*Terschellingia filicaudata* Wang & Huang，2017）手绘图
A. 雄体头端，示口腔和头刚毛；B. 雌体，示生殖系统；C. 雄体前端；D. 雄体尾端；E. 交接刺和引带

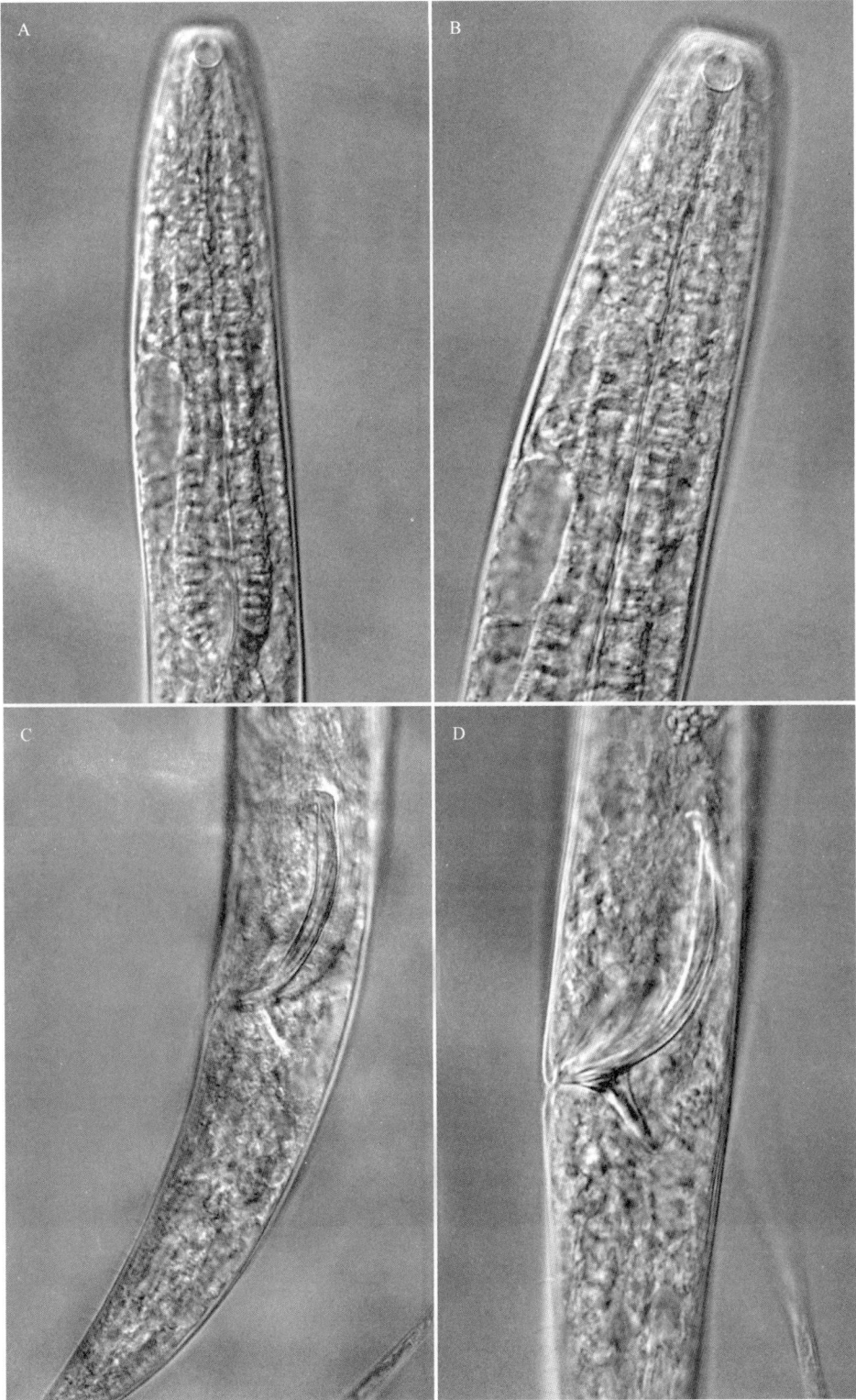

图 6.97.2 丝尾微口线虫（*Terschellingia filicaudata* Wang & Huang，2017）显微图
A、B. 雄体头端，示化感器、咽和排泄细胞；C、D. 雄体尾端，示交接刺和引带

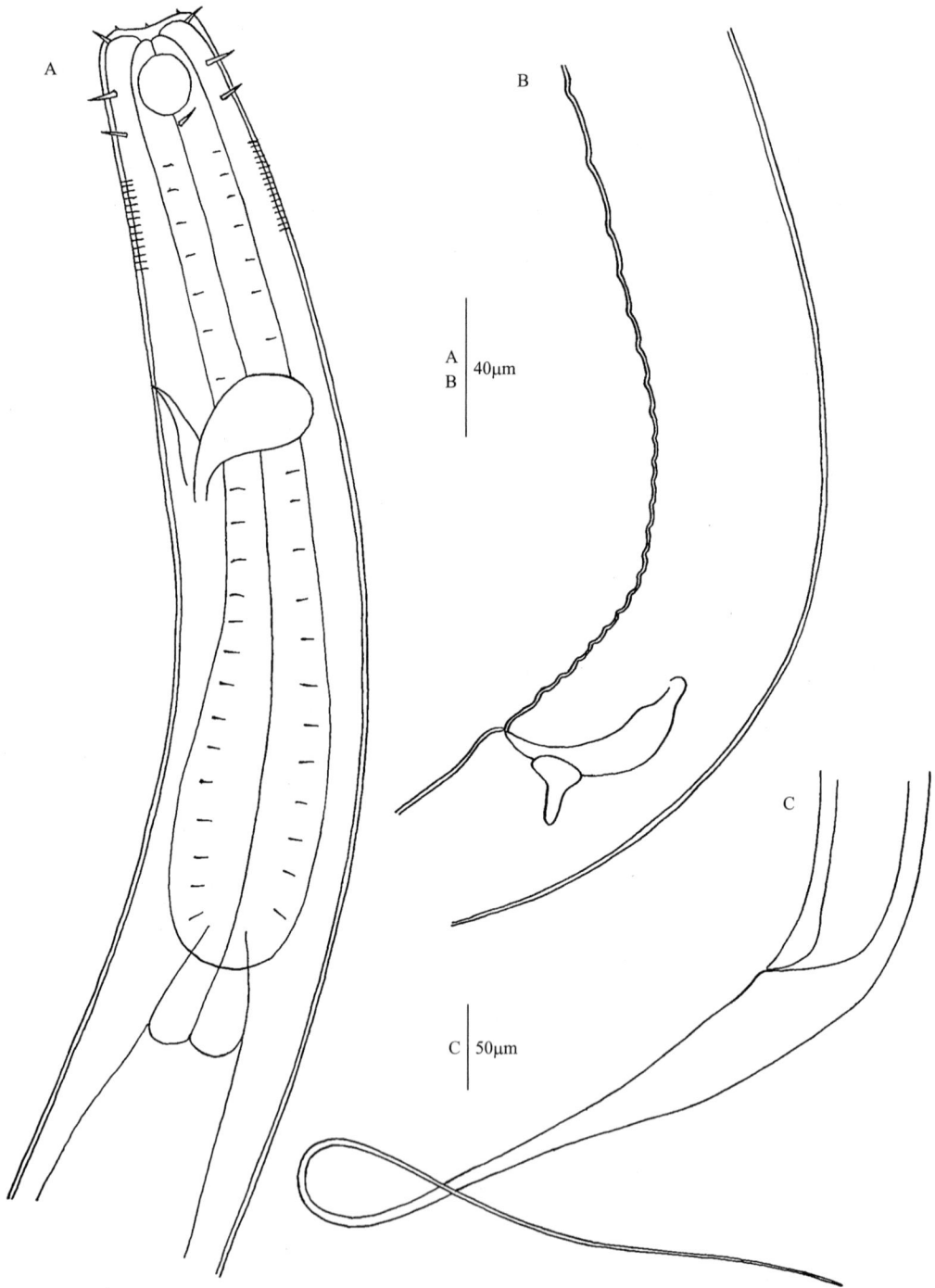

图 6.98.1　大微口线虫（*Terschellingia major* Huang & Zhang，2005）手绘图
A. 雄体前端，示口腔、化感器、神经环和咽；B. 雄体尾端，示交接刺、引带和肛前辅器；C. 雌体尾端

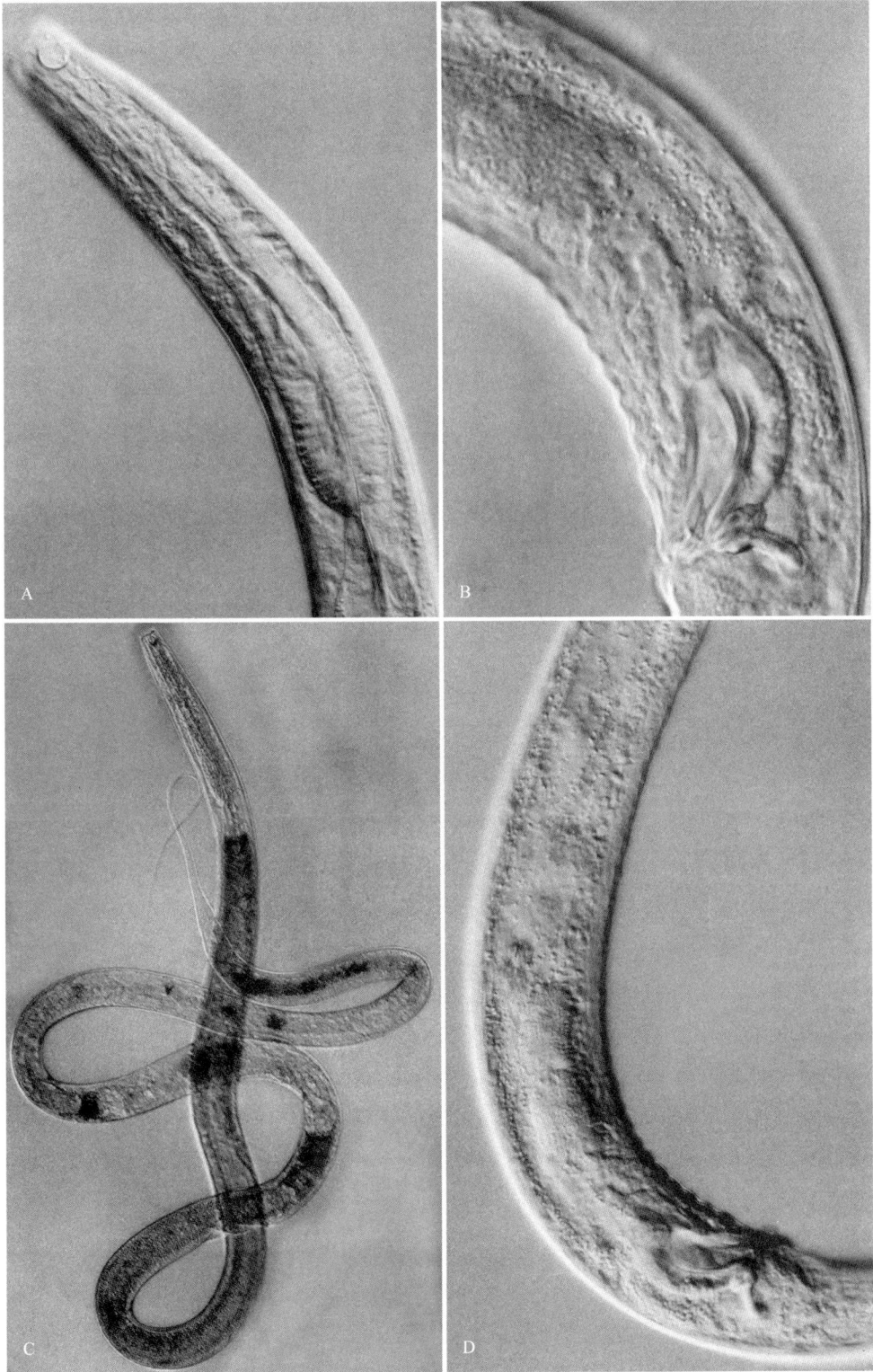

图 6.98.2　大微口线虫（*Terschellingia major* Huang & Zhang，2005）显微图

A. 雄体头端，示化感器和咽；B. 雄体尾端，示交接刺和引带；C. 雌体；D. 雄体后端，示肛前辅器

雌性副模式标本：$\dfrac{-\quad 300\quad M\quad 3500}{31\quad 66\quad 78\quad 42}$ 4120μm；a＝52.8，b＝13.7，c＝6.6，V%＝49.8%

属于单宫目、条线虫科、微口线虫属。

个体较大，圆柱形，尾端丝状。雄体长 3436～3943μm，最大体宽 60～65μm，头径 29～31μm。角皮具细的条纹，无体刚毛。头端平截，内唇感觉器不明显，外唇感觉器乳突状，4 根头刚毛，长 5～6μm，着生于头的前端。4 根亚头刚毛，长 8～10μm，位于化感器中部。化感器基部具 1 圈 6 根颈刚毛，长 5～6μm。化感器圆形，直径 13～16μm，为相应体径的 39%～50%，位置较靠前，其前边距离头端 5～6μm。神经环位于咽的前部，距离头端 108～127μm，占咽长的 39%～42%。排泄孔紧邻神经环前面，距离头端 92～130μm。口腔较小，杯状，无齿。咽圆柱状，中后部膨大，不形成咽球，长 270～293μm。贲门发育良好，倒心脏形。尾锥柱状，长 380～620μm，为泄殖孔相应体宽的 8.3～14.8 倍，锥状部分占尾长的 1/4，然后逐渐变细为丝状部分，末端无尾端刚毛。

1 对交接刺等长，中部宽阔，两端渐窄，稍向腹面弯曲，近端头状。长 59～62μm，即泄殖孔相应体径的 1.2～1.5 倍。引带背面具 1 对长 13～15μm 的尾状突。肛前腹面角皮加厚，具 40～42 个乳突状辅器，其中近泄殖孔的 15～18 个辅器相互之间距离较近，越向前端距离越远，凸起越小。

雌体类似于雄体，尾相对较长。生殖系统只有 1 个前置伸展的卵巢，位于肠的左侧，长约 700μm。具退化的后子宫囊，内含椭圆形的卵。雌孔开口于身体中部的腹面，至头端距离为体长的 50%～52%，阴唇突起。

该种分布于黄海陆架泥沙质沉积物中。

该种所在属目前全球 23 种，其中于中国渤海发现 1 新种，黄海发现 1 新种，东海发现 2 新种。

99. 尖头微口线虫 *Terschellingia stenocephala* Wang & Huang, 2017（图 6.99.1，图 6.99.2）

Cobb 公式：

模式标本：$\dfrac{-\quad 110\quad M\quad 1094}{2.2\quad 31\quad 38\quad 29}$ 1348μm；a＝35.5，b＝12.3，c＝5.3，spic＝42

雌性副模式标本：$\dfrac{-\quad 108\quad M\quad 879}{2\quad 26\quad 31\quad 23}$ 1187μm；a＝38.3，b＝11，c＝3.9，V%＝42%

属于单宫目、条线虫科、微口线虫属。

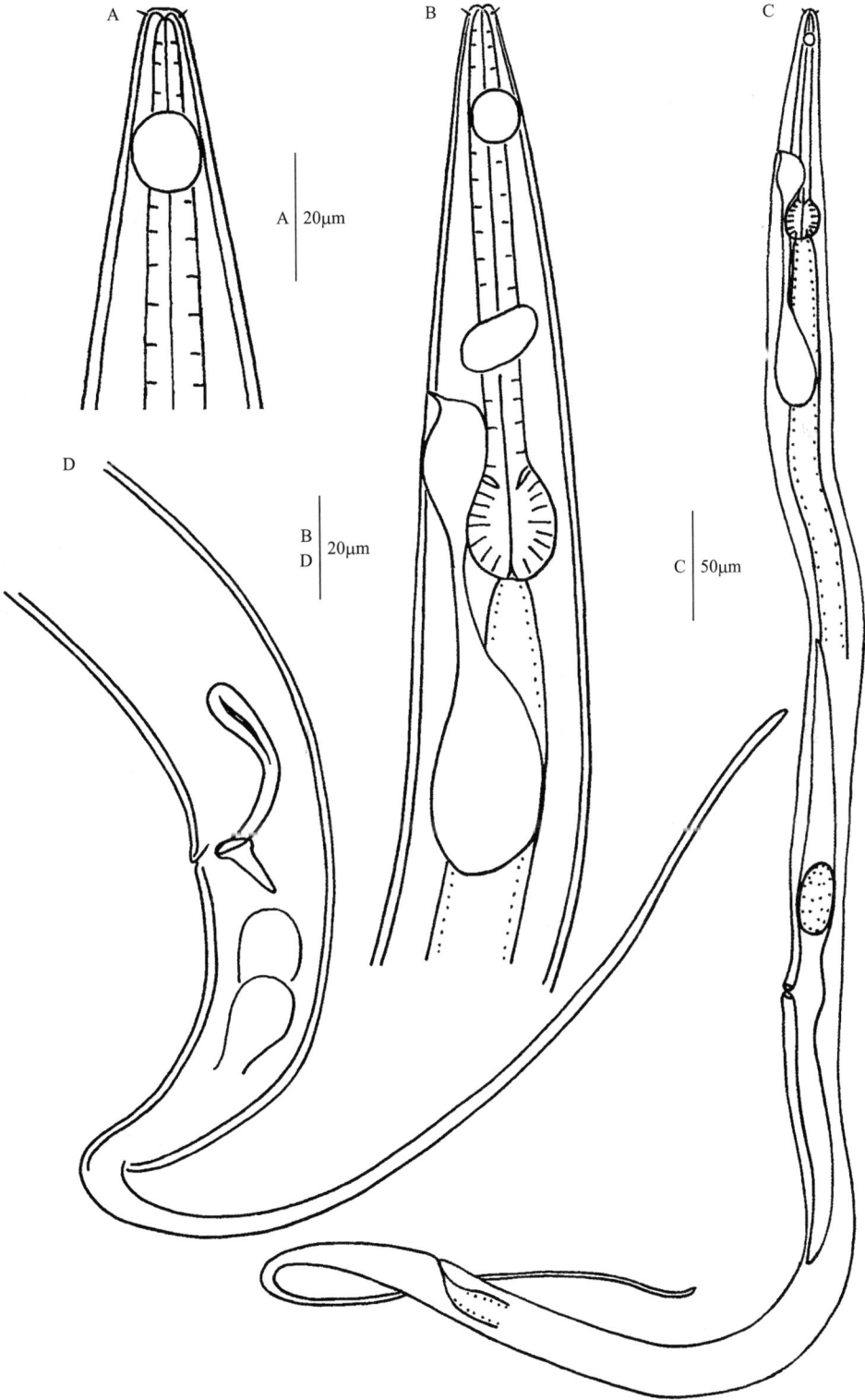

图 6.99.1 尖头微口线虫（*Terschellingia stenocephala* Wang & Huang，2017）手绘图
A、B. 雄体头端，示化感器、咽球和排泄系统；C. 雌体；D. 雄体尾端，示交接刺、引带和尾腺细胞

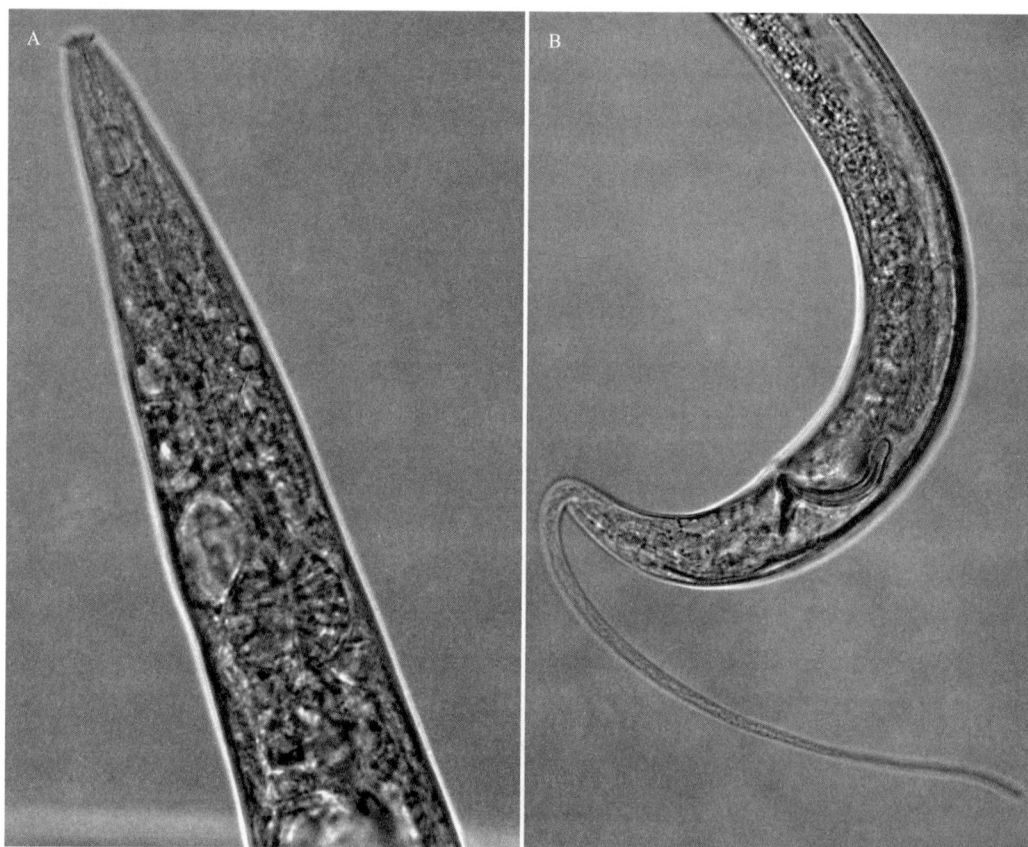

图 6.99.2　尖头微口线虫（*Terschellingia stenocephala* Wang & Huang，2017）显微图
A. 雄体前端，示化感器、咽球和排泄孔；B. 雄体尾端，示交接刺和引带

个体圆柱形，两端渐尖。雄体长 1047～1348μm，最大体宽 30～38μm，头径 2.0～2.2μm。角皮具细的条纹，无体刚毛。头端尖细，内唇感觉器和外唇感觉器均不明显，4 根头刚毛较短，长 2μm，着生于头的顶端。化感器圆形，直径 6～9μm，为相应体径的 67%～80%，位置较靠后，前边距离头端 15～16μm。神经环位于咽的中部，距离头端 53～68μm，占咽长的 43%～68%。排泄系统显著，排泄细胞较大，位于肠的前端；排泄孔紧邻神经环下面，距离头端 65～81μm。口腔较小，漏斗状，无齿。咽圆柱状，基部膨大成咽球，长 92～110μm。贲门不明显。尾较长，锥柱状，长 201～310μm，为泄殖孔相应体宽的 7.5～13.4 倍，锥状部分短，占尾长的 1/4，然后逐渐变细为长的丝状部分，末端无尾端刚毛。无尾刚毛。

交接刺长 30～42μm，即泄殖孔相应体径的 1.1～1.5 倍。向腹面弯曲，前半部分粗大，具有中央隔膜；后半部分渐尖，无中央隔膜。引带背面具 1 对长 10～12μm 的尾状突。无肛前辅器。

雌体类似于雄体，尾丝较长。生殖系统具前后 2 个伸展的卵巢，子宫内含有卵圆形的卵。雌孔开口于身体中前部的腹面，至头端距离为体长的 42%。阴唇突起。

该种分布于东海陆架泥沙质沉积物中。

该种所在属目前共发现 23 种，其中于中国渤海发现 1 新种，黄海发现 1 新种，东海发现 2 新种。

100. 长化感器拟齿线虫
Parodontophora longiamphidata **Wang & Huang, 2015**（图 6.100.1，图 6.100.2）

Cobb 公式：

模式标本：$\dfrac{—\quad 180\quad M\quad 1150}{12\quad 48\quad 55\quad 38}$ 1275μm；a＝22.8，b＝7.1，c＝10.2，spic＝36

雌性副模式标本：$\dfrac{—\quad 175\quad M\quad 1050}{11\quad 42\quad 55\quad 30}$ 1190μm；a＝21.6，b＝6.8，c＝8.5，V%＝53%

属于单宫目、轴线虫科、拟齿线虫属。

个体长柱状，向两端渐细。雄体长 1200～1275μm，最大体宽 50～55μm，头径 9～13μm，为咽基部体径的 25%。角皮具细的条纹，无颈刚毛和体刚毛。头端圆钝，内唇感觉器不明显，外唇感觉器乳突状；4 根长 4μm 的头刚毛着生于头的前部，距离顶端 5μm。化感器羊角状弯曲，具 1 个长的梯形臂，从咽的顶端一直延伸至肠的前端，长达 280μm，约为口腔长度的 10 倍，宽 5μm，有横纹。神经环位于咽的中前部，距离头端 85～102μm，占咽长的 47%。排泄系统明显，排泄细胞较大，长卵圆形，位于肠的前端，距离头端 255μm。排泄孔位于口腔中间，距离头端 20μm。口腔分 2 部分，前部圆锥形，后部圆柱形，壁角质化加厚，深 29μm，宽 8μm，前端具 6 个齿状物。咽圆柱状，162～180μm，基部稍膨大，不形成咽球。贲门小，圆锥状。尾锥柱状，长 125～128μm，为泄殖孔相应体宽的 3.3～4.3 倍，锥状部分具 2 排亚腹刚毛，末端稍膨大，具有 3 根长 4μm 的尾端刚毛。3 个尾腺共同开口于尾的末端。

生殖系统具 2 个伸展的精巢，前精巢位于肠的右侧，后精巢位于肠的左侧。交接刺长 36μm，即泄殖孔相应体径的 1.3 倍，向腹面弯曲，近端头状，末端渐尖。引带三角形，背面具 1 对细的长 13μm 的尾状突。无肛前辅器。

雌体类似于雄体，但尾稍长，无尾刚毛。生殖系统具 2 个相对排列的伸展的卵巢，前卵巢长 240μm，位于肠的右侧；后卵巢长 290μm，位于肠的左侧。子宫内具有长圆形的卵。雌孔位于身体中部，至头端距离为体长的 51%～53%。

该种分布于黄海陆架泥沙质沉积物中。

该种所在属目前共发现 25 种，其中于中国渤海发现 2 新种，黄海发现 2 新种。

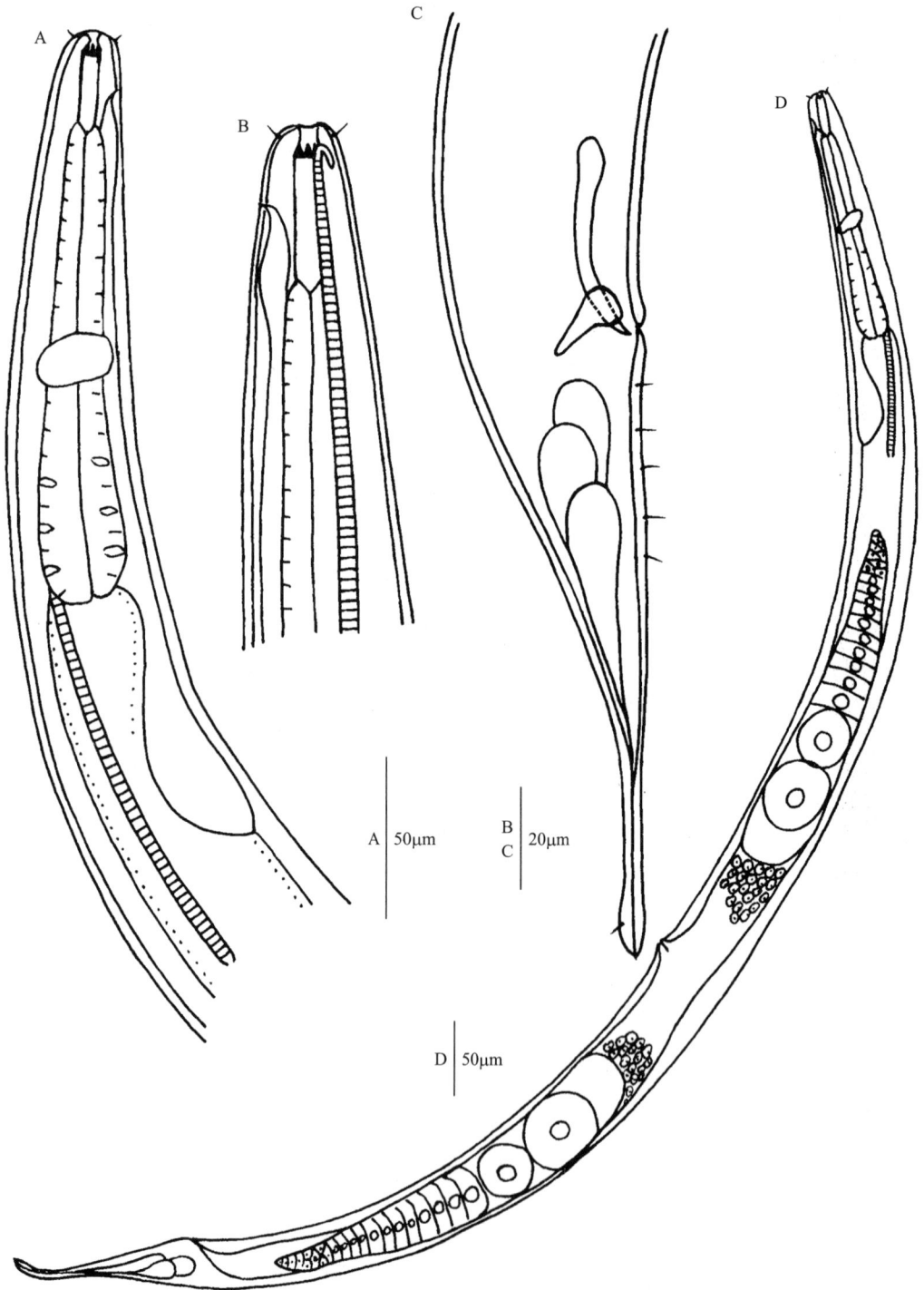

图 6.100.1 长化感器拟齿线虫（*Parodontophora longiamphidata* Wang & Huang，2015）手绘图
A、B. 雄体头端，示口腔、化感器和排泄系统；C. 雄体尾端，示交接刺、引带和尾腺细胞；D. 雌体，示生殖系统

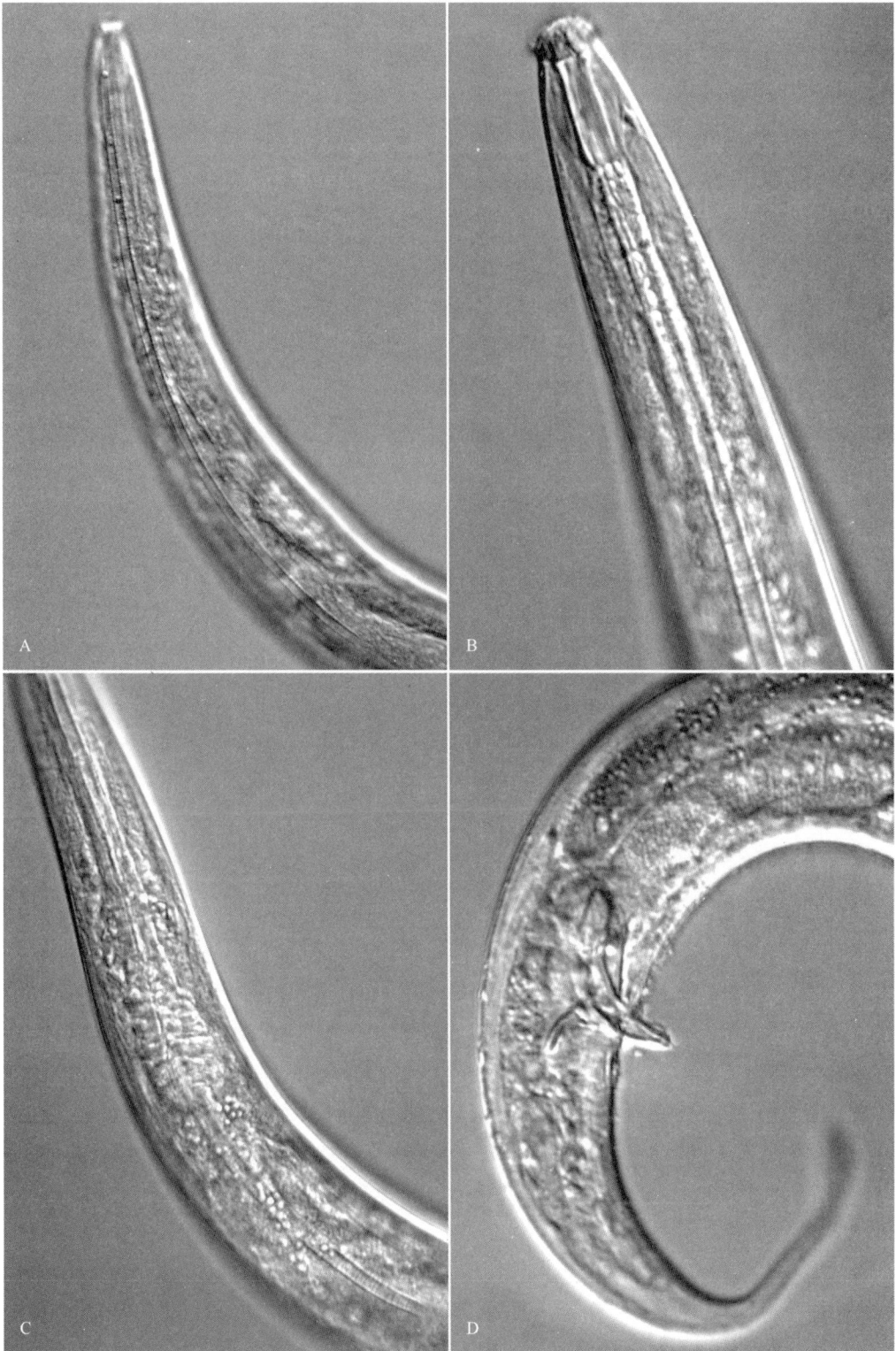

图 6.100.2 长化感器拟齿线虫（*Parodontophora longiamphidata* Wang & Huang，2015）显微图
A、B、C. 雄体前端，示口腔、化感器和咽球；D. 雄体尾端，示交接刺和引带

101. 三角洲拟齿线虫

Parodontophora deltensis
Zhang, 2005（图 6.101.1，图 6.101.2）

Cobb 公式：

模式标本：$\dfrac{—\quad 146 \quad M \quad 954}{13 \quad 35 \quad 36 \quad 25}$ 1090μm；a＝30.3，b＝7.5，c＝8.0，spic＝41

雌性副模式标本：$\dfrac{—\quad 182 \quad M \quad 1102}{13 \quad 39 \quad 41 \quad 26}$ 1270μm；a＝31.0，b＝7.0，c＝7.6，V%＝51%

属于单宫目、轴线虫科、拟齿线虫属。

个体长梭状，向两端渐细。雄体长 1080~1490μm，最大体宽 36~50μm，头径 11~14μm。角皮具细的条纹。头端圆钝，内唇感觉器不明显，外唇感觉器乳突状；4 根头刚毛长 4.2μm，着生于头的前部，距离顶端 4.2~5.0μm。颈刚毛长 3μm，在亚背、亚腹面排列成 4 纵列，每排 3 或 4 根。体刚毛短而分散。化感器半环形，具 1 个短的背侧臂和 1 个长的腹侧臂，通常背侧臂是腹侧臂长的 0.36~0.55 倍。化感器稍长于口腔，其长度是口腔长度的 1.0~1.3 倍。神经环位于咽的中后部，占咽长的 58%~67%。排泄系统明显，排泄细胞长卵圆形或矩圆形，紧邻贲门下面。排泄孔位于口腔中间。口腔分 2 部分，前部圆锥形，后部圆柱形，壁角质化加厚，深 27~33μm，宽 4~5μm，前端具有 6 个二叉状的齿状物。咽圆柱状，146~174μm，基部 1/5 膨大，形成咽球。贲门小，圆锥状。尾锥柱状，长 125~161μm，为泄殖孔相应体宽的 4.8 倍，锥状部分具 5 对亚腹刚毛，柱状部分具有不规则分布的短刚毛，末端稍膨大，无尾端刚毛。3 个尾腺共同开口于尾的末端。

生殖系统具有 2 个伸展的精巢，前精巢位于肠的右侧，后精巢位于肠的左侧。交接刺长 34~44μm，即泄殖孔相应体径的 1.1~1.8 倍，向腹面弯曲，近端头状，末端渐尖。引带背面具直伸的长 11~15μm 的尾状突，在腹面中间具 1 个突起。无肛前辅器。

雌体类似于雄体。生殖系统具 2 个相对排列的伸展的卵巢，等长，长 402~502μm。前卵巢位于肠的右侧，后卵巢位于肠的左侧。雌孔位于身体中部，至头端距离为体长的 49%~51%。

该种分布于渤海黄河三角洲水下粉沙质沉积物中。

该种所在属目前共发现 25 种，其中于中国渤海发现 2 新种，黄海发现 2 新种。

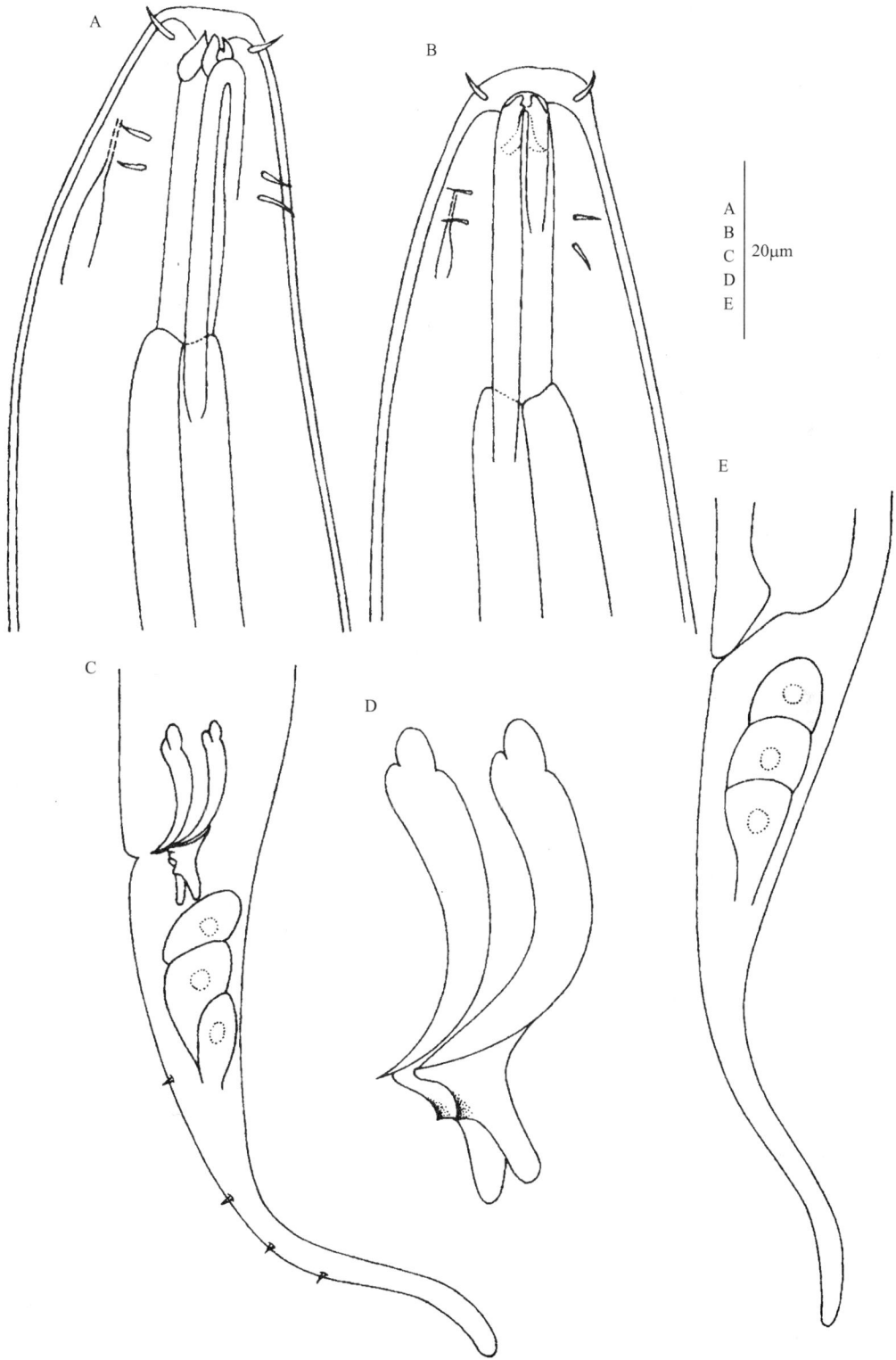

图 6.101.1   三角洲拟齿线虫（*Parodontophora deltensis* Zhang，2005）手绘图

A. 雄体头端，示口腔齿、化感器和颈刚毛；B. 雌体头端；C. 雄体尾端；D. 交接刺和引带；E. 雌体尾端

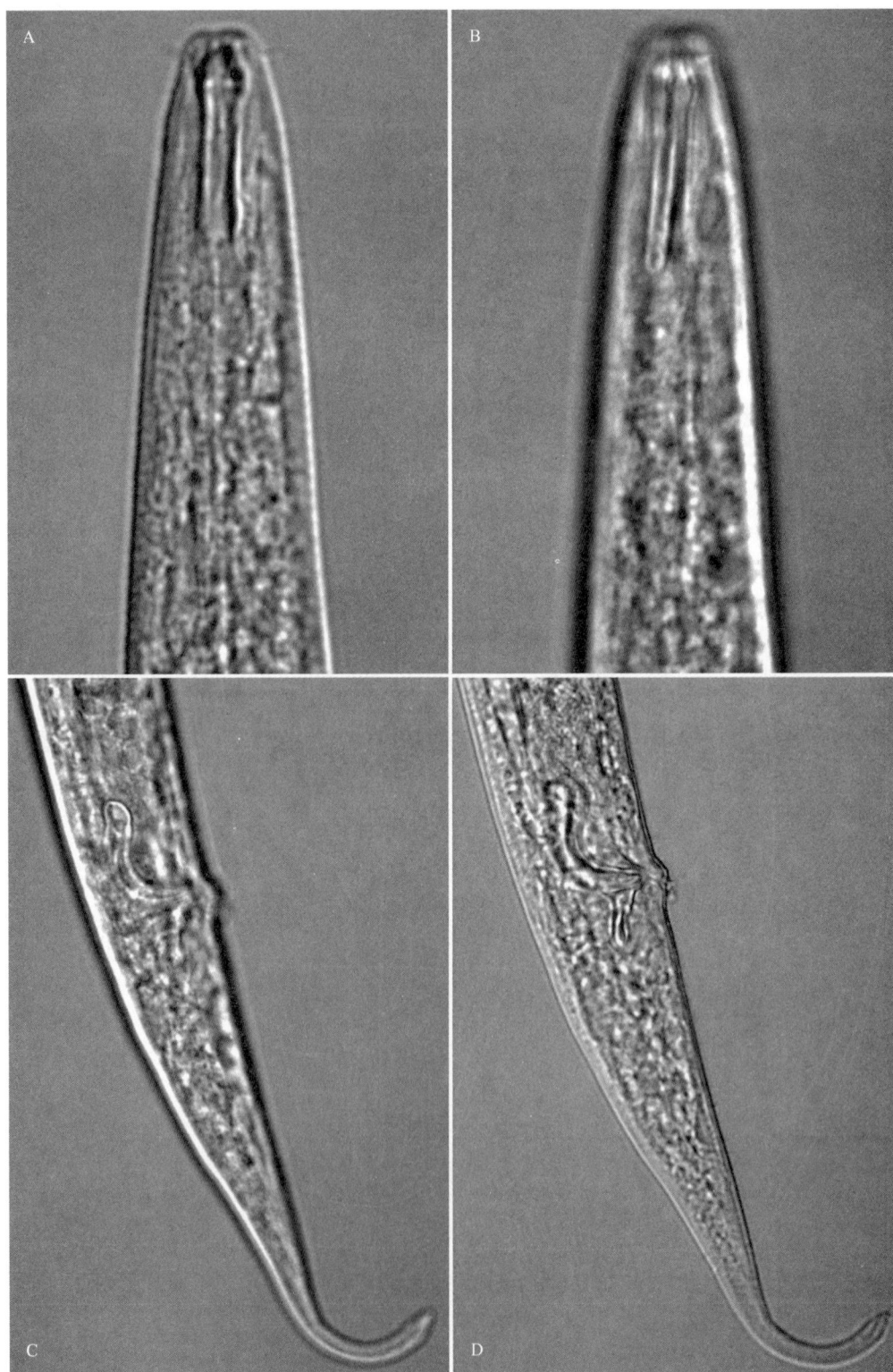

图 6.101.2 三角洲拟齿线虫（*Parodontophora deltensis* Zhang，2005）显微图
A、B. 雄体头端，示口腔和化感器；C、D. 雄体尾端，示交接刺和引带

102. 海洋拟齿线虫

***Parodontophora marina* Zhang, 1991**

（图 6.102.1，图 6.102.2）

Cobb 公式：

模式标本： $\dfrac{—\quad 164 \quad M \quad 1429}{12 \quad 38 \quad 45 \quad 26}$ 1568μm；a＝35，b＝9.5，c＝11.3，spic＝37

雌性副模式标本： $\dfrac{—\quad 164 \quad M \quad 1343}{13 \quad 36 \quad 39 \quad 26}$ 1490μm；a＝38，b＝9.1，c＝10.1，V%＝47%

属于单宫目、轴线虫科、拟齿线虫属。

个体长梭状，向两端渐细。雄体长 1465～1664μm，最大体宽 45～46μm，头径 11～12μm。角皮光滑。头端圆钝，内唇感觉器不明显，外唇感觉器乳突状；4 根头刚毛长 6.0～7.5μm，着生于头的前部。具短的颈刚毛，亚背面具 3 对，亚腹面具 1 对。体刚毛短而分散。化感器半环形，其长度短于口腔，长 18～19μm，是口腔长度的 0.6～0.7 倍，腹侧臂稍长。神经环位于咽的中后部，占咽长的 62%～67%。排泄系统明显，排泄细胞较大，长卵圆形或矩圆形，长 74～93μm，位于肠的前端。排泄孔位于口腔中间位置。口腔分 2 部分，前部圆锥形，后部圆柱形，壁角质化加厚，深 26～30μm，前端具 6 个爪状齿。咽圆柱状，向基部逐渐增粗，基部 1/4 膨大，形成咽球。贲门小，圆锥状。尾锥柱状，长 139μm，为泄殖孔相应体宽的 5.3 倍，锥状部分具 5 对亚腹刚毛；柱状部分具有不规则分布的短刚毛，末端稍膨大，无尾端刚毛。3 个尾腺共同开口于尾的末端。

生殖系统具 2 个伸展的精巢，前精巢位于肠的右侧，后精巢位于肠的左侧。交接刺长 33～38μm，即泄殖孔相应体径的 1.4 倍，向腹面弯曲，近端双头状，末端渐尖，腹面具翼膜。引带背侧具直伸的长 12～15μm 的尾状突，在腹面中间具 1 个突起。无肛前辅器。

雌体类似于雄体，尾稍长。生殖系统具 2 个相对排列的伸展的卵巢，前卵巢位于肠的右侧，后卵巢位于肠的左侧。子宫内具长圆形的卵。雌孔位于身体中前部，至头端距离为体长的 47%～51%。

该种分布于渤海莱州湾泥质沉积物中。

该种所在属目前共发现 25 种，其中于中国渤海发现 2 新种，黄海发现 2 新种。

103. 五垒岛湾拟齿线虫

***Parodontophora wuleidaowanens* Zhang, 2005**（图 6.103.1，图 6.103.2）

Cobb 公式：

模式标本： $\dfrac{—\quad 170 \quad M \quad 1364}{14 \quad 46 \quad 53 \quad 36}$ 1553μm；a＝33.8，b＝9.1，c＝8.2，spic＝40

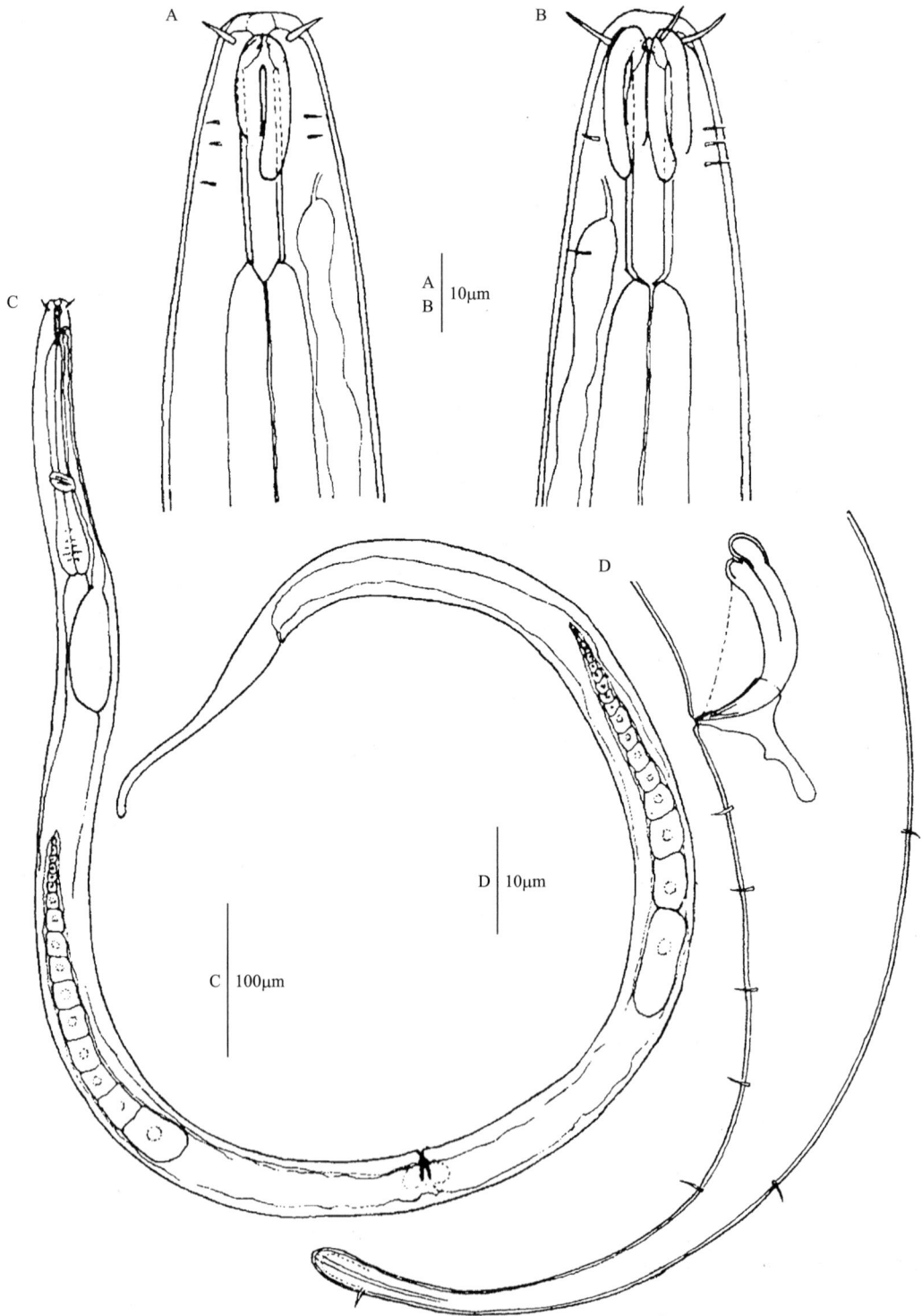

图 6.102.1　海洋拟齿线虫（*Parodontophora marina* Zhang，1991）手绘图
A. 雄体头端，示头刚毛、口腔和化感器；B. 雌体头端，示排泄管；
C. 雌体，示生殖系统；D. 雄体尾端，示交接刺和引带

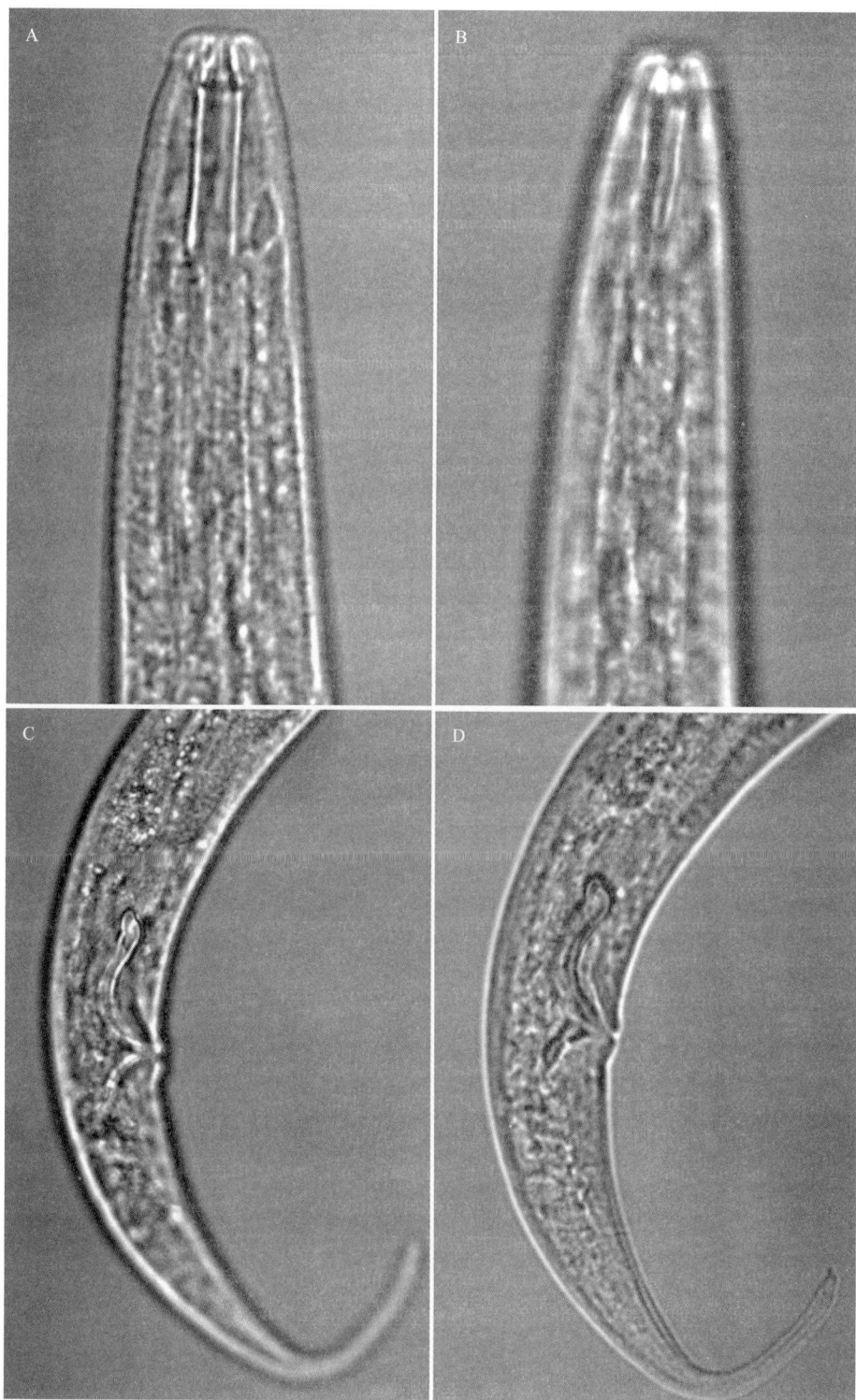

图 6.102.2　海洋拟齿线虫（*Parodontophora marina* Zhang，1991）显微图
A. 雄体头端，示口腔和齿；B. 雄体头端，示化感器、头刚毛和颈刚毛；C、D. 雄体尾端，示交接刺和引带

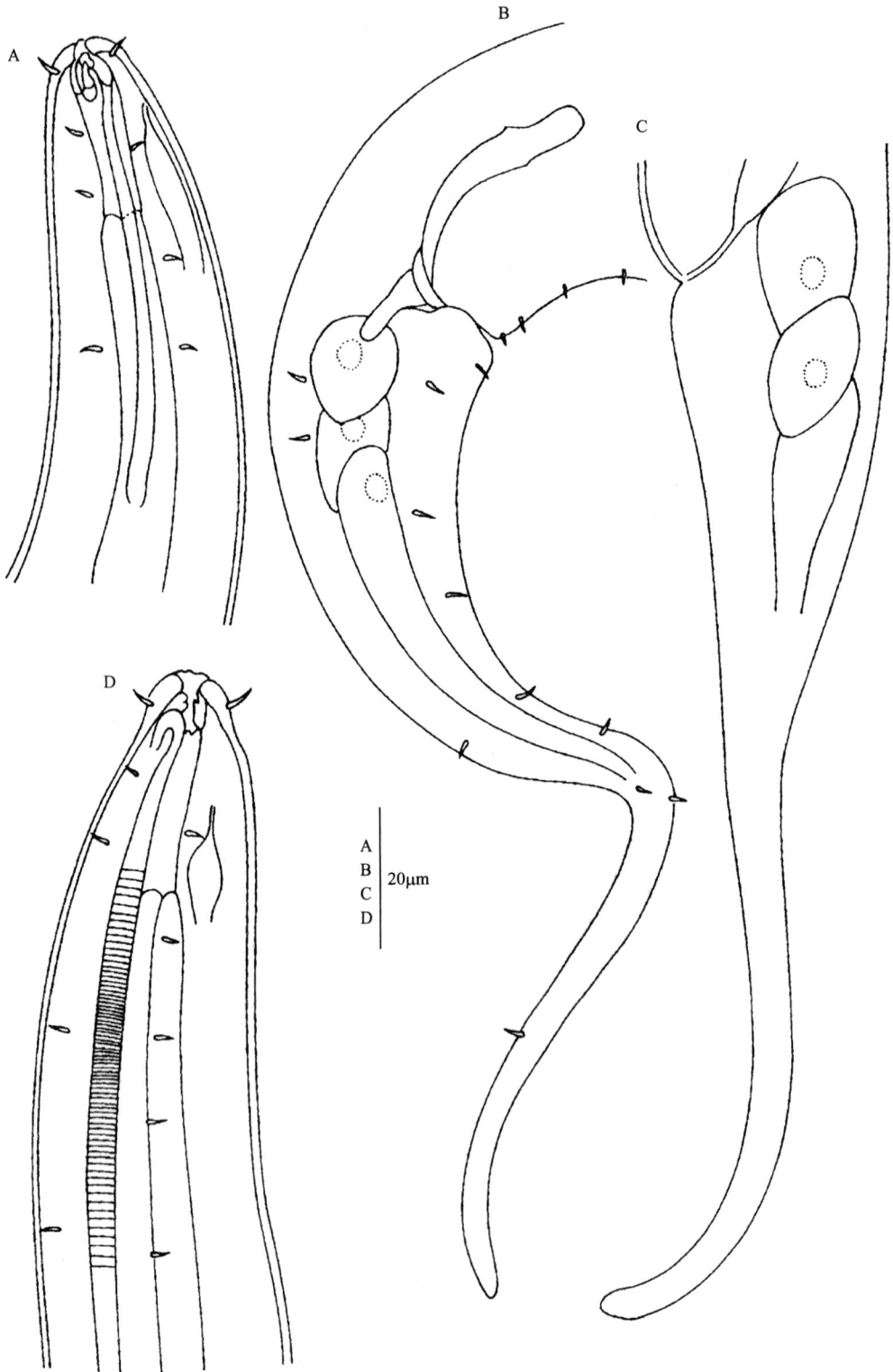

图 6.103.1　五垒岛湾拟齿线虫（*Parodontophora wuleidaowanens* Zhang，2005）手绘图
A. 雄体头端，示口腔和化感器；B. 雄体尾端，示交接刺、引带和尾腺细胞；C. 雌体尾端；D. 雌体头端，示化感器

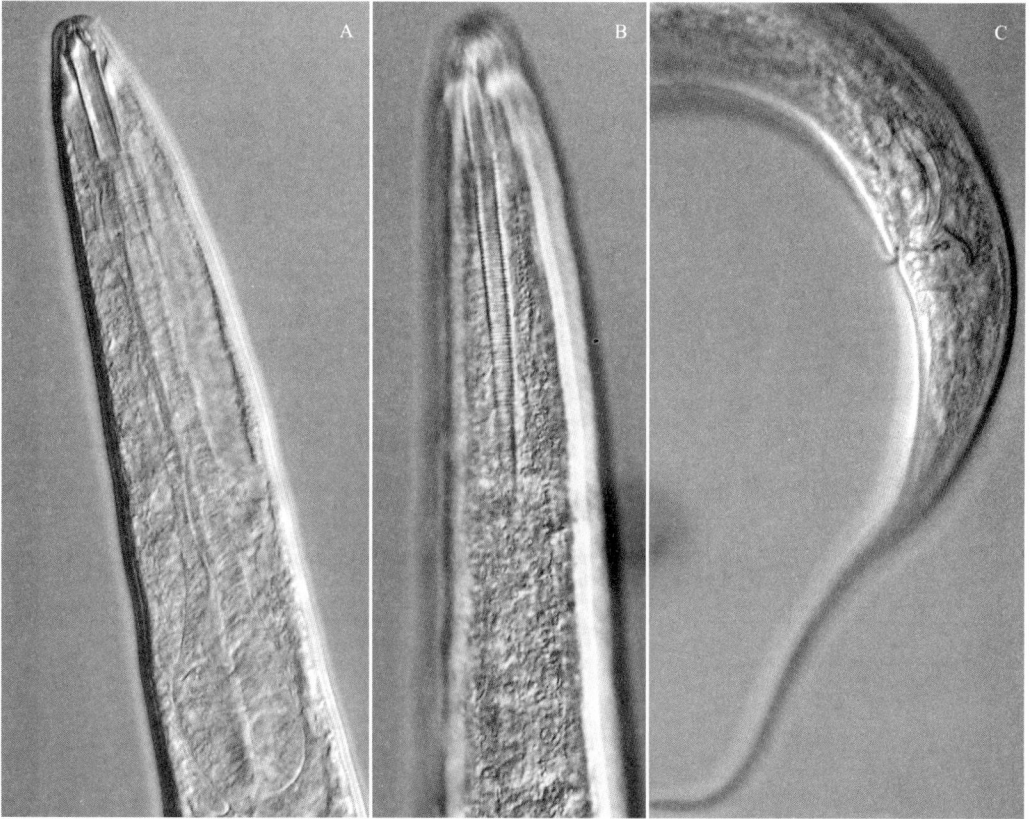

图 6.103.2 五垒岛湾拟齿线虫（*Parodontophora wuleidaowanens* Zhang，2005）显微图
A、B. 雄体头端，示口腔和化感器；C. 雄体尾端，示交接刺和引带

雌性副模式标本：$\dfrac{-\quad 167\quad M\quad 1536}{15\quad 50\quad 62\quad 39}$ 1768μm；a=28.5，b=9.1，c=7.6，V%=48%

属于单宫目、轴线虫科、拟齿线虫属。

个体长柱状，向两端渐细。雄体长 1370～1662μm，最大体宽 50～53μm，头径 13～15μm。角皮具细的条纹。头端圆钝，内唇感觉器不明显，外唇感觉器乳突状；4 根头刚毛长 4～5μm，着生于头的前部，距离顶端 3～5μm。颈刚毛长 3μm，亚背面 2 对，亚腹面 1 对。体刚毛分散。化感器羊角状弯曲，具 1 个短的背侧臂，长 8～10μm，具 1 个较长的腹侧臂，延伸至口腔之后，长 72～106μm，为口腔长度的 2.5～3.0 倍，有横纹。神经环位于咽的中后部，距离头端为咽长的 58%～62%。排泄系统明显，排泄细胞较大，长卵圆形，长 84～94μm，位于肠的前端。排泄孔位于口腔中间。口腔分 2 部分，前部圆锥形，后部圆柱形，壁角质化加厚，深 28.5～34.0μm，宽 5.5～6.0μm。咽圆柱状，137～182μm，基部 1/4 膨大，形成咽球。贲门圆锥状。尾锥柱状，长

180～192μm，为泄殖孔相应体宽的 5.2 倍，锥状部分和柱状部分各占 1/2，具尾刚毛。3 个尾腺共同开口于尾端突起上。

生殖系统具有 2 个反向排列的伸展的精巢，前精巢位于肠的右侧，后精巢位于肠的左侧。交接刺长 39～49μm，约为泄殖孔相应体径的 1.1 倍，向腹面弯曲，近端圆形，其下膨大，然后向末端渐尖。引带新月形，背面具 1 对直伸的长 14μm 的尾状突，腹面中间加厚。无肛前辅器，有肛前亚腹刚毛。

雌体类似于雄体，体型稍大，无尾刚毛。生殖系统具 2 个相对排列的伸展的卵巢，前卵巢长 3980μm，位于肠的右侧；后卵巢长 368μm，位于肠的左侧。雌孔位于身体中部，至头端距离为体长的 48%。

该种分布于黄海潮下带泥质沉积物中。

该种所在属目前共发现 25 种，其中于中国渤海发现 2 新种，黄海发现 2 新种。

104. 东海假拟齿线虫　*Pseudolella donghaiensis* Wang & Huang, 2015（图 6.104.1，图 6.104.2）

Cobb 公式：

模式标本：$\dfrac{—\quad 148\quad M\quad 1168}{15\quad 35\quad 41\quad 31}$ 1313μm；a＝32，b＝8.9，c＝9.1，spic＝35

雌性副模式标本：$\dfrac{—\quad 166\quad M\quad 1212}{16\quad 41\quad 46\quad 33}$ 1383μm；a＝33，b＝8.3，c＝8.1，V%＝51%

属于单宫目、轴线虫科、假拟齿线虫属。

个体圆柱状。雄体长 1228～1313μm，最大体宽 37～41μm，头径 10～15μm。角皮具细的条纹。头端圆钝，内唇感觉器不明显，外唇感觉器乳突状；4 根头刚毛较短，约 2μm，着生于头的前部。颈刚毛长 2μm，在亚侧面排列成 4 纵列，每列 2 或 3 条。化感器长环状，腹侧分支长约 50μm，超过口腔基部。口腔圆柱状，长 47～50μm，基部向四周拱起呈球形，口腔前庭具 3 个向外弯曲且圆钝的齿，咽部短，148～156μm，基部膨大成咽球。贲门较小，圆锥状。神经环不明显。排泄系统明显，排泄细胞较大，长卵圆形，位于肠的前端。排泄孔位于口腔中间位置。尾锥柱状，长 126～148μm，为泄殖孔相应体宽的 4.7 倍，锥状部分约占尾长的 2/3，柱状部分约占尾长的 1/3，无尾刚毛。3 个尾腺共同开口于尾端突起上。

生殖系统具 2 个反向排列的伸展的精巢，前精巢位于肠的右侧，后精巢位于肠的左侧。交接刺长 35～49μm，约为泄殖孔相应体径的 1.1 倍，向腹面弯曲，近端双头状，其下膨大，然后向末端渐尖。引带桶状，背面具直伸的长 15～23μm 的尾状突，

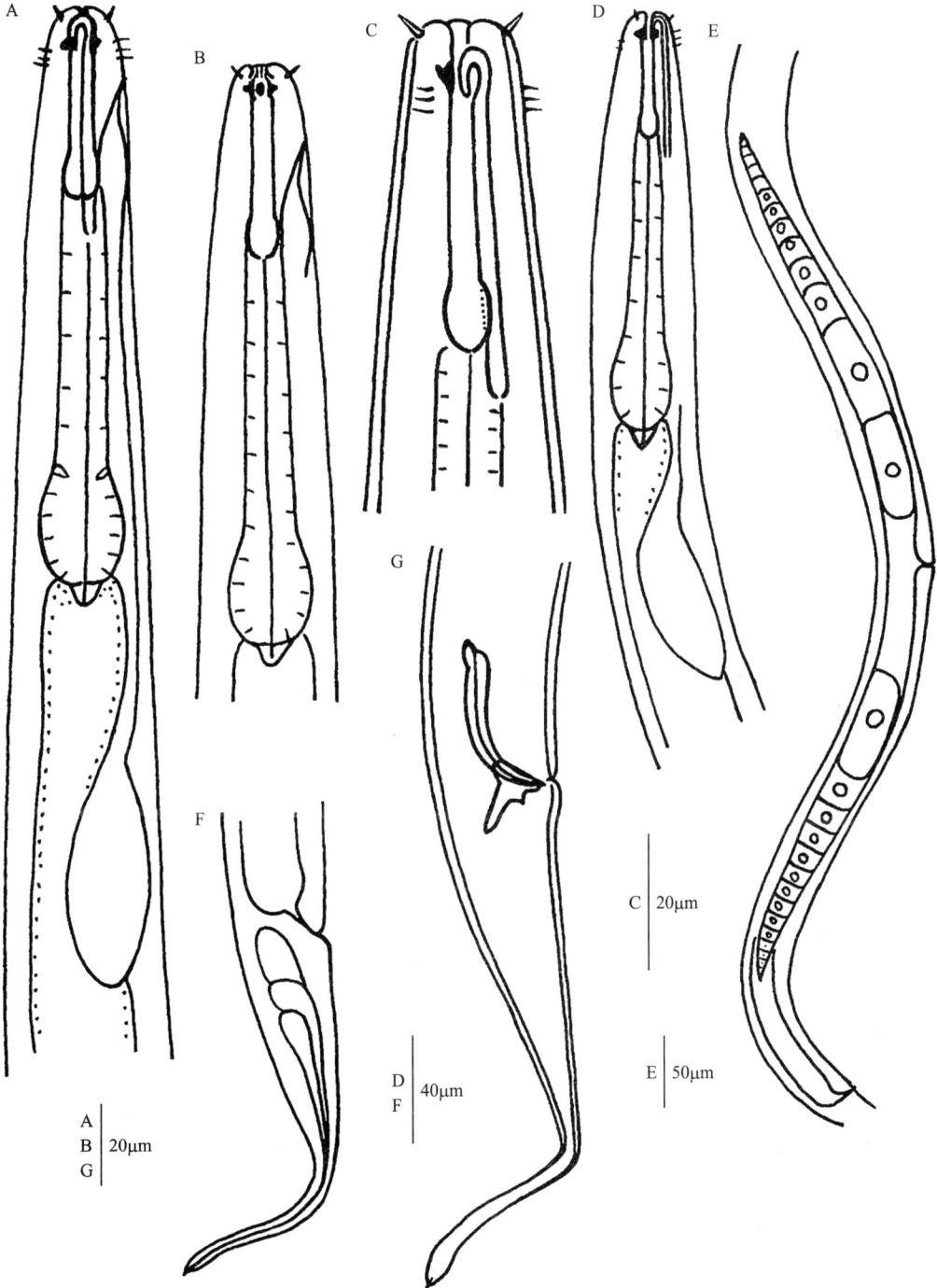

图 6.104.1 东海假拟齿线虫（*Pseudolella donghaiensis* Wang & Huang，2015）手绘图

A、B、C. 雄体头端，示口腔、齿、化感器、咽球和排泄系统；D. 雌体前端；

E. 雌体生殖系统；F. 雌体尾端；G. 雄体尾端，示交接刺和引带

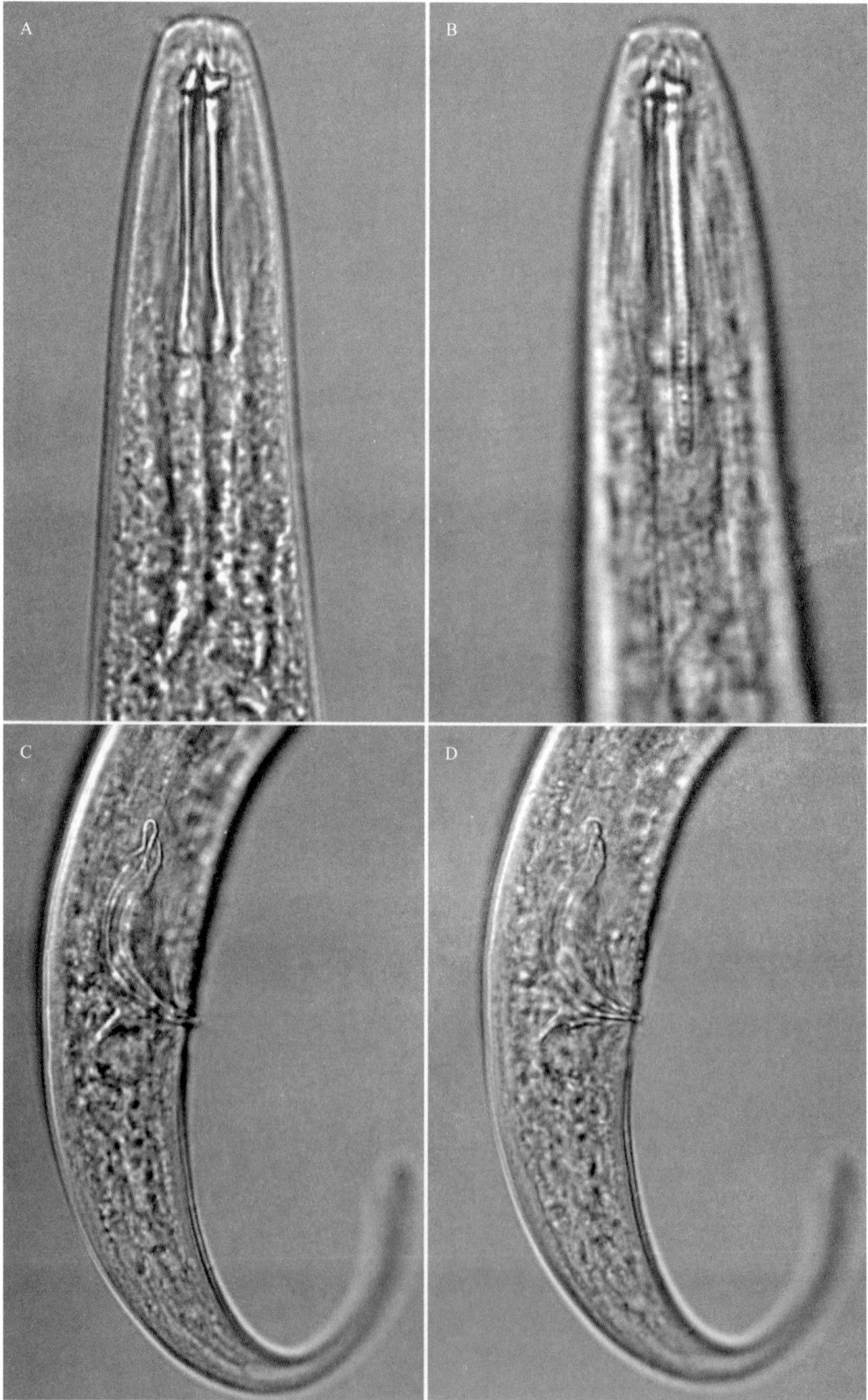

图 6.104.2　东海假拟齿线虫（*Pseudolella donghaiensis* Wang & Huang，2015）显微图
A、B. 雄体头端，示口腔、齿和化感器；C、D. 雄体尾端，示交接刺和引带

腹面中间突起。无肛前辅器。

　　雌体类似于雄体。生殖系统具 2 个相对排列的伸展的卵巢，前卵巢位于肠的左侧；后卵巢位于肠的右侧。雌孔位于身体中部，至头端距离为体长的 51%。

　　该种分布于东海潮间带泥质沉积物中。

　　该种所在属目前共发现 15 种，其中于中国东海发现 1 新种。

参 考 文 献

蔡立哲，洪华生，邹朝中，2001. 台湾海峡中北部海洋线虫群落的种类组成及分布 [J]. 台湾海峡，2001（2）: 228-235.

杜永芬，徐奎栋，孟昭翠，等，2010. 南海小型底栖动物生态学的初步研究 [J]. 海洋与湖沼，41: 199-207.

傅素晶，蔡立哲，2009. 北部湾北部海域自由生活线虫群落的研究 [D]. 厦门: 厦门大学.

华尔，张志南，张艳，2005. 长江口及邻近海域小型底栖生物丰度和生物量 [J]. 生态学报，25（9）: 2234-2242.

慕芳红，张志南，郭玉清，2001. 渤海小型底栖生物的丰度和生物量 [J]. 青岛海洋大学学报，31（6）: 897-905.

杨德渐，孙世春，1999. 海洋无脊椎动物学（修订版）[M]. 青岛: 中国海洋大学出版社.

张志南，林岿旋，周红，等，2004. 东、黄海春秋季小型底栖生物丰度和生物量研究 [J]. 生态学报，24（5）: 997-1005.

张志南，慕芳红，于子山，等，2002. 南黄海鳀鱼产卵场小型底栖生物的丰度和生物量 [J]. 青岛海洋大学学报，32（2）: 251-258.

AGULNALDO A M A, TURBEVILIE J M, LINFORD L S, et al., 1997. Evidence for a clade of nematodes, arthropods and other molting animals [J]. Nature, 387: 489-493.

ANDRÁSSY I, 1976. A nematológiai kutatások hazai úttörói: Örley Lázló és Daday Jenó[J]. Különlenyomat az Állattani Közlemények, LXIII (1-4): 219-224.

BAYLIS H A, DAUBNEY R, 1926. A synopsis of the families and genera of Nematoda London[J]. Nature, 118: 44-45.

CHEN Y Z, GUO Y Q, 2015. Two new species of Lauratonema (Nematoda: Lauratonematidae) from the intertidal zone of the East China Sea [J]. Journal of Natural History, 49: 1777-1788.

CHITWOOD B G, CHITWOOD M B, 1950. An introduction to nematology [M]. Baltimore: Monumental Printing Co: 213.

COBB N A, 1920. One hundred new nemas (type species of 100 new genera) [J]. Contributions to a Science of Nematology, 9: 217-343.

FILIPJEV I N, 1918. Free-living marine nematodes of the Sevastopol area [J]. Transactions of the Zoological Laboratory and the Sevastopol Biological Station of the Russian Academy of Sciences (Translated from Russian), 2 (4): 63-577.

GAO Q, HUANG Y, 2017. *Oncholaimus zhangi* sp. nov. (Oncholaimidae, Nematoda) from the intertidal zone of the East China Sea [J]. Chinese Journal of Oceanology and Limnology, 35 (5): 1212-1217.

GERLACH S A, RIEMANN F, 1973. The Bremerhaven Checklist of Aquatic Nematodes: A Catalogue of Nematoda Adenophorea excluding the Dorylaimida[M]: vol.1. Bremerhaven: Leuwer: 1-404.

GERLACH S A, RIEMANN F, 1974. The Bremerhaven Checklist of Aquatic Nematodes: A Catalogue of Nematoda Adenophorea excluding the Dorylaimida[M]: vol.2. Bremerhaven: Leuwer: 405-734.

GUO Y Q, WARWICK R M, 2001. Three new species of free-living nematodes from the Bohai Sea, China [J]. Journal of Natural History, 35: 1575-1586.

GUO Y Q, ZHANG Z N, 2000. A new species of *Terschellingia* (Nematoda) from the Bohai Sea, China [J]. Journal of Ocean University of Qingdao, 30 (3): 487-492.

HEIP C, HERMAN P M J, COOMANS A V, 1982. The productivity of marine meiobenthos. Mededelingen van de Koninklijke Academie voor Wetenschappen, Letteren en Schone Kunsten van België [J]. Academia Analecta, 44 (2): 1-20.

HIGGINS R P, THIEL H, 1988. Introduction to the study of meiofauna [M]. Washington: Smithsonian Institution Press.

HOPE W D, MURPHY D G, 1972. A taxonomic hierarchy and checklist of the genera and higher taxa of marine nematodes [J]. Smithsonian Contributions to Zoology, 137: 1-101.

HOPE W D, ZHANG Z N, 1995. New nematodes from the Yellow Sea, *Hopperia hexdentata* sp. n. and *Cervonema deltensis* sp. n.

with observations on morphology and systematic [J] . Invertebrate Biology, 114 (2): 119-138.

HUANG M, HUANG Y, 2018a. Two new species of Comesomatidae (Nematoda) from the East China Sea [J] . Zootaxa, 4407 (4): 573-581.

HUANG M, JIA S, HUANG Y, 2018b. One new species and one new record of the species of the family Comesomatidae (Nematoda: Chromadorida) from the South China Sea [J] . Zootaxa, 4504 (1): 119-127.

HUANG M, Sun J, HUANG Y, 2018c. Two new species of the genus *Wieseria* (Nematoda, Enoplaida, Oxystominidae) from the Jiao zhou Bay [J] . Acta Oceanologica Sinica, 37 (10): 157-160.

HUANG M, Sun Y, HUANG Y, 2017. Two new species of the family Oxystominidae (Nematoda: Enoplaida) from the East China Sea [J] . Cahiers de Biologie Marine, 58: 475-483.

HUANG M, Sun Y, HUANG Y, 2018. *Dorylaimopsis heteroapophysis* sp. nov. (Comesomatidae, Nematoda) from the Jiao zhou Bay of China [J] . Cahiers de Biologie Marine, 59: 607-613.

HUANG Y, 2012. One new free-living marine nematode species of genus *Cephalanticoma* from the South China Sea [J] . Acta Oceanologica Sinica, 31 (1): 95-97.

HUANG Y, CHENG B, 2012. Three new free-living marine nematode species of the genus *Micoletzkyia* from China Sea [J] . Journal of the Marine Biological Association UK, 92 (5): 941-945.

HUANG Y, GAO Q, 2016. Two new species of Chromadoridae (Chromadorida: Nematoda) from the East China Sea [J] . Zootaxa, 4144 (1): 89-100.

HUANG Y, LI J, 2010. Two new free-living marine nematode species of the genus *Pseudosteineria* (Xyalidae) from the Yellow Sea, China [J] . Journal of Natural History, 44: 2453-2463.

HUANG Y, SUN J, 2011. Two new free-living marine nematode species of the genus *Paramarylynnia* from the Yellow Sea, China [J] . Journal of the Marine Biological Association UK, 91 (2): 395-401.

HUANG Y, WANG H X, 2015. Review of *Onyx* Cobb (Nematoda: Desmodoridae) with description of two new species from the Yellow Sea, China [J] . Journal of the Marine Biological Association UK. 95 (6): 1127-1132.

HUANG Y, WANG J Y, 2011b. Two new free-living marine nematode species of Chromadoridae (Chromadorida, Nematoda) from the Yellow Sea, China [J] . Journal of Natural History, 45 (35-36): 2195-2205.

HUANG Y, WU X Q, 2010. Two new free-living marine nematode species of the genus *Vasostoma* (Comesomatidae) from the Yellow Sea, China [J] . Cahiers de Biologie Marine, 51: 19-27.

HUANG Y, WU X Q, 2011b. Two new free-living marine nematode species of *Xyalidae* (Monhysterida) from the Yellow Sea, China [J] . Journal of Natural History, 45 (9-10): 567-577.

HUANG Y, WU X Q, 2011c. Two new free-living marine nematode species of the genus *Vasostoma* in China Sea [J] . Cahiers de Biologie Marine, 52: 147-155.

HUANG Y, XU K D, 2013a. A new species of free-living nematode of *Daptonema* (Monhysterida: Xyalidae) from the Yellow Sea [J] . Aquatic Science and Technology, 1 (1):1-8.

HUANG Y, XU K D, 2013b. Two new free-living nematode species (Nematoda: Cyatholaimidae) from intertidal sediments of the Yellow Sea, China [J] . Cahiers de Biologie Marine, 54 (1):1-10.

HUANG Y, XU K D, 2013c. Two new species of Genus *Paracyatholaimus* Micoletzky (Nematoda: Cyatholaimidae) from the Yellow Sea [J] . Journal of Natural History, 47 (21-22): 1381-1392.

HUANG Y, ZHANG Y, 2014. Review of *Pomponema* Cobb (Nematoda: Cyatholaimidae) with description of a new species from China Sea [J] . Cahiers de Biologie Marine, 55 (2): 267-273.

HUANG Y, ZHANG Z N, 2004. A new genus and three new species of free-living marine nematodes (Nematoda: Enoplida: Enchelidiidae) from the Yellow Sea, China [J] . Cahiers de Biologie Marine, 45 (4): 343-354.

HUANG Y, ZHANG Z N, 2005a. Three new species of the genus *Belbolla* (Nematoda: Enoplida) from the Yellow Sea, China [J] . Journal of Natural History, 39 (20): 1689-1703.

HUANG Y, ZHANG Z N, 2005b. Two new species and one new record of free-living marine nematodes from the Yellow Sea,

China [J] . Cahiers de Biologie Marine. 46: 365-378.

HUANG Y, ZHANG Z N, 2006a. A new genus and three new species of free-living marine nematodes from the Yellow Sea, China [J] . Journal of Natural History, 40 (1-2): 5-16.

HUANG Y, ZHANG Z N, 2006b. New species of free-living marine nematodes from the Yellow Sea, China [J] . Journal of the Marine Biological Association UK, 86: 271-281.

HUANG Y, ZHANG Z N. 2006c. Two new species of free-living marine nematodes from the Yellow Sea, China [J] . Russian Journal of Nematology, 14 (1): 43-50.

HUANG Y, ZHANG Z N, 2007a. New genus and one new species of free-living marine nematodes from the Yellow Sea, China. Journal of the Marine Biological Association UK, 87 (3): 717-722.

HUANG Y, ZHANG Z N, 2007b. One new species of free-living marine nematodes from the Huanghai Sea [J] . Acta Oceanologica Sinica, 26 (3): 84-89.

HUANG Y, ZHANG Z N, 2009. Two new species of *Enoplida* (Nematoda) from the Yellow Sea, China [J] . Journal of Natural History, 43 (17-18): 1083-1092.

HUANG Y, ZHANG Z N, 2010a. Three new species of *Dichromadora* (Nematoda) from the Yellow Sea, China [J] . Journal of Natural History, 44 (9-12): 545-558.

HUANG Y, ZHANG Z N, 2010b. Two new species of Xyalidae (Nematoda) from the Yellow Sea, China [J] . Journal of the Marine Biological Association UK, 90: 391-397.

JIANG W J, HUANG Y, 2015a. *Paragnomoxyala* gen. nov. (Xyalidae, Monhysterida, Nematoda) from the East China Sea [J] . Zootaxa, 4039 (3): 467-474.

JIANG W J, Wang H X, HUANG Y, 2015b. Two new free-living marine nematode species of Enchelidiidae from China Sea [J] . Cahiers de Biologie Marine, 56: 31-37.

JONGE V N, BOUWMAN L A, 1977. A simple density separation technique for quantitative isolation of meiobenthos using the colloidal silica Ludox-TM [J] . Marine Biology, 42: 143-148.

KAMPFER S, STURMBAUER C, OTT J. 1998. Phylogenetic analysis of rDNA sequences from Adenophorean nematodes and implications for the Adenophorea Secernentea controversy [J]. Invertebrate Biology, 117 (1): 29-36.

LORENZEN S, 1981. Entwurf eines phylogenetischen systems der freilebenden nematoden [J] . Veroffent lichungen des Instituts für Meeresforschung in Bremerhaven, Suppl, 7: 472.

LORENZEN S, 1985. Phylogenetic aspects of pseudocoelomate evolution[M]// SIMON C M , The origins and relationships of lower invertebrates: Vol. 28, Oxford: Clarendon Press: 210-223.

MCINTYRE A D, WARWICK R M, 1984. Meiofauna techniques [M] // Holme N A, McIntyre A D. Methods for the study of marine benthos. Oxford: Blackwell Scientific Publications.

NIELSEN C, 1995. Animal Evolution. Interrelationships of the Living Phyla. Oxford: Oxford University Press: 568.

PLATT H M, 1973. Free-living marine nematodes from Strangford Lough, Northern Ireland [J] . Cahiers de Biologie Marine, 14: 295-321.

SCHNEIDER A, 1866. Monographie der Nematoden. Berlin: Druck und Verlag von Georg Reimer: 357.

SUN Y, HUANG M, HUANG Y, 2018. Two new species of free-living nematodes from the East China Sea [J] . Acta Oceanologica Sinica, 37 (10): 148-151.

SUN J, HUANG Y, 2016. A new genus of free-living nematode (Enoplida: Enchelidiidae) from the South China Sea [J] . Cahiers de Biologie Marine, 57: 51-56.

SUN Y, HUANG Y, 2017. One new species and one new combination of the family *Xyalidae* (Nematoda: Monhysterida) from the East China Sea [J] . Zootaxa, 4306 (3): 401-410.

STILES C W, HASSALL A, 1905. The Determination of Generic Types, and List of Roundworm Genera with Their Original and Type Species U S [J] . Department of Agriculture, Bureau of Animal Industry, 79: 1-150.

WANG C M, AN L G, HUANG Y, 2015. A new species of free-living marine nematode (Nematoda: Chromadoridae) from the East China Sea [J] . Zootaxa, 3947: 289-295.

WANG C M, AN L G, HUANG Y, 2017. Two new species of *Terschellingia* (Nematoda: Monhysterida: Linhomoeidae) from the East China Sea [J] . Cahiers de Biologie Marine, 58: 33-41.

WANG C M, HUANG Y, 2016. *Pseudolella major* sp. nov. (Axonolaimidae, Nematoda) from the intertidal zone of the East China Sea [J] . Chinese Journal of Oceanology and Limnology, 34 (2): 295-300.

WANG H X, HUANG Y, 2016. A new species of *Parodontophora* (Nematoda: Axonolaimidae) from the intertidal zone of the East China Sea [J] . Journal of Ocean University of China (Oceanic and Coastal Sea Research), 15 (1): 1-5.

WARWICK R M, PLATT H M, SOMERFIELD P J. 1998. Free-living marine nematodes, Part Ⅲ: British Monhysterids [M] . Shrewsbury: Field Studies Council.

YU T T, HUANG Y, Xu K D, 2014. Two new species of the genus *Linhyster* (Xyalidae, Nematoda) from the East China Sea [J] . Journal of the Marine Biological Association UK, 94 (3): 515-520.

ZHANG Y, ZHANG Z N, 2006. Two new species of the genus *Elzalia* from the Yellow Sea, China [J] . Journal of the Marine Biological Association UK, 86: 1047-1056.

ZHANG Z N, 1990. A new species of the genus *Thalassironus* de Man, 1889 (Nematoda, Adenophora, Ironidae) from the Bohai Sea, China [J] . Journal of Ocean University of Qingdao, 20 (3): 103-108.

ZHANG Z N, 1991. Two new species of marine Nematodes from the Bohai sea, China [J] . Journal of Ocean University of Qingdao, 21: 49-60.

ZHANG Z N, 1992. Two new species of the genus *Dorylaimopsis* Ditlevesen from the Bohai Sea, China [J] . Chinese Journal of Oceanology and Limnology, 10 (1): 31-39.

ZHANG Z N, 2005. Three new species of free-living marine nematodes from the Bohai Sea and Yellow Sea, China [J] . Journal of Natural History, 39 (23): 2109-2123.

ZHANG Z N, HUANG Y, 2005. One new species and two new records of free-living marine nematodes from the Yellow Sea, China [J] . Acta Oceanologica Sinica, 24 (4): 91-97.

ZHANG Z N, PLATT H M, 1983. New species of marine nematodes from Qingdao, China [J] . Bulletin of the British Museum Natural, History, 45 (5): 253-261.

拉丁名索引